U0156084

装备科技译著出版基金

现代冷喷涂技术
——材料、工艺与应用

Modern Cold Spray:
Materials, Process, and Applications

[加] 胡里奥·维拉弗特（Julio Villafuerte）主编

朱　胜　　王晓明　　王启伟　等译

国防工业出版社

·北京·

著作权合同登记　图字:军-2016-148 号

图书在版编目(CIP)数据

现代冷喷涂技术:材料、工艺与应用/(加)胡里
奥·维拉弗特(Julio Villafuerte)主编;朱胜等译.
—北京:国防工业出版社,2021.1
　书名原文:Modern Cold Spray:Materials,
Process,and Applications
　ISBN 978-7-118-12119-3

　Ⅰ.①现… Ⅱ.①胡… ②朱… Ⅲ.①冷喷涂-研究
Ⅳ.①TG174.442

　中国版本图书馆 CIP 数据核字(2020)第 219681 号

Translation from English language edition:
Modern Cold Spray:Materials,Process,and Applications
by Julio Villafuerte
Copyright © Springer International Publishing Switzerlang 2015
This Springer International Publishing AG Switzerland is part of
Springer Science+Business Media
All rights reserved

※

国防工业出版社出版发行
(北京市海淀区紫竹院南路 23 号　邮政编码 100048)
三河市腾飞印务有限公司印刷
新华书店经售

*

开本 710×1000　1/16　彩插 4　印张 25½　字数 453 千字
2021 年 1 月第 1 版第 1 次印刷　印数 1—2000 册　定价 168.00 元

(本书如有印装错误,我社负责调换)

国防书店: (010)88540777　　书店传真: (010)88540776
发行业务: (010)88540717　　发行传真: (010)88540762

译 者 序

冷喷涂由于其独特的技术特性,可在金属和非金属表面制备多功能涂层,在装备再制造、增材制造、自由成型、表面保护以及医疗器械和溅射靶材等领域广泛应用。

为了及时将近年来国外冷喷涂技术的最新理论与技术呈现给国内该领域的广大科技工作者,促进冷喷涂技术更快、更好地发展和应用,我们翻译了《现代冷喷涂技术——材料、工艺与应用》。本书全面和系统地阐述了冷喷涂的起源发展、基础理论、工艺方法、涂层性能、商业设备以及实际应用案例和评价,全书共分 12 章,内容包括冷喷涂技术的起源与技术特点、冷喷涂物理基础、冷喷涂喂料特性、冷喷涂涂层性能、冷喷涂涂层的残余应力与疲劳寿命、商业化冷喷涂设备及其自动化、激光辅助冷喷涂技术、冷喷涂涂层质量保证、粉末回收方法、冷喷涂应用、冷喷涂的经济性以及美国冷喷涂技术与工艺的专利。本书既可以作为高等院校材料专业和机械制造专业的研究生、本科生的教材或参考书,也可供从事相关领域的研究人员和工程技术人员参考。

本书由朱胜、王晓明、王启伟、尹轶川主译,并负责全书的组织和审校。参加翻译的有朱胜、韩国峰(第 1 章),王晓明、王思捷(第 2 章),王启伟、常青(第 3 章),尹轶川、王文宇(第 4 章),杜文博、冯学强(第 5 章),张鹏、何东昱(第 6 章),崔绍刚、杨柏俊(第 7 章),孟玉英、任智强(第 8 章),李双建、陈德馨、李华莹(第 9 章),曾大海、臧艳(第 10 章),李庆阳、阳颖飞(第 11 章),王永喆、赵阳(第 12 章)。

感谢原著作者胡里奥·维拉弗特(Julio Villafuerte)博士和加拿大森德莱(温莎)有限公司叶何舟博士对本书翻译的大力支持!感谢全体参译人员的辛勤付出!

由于译者水平有限,书中不妥之处恳请读者和专家批评指正。

译者
2020 年 1 月

前　言

教育,是人与人之间以及一代人与一代人之间分享知识的一种形式。通过教育,人类可以提升对周边世界的认知,从而创造繁荣和快乐。教育,可以使人和环境和谐共处,构建美好社会。书籍,是实现教育目标的重要手段,可以永久地存储当下最新信息,实现现在与未来几代人之间的信息共享。

本书旨在帮助热喷涂工程师、热喷涂从业人员、商业规划师和专业人士,通过他们的创新投入,对未来的制造业产生深远影响。多年来,人们对本书的焦点技术给予各式各样的称呼,其中一些较好地突出了其科学和工作原理。纵观所有,"冷喷涂"比其他的称呼更能综合体现该技术的特色。因而,本书将通篇采用此称谓。本书将系统论述冷喷涂技术的发展、现状以及实际应用。至关重要的是,冷喷涂是一种固态材料沉积方法,该技术具备独特的其他热喷涂技术所不具有的材料沉积能力,该特征确立了冷喷涂技术在现代制造业的重要地位。

自 21 世纪,冷喷涂技术广泛的商业化开始,已有许多以冷喷涂技术为主题的优秀书籍出版。冷喷涂技术的持续快速发展,需要我们连续不断地提供最新的技术与信息,以飨读者。笔者无法保证本书囊括冷喷涂技术在所有行业中的最新进展和应用,但本书包含了在本书出版前冷喷涂技术的最前沿信息。

本书出版时,冷喷涂技术在难修复材料(如重型设备的铸铁件和飞机的非关键镁合金件等)的尺寸修复上得到广泛商业应用。该技术在非导电基体上制备导电或导热涂层的商业应用亦有报道。同时,如作为 20 世纪的热门词汇一样,冷喷涂作为增材制造方式(根据数字模型,通过系统地层层沉积而制备零件的制造方式)的潜在优势也备受关注。

本书由 12 章组成。撰稿者来自学术界、科研界和工业界以及在冷喷涂技术领域具有多年职业经历的知名人士。我们希望,通过阅读本书,读者可以得到更多的灵感,来进一步改进工艺和支持更多的实际应用。

借此机会,诚挚感谢所有撰稿人的宝贵贡献。如果没有他们的贡献,本书无法为现在和未来几代人提供冷喷涂技术的基础知识。非常感谢他们为书籍出版提供的珍贵信息以及付出的时间和心血。特别感谢 CenterLine(温莎)有限公司为完成该项目提供的帮助。真诚感谢 Springer 出版社的安娜·莱文森(Ania Levinson)和阿比拉·圣古普塔(Abira Sengupta)在成书过程中的协调和帮助。

非常感谢他们的耐心等待!

　　最后,深深感谢我的朋友伊奥尼·博特夫(Ionel Botef)、弗拉基米尔·弗兰霍(Vladimir Franjo)和科菲·阿多玛科(Kofi Adomako),在我人生中艰难时刻的情感支持。感谢我的女朋友桑德拉(Sandra)在成书过程中提供的无条件支持,感谢她激励我战胜恐惧和沮丧。最后,我谨以此书献给我的三个儿子朱利安(Julian)、尼克(Nico)、马科斯(Marco)和他们的母亲马塞拉(Marcela)。孩子是未来,他们将继承我们的使命。我希望他们能充分地利用现代科技的优势,更好地服务于社会,为人类谋福利。

　　　　　　　　　　　　　　　　　　　　胡里奥·维拉弗特
　　　　　　　　　　　　　　　　　　　于加拿大安大略省温莎市
　　　　　　　　　　　　　　　　　　　2015 年 2 月

V

主要贡献者

J. Abelson　美国明尼苏达州明尼阿波利斯市 Donaldson 公司

W. Birtch　加拿大安大略省温莎市 CenterLine 有限公司冷喷涂科技部

I. Botef　南非约翰内斯堡市威特沃特斯兰大学机械工业与航空工程学院

V. K. Champagne　美国马里兰州阿伯丁试验场美国陆军研究实验室

D. Christoulis　希腊科罗皮市 CeraMetal 表面工程公司

T. J. Eden　美国弗吉尼亚州雷斯顿市宾夕法尼亚州立大学应用研究实验室

R. Ghelichi　美国马塞诸塞州剑桥市麻省理工学院机械工程系

D. Goldbaum　加拿大魁北克省布谢维尔市加拿大国家研究委员会汽车与地面运输部门

D. Helfritch　美国弗吉尼亚州赫恩登镇 TKC 全球有限责任公司

T. Hussain　英国诺丁汉郡诺丁汉大学工程学院材料机械与结构系

E. Irissou　加拿大魁北克省布谢维尔市加拿大国家研究委员会汽车与地面运输部门

H. Jahed　加拿大安大略省滑铁卢市滑铁卢大学机电工程学系

M. Jeandin　法国巴黎国立巴黎高等矿业学校

B. Jodoin　加拿大安大略省渥太华市渥太华大学

P. King　澳大利亚维多利亚省克莱顿区联邦科学与工业研究组织

P. K. Koh　新加坡新跃社科大学

H. Koivuluoto　芬兰坦佩雷市坦佩雷大学

J. -G. Legoux　加拿大魁北克省布谢维尔市加拿大国家研究委员会汽车与地面运输部门

C. -J. Li　中国山西省西安市西安交通大学材料科学与工程学院

C. Moreau　加拿大魁北克省蒙特利尔市康考迪亚大学机械与工业工程学院

D. Poirier　加拿大魁北克省布谢维尔市加拿大国家研究委员会汽车与地面运输部门

L. Pouliot　加拿大魁北克省圣-布鲁诺区 Tecnar 自动化有限公司

C. Sarafoglou　希腊雅典国立雅典理工大学海军建筑与海洋工程学院

O. Stier　德国柏林西门子公司技术部

S. Vezzu　意大利威尼斯威尼托纳米技术公司

J. Villafuerte　加拿大安大略省温莎市 CenterLine 有限公司冷喷涂科技部

J. Wang　加拿大安大略省温莎市 CenterLine 有限公司冷喷涂科技部

D. E. Wolfe　美国弗吉尼亚州雷斯顿市宾夕法尼亚州立大学应用研究实验室

M. Yandouzi　加拿大安大略省渥太华市渥太华大学

S Yue　加拿大魁北克省蒙特利尔市麦吉尔大学采矿与材料工程系

目　　录

第1章 概 述

I. Botef，J. Villafuerte

1.1 引言

冷喷涂是一种固态的工艺过程，该工艺也有别的名称，它是通过超声速气流将固体微粒(直径为 5~40μm)加速到一个高速状态(300~1200m/s)后去撞击金属基体表面形成沉积层，从而使基体表面强化的工艺过程(Papyrin 等,2007)。形成沉积层的粉末颗粒被注入到气流中，气流和粒子经拉瓦尔喷管的扩散段后膨胀获得加速。气流的温度低于固体颗粒的熔点，因此，当气体加速到超声速时，其压力和温度会降低。固体颗粒离开喷嘴后撞击基体发生塑性变形，并且以冶金结合和机械结合的形式与周围的材料粘接，从而形成固态涂层或其他形状的成形层。但是，只有当颗粒的撞击速度超过该材料在某一温度下的临界值，即临界速度，材料才能发生沉积(Li 等,2010)。图 1.1 比较了冷喷涂技术相对

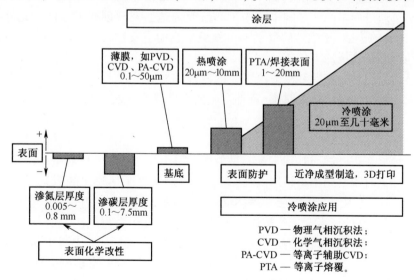

图 1.1 表面工程领域的冷喷涂技术

其他表面处理技术所能形成涂层厚度的范围,包括表面改性和其他沉积方法,可见,冷喷涂工艺覆盖了更为广泛的涂层厚度范围。

在本书随后的章节中,将进一步介绍上述细节以及冷喷涂过程中其他方面相关的问题。在本章的各小节中,我们首先回顾热喷涂和冷喷涂技术的起源、冷喷涂的优点和局限性以及冷喷涂与热喷涂的对比,然后介绍包括冷喷涂技术在内的针对特定需求和目标的表面工程方法。

1.2 起源

一项新技术的诞生往往都是通过严谨的方法研究和分析,然而,并非所有事情都是如此。从历史上看,一些偶然的发现也会诞生出新的伟大的想法,从而进一步对所观察到的现象开展重要的科学研究。这方面的例子很多,1928年亚历山大·弗莱明在研究葡萄球菌(一种引起食物中毒的细菌)的时候偶然发现了青霉素;1938年罗伊·普朗克特在研究一种新的制冷剂的时候偶然发现了聚四氟乙烯;1945年珀西·勒巴朗·斯宾塞在路过电波探测管时发现口袋里的巧克力融化了,从而发现了微波效应;1908年雅克·布兰德伯格试图将透明的保护膜用来防水时发现了玻璃纸。

新发明可能是一次纯机缘巧合的偶然事件(Walpole,1754),然而,正如路易斯·巴斯德在1854年说的那样:"在观察事物之际,机遇偏爱有准备的头脑"(Dusek,2006)。这句话表明偶然的新发现似乎是依靠运气,但实际上是因为这些科学家通过周密的计划和系统的试验研究为这些发现创造了条件。此外,正是"有准备的头脑"正确地解释了不可预见事物的重要性,创造性地类推并且建设性地运用了这样的事件。

下面介绍的热喷涂和冷喷涂工艺的发现也是这样的,因此,在科学研究中按照要求在解决关键问题的时候,意外发生的事件都不应该被忽视。

1.2.1 热喷涂

相传早在20世纪初,瑞士苏黎世的肖普博士和他的儿子扮演士兵用玩具枪向墙面开火时观察到了小铅球的变形现象,从而诞生了热喷涂的概念。由于极具眼光,肖普意识到金属涂层发展的潜力,大约在1912年,他开发了一个简单的设备,其工作原理是当金属丝被送入浓烈火焰中时,金属丝熔化并被四周的压缩气体火焰包围,熔融金属被雾化并被喷到物体的表面上,从而形成了涂层(Knight,2008)。1920年初,肖普将他的技术专利出售给一家德国喷镀公司,此后,金属喷涂的概念得到了欧洲和美国的认可,并得到了快速发展,应用在铁路、海军舰艇和坦克、运煤船甚至巴拿马运河的闸门上(Hermank,2013)。

不管什么理由,可以说,在20世纪初,肖普开创性的工作促成了金属喷涂的发现和发展,因此,热喷涂技术作为涂层制备工艺的典型代表,可以将金属材料和非金属材料在熔融或半熔融状态下制备成涂层(Davis,2004)。

第二次世界大战期间,由于军工产品需求的增加和产品服役条件的恶劣,热喷涂市场变得非常火爆。在20世纪60年代,爆炸喷涂技术得到了发展,接下来是1965年等离子喷涂技术,1973年真空等离子喷涂和1980年后的氧燃料超声速火焰喷涂(HVOF)技术。最近发展起来的新型热喷涂技术包括空气燃料超声速火焰喷涂(HVAF)、低速火焰喷涂以及悬浮液等离子喷涂(SPS)技术和溶液前驱体等离子喷涂(SPPS)技术。悬浮液等离子喷涂和溶液前驱体等离子喷涂技术被用来制备具有低导热柱状组织的热障涂层,该技术相对于电子束物理气相沉积技术更加的经济(Xie等,2006;Sampath等,2012)。

1.2.2 冷喷涂

美国航空航天局的调查研究表明,飞机在起飞或降落时,飞行的昆虫撞击到机翼上时,昆虫不仅仅是被撞碎,这些被撞的四分五裂的昆虫严重扰乱了飞机机翼上的空气层流,在飞机上产生了更多的阻力,使飞机的燃油消耗增加。因此,美国航空航天局"昆虫研究小组"在机翼表面制备了涂层并进行了飞行测试,其目的是致力于减少商用飞机机翼上昆虫的污染(Atkinson,2013)。

在上述背景下,飞机机翼上的气流主要为两相流动,气流的物理状态可能是气体和颗粒(颗粒为固体或液体)、液体和固体、液体和液体的混合物。其中,在航空器上两相气流以气体和颗粒混合物为主:①涡喷发动机的点火和稳定性在很大程度上取决于注入到燃烧室的煤油雾化后其固体液滴的动力和气化程度;②在使用固体燃料为推进剂的火箭上,固态铝微粒(直径为 $1\sim100\mu m$)数量的增加会提高气体燃烧的温度,并可以抑制燃烧室压力的不稳定,但是当燃烧室的固体燃料耗尽时,则可能会引起火箭喷管壁面的烧蚀并且使得热能的损失增加;③空气中水滴遇冷会引起飞机表面结冰,这主要取决于两相流混合物颗粒大小和相对速度(Murrone和Villedieu,2011)。

因此,鉴于两相气流对于航空器优化设计和安全运行的重要性,在20世纪80年代中期,俄罗斯西伯利亚理论与应用力学研究所的科学家进行了风洞试验,研究气流中的微粒对气流的影响以及它们之间的相互作用(Papyrin等,2007)。

然而,除了得到所需的结果之外,通过严密计划和控制风洞试验条件,西伯利亚理论与应用力学研究所还首次观察到铝微粒在超声速低温(280K)两相气

3

流的运载下以 400~450m/s 的速度沉积在基体上（Papyrin,2007）。

观察到这样的一个新现象确实是"意外之喜"，然而，正像 Papyrin 教授和他同事这样的科学家积极地为科学发现创造条件，他们成为了有准备的人。他们能够正确地识别和理解不可预见事件的重要性，通过创造性的推理，将这个偶然的发现建设性地转化为我们今天称为"冷喷涂"的工艺。

冷喷涂工艺的发现具有科学和实际的意义，这也激励了研究者进一步开展实验、更加细致地研究所观察到的现象，并建立该工艺最基本的物理原理，其研究的范畴也更加广泛，主要有实验研究、工艺建模、超声速喷嘴内部和外部的气体动力学、喷嘴的优化、超声速沉积对基体的影响、微粒的变形和结合机制、涂层性能以及设备的开发和应用等（Papyrin 等,2007）。

这些研究在俄罗斯产生了大量的初始专利；随后，冷喷涂工艺在业界广为人知并给予了高度评价，世界上的一些其他国家也提出了新的冷喷涂专利，这部分将在第 12 章详述。此后，冷喷涂工艺得到了许多企业财团的大力支持，例如在 1994—1995 年，福特汽车、通用汽车、美国通用飞机发动机集团和惠普联合技术公司以及此后 2002—2003 年美国铝业公司、ASB 工业公司、美国能源部桑迪亚国家实验室、戴姆勒·克莱斯勒公司/福特汽车公司、美国捷可勃斯夹头制造公司、市康捷公司、普拉特·惠特尼公司、普莱克斯公司和西门子·西屋公司等各行业之间形成合作和开发研究协议（Papyrin 等,2007；Irissou 等,2008）。

冷喷涂技术从发现到现在已有 20 余年，但其真正的商业开发是从 2000 年以后才开始（Irisson 等,2008）。也是从那个时候开始，关于冷喷涂研究的出版物数量成倍地增长，这也使得在该领域专利竞争非常激烈，其被重视的程度好像又回到了 20 世纪初。H. S. Thurston 申请了一项发明专利，其主要方法是使金属颗粒经过爆炸气体加压后撞击金属基体；后来在 1958 年，Rocheville 也申请了一项专利，这项专利内容实质上是 Thurston 的专利内容，其不同的是 Rocheville 的装置采用拉瓦尔喷嘴加速气体和细粉颗粒。有些时候一项专利的新颖性是有争议的，因此在 2007 年，美国最高法院做出决定限制使用不同原始专利的组合去申请新的专利（Irisson 等,2008）。关于冷喷涂技术专利的综合性情况，将在第 12 章论述。

1.3　冷喷涂的优点和局限性

像其他的材料固结技术一样，冷喷涂也有它的优点和局限性。冷喷涂最大的特性就是它是一种固态工艺，这使得冷喷涂具有许多独一无二的特性（Karthikeyan,2007）。最明显的局限性是颗粒内部的塑性变形使材料的强度和

4

延展性降低,但该特性在某些应用上却是优点(Ogawa 等,2008)。有多种方法可以表述冷喷涂的优点和局限性。下面主要从三个方面进行论述:

(1) 材料沉积的性能优点;
(2) 在制造业上的优势;
(3) 工艺的局限性。

1.3.1 材料沉积的性能优点

冷喷涂涂层的性能优点如图 1.2 所示,在第 4 章涂层性能的研究中,对冷喷涂涂层的各种相关性能做了更为详细的探索。冷喷涂涂层的许多性能是相互关联的,例如,冷喷涂的高致密性、低孔隙率、无氧化等特性可以最大限度地提高涂层的导热性和导电性,而且随着腐蚀环境的变化,还有可能提高涂层的耐腐蚀性。

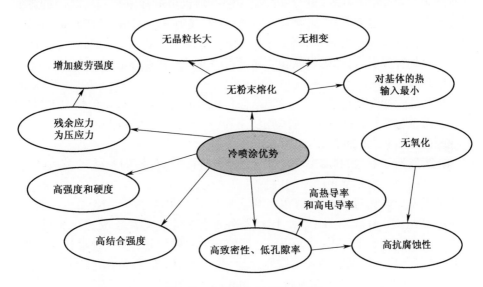

图 1.2　冷喷涂涂层的性能优点

1.3.1.1　无粉末熔化

从物理学上讲,冷喷涂与传统热喷涂最大的区别就是冷喷涂的材料固结过程是完全以固态的形式发生(Papyrin,2007),这一过程需要足够的冲击能(即颗粒有足够大的速度)使颗粒快速发生塑性变形,从而使固体颗粒相互结合。因此,为了在拉瓦尔喷嘴内达到比较高的气流速度,携带粉末颗粒的压缩气体通常要经过预热,然而,实际上喷射颗粒与热气流的接触时间非常短,当预热温度达到1000℃或更高时,压缩气体在喷嘴出口处扩散并迅速地冷却,颗粒的温度大

幅低于初始气体预热温度,因此也低于喷涂材料的熔化温度(Grujicic 等,
2003)。

1.3.1.2 无晶粒长大

在其他材料固结工艺中,如粉末冶金和传统的热喷涂工艺,许多情况下不希望发生晶粒再结晶和粗化(Kim 等,2005)。而在冷喷涂过程中,材料的净热输入相当低,大范围的晶粒生长和再结晶通常不会发生,这对于保留我们所需要的原材料力学和物理性能非常有益,如疲劳强度在很大程度上就取决于涂层的显微组织和晶粒尺寸(Ghelichi 等,2012)。在冷喷涂工艺中,喷涂后固结材料的晶粒组织仍然是以等轴晶为主,这与传统的热喷涂后晶粒组织为薄片状有所区别。一些报道甚至认为涂层细晶组织的极限抗拉强度和硬度要高于材料发生等效变形后的强度和硬度,其主要原因是冷喷涂过程中发生了高度的塑性变形(Karthikeyan,2007;Phani 等,2007;Koivuluoto 等,2008;Al-Mangour 等,2013)。从更微观的角度讲,冷喷涂过程中快速塑性变形也可能导致在颗粒之间的界面形成纳米晶区,这对冷喷涂涂层的力学性能又有进一步的影响(Jahedi 等,2013)。总之,冷喷涂技术的低温固态过程使得该技术在制备对温度敏感的涂层材料更具有吸引力,如纳米晶和非晶材料(Kim 等,2005;Karthikeyan,2007)。

1.3.1.3 无相变

材料的性能受其化学性质、微观结构和相组成的影响。大多数情况下,材料的性能通过材料加工的工艺设计确定,在某些时候,材料的高温相变也影响材料的性能(Melendez 和 McDonald,2003)。

在高温条件下,如等离子喷涂工艺,熔融的材料(包括陶瓷材料)在从喷枪飞行到基板上这段非常短的时间内就可以发生相变反应。例如,NiAl 合金粉末在等离子喷涂沉积过程中就可以发生各种形式的相变,产生 Ni、α-Ni、NiAl、Ni_2Al_3、$NiAl_3$ 和 Al 相。Al_2O_3 和 TiO_2 陶瓷混合粉末在等离子喷涂沉积过程中可以产生富含 TiO_2 的 Al_2O_3 沉积层。即使在低温喷涂过程中,例如 HVOF,WC 和 Co 的混合粉末也经常会发生脱碳反应,生成 W_2C、W 和 WO_3 等不利于涂层性能的产物(Kim 等,2005;Melendez 和 McDonald,2013)。

在冷喷涂过程中,由热诱导的相变是可以避免的。研究人员已经使用冷喷涂技术来固结碳化钨粉末。通过 X 射线衍射分析已经证实,冷喷涂不会引起化学成分、相组成和晶粒结构的变化。然而,另一个经典的事实是在冷喷涂过程中,纳米晶组织可以保存下来,从而使材料获得优异的力学性能(Smith,2007)(图 1.3)。目前,冷喷涂工艺已经成功地应用到纳米粉末材料固结,而且不破坏纳米组织的细晶粒结构(Karthikeyan,2007)。

1.3.1.4 对基体的热输入最小

在高强度钢基体上修复损伤的离子气相沉积铝合金涂层时,例如 300M 钢、

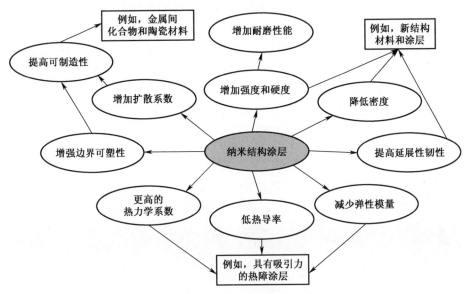

图 1.3　冷喷涂纳米结构涂层的优点

4340 钢或 4130 钢,要求质量分数 99% 以上为铝涂层,并且涂层制备工艺要保证基体温度不能升高 204℃。由于冷喷涂的低温特性,冷喷涂已经成为了非常理想的修复离子气相沉积薄镀层的工艺手段。已经证实,在冷喷涂工艺过程中,薄钢板(1mm 厚)背面的温度不会超过 120℃(Gaydos,2011)。除了可以修复离子气相沉积涂层之外,冷喷涂工艺也可以用来修复损伤的铝板、磁控溅射铝涂层、化学气相沉积铝涂层和液相等离子铝涂层(Gaydos,2011)。此外,冷喷涂可以用来喷涂任何温度敏感材料,例如镁、纳米结构材料、非晶材料、碳化物复合材料和许多聚合物。依据研究人员的结果,除了需要采用传统热喷涂高温工艺的材料之外,冷喷涂技术几乎可适用于 70% 的材料(Kaye 和 Thyer,2006)。

1.3.1.5　无氧化

喷涂过程中的氧化行为成为限制传统热喷涂技术发展的主要原因之一,颗粒在飞行过程中的氧化导致了涂层内部含有氧化夹杂,后续的氧化行为在沉积层之间形成了表面氧化层(Gan 和 Berndt,2013)。低成本的喷涂工艺,例如等离子喷涂和电弧喷涂,其涂层中的氧化和孔隙率比 HVOF 要大得多(Gan 和 Berndt,2013)。在 HVOF 工艺过程中,总的来说,颗粒的速度增加可以提高粒子的变形程度和降低孔隙率,但是对氧化行为没有任何作用(Hanson 和 Settles,2003)。当喷涂氧化敏感材料时,例如喷涂铝、铜、镁、钛等,绝对不允许产生氧化物,因为极其少量的氧化物都会降低涂层的物理性能(Smith,2007)。一个典型的例子是 600 镍基合金,该合金用于核工业热交换器上,其最典型的失效模式是发生应力腐蚀裂纹,而发生应力腐蚀失效最直接的原因就是晶粒边界存在富含 Fe^- 和 Cr^- 的氧化膜(Dugdale 等,2013)。

在冷喷涂粒子撞击表面的过程中,覆盖在金属表面的氧化膜被打碎,高速气流去除了表面的氧化物,使裸露的表面高度清洁以利于后续的颗粒的结合。实际上,已经证实冷喷涂涂层的氧化物含量与初始粉末材料的氧化物含量相同或者更低(Karthikeyan,2007)。图 1.4 给出了传统的热喷涂工艺和冷喷涂涂层的孔隙率、氧化物含量以及铜、锡和铝的热性能对比。

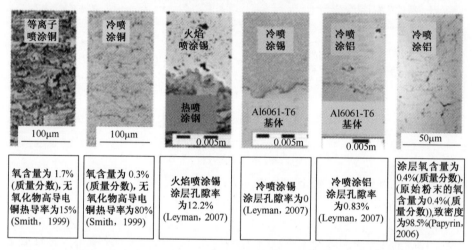

图 1.4 热喷涂和冷喷涂涂层的孔隙率、氧化物含量以及氧含量不同时热性能的对比

冷喷涂能够减少,而非增加,涂层中氧化物含量的特性使其在很多令人兴奋的未来应用领域极具吸引力。一个典型的应用是金属间化合物涂层,如铁铝基金属间化合物合金,该合金在温度升高的高氧化和高硫化氛围中具有优越的力学性能和耐腐蚀性。这类材料(密度为 5.56g/cm³)比钢和镍基合金更轻,具有高熔点、高蠕变强度和优越的导热性,并且价格相对低廉。由于其优越的性能,这类金属合金被认为可以替代不锈钢和镍基高温合金应用在高温领域(Wang 等,2008)。铁铝基金属合金在低温条件下延展率较低,其他力学性能在温度高于 600℃时整体下降。等离子喷涂、HVOF、电弧喷涂或火焰喷涂等热喷涂工艺一直被用来喷涂铁铝基合金作为碳钢的耐腐蚀防护涂层。然而,由于铝和铁的熔点相差较大以及铁铝基金属间化合物形成过程中的放热现象,最终形成的涂层氧化物含量较高而导致耐腐蚀性下降,并产生其他问题。铁铝基合金的冷喷涂可以采用铁铝混合粉末,喷涂后通过退火处理可以诱导 Fe(Al) 固溶体完全转变为铁铝基金属间化合物(Wang 等,2008)。其他的混合粉末,例如 Al/Ni、Al/Ti、W/Cu、Zn/Al、Ti/Al 和 Ni/Al 混合粉末也可以通过冷喷涂以及退火形成

致密均匀分散分布的金属间化合物(Wang 等,2008;Lee 等,2010)。

1.3.1.6　高致密度和低孔隙率

　　热喷涂涂层表面区域为典型层状结构,层与层之间并没有很好地结合在一起,从而产生许多微米大小的孔隙(Dong 等,2013)。高的孔隙率会引起涂层的腐蚀,例如,火焰喷涂和电弧喷涂的孔隙率为 5%～15%,等离子喷涂的孔隙率为 3%～8%(Maev 和 Leshchynsky,2008)。

　　冷喷涂是一种无飞溅的固态工艺过程。当粒子以高于临界速度的冲击速度撞击基板时发生高应变率的塑性变形,粒子之间发生结合(这部分在第 2 章详述)。高应变率变形在界面处产生额外的热量,这可能会导致界面产生金属气相喷射。这种喷射在颗粒之间的界面上产生了"气相沉积"的效果,气相沉积填充存在的孔隙和缝隙。已经证实,冷喷涂可以被看作是一个颗粒和微观气相沉积工艺的组合。最重要的是,后续的沉积层都对前一层涂层有夯实作用,从而增加涂层的密度。在冷喷涂过程中所有这些现象使得涂层接近理论密度(Papyrin,2006)。此外,喷涂后采用热处理工艺,比如退火工艺,可以使孔隙、层间边界、裂纹闭合从而使涂层强化并使致密度接近理想水平(Chavan 等,2013)(图 1.4)。

1.3.1.7　高导热性和导电性

　　材料的导电性与材料密度和氧化物含量相关,因此,涂层的导电性是衡量涂层质量性能的重要指标(Koivuluoto 等,2012)。铜在商业应用上具有优越的导电性和热传导性,因此,铜成为当今世界工业化的一种关键的材料(Phani 等,2007)。已经证实,在等离子喷涂铜涂层过程中,存在的氧化物使沉积层的导电性相对于无氧化物高导电铜时下降至 15%,而致密的冷喷涂铜涂层的导电性要大于无氧化物高导电性铜的 85%(Smith,2007;Karthikeyan,2007)。采用传统的热喷涂技术制备铜涂层时,导电性只能达到无氧化物高导电铜涂层的 40%～63%。如果工艺允许,冷喷涂涂层经退火处理后通过致密化处理和再结晶过程,可进一步提高其导电性能(Phani 等,2007;Koivuluoto 等,2012)。

　　图 1.5 所示为采用上游送粉(高压)和下游送粉(低压)两种不同冷喷涂系统得到的铜涂层电导率对比。通过四点探针电阻测量法测量以下 4 种不同条件制备的铜涂层的国际通用退火标准值,四种不同的制备条件分别是(c_1)常温下在钢上喷涂铜,(c_2)400℃时在钢上喷涂铜,(c_3)常温下在陶瓷上喷涂铜,(c_4)280℃ 时在陶瓷上喷涂铜(Koivuluoto 等,2012;Donner 等,2011)。

　　采用上游送粉(高压)冷喷涂系统制备的铜涂层比采用下游送粉(低压)冷喷涂系统制备的铜涂层具有更高的导电性,然而,当使用下游送粉(低压)冷喷涂系统喷涂混合粉末时,例如喷涂 Cu+Al$_2$O$_3$ 混合粉末时,涂层可以致密地结合使得涂层的导电性满足大多数的导电性应用。涂层中加入 Al$_2$O$_3$ 颗粒的主要作用是使前面的沉积层活化(清洁和提高粗糙度)并夯实已沉积的涂层,从而制备出高密度低氧化物含量的涂层,涂层之间更加容易粘结,喷涂颗粒撞击新鲜的表面并可以更好地粘结在表面上。

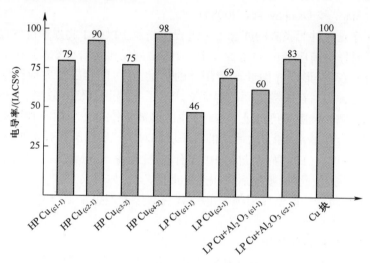

图 1.5　冷喷涂铜涂层的导电性
IACS—铜的国际退火标准;HP—高气压;LP—低气压。

1.3.1.8　结合强度

涂层与基体的结合强度以及涂层的内聚强度是决定涂层能否在相关领域应用的一项关键指标(Huang 和 Fukanvma,2012)。冷喷涂涂层的力学性能及其他性能将在4章讨论。通常来讲,平均结合强度/粘结强度的测定是通过在圆柱形拉伸试样顶端喷涂涂层,确定喷涂面积,然后在涂层上涂胶粘接到各自的反面,最后在拉伸试验机上进行拉伸失效试验。采用该方法可以测定材料与基体的结合强度和涂层的内聚强度。在其他情况下,当加入陶瓷颗粒时,比如纯铝加入Al$_2$O$_3$ 时,能显著提高涂层的结合强度和内聚强度。另外一种情况是,当结合强度大于胶水的粘接强度时,测试结果受胶水强度的限制而变得不准确。为了避免这种情况,一些研究者开始尝试其他的测试方法,这也表明冷喷涂涂层显示出了更高的结合强度,一些铝合金涂层的结合强度可达到 250MPa(Karthikeyan,2007)。

1.3.1.9　残余应力为压应力

普遍认为,表面拉应力的存在可能会导致微裂纹的形成和扩散,这可能会加速疲劳失效。由于颗粒在熔化和凝固过程中的热膨胀和收缩,热喷涂涂层可能产生表面残余拉应力。冷喷涂工艺的一个明显特征是表面产生残余压应力而不是拉压力。压应力对疲劳寿命有相反的影响。由于本课题的重要性,在第5章将全面探讨冷喷涂过程中残余应力的形成。

通过建模和实验已经证明,冷喷涂过程中可以产生我们所希望的表面压应力,可以提高某些材料的疲劳寿命。例如,在5052铝合金基体上冷喷涂7075铝合金粉末时,采用低压冷喷涂系统时,疲劳寿命可以提高近30%。Shayegan等(2014)的研究表明在AZ31B镁基体上冷喷涂铝合金涂层时,疲劳寿命可以提高10%。Maev和Leshchynsky(2007)的研究表明,冷喷涂过程中残余应力的产生也有助于制备厚度大、结合良好的涂层,并可在接近室温条件下近净成形制造金属、复合材料和聚合物材料部件。

1.3.1.10 耐腐蚀性

传统的热喷涂工艺如火焰喷涂、双丝电弧喷涂、大气等离子喷涂(APS)可以在钢和其他材料表面沉积铝合金涂层起到防腐蚀的作用。虽然上述工艺的成本要比冷喷涂更经济,但是严重的氧化、相变和高孔隙率使得涂层的耐腐蚀性相对更为致密的冷喷涂涂层较差,在苛刻的服役环境下,腐蚀性能会更差。(Villafuerte 和 Zheng,2007)。

冷喷涂涂层的高致密性、单一的相结构和组织均匀性使涂层具有优异的抗腐蚀性。因此,冷喷涂已成为实际应用中局部腐蚀修复与腐蚀防护首选的工艺方法,许多应用除了冷喷涂之外没有其他技术可以应用,这些工业应用包括飞机以及汽车镁合金铸件的修复与防护(Villafuerte 和 Zheng,2011;Suo 等,2012)。

Al-Mangour 等(2013)尝试将316L不锈钢颗粒和L605钴铬合金颗粒混合,L605钴铬合金较316L不锈钢具有更好的耐蚀性,但是单独制备L605钴铬涂层难度较大,研究表明,冷喷涂工艺可以将316L不锈钢和L605钴铬合金颗粒混合物(67% 316L-33 % L605)制备涂层,经热处理后,该材料的耐腐蚀性和力学性能均优于316L不锈钢,因此,该类材料很可能成为一种新的金属生物材料(Al-Mangour 等,2013)。

1.3.2 在制造业上的优势

通常,新技术的开发、被接受和最终应用与工业实际问题的需求成比例(Dorfman 和 Sharma,2013)。目前,冷喷涂技术也成为再制造的工艺手段;如今的形势迫切需要我们减少制造业对环境的负面影响,如资源过度开发、垃圾处理、污染环境和温室气体的排放。冷喷涂的优点是更加环保,可以替代一些高污染的技术,如电镀、焊接、涂装等(Grujicic 等,2003)。

1.3.2.1 无需遮蔽处理

在传统的热喷涂工艺中,加热后的微粒超出喷涂范围会粘附在喷涂件以外的部位,因此,对非目标件进行遮蔽是必要的一道工序。通常,遮蔽是由手工完成,大大增加了制造成本(Smith,2007)。例如,涡轮机叶片的维修和组装规范要求叶片在装到主机上的时候,每个叶片都需要制备耐磨铝基封严层,这样可以最大限度地减少间隙,否则,将导致热效率损失。传统的热喷涂工艺需要大量的遮蔽保护喷涂叶片以外的部分,但这也意味着成本的增加(SST,2014)。

在其他工业应用上,如电气电路和导热体的表面要求制备带图案的涂层,冷喷涂是非常理想的一种工艺过程,该工艺可以在无遮蔽处理下直接喷涂定义好的图案涂层。冷喷涂轨迹的宽度是由喷嘴的出口直径所控制,目前,许多应用要求喷涂的轨迹要比标准喷嘴直径还要窄(Wielage等,2010)。在实践中,喷嘴可以进行修改,通过将喷嘴横截面挤压成细长的矩形,使截面的横边比纵边明显缩小 1~2mm(Karthikeyan,2007)。这种几何形状的变化并不会显著地影响粒子的速度(Sova等,2013)。随着时代向前发展,冷喷涂应用在增材制造上可能性也越来越大,因此,为了达到更高的形状分辨率,需要开发尺寸更小的喷嘴使喷涂的轨迹更小。

1.3.2.2 涂层和基体组合的灵活性

冷喷涂技术已经实现了多种涂层材料和基体材料的组合。例如:在镍基体表面喷涂 Al(Lee等,2008);在 304 不锈钢、6061 铝合金和铜基体表面喷涂 Al-10Sn 和 Al-20Sn(Ning等,2008);在铝质内燃机活塞头表面上喷涂 Al-5Fe-V-Si 铝合金(Berube等,2012);在钢基体表面喷涂 Cu+Al$_2$O$_3$ 混合粉末(Koivuluoto和 Vuoristo,2010);在不锈钢和铝基体上喷涂 Mg 粉末;在钢和铝基体表面喷涂 Al + SiC 和 Ti + SiC 混合粉末;或者在碳纤维增强聚合物基复合材料上喷涂铝和铝/铜双金属涂层(PMC)(Zhou等,2011)。由于冷喷涂的结合方式是机械嵌合和冶金结合的组合形式,所以基体材质并不重要,涂层材料和基体材料可以组成数量相当多的组合。

1.3.2.3 联结不同的材料

将异种材料集成到产品上使之具有优异的性能,这为探索新的制造方法提供了强大动力。例如,在铝合金基体上熔覆铁基合金可以提高其耐磨性。然而,传统熔覆工艺的热输入会产生一些不良的金属间化合物相,如在界面会产生 FeAl、Fe$_3$Al、Fe$_2$Al 和 Fe$_2$Al$_5$,这些金属化合物在冷却时会诱导产生裂纹失效(Wilden等,2008)。另一个实例是,钢基体需要腐蚀防护,通常使用双丝电弧喷涂工艺在钢表面沉积铝涂层,该方法虽然很常用,但其缺点是,涂层存在的孔隙相互连接形成了相互贯通的路径,使涂层内部腐蚀性电解质到达钢基体中从而引起腐蚀(Esfahani 等,2012)。这种腐蚀行为在火焰喷涂、超声速火焰喷涂和等离子喷涂涂层都可以观察到(Esfahani 等,2012)。

由于冷喷涂工艺的低温和高速特性,冷喷涂工艺可以在多种材料上制备致密的沉积层,如可以在铝、铜、镍、316L 不锈钢和 T64 等不同的基体上制备涂层。金属材料(如铝和铜)可直接冷喷涂到光滑无预处理的玻璃表面(Dykhuizen 和Smith,1998)和一些聚合物表面(Lupoi 和 O′Neill,2010);反之,许多高分子材料(如聚乙烯)也可以喷涂到 7075 铝合金基体表面。因此,可以混合多种类别材料的特性,使得冷喷涂成为根据顾客的需求制备工程用金属基复合材料和单一成分的材料非常理想的工艺方法(Karthikeyan,2004)。

1.3.2.4　超厚涂层

当采用常规的热喷涂制备厚涂层时,随着厚度的增加,在表面形成了渐进积累的拉应力,这使得结合强度逐渐降低。最终,累积增加的拉压力克服阻力就会造成涂层的自然剥落或材料的分层剥离(Karthikeyan,2007)。和热喷涂过程不同,冷喷涂涂层在表面产生的是压应力,因此可以最大限度地减少或消除热喷涂涂层制备过程中应力沿厚度梯度。

1.3.2.5　沉积效率

本书后面的章节中将阐述沉积效率,沉积效率的定义为沉积在基板上的粉末与喷涂所用粉末的重量百分比(Schmidt 等,2009)。沉积效率高不一定代表具有好的喷涂性,比如,一些材料很容易沉积,但是沉积层的性能很差,如高孔隙率和较低的结合强度。沉积效率不仅与颗粒和基体的表面状态相关,而且与喷涂的动能和冲击速度有关。通常,采用高的冲击速度可以获得高沉积效率,例如,当沉积铜或铝合金时,沉积效率可达到 95% 以上。高冲击速度可以通过氦气在高温高压下产生,然而,这也需要非常高的成本,这部分在第 11 章中介绍。相反,在较低的冲击速度条件下,高沉积效率也可以通过控制喷涂粉末特性获得。沉积效率主要是从材料成本的角度考虑,这取决于所要喷涂的材料。然而,在大多数情况下,更重要的考虑是从卫生和安全的角度出发,沉积效率与废金属粉末的正确回收方式和处理成本相关,这部分将在第 9 章做详细解释。

1.3.2.6　环保、健康、安全

现已证明,六价铬是危害人类健康的致癌物,HVOF 技术对人类更加健康,用户采用 HVOF 技术喷涂碳化钨来取代传统的电镀铬工艺。由于冷喷涂工艺无有害气体、不易燃、无火花和无火焰,因此,从卫生和安全的立场出发冷喷涂更值得推广。事实上,冷喷涂 WC-Co 涂层已经开始应用来替代硬铬电镀(EHC)工艺(Ang 等,2012)。

在其他高风险行业中,下游送粉便携式冷喷涂已经被证实可以远程修复核

反应堆中重水铝容器腐蚀损伤。冷喷涂技术也被证实可以可靠地应用于处置核燃料废物的铸铁罐的厚铜涂层(Irissou等,2012)。

冷喷涂在医用抗菌表面的应用也变得越来越有趣,这部分将在第10章描述。铜的抗菌作用已得到证实,冷喷涂在大多数表面上可以沉积致密的铜涂层,这样的能力进一步引发了研究人员对冷喷涂的兴趣。一些人建议在冷喷涂过程中使用孕育剂,如加入耐甲氧西林金黄色葡萄球菌(MRSA)后使除菌效率较传统工艺提高3倍,这使得冷喷涂在食品加工、医疗保健和空调应用中成为一种热门的工艺方法(Champagne和Helfritch,2013)。

然而,像其他包括热喷涂在内的工艺一样,冷喷涂技术也带来了一些潜在的环境、健康和安全风险,主要是废弃粉末的处理以及噪声的污染。废粉回收和处置将在第9章详细阐述。

1.3.3 工艺的局限性

与任何其他材料加工技术一样,冷喷涂工艺有其自身的局限性,这主要取决于观察的角度,其局限性如下面所讨论。

1.3.3.1 无延展性

冷喷涂工艺的主要缺点是由于颗粒不可避免地发生塑性变形,从而使涂层失去延展性。Ogawa等(2008)的一项研究表明纯铝合金A1050的冷轧板表面冷喷涂铝涂层的弹性模量始终高于冷轧铝基板对应的弹性模量,在拉应力作用下出现早期开裂的迹象。当施加压缩载荷时,冷喷涂铝涂层没有出现开裂迹象,涂层相对于铝基体呈现出较高的强度。一个现象是退火后的冷喷涂试样相对于未经退火处理的试样在温度低至270℃时更容易恢复其延展性,这是由于冷喷涂材料发生塑性变形时产生大量的储存能量,当材料被加热时,材料发生再结晶和固结。

1.3.3.2 可喷涂材料的局限性

大多数传统的热喷涂工艺可以喷涂的材料种类比较广泛,从金属到陶瓷都可以喷涂,而冷喷涂则不同,以其目前的发展水平,冷喷涂工艺可以沉积的材料种类是有限的,只能喷涂在低温条件下具有延展性的金属或混合物。可喷涂的主要金属有Al、Cu、Ni、Ti、Ag、Zn(Champagne,2007)以及这些金属和其他无塑性的陶瓷混合物,包括Al-Al$_2$O$_3$混合物(Irissou等,2007)、WC-12Co和Ni的混合物、WC-Co和Cu或Al的混合物、Al-12Si混合物(Yandouzi等,2009)。

多年来,研究人员开展了大量的研究试图扩大冷喷涂的材料范围。尝试的例子包括在Ni-Cr基高温合金表面喷涂Al-Ni金属间化合物(IMC)(Lee等,2010)、SiC无金属基结合剂以提高合金的抗高温氧化性(Seo等,2012);这其中

14

许多工艺是不可能使用传统的热喷涂进行。

1.3.3.3 基体材料具有高硬度

在冷喷涂工艺中,基材必须足够硬(相对于喷涂材料)才能使得喷涂颗粒发生足够的塑性变形,从而结合良好(Karthikeyan,2007)。一种情况是不能形成沉积层的基体十分柔软(如聚乙烯),会导致入射的粒子撞击表面不能形成凹坑,从而不能沉积成形。另一种情况是基体为非常易碎的分层结构(如碳),入射粒子很可能引起侵蚀。因此,基材必须是有弹性或良好的支撑涂层形成能力。

1.3.3.4 气体的消耗

冷喷涂的气体消耗远高于许多热喷涂工艺,主要是因为驱动颗粒需要高速度和高流量的运载气体。氦气、氮气和纯空气是主要的运载气体,其主要的区别是密度;氦是最理想的气体,可以产生较高的气流速度及具有惰性。高的气流速度使得沉积质量和沉积效率更好。但是,氦是最昂贵和稀有的气体,因此,氦气只限于在一些特殊领域应用。在这种情况下,氦气的回收再利用是非常必要的,但是这也提高了冷喷涂操作的复杂性(Champagne,2007)。

因此,在过去的几年中,针对所有的冷喷涂设备和喷涂材料,开发使用氮气或空气作为运载气体的工艺已经成为发展的主要趋势。冷喷涂主要的条件范围包括氮气的温度,在70atm下最高可以达到1000℃,这部分将在第6章进一步阐述。当喷涂低温塑性较差的材料时,必须采用高温工艺参数,包括镍基高温合金、钛合金、不锈钢和钽。在此条件下,包括气体消耗在内的资本和操作成本,都是非常得高,所以,各种应用应当适用于冷喷涂工艺。因此,对特殊冷喷涂系统的构建也应基于预期应用的工艺和操作需求。

1.3.3.5 直线过程沉积

与电镀、物理气相沉积、化学气相沉积工艺不同,冷喷涂和所有的热喷涂工艺一样,其工艺过程是一个直线沉积过程(Davis,2004)。因此,如不经过特别设计的喷嘴,很难将材料喷涂到零件的内表面和管道的内壁上。与传统的热喷涂不同,冷喷涂时喷涂距离(喷枪与基体之间的距离)大约是10mm,远小于热喷涂时的距离。因此,冷喷涂更容易设计出适用于内孔腔的喷嘴组件,否则,对于部件的内部结构将无法进行喷涂。在本书的撰稿过程中,商用冷喷涂设备制造商已经能够设计制造出90°的喷嘴结构,能够在直径为90mm的内部结构中喷涂材料。

1.3.3.6 缺乏应用标准和规范

在撰写本书的时候,在公共领域冷喷涂只有一个标准规范,即 MIL - STD - 3021(美国陆军研究实验室制定)。然而,有许多公司已经有自己的内部冷喷涂规范或正在制定的过程中。这些已制订的标准和规范大多都是应用在航空航天和交通运输领域中。

1.4　冷喷涂和热喷涂的对比

　　本章的前几节在参考实际应用的基础上,以简洁的方式概述了冷喷涂的优点和局限性。热喷涂适用于大多数的材料,其涂层具有广泛的商业应用。装备零部件由于服役的条件不同,通常都是受磨损、应力和腐蚀综合影响,其表面性能和要求差异也很大。因此,不是所有的热喷涂工艺适合一种应用;另一方面,喷涂方法的多样性也有助于满足多样性的需求。对于指定的应用,应用方的具体角色就是尽可能找出适合的热喷涂工艺满足技术、经济、环境等多方面的需求(Sulzer Metco,2014)。

　　在本节中,我们比较冷喷涂技术和热喷涂工艺过程。为了形象地比较差异和相似之处,请参阅图1.6。此图显示了几种热喷涂工艺和冷喷涂工艺相对应的火焰温度(或电弧温度)、粒子速度和基体温度(图的右边第三轴)。

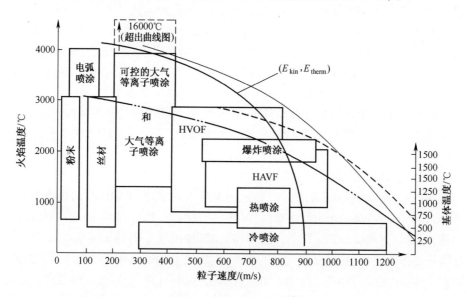

图 1.6　冷喷涂与热喷涂
HVOF—超声速氧燃料火焰喷涂;HVAF—超声速空气燃料火焰喷涂。

1.4.1　新旧对比

　　热喷涂作为一种成熟的喷涂工艺从出现到现在已经有一百年历史,在过去的几十年间,热喷涂和物理气相沉积技术、堆焊都已经成为先进的表面工程技术之一,热喷涂在工业涂层上的应用估值已经超过了 6.5 万亿美元(Dorfman 和

16

Sharma,2013)。冷喷涂技术是一种相对较新的材料固化技术,其在商业上应用仅有 20 年(Smith,2007)。冷喷涂技术主要是应用在传统的金属热喷涂技术不能成功应用的领域(Champagne,2007),可以消除高温的不利影响,是冷喷涂技术的独特优势之一。

1.4.2 能量来源

为了使材料固结,所有的喷涂过程(包括冷喷涂)都需要热能和动能,如火焰、电弧、激光束或通过加热压缩气体(氮气、空气、氦气)。为了获得高质量的涂层,需要将热能和动能转移到喷涂粒子上,通过热能熔化或软化喷涂材料(Klassen,2014)。通过动能赋予粒子速度,从而使涂层具有高致密度和结合强度。

不同的喷涂工艺所释放的热能通过传播转化为另外一种能量。当转移的能量被涂层材料吸收,它不再是热能,而是转化为动能,最终成为涂层材料总内能的一部分(Nahle,2009)。喷涂颗粒的高热能和高动能是否有利于涂层材料的固结主要取决于喷涂材料的性质和所需沉积层的性能。等离子喷涂是常用的喷涂氧化物和陶瓷材料的方法,该技术采用极高温和相对低的颗粒(或液滴)动能实现陶瓷涂层的制备。HVOF 涵盖了更加广泛的热能和功能工艺参数范围,能够制备致密的涂层。颗粒撞击基体的温度和速度受气体温度、密度、压力以及暴露在气体中的时间和粒子质量的影响。冷喷涂更多的是利用粒子的动能而不是热能来制备涂层(Schmidt 等,2009)。该工艺非常适合低温条件下喷涂塑性较好的材料,可以使颗粒之间能够更好地结合,这部分将在 2 章中详细讨论。同时,低温工艺使冷喷涂非常适用于镁、聚合物、纳米结构、非晶等对温度比较敏感的材料,包括碳化物复合材料等。

1.4.3 氧化和孔隙率

喷涂工艺应当避免在高温条件下进行,主要原因是当载体气体具有氧化性时,受热或熔融粒子在飞行过程中与氧化气体发生反应,从而导致氧化夹杂和气孔的形成。例如,在燃烧过程中,喷涂的温度越高,氧化的程度越高,颗粒在火焰中的时间越长,颗粒氧化的程度也越高(Klassen,2014)。

热喷涂工艺的高孔隙率显著降低了涂层的耐腐蚀性能、力学性能、导电性和导热性(Smith,2007;Champagne,2007;Maer 和 Leshchynsky,2008),许多热喷涂工艺应用范围受到局限。除了 HVOF 涂层的致密度可以达到 99.5%以外,其他热喷涂如火焰喷涂和电弧喷涂涂层的孔隙率均比较高。此外,大气等离子喷涂层的孔隙率为 1%~2%。可控气氛等离子喷涂的涂层致密度可以达到 100%

(Sulzer Metco,2014)。

由于具有较低的工艺温度,冷喷涂工艺具有防止氧化物形成的优点,研究表明,冷喷涂涂层的氧含量甚至低于喷涂过程和基体材料的氧含量。因此,冷喷涂可以解决氧敏感材料沉积过程中的氧化问题,如铝、铜、钛等材料。

1.4.4 固态:无相变

冷喷涂工艺的固态无相变是该工艺的另一个典型的重要特征(Smith,2007;Papyrim,2007)。在冷喷涂工艺条件下,首先,可以避免由热诱导的相变或将相变程度控制到最小。其次,喷涂后喷涂材料的原有特性可以保留,这使得冷喷涂在喷涂热敏感材料时特别具有优势,如喷涂纳米粉末(Karthikeyan,2007)。另一方面,传统的热喷涂工艺,如等离子喷涂、HVOF 和 HVAF,对涂层和基体材料产生热输入,可能导致相变或引起翘曲和变形。为了避免过热,通常使用一些冷却介质,包括使用二氧化碳、压缩空气或将氮气混合到燃烧气体,但这在冷喷涂工艺中是不需要的。

在喷嘴中获得更高的气流速度非常重要,因此,在喷嘴的扩散段对压缩气体进行预热十分必要。虽然预热温度可能达到 1000℃,但由于喷涂颗粒与热气体接触时间比较短,气体在喷嘴的扩散段膨胀时迅速冷却,颗粒的温度仍低于原材料的熔融温度(Grujicie 等,2003)。

热喷涂的经济性和冷喷涂有很大的不同,这取决于许多因素,关键成本要素包括气体的消耗、设备的消耗和其他耗材的成本(Davis,2004)。这部分将在第11 章进行进一步解释。与传统的热喷涂工艺相比,冷喷涂工艺具有的优点是设备简单,工艺过程易于控制。过程控制主要通过监测气体压力和调节温度实现,为优化工艺过程并实现最佳的涂层质量,喷涂材料、粉末尺寸范围和喷嘴类型等参数必须精确地控制(Schmidt 等,2009)。

1.5 表面过程的复杂性

一直以来,复杂性被认为是一个问题、一种方法或一种方案的内在属性(Szyperski 等,2002),任何一个单独的形式、技术或工具都不能在所有的情况下同时解决所有的问题(Kusiak,2000)。因此,新的跨学科领域的复杂系统跨越所有传统的学科,研究系统的各部分如何产生系统的集体行为,以及系统如何与环境交互影响(Bar-Yam,2003)。所以,在现代生活中,有许多复杂的系统,我们也应该认识到,冷喷涂是一个将相关准则、理论、技术、系统和工艺综合在一起的技术体系。

许多工程结构在高温、高压、大应力、氧化、腐蚀以及在有诱导腐蚀的微粒的环境中服役（Bose，2007）。换句话说，所有这些制备零部件的材料，无论是在表面或是内部，暴露在这样的环境中都会发生损伤。

腐蚀、氧化、磨损、微动腐蚀等表面损伤，影响零件的表面粗糙度和尺寸的完整性。当装备日常维护保养不到位时，裂纹、凹坑或微动磨损等表面损伤会引起疲劳失效，从而影响零部件的正常运转。老化、蠕变和疲劳等内部损伤，可能会影响高承力部件微观组织，从而降低零部件的强度。内部损伤的积累可能引发缺陷，最终导致零部件失效，这是表面损伤和内部损伤共同的特性（Nato，2000）。

工业产品的来源数量呈现出多样性，同时影响终端用户维修或更换失效零件的能力。出现这种现象的原因主要有零部件备件的不可用、原厂商支持减少以及技术的快速发展和淘汰。

鉴于上述情况，应当通过设计基体和表面材料体系构成一个功能梯度材料系统，从而使产品具有高的性价比并使产品本身的性能得到提高（Bruzzone等，2008）。因此，需要设计一个跨学科的表面工程方法来解决上述的问题，并依据产品的质量、性能和生命周期成本，提供差异化的解决方法。该方法模型如图1.7所示。图1.7中模型是从与顾客的沟通开始，它是一个螺旋式的演变过程，模型中，首先确定和定义基本问题范畴。其次，规划和风险分析为项目计划奠定基础，设计和开发一个新的目标导向，相关的技术应遵循如下的迭代路径。设计和制备目标金属涂层的特征需求是必须进行分析并优先对待。例如：①耐腐蚀和氧化的涂层应当是热力学稳定的，具有厚度均匀的表面氧化膜，而且表面

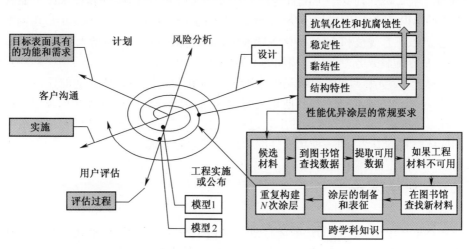

图 1.7　目标导向的表面开发模型流程周期图

氧化膜的增长速度比较缓慢;②性能稳定的涂层内部应当没有影响其性能的相变,相变在常温下通过界面时有一个比较低的扩散速率,而且脆性相的形成最少;③与基体结合良好的涂层要求材料与基体有良好的粘附力,涂层/基体的性能匹配以减少热应力,并且使生长应力最小;④涂层结构特性必须能承受与服役条件相关的蠕变、疲劳、冲击加载而且表面无功能失效(Bruzzone 等,2008)。

由于开发新涂层和改善涂层目标性能的复杂性,这是一个反复的过程,也就是说解决一个问题之后,可能会出现另外一个问题。基于以往的经验,这个过程会出现一些新的问题,包括概念的完善、设计的改进和新的制造工艺。只有这种整合各个学科的方法才能够认识和控制表面现象,特别是在微纳米尺度这种方法更加重要。

此外,过程建模是一种能够很好地理解过程中复杂交互作用的方法。为了更好地管理模型的各个部分,应当考虑子模型以及它们之间的关系。例如,冷喷涂模型包括各种子模型,如气体动力学,气-固两相流动力学,拉瓦尔喷嘴优化,颗粒-基体相互作用和涂层特性等子模型。这些子模型之间的关系可以通过实际可假设的冷喷涂参数来建立。

此外,冷喷涂技术应当有一个明确的任务、目标、策略和方法(Kestler,2011)。例如,任务可以提供适用于工业应用全寿命周期支持,策略包括将冷喷涂技术应用到任务当中,这可以更好地提升性能和降低整体成本。为了更好地实施策略,也可以考虑如下建议:将复杂的问题分解成更小的、更易解决的子问题(Kochikar 和 Narendran,1999);为学习、调整、优化工艺以及将多种流程工艺重新配置创造条件(Wang 等,2002);建立一个配置先进的冷喷涂实验室,可以验证新技术以及储备相关的知识;通过实例增加公众对冷喷涂技术的认可;针对每一项具体的应用调整工艺、开发工艺规范和方法;与该领域最优秀的团队进行合作,包括大学、政府和工厂;用最好的服务努力支持冷喷涂的发展(Botef,2013)。

总之,冷喷涂工艺不仅仅是喷涂粉末颗粒和制备涂层。像其他的任何技术一样,冷喷涂需要充分了解其他相关的学科,如冶金学、化学、物理学以及生产和管理。冷喷涂是一个多学科的工艺过程,它定义了一种将粉末材料转化为最终的固体材料的方法,即一种功能性的涂层或其他的形式。

1.6　总结评价

本章在应用更广泛的热喷涂背景下探讨了冷喷涂技术,包括技术起源及其优点和局限性。尝试将冷喷涂的技术作为复杂的涉及多学科的表面工程领域技术之一,其目标是解决实际的工程问题。的确,无论从理论上和实践上,可以将冷喷涂工艺作为一种解决许多现代表面工程问题的方法,包括可回收性、寿命、再制造、排放、能耗以及环境友好等方面。

冷喷涂对传统的解决问题的方法提出了挑战,特别需要注意的是新的工艺方法也要求我们能够继续开发和应用先进的材料,应用于航空航天、电子、信息技术、能源、光学、摩擦学和生物工程应用等领域。

总之,本章简要介绍了热喷涂和冷喷涂技术的发展现状,更加专业的情况将在随后的章节中进行介绍。

参 考 文 献

Alhulaifi, Abdulaziz S. , Gregory A. Buck, and W. J. Arbegast. 2012. Numerical and experimental investigation of cold spray gas dynamic effects for polymer coating. *Journal of Thermal Spray Technology* 21(5):852-862.

Al-Mangour, B. , R. Mongrain, E. Irissou, and S. Yue. 2013. Improving the strength and corrosion resistance of 316L stainless steel for biomedical applications using cold spray. *Surface & Coatings Technology* 216:297-307.

Ang, A. S. M. , C. C. Berndt, and P. Cheang P. 2012. Deposition effects of WC particle size on cold sprayed WC-Co coatings. *Surface & Coatings Technology* 205:3260-3267.

Atkinson, Joe. 2013. NASA researchers to flying insects: Bug Off!, NASA, http://www. nasa. gov/ aero/bug_off. html#. VMqE9tJ4qK8.

Bar-Yam, Y. 2003. The dynamics of complex systems. Reading: Westview.

Berube, G. , M. Yandouzi, A. Zuniga, L. Ajdelsztajn, J. Villafuerte, and B. Jodoin. 2012. Phase stability of Al-5Fe-V-Si coatings produced by cold gas dynamic spray process using rapidly solidified feedstock materials. *Journal of Thermal Spray Technology* 21:240-254.

Bose, S. 2007. High temperature coatings. Manchester: Elsevier.

Botef, I. 2013. Complex simplicity: A case study. In *Recent advances in mathematical methods & computational techniques in modern science*, eds. H. Fujita, M. Tuba, and J. Sasaki. 1st International conference on complex systems and chaos, Morioka, April 2013. Mathematics and computers in science and engineering series, vol. 11, p. 47. Wisconsin: WSEAS.

Bruzzone, A. A. G. , H. L. Costa, P. M. Lonardo, and D. A. Lucca. 2008. Advances in engineered surfaces for functional performance. *CIRP Annals—Manufacturing Technology* 57:750-769.

Champagne, V. K. 2007. Introduction. In The cold spray materials deposition process: *Fundamentals and applications*, 1st ed. , ed. V. K. Champagne. Cambridge: Woodhead.

Champagne, V. , and D. J. Helfritch. 2013. A demonstration of the antimicrobial effectiveness of various copper surfaces. *Journal of Biological Engineering* 7:8.

Chavan, N. M. , B. Kiran, A. Jyothirmayi, P. S. Phani, and G. Sundararajan. 2013. The corrosion behavior of cold sprayed zinc coatings on mild steel substrate. *Journal of Thermal Spray Technology* 22:463–470.

Chraska, P. , J. Dubsky, B. Kolman, J. Ilavsky, and J. Forrnan. 1992. Study of phase changes in plasma sprayed deposits. *Journal of Thermal Spray Technology* 1:301–306.

Davis, J. R. 2004. Handbook of thermal spray technology. Materials Park: ASM International.

Dong, S-J. , B. Song, G. Zhou, C. Li, B. Hansz, H. Liao, and C. Coddet. 2013. Preparation of aluminum coatings by atmospheric plasma spraying and dry – ice blasting and their corrosion behavior. *Journal of Thermal Spray Technology* 22:1222–1228.

Donner, K. R. , F. Gaertner, and T. Klassen. 2011. Metallization of thin Al_2O_3 layers in power electronics using cold gas spraying. *Journal of Thermal Spray Technology* 20(1/2):299–306.

Dorfman, M. R. , and A. Sharma. 2013. Challenges and strategies for growth of thermal spray markets: The six – pillar plan. *Journal of Thermal Spray Technology* 22(5):559–563.

Dugdale, H. , D. Armstrong, E. Tarleton, S. G. Roberts, and S. L. Perez. 2013. How oxidized grain boundaries fail. *Acta Materialia* 61:4707–4713.

Dusek, V. 2006. Philosophy of technology: An introduction. Malden: Blackwell Publishing. Dykhuizen, R. C. , and M. F. Smith. 1998. Gas dynamic principles of cold spray. *Journal of Thermal Spray Technology* 7 (2): 206–212.

Esfahani, E. A. , H. Salimijazi, M. A. Golozar, J. Mostaghimi, and L. Pershin. 2012. Study of corrosion behavior of arc sprayed aluminum coating on mild steel. *Journal of Thermal Spray Technology* 21(6):1195–1202.

Gan, J. A. , and Christopher C. Berndt. 2013. Review on the Oxidation of Metallic Thermal Sprayed Coatings: A Case Study with Reference to Rare–Earth Permanent Magnetic Coatings. *Journal of Thermal Spray Technology* 22:1069–1091.

Gaydos, S. 2011. Qualification of cold spray for repair of MIL–DTL–83488 aluminum coatings. ASETS defense workshop, Boeing, US.

Ghelichi, R. , D. MacDonald, S. Bagherifard, H. Jahed, M. Guagliano, and B. Jodoin. 2012. Microstructure and fatigue behavior of cold spray coated Al5052. *Acta Materialia* 60:6555– 6561.

Grujicic, M. , C. Tong, W. DeRosset, and D. Helfritch. 2003. Flow analysis and nozzle–shape optimisation for the cold–gas dynamic–spray process. *Proceedings of the Institution of Mechanical Engineers* 217:1603–1613.

Grujicic, M. , C. L. Zhao, W. S. DeRosset, and D. Helfritch. 2004. Adiabatic shear instability based mechanism for particles/substrate bonding in the cold–gas dynamic–spray process. *Materials and Design* 25:681–688.

Hanson, T. C. , and G. S. Settles. 2003. Particle temperature and velocity effects on the porosity and oxidation of an HVOF corrosion–control coating. *Journal of Thermal Spray Technology* 12:403–415.

Hermanek, F. J. 2013. What is thermal spray? International Thermal Spray Association. http://www. thermalspray. org. Accessed 2013.

Huang, R. , and R. Fukanuma. 2012. Study of the influence of particle velocity on adhesive strength of cold spray deposits. *Journal of Thermal Spray Technology* 21:541–549.

Irissou, E. , J. G. Legoux, B. Arsenault, and C. Moreau. 2007. Investigation of Al–Al_2O_3 cold spray coatings formation and properties. *Journal of Thermal Spray Technology* 16:661–668.

Irissou, E. , J. G. Legoux, A. N. Ryabinin, B. Jodoin, and C. Moreau. 2008. Review on cold spray process and technology: Part I intellectual property. *Journal of Thermal Spray Technology* 17:495–516.

Irissou, E. , P. Vo, D. Poirier, P. Keech, and J. G. Legoux. 2012. Cold sprayed corrosion protection coating for nuclear waste repository canister. North American Cold Spray Conference, Worcester Polytechnic Institute,

Worcester, 30 Oct-1 Nov 2012.

Jahedi, M. , S. Zahiri, P. King, S. Gulizia, and C. Tang. 2013. "Cold spray of Titanium", ASM International, Aeromat 2013 Conf. Proc. , Apr 2-5, Belleview, Washington.

Karthikeyan, J. 2004. Cold spray technology: International status and efforts. Barberton: ASB Industries.

Karthikeyan, J. 2007. The advantages and disadvantages of cold spray coating process. In *The cold spray materials deposition process: fundamentals and applications*, 1st ed. , ed. V. K. Champagne. Cambridge: Woodhead.

Kaye, T. , and Thyer, R. 2006. Spray coatings: Cold gold—cool moves. Solve Issue 6, CSIRO. Kestler, R. 2011. NAVAIR cold spray efforts, cold spray action team presentation, Fleet ReadinessCenter East.

Kim, H. J. , C. H. Lee, and S. Y. Hwang. 2005. Fabrication of WC-Co coatings by cold spray deposition. *Surface & Coatings Technology* 19: 335-340.

Klassen, T. 2014. HVOF introduction. Institute of Materials Technology http://www. hsu-hh. de. Accessed 09 March 2014.

Knight, P. 2008. Thermal spray: Past, present and future. A look at Canons and Nanosplats.

Philadelphia: Drexel University.

Kochikar, V. P. , and T. T. Narendran. 1999. Logical cell formation in FMS using flexibility-based criteria. I. *J. of Flexible Manufacturing Systems* 10: 163-181.

Koivuluoto, H. , and P. Vuoristo. 2010. Effect of powder type and composition on structure and mechanical properties of Cu+ Al$_2$O$_3$ coatings prepared by using low-pressure cold spray process. *Journal of Thermal Spray Technology* 19(5): 1081-1092.

Koivuluoto, H. , J. Lagerbom, M. Kylmalahti, and P. Vuoristo. 2008. Microstructure and mechanical properties of low-pressure cold-sprayed(LPCS) coatings. *Journal of Thermal Spray Technology* 17: 721-727.

Koivuluoto, H. , A. Coleman, K. Murray, M. Kearns, and P. Vuoristo. 2012. High pressure cold sprayed (HPCS) and low pressure cold sprayed(LPCS) coatings prepared from OFHC Cu feedstock: Overview from powder characteristics to coating properties. *Journal of Thermal Spray Technology* 21(5): 1065-1075.

Kusiak, A. 2000. Computational intelligence in design and manufacturing. London: Wiley- Interscience.

Lee, H. Y. , S. H. Jung, S. Y. Lee, Y. H. You, K. H. Ko. 2005. Correlation between Al$_2$O$_3$ particles and interface of Al-Al$_2$O$_3$ coatings by cold spray. *Applied Surface Science* 252: 1891-1898.

Lee, H. Y. , S. H. Jung, S. Y. Lee, K. H. Ko. 2006. Fabrication of cold sprayed Al-intermetalliccompounds coatings by post annealing. *Materials Science and Engineering* A 433: 139-143.

Lee, H. , H. Shin, S. Lee, and K. Ko. 2008. Effect of gas pressure on Al coatings by cold gas dynamic spray. *Materials Letters* 62: 1579-1581.

Lee, H. , H. Shin, and K. Ko. 2010. Effects of gas pressure of cold spray on the formation of Al- based intermetallic compound. *Journal of Thermal Spray Technology* 19: 102-109.

Li, C. J. , H. T. Wang, Q. Zhang, G. J. Yang, W. Y. Li, and H. L. Liao. 2010. Influence of spray materials and their surface oxidation on the critical velocity in cold spraying. *Journal of Thermal Spray Technology* 19: 95-101.

Lupoi, R. , and W. O'Neill. 2010. Deposition of metallic coatings on polymer surfaces using cold spray. *Surface and Coatings Technology* 205: 2167-2173.

Luzin, V. , K. Spencer, and M. X. Zhang. 2011. Residual stress and thermo-mechanical properties of cold spray metal coatings. *Acta Materialia* 59: 1259-1270.

Maev, R. Gr. , and V. Leshchynsky. 2008. *Introduction to low pressure gas dynamic spray, physics and technology*. Weinheim: Wiley-VCH.

23

Melendez, N. M. , and A. G. McDonald. 2013. Development of WC-based metal matrix composite coatings using low-pressure cold gas dynamic spraying. *Surface & Coatings Technology* 214:101-109.

Murrone, A. , and P. Villedieu. 2011. Numerical modeling of dispersed two-phase flows. *Journal of Aerospace Lab* AL02-AL04:1-13.

Nahle, N. 2009. Thermal energy and heat(biophysics). http://www. biocab. org. Accessed 09 March 2014.

NATO. 2000. RTO-EN-14 aging engines, avionics, subsystems and helicopters. Research and Technology Organization, North Atlantic Treaty Organization(NATO).

Ning, X-J. , J-H. Jang, H-J. Kim, C-J. Li, and C. Lee. 2008. Cold spraying of Al-Sn binary alloy: Coating characteristics and particle bonding features. *Surface and Coatings Technology* 202:1681-1687.

Ogawa, K. , K. Ito, K. Ichimura, Y. Ichikawa, S. Ohno, and N. Onda. 2008. Characterization of low- pressure cold-sprayed aluminum coatings. *Journal of Thermal Spray Technology* 17:728-735.

Papyrin, A. 2006. Cold spray: State of the art and applications. European Summer University, St-Etienne, Sept 11-15.

Papyrin, A. 2007. The development of the cold spray process. In *The cold spray materials deposition process: Fundamentals and applications*, 1st ed. , ed. V. K. Champagne. Cambridge: Woodhead.

Papyrin, A. , V. Kosarev, S. Klinkov, A. Alkhimov, and V. Fomin. 2007. Cold spray technology, 1st ed. Oxford: Elsevier.

Phani, P. S. , D. S. Rao, S. V. Joshi, and G. Sundararajan. 2007. Effect of process parameters and heat treatments on properties of cold sprayed copper coatings. *Journal of Thermal Spray Technology* 16:425-434.

Rudinger, G. 1976. Flow of solid particle in gases. AGARD-AG-222, Advisory Group For Aerospace Research and Development(AGARD), North Atlantic Treaty Organization(NATO), London.

Sampath, S, U. Schulz, M. O. Jarligo, and S. Kuroda. 2012. Processing Science of advanced thermal-barrier systems. *MRS Bulletin* 37(12):903-910.

Schmidt, T. , H. Assadi, F. Gartner, H. Richter, T. Stoltenhoff, H. Kreye, and T. Klassen. 2009. From particle acceleration to impact and bonding in cold spraying. *Journal of Thermal Spray Technology* 18:794-809.

Seo, D. , M. Sayar, and K. Ogawa. 2012. SiO_2 and $MoSi_2$ formation on Inconel 625 surface via SiC coating deposited by cold spray. *Surface & Coatings Technology* 206:2851-2858.

Shayegan, G. , H. Mahmoudi, R. Ghelichi, J. Villafuerte, J. Wang, M. Guagliano, H. Jahed. 2014. Residual stress induced by cold spray coating of magnesium AZ31B extrusion. *Materials and Design* 60(2014):72-84.

Smith, M. F. 2007. Comparing cold spray with thermal spray coating technologies. In *The cold spray materials deposition process: Fundamentals and applications*, 1st ed. , ed. V. K. Champagne. Cambridge: Woodhead.

Sova, A. , D. Pervushin, and I. Smurov. 2010. Development of multimaterial coatings by cold spray and gas detonation spraying. *Surface and Coatings Technology* 205:1108-1114.

Sova, A. , M. Doubenskaia, S. Grigoriev, A. Okunkova, and I. Smurov. 2013. Parameters of the gas- powder supersonic jet in cold spraying using a mask. *Journal of Thermal Spray Technology* 22(4):551-556.

Spencer, K. , V. Luzin, N. Matthews, M. X. Zhang. 2012. Residual stresses in cold spray Al coatings: The effect of alloying and of process parameters. *Surface & Coatings Technology* 206:4249-4255.

SST. 2014. Practical cold spray coatings. http://www. supersonicsprat. com. Accessed 10 March 2014.

Sulzer Metco. 2014. An introduction to thermal spray. http://www. sulzer. com. Accessed 05 March 2014.

Suo, X. K. , X. P. Guo, W. Y. Li, M. P. Planche, and H. L. Liao. 2012. Investigation of deposition behavior of cold-sprayed magnesium coating. *Journal of Thermal Spray Technology* 21:831-837.

Szyperski, C. , D. Grunts, and S. Murer. 2002. Component software. Beyond object-oriented programming. London: Addison-Wesley.

US ARMY RESEARCH LAB ARL. 2008. http://www. arl. army. mil/www/pages/375/MIL - STD - 3021. pdf. Accessed 2013.

Villafuerte, J. , and W. Zheng. 2007. Corrosion protection of magnesium alloys by cold spray. *Advanced materials & proceses*, September, 53-54.

Villafuerte, J. , and Zheng, W. 2011. Corrosion protection of magnesium alloys by cold spray. In *Magnesium alloys corrosion and surface treatments*, 1st ed. , ed. F. Czerwinski, 185-194. Croatia: InTech.

Walpole, H. 1754. Letter to Horace Mann dated 28 January 1754, Wikipedia website. Accessed Aug 2013.

Wang, J. , and J. Villafuerte. 2009. Low pressure cold spraying of tungsten carbide composite coatings. *Advanced Materials and Process*(ASM International 2009). 167(2):54-56.

Wang, C. , Y. Zhang, G. Song, C. Yin, and C. Chu. 2002. An integration architecture for process manufacturing systems. *International Journal of Computer Integrated Manufacturing* 15:413-426.

Wang, H. T. , C. J. Li, G. C. Ji, G. J. Yang. 2012. Annealing effect on the intermetallic compound formation of cold sprayed Fe/Al composite coating. *Journal of Thermal Spray Technology* 21:571-577.

Wang, H. T. , C. J. Li, G. J. Yang, and C. X. Li. 2008. Cold spraying of Fe/Al powder mixture: Coating characteristics and influence of heat treatment on the phase structure. *Applied Surface Science* 255:2538-2544.

Wielage, B. , T. Grund, C. Rupprecht, and S. Kuemme. 2010. New method for producing power electronic circuit boards by cold-gas spraying and investigation of adhesion mechanisms. *Surface and Coatings Technology* 205 (4):1115-1118.

Wilden, J. , S. Jahn, S. Reich, and S. Dal-Canton. 2008. Cladding of aluminum substrates with iron based wear resistant materials using controlled short arc technology. *Surface and Coatings Technology* 202:4509-4514.

Xie, L. , D. Chen, E. H. Jordan, A. Ozturk, F. Wu, X. Ma, B. M. Cetegen, and M. Gell. 2006. Formation of vertical cracks in solution-precursor plasma-sprayed thermal barrier coatings. *Surface & Coatings Technology* 201: 1058-1064.

Yandouzi, M. , P. Richer P, and B. Jodoin. 2009. SiC particulate reinforced Al-12Si alloy composite coatings produced by the pulsed gas dynamic spray process: Microstructure and properties. *Surface and Coatings Technology* 203:3260-3270.

Zhou, X. L. , A. F. Chen, J. C. Liu, X. K. Wu, and J. S. Zhang. 2011. Preparation of metallic coatings on polymer matrix composites by cold spray. *Surface and Coatings Technology* 206:132-136.

第2章 冷喷涂物理基础

P. King, M. Yandouzi, B. Jodoin

2.1 引言

正如第 1 章所介绍的,冷喷涂(CS)被认为是热喷涂工艺大家族的一部分。冷喷涂是一种材料沉积技术,使微米尺寸的固体颗粒获得高速冲击到基体上,并通过复杂的形变和结合机制形成涂层。冷喷涂也可以用类似于增材制造工艺生产出部件。为了实现涂层性能和功能工艺效益最大化,学者们寻求最佳冷喷涂工艺条件的兴趣日益高涨。如今,冷喷涂是被公认的一种成熟金属涂层与修复生产的方法,一种非常有前景的网状快速制造/增材制造技术。

如第 6 章所述,经过二十多年的研究和开发,很多的商业化冷喷涂设备现已问世,并且已有很多的制造商可以生产这种设备。在冷喷涂过程中,喷涂颗粒是被德拉瓦尔型喷嘴中扩散的加压推进气流加速到高速冲击速度的。有两种不同方式将颗粒加入到推进气体流中。①颗粒在收敛-发散之前被加入到气体压强高于周围环境压强的喷嘴喉部。这种方式称为上游送粉法,粉末颗粒必须以高压推入到气体流中,因此需要相应的高压送粉系统。②颗粒被加入到拉瓦尔喷嘴喉部的下游,这种方式称为下游送粉式冷喷涂,在这种冷喷涂工艺中,粉末颗粒在超声速气流中被加速,其温度明显低于材料的熔点,这就导致了涂层形成与在飞行过程中始终保持固态的颗粒。因此,传统热喷涂工艺的高温氧化、蒸发、熔化、结晶、热残余应力和其他常见问题所产生的有害影响被降至最低,甚至消除。此外,冷喷涂技术还消除了高温对涂层和基体的有害影响,使其在众多工业应用中具有广阔的前景。

众所周知,冷喷涂过程中的颗粒的高速撞击以及随后的变形(Champagne,2007)。因此,颗粒撞击的速度是决定涂层形成与否的重要因素。如果颗粒碰撞时的速度 v_p 大于临界速度 v_c(Kosarev 等,2003),则形成涂层。v_c 被定义为喷涂颗粒能够达到并且粘附在基体上的最小速度,是冷喷涂工艺最为关键的参数。一般来说,颗粒的高撞击速度是获得最佳沉积效率和堆积密度所必须的。

许多工艺参数仅会影响到涂层的沉积效率和质量,并且它们多是相互关联的,很难阐明单一参数对涂层性能的影响。尽管所有工艺参数都会影响到冷喷涂的沉积效率和涂层质量,但是已经发现有些参数比其他参数更为重要,这些主要的参数可以宽泛地归结为四类:

(1)推进气体:气体的性质、滞止压强和温度。

(2)原材料:所选粉末的特性,如材料的组成、粒径、几何形状和尺寸分布,颗粒的喂料速率以及冲击温度。

(3)基底:喷涂前基体的性质和表面的预处理,以及表面温度。

(4)喷涂装置:包括喷嘴的几何形状和材料、移动速度、方向及与基底的距离(喷涂距离)。

2.2 工艺参数

图2.1是典型的冷喷涂系统示意图。高压供气系统(通常是氦气、氮气或者空气)用于产生加速粉末颗粒的驱动气流。该气流通过电气加热装置进行加热,气体工作温度区间为室温至1200℃。加热气体的主要目的是为了获得更高的气体流速,从而提高颗粒的速度。在冷喷涂过程中,原料颗粒会发生软化,这在某些情况下是干喷涂。驱动气流被送入德拉瓦尔型喷嘴,并通过热能转化为动能使其膨胀并加速至超声速(Davis,2004;Papyrin,2001)。喷嘴出口处的气体速度是由喷嘴的几何形状、气体类型和气体停滞条件(压力和温度)的函数决定的。喂料气流被导入至粉末喂料器,粉末会被推进气流加速并带入喷嘴中。根据筛选气体和喷涂工艺参数,可以获得200~1200m/s的冲击速度。颗粒冲击温度则取决于气体温度,喷嘴类型和设计情况以及颗粒的热容等。

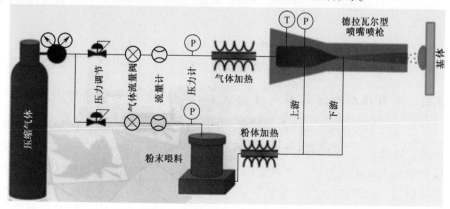

图2.1 典型的冷喷涂系统示意图

喷涂颗粒从驱动气中获得足够的动能来撞击基体,并发生塑性变形粘附到基体表面上形成涂层,但不是所有撞击到基体表面的颗粒都有足够的动能发生塑性变形与基体结合形成涂层,速度不够的颗粒会从基底上反弹,甚至可能侵蚀基体表面。

如前所述,在冷喷涂工艺中,高压供气装置使粉末颗粒加速,而第二种气流则将粉末颗粒从喂料装置处输送至喷嘴。

原则上,任何加压气体都可以使用。但是通常使用的是空气、氮气(N_2)或者氦气(He),后两者的优势在于它们的惰性。可以看出,分子量较低的气体,例如氦气,对于特定几何形状的喷嘴能够达到更高的速度。因此,单从热力学角度来考虑,氦气是最好的选择。然而,氦气的成本太高,如果不能使用专用的氦气回收系统(非常昂贵),出于经济原因的考虑在许多应用中并不可行。因此常使用氦气和氮气的混合气用作驱动气体。氮气是一种双原子气体,将其加入到氦气中会增加载气的焓值,从而改善与喷涂颗粒之间的热传递。然而,混合气体的原子质量较大,使得气体的速度有所降低,这可能会导致涂层的致密度和硬度的降低(Balani 等,2005)。

2.3 超声速气流现象:喷管设计和气体过程控制

2.3.1 为什么冷喷涂需要研究高速气流

如前所述,冷喷涂工艺要求粉末颗粒在冲击到待制备涂层的基体之前需要被加速至高速。如果不能持续获得较高的冲击速度,那么最好的结果也仅是产生形变较差的颗粒组成的多孔涂层,而更多的情况下则是颗粒并未变形与基体结合,而是直接从基体上回弹。有关临界速度、颗粒变形和粘结性质更为详尽的讨论见 2.4 节。

为了将颗粒加速到足够大的冲击速度,用来提供动能的推进气体则需要更大的流速,通常气体的流速需要达到数千米每秒。

2.3.2 不可压缩和可压缩气流的区别:压强、密度和温度变化

气体速度为数千米每秒时,是典型的超声速气流。此时,气体的局部速度大于声速。处理这类流体的问题需要借助经典流体力学和传统热力学理论,二者的组合被称为气体动力学。经典流体力学与气体动力学理论的主要区别在于在接近或超过局部声速时,需要考虑气体在较大的压力梯度下所导致的密度的变化。在气体动力学中,极限值的局部马赫数为 0.3 时非常重要。局部马赫数是

局部气体速度与局部声速的比值。气流状态通常被归类为：当马赫数大于 5 时为不可压缩气流。气体密度不是唯一的流体变量，当流速接近或增大到超声速状态时，气体会急剧变化，局部静态气体的温度和压力会有很大变化，如图 2.2 所示。

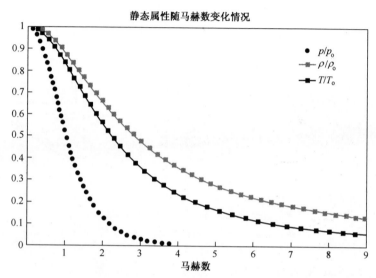

图 2.2　压力、密度和温度的静态/停滞比与流动马赫数的函数关系

从图 2.2 可以看出，在低马赫数流动的不可压缩状态下时，压力和温度（包括焓值）没有明显变化。而在亚声速状态下，压力和温度都开始发生变化，而这些变化在超声速状态下变得更为重要。当考虑热力学第一定律（能量守恒）应用于微元控制体时，这种行为可以得到更好的解释，气体通过绝热（无传热）并且可逆的方式（无摩擦）加速。假设此过程是在一个稳定状态下发生的（控制体中任何流体性质的时间没有变化），第一定律可以表示如下：

$$h_1 + \frac{v_1^2}{2} = h_2 + \frac{v_2^2}{2} \tag{2.1}$$

式中：h 为气体局部焓；v 为气体局部速度。

这个方程可以确保能量守恒，简单地说，根据上述假设，流体在加速过程中，流体的局部能量是守恒的，但是可以用焓和动能来表示。动能的增加（即流速）必须伴随着焓的降低，如在冷喷涂中热量转化为动能，能量的转化体现在气体温度降低，因为气体减少的焓由下式给出：

$$dh = c_p dT \tag{2.2}$$

29

式中：c_p 为气体定压比热容；dh 和 dT 分别为焓和温度的变化量。在低马赫数下，气体速度的增加导致动能的增加，这并不足以显著影响气体的焓变，但随着速度的增加(动能是气流速度平方的函数)，则动能对气体的焓值的显著影响(假设在冷喷涂中的气体都服从完全气体定理，包括温度、压力)变得越来越重要，如图2.3所示。

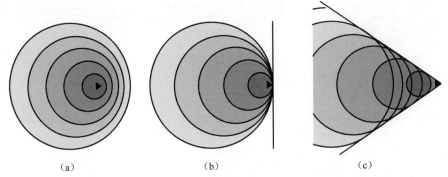

(a)　　　　　　　　　　(b)　　　　　　　　　　(c)

图 2.3　(a)亚声速流动中点扰动引起的压力波模式,从右向左流动;
　　　　(b)声速流动中点扰动引起的压力波模式,从右向左流动;
　　　　(c)超声速流动中点扰动引起的压力波模式,从右向左流动

2.3.3　经典流体力学和气体动力学的差异:正常的冲击波

除了较大的密度变化(以及温度和压力的变化),可压缩气流和不可压缩气流的另一主要区别在于冲击波在可压缩气流中的表现不同。冲击波是在极短距离上发生的,具有突然不连续的流体特性,通常只有几个平均自由程(几埃米的数量级)。冲击波是相当常见的,最经典的例子是使鞭打的噼啪声,冲击波在鞭子末端形成,因为冲击波的速度比声速快,鞭子发出的噪声(或噼啪声)是通过冲击波传播的。耳朵所感受到的压力是流体特性发生巨大变化的结果。

冲激波的出现要求流体必须处于超声速状态,这是由于流体要适应扰动的结果。理想点扰动模型提供了该效应的简单原理。当流体中存在无穷小扰动时,流体在扰动表面不断地发出无穷小的压力波信号,并以等于流体局部声速的相对速度在流体中传播。在不可压缩流体中,压力波的模式可以被比作从一定高度下落的岩石在水面上形成的扰动模式:压力波在整个流体中以对称的方式传播,最终到达流体的每一个位置。如果流体以一定的速度在亚声速状态下流动,下游扰动(图2.3中的三角形)发出的压力波是根据图2.3所示的模型传导的。该模型不再是对称的,因为流入的流体速度必须从压力波的速度中减去,并加到流动方向上。

　　然而,当流体确实是以声速在流动,随后无穷小点扰动表面发出的压力波不能到达位于它前面的任何流体,而是完全累积在其表面如图2.3所示。如果流体以超过声速(超声速状态)的速度流动,随后无穷小点扰动表面发出的压力波则被限制在称为马赫锥的有限区域,如图2.4所示。

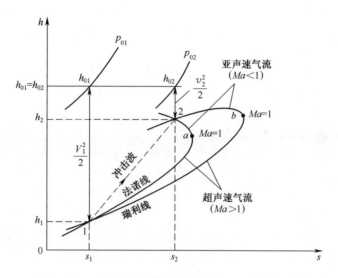

图 2.4　法诺–瑞利曲线

　　简单来说,无穷小点扰动模型使人们了解到压力波在流体不同状态下将形成不同的模式,压力波甚至可能合并在一起,产生一个大的有限压力波。当冲击波到达完整的表面时(如固体表面),表面不是简单的无限小的点干扰,这时凝聚波转变为冲击波。冷喷涂中最重要的一种冲击波是在基体前形成的。由于离开冷喷涂喷嘴的射流是超声速的,基体的扰动不会被射流感知,因此在基体前方形成冲击波,使射流突然减速到亚声速。在亚声速状态,射流受到基体影响而产生扰动,使流体达到停滞状态并且流向基体的边缘。但是,冲击波对冷喷涂来说是不利的,因为流体性质会因此受到影响和改变。

2.3.4　常规冲击波流动性变化

　　利用熵–焓(h–s)图绘制的法诺–瑞利曲线有助于分析常规冲击波对超声速流体特性的影响。

　　虽然冲击波改变了流体的性能,但流体仍然要遵循物理的基本定律:动量和能量守恒,因此用于冷喷涂的气体可被假设为热量可完全转化的气体,气流必定服从理想气体方程。对于给定的初始流体状态,法诺–瑞利曲线能够体现出 h–s

图的轨迹,其遵循前者的质量、能量和理想气体定律以及后者的质量、动量和理想气体方程。曲线实际上是初始流体的状态,两条线上的轨迹同时遵循所有基本守恒方程,即质量、动量和能量方程以及理想气体方程。由于法诺-瑞利曲线相交了两次,如图 2.4 所示,这样我们就可以在已知流体初始状态时预测流体的最终状态。

这种在法诺-瑞利曲线上观察到的流体性质跳跃式的变化还遵从热力学第二定律,用这种方法可以分析出这种跳跃只能从最低熵状态到最高熵状态(如法诺-瑞利图谱从左到右一样)。结果是这两条线的下分支代表超声速流体特性,而上分支代表亚声速流体特性,并且得出常规冲激波只能发生在超声速流体中,并且总是减速至亚声速。通过对法诺-瑞利曲线的分析可知,冲击波可以决定流体特性的变化。

如前所述,流体突然减速到亚声速,并且整个被激波是熵增的。另外,如图 2.4 所示,整个冲击过程中的气流动焓和压力是增加的。因此,气体温度是升高的。由于整个常规冲击波的流体遵守能量守恒方程,因此可以推断,焓的增加是由动能和速度的等效减少而平衡的。由于遵循理想气体方程,气体密度的增加将贯穿整个冲击波。

如今,冲击波对冷喷涂流体的影响变得更为明显,冷喷涂颗粒流在冲击波作用下会突然暴露在一个相对低速的流体中,并且降低它们的加速度,但是,如果速度比新的亚声速气体更高,便可以减缓颗粒的速度。此外,气体密度的增大所产生的阻力会使颗粒减速。由于以上这些原因,冷喷涂工艺中的一个很好的做法是防止喷嘴中出现冲击波,以确保喂料颗粒平稳连续地加速。然而,因为流体必须保持超声速状态,才可以将气体的动量传递给颗粒而产生加速度,同时由于基体处总是会有超声速气流的下游扰动,所以冲击波可能总是出现在基底前面。已经表明,到基体的距离会影响冲击波的强度,颗粒大小以及颗粒材料可以影响冲击波对颗粒减速的效果(Jodoin,2002)。

随着距离的减小,冲击波的强度也减小,冲击波对流体特性的改变也减少。由于黏滞力的存在,喷距变长会导致射流减速,从而降低冲击射流的速度(即马赫数)。这也表明,由于冲击波和基底之间距离减小,只有小/轻的颗粒受突然减速流体的影响,大/重的颗粒有足够的动力来克服增强的阻力,这种阻力是由冲击波在短距离冲击基底时的亚声速流体产生的(Jodoin,2002)。

2.3.5 喷嘴设计

如前所述,在冷喷涂中防止喷嘴中出现冲激波是非常必要的考虑,这样可以确保喂料颗粒平滑和连续地加速。此外,气体动力学分析表明,为了使流体加速至超声速,使用收敛-发散喷嘴也称为拉瓦尔喷嘴是有必要的。早期的气体动力学发展的最重要的结果之一是建立了局部面积的变化与局部流体的马赫数之间的联系:

$$\left(\frac{\mathrm{d}v}{v}\right)\left(1-M^2\right)=-\left(\frac{\mathrm{d}A}{A}\right) \tag{2.3}$$

式中: $(1-M^2)$ 取决于流体的状态导致了流体面积变化的差异。对于亚声速流体来说,由于 $(1-M^2)$ 项是正的,流速的增加需要减小流动通道面积。但是,对于超声速流体来说,流速的增加需要增加流动通道面积,使 $(1-M^2)$ 变为负值。因此,气体从零加速至超声速状态,首先是一个收敛阶段,直到 $M=1$ 时,便成为一个发散阶段,使加速过程继续进行。这个过程通过使用拉瓦尔喷嘴来实现。

然而,使用一个拉瓦尔喷嘴并不能保证在喷嘴的后部流体会达到超声速。为了实现超声速,作用于气体的驱动力必须在喷嘴喉部,即两个区域的连接部分使得 $M=1$ 。因此,气体进入喷嘴的压力是实现超声速的一个关键参数。假设在喷嘴处的气体速度是可以忽略的,并且喷嘴出口位置的压力与入口处的压力水平一致并变化到零,在图 2.5 中用不同的例子说明。

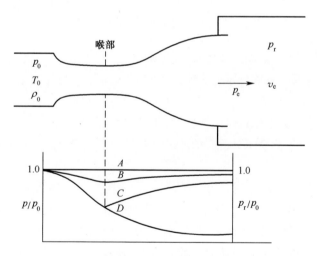

图 2.5　拉瓦尔喷嘴的压力分布图,假设是一维等熵流体

由于在喷嘴进口处的气体速度可以忽略不计,所以该位置处的气体性质通常称作停滞特性,下角标为 0。当喷嘴入口处的停滞压力与出口处的排出压力相等时,流体则不会流动。当排出压力减小,气体在喷嘴的收敛部分开始加速,

---

译者注:本书公式中马赫数用 M 表示。

在发散部分开始减速,这是因为气体在喷嘴喉部保持亚声速。当排出压力低于一定值时,在喉部的气体速度可以达到声速(马赫数为1)。此时,排出压力不再影响收敛部位的流动,因为新的排出压力带来的扰动不能传递到喷嘴喉部的上游,喷嘴被堵住了。此外,在这个时候,在发散部位任何排出压力的降低都会导致超声速流产生。一旦喷嘴被堵塞,只有可能有两个无振动波。首先,出口压力太高会使喷嘴在发散部分无法维持超声速流动。这种情况下,在喷嘴中没有任何冲击波的时候流体会减速。对于第二种情况,当出口压力足够低并且喷嘴发散部分没有任何冲击波时会使气体加速。对于这两种极限情况下的出口压力,流体在喷嘴的发散部分经历冲击波,这可以让流体去调节出口压力。理想的冷喷涂喷嘴是指在喷嘴出口处产生超声速流体,而内部没有任何冲击波。需要设计喷嘴出口马赫数 M_e 和喷嘴出口压力 p_e(除非系统在真空或部分真空下运行,p_e 通常是环境压力),可通过下式计算:

$$\frac{p_0}{p_e} = \left[\left(1 + \frac{\gamma - 1}{2} \right) M_e^2 \right]^{\frac{\gamma}{\gamma - 1}} \tag{2.4}$$

冷喷涂喷嘴出口气体速度增加导致压力下降的同时伴随着温度降低,因此局部马赫数的函数,由下式给出:

$$\frac{T_0}{T} = \left[\left(1 + \frac{\gamma - 1}{2} \right) M^2 \right] \tag{2.5}$$

如前所述,动能的增加是以牺牲气体的焓、压力和温度为代价而实现的。气体温度的大幅下降,通常会导致冷喷涂喷嘴发散部分中的气体温度远低于颗粒的熔点并且有可能低于室温。这就解释了颗粒在通过喷嘴的过程中,如何避免颗粒表面的熔化、氧化和其他化学反应,也解释了颗粒的预热可能是有利的,否则颗粒会冷却至一定温度从而影响其延展性以及与基底撞击时发生形变的能力。

当气体在喷嘴中膨胀时,密度会降低。由于阻力与气体密度以及相对颗粒/气体速度的平方成正比,这会影响流体加速冷喷涂颗粒的能力。虽然可以设计冷喷涂喷嘴,使其达到极高的马赫数(即速度),但是相应的气体密度下降会大大降低高气流速度所带来的益处。此外,冲击波在基底前方的强度也随着气体速度的增加而增大。基于上述原因,在设计冷喷涂喷嘴时,马赫数通常保持在超声速范围,而不是远超声速的。

进一步利用简单一维等熵气体动力学理论,可以确定拉瓦尔喷管内局部气体的速度完全由喷嘴几何形状决定,特别是局部面积与喉道面积比,如下式所示:

$$\frac{A}{A^*} = \frac{1}{M}\left\{\frac{1 + \dfrac{\gamma - 1}{2}M^2}{\dfrac{\gamma + 1}{2}}\right\}^{\frac{\gamma+1}{2(\gamma-1)}} \tag{2.6}$$

式(2.6)可以预测局部流体马赫数,如果局部面积(A)与喉道面积(A^*)的比已知,或者可以通过设定喷嘴设计马赫数以及喉部面积,则这个等式可以预测局部流体马赫数。在现有的商用冷喷涂系统中后者的典型变化区间在 1~3mm 之间,且一般设定为最大气体流量。该系统是根据燃气加热器系统容量而设计的,可以应对特定的工作温度范围。气体流量可以用下式表示:

$$m = \frac{A^* p_0}{\sqrt{T_0}}\sqrt{\frac{r}{R}\left(\frac{\gamma + 1}{2}\right)^{\frac{-(\gamma+1)}{2(\gamma-1)}}} \tag{2.7}$$

2.3.6　喷嘴的工作条件:喷涂参数

为了克服喷嘴中部分气体密度降低的影响,通常在高达 5MPa 的气体停滞压力下开启冷喷涂喷嘴。由于气体的停滞压力增加,所以喷嘴内气体的密度增大,从而给颗粒加速带来了更大的阻力。然而,由于特定最佳的气体停滞压力取决于颗粒的性质和大小,气体停滞压力增加的益处最终会降低(Schmidt 等,2009)。工艺气体压力对颗粒撞击速度的影响如图 2.6 所示。

此外,气体停滞压力的增加导致气体流量的增大,而后者又影响冷喷涂系统

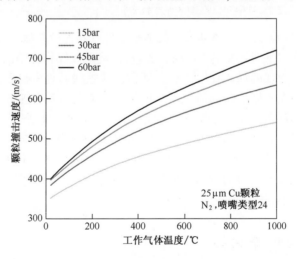

图 2.6　工艺气体压力对颗粒撞击速度的影响(1bar＝0.1MPa)
(Schmidt 等,2009)(获得 Springer 科学和商业媒体许可转载)

中潜在的,由气体加热装置的有效功率和传热性能所决定的潜在最大停滞温度。

较高的气体停滞温度对冷喷涂工艺是有益的,如前几节所述,拉瓦尔喷嘴的局部流体马赫数完全由喷嘴几何形状决定。然而,局部的气体速度($v = M \times c$,其中v是气体速度,M是局部马赫数,c是局部声速)与局部马赫数和局部声速成正比。局部声速是局部流体温度的函数。因此,气体停滞温度的升高,会导致整个喷嘴内的局部气体温度升高,以及喷嘴的局部声速增大,从而增加了局部气体通过喷嘴的速度。如图2.7所示,后者直接(正向)影响施加在喷嘴内部冷喷涂颗粒上的阻力,并增加颗粒的加速度。但局部气体温度的升高还是有利于减少气体对颗粒的冷却作用,此外,虽然这一影响许多情况下是次要的。

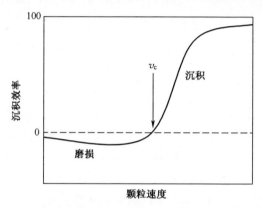

图 2.7 理想沉积效率曲线(Gartner 等,2006)(获得 Springer
科学和商业媒体许可转载)

前面几节已经概述了气体动力学的基本原理及其在冷喷涂发展早期的应用。并应用于冷喷涂的早期开发中。任何想要设计、建造和操作冷喷涂系统的人都将从对气体动力学原理的深入理解中获益匪浅。从这些原理中得出的结论已经得到了许多在冷喷涂领域活跃的研究人员的证实。通过对颗粒速度的测量以及对涂层微观结构的观察(Schmidt 等,2009)证实了这些原理确实适用于冷喷涂过程。

虽然经典的一维等熵方法在气体动力学中有许多优点,但许多研究人员已经利用计算流体动力学(CFD)开发了更为先进的喷嘴设计。利用这些理论可以对喷嘴设计进行微调,并将冷喷涂系统的性能提高到一个更优异的水平,从而可以丰富冷喷涂材料的数量。

2.4 冷喷涂结合力

当金属试样断裂并使两个表面重新搭接时,若整个过程在高真空下进行,可以形成与基材相同的结合强度(Conrad 和 Rice,1970;Ham,1963)。然而,在大气条件下实现金属粉末颗粒之间的牢固结合是极为困难的事情。暴露在空气中的金属表面被原生氧化膜和其他有机污染物所覆盖。为了使两个金属体之间实现牢固的冶金结合,必须使金属晶格紧密接触,并将中间层移除。

几个世纪以来,人类发明了很多方法克服这个问题。在 1724 年,John Theophilus Desagulier 在对摩擦学实验的研究中证明,如果将两个铅球切割出新的表面,然后挤压并扭转,可以使它们连接在一起。在冷压焊接中,韧性金属丝或棒的端部被迫结合,导致界面材料的侧向挤压。整个过程发生在室温下。摩擦焊接是利用施加压缩力和相对运动产生的热量来促进塑性变形的(Crossland,1971b)。现有固态连接工艺中的两个常见要素是:①通过界面材料的塑性流动去除污染物层;②使用压力迫使表面紧密接触。在冷喷涂中,颗粒以很高的速度撞击基体或沉积层,从而导致在极限形变——在界面处高达 10^9s^{-1}(Assadi 等,2003;Lemiale 等,2014)。它们为撞击颗粒与受体接触面处的牢固键创造了必要的条件。但是,准确地建立上述条件并非易事,存在以下困难:

(1)键接的长度极小,要求高分辨率的表征技术。氧化物膜、非晶和金属间化合物层(如果存在的话)只有纳米尺寸的厚度。

(2)由于冷喷涂可以沉积多种多样的材料,因此条件差别变化很大:从一批粉末到另一批粉末,材料的纯度和颗粒形态并不总是一致的,并且文献中报道的许多结果并没有给出完整的试验条件。例如,所用粉末的实际粒径分布、颗粒离开冷喷涂喷嘴的速度和角度范围以及将要讨论的每个颗粒中扁平化的几何部位产生了各种各样的变形状态等。因此,难以对不同来源的结果进行比较。这导致了界面上任何一点的物理状态,即使它们的工艺过程类似于原子沉积或分子沉积,都仍是不知的(例如,气相沉积,电镀)。

2.4.1　临界速度

自从 20 世纪 80 年代 Papyrin 等在俄罗斯发明冷喷涂以来,人们认识到固体颗粒的沉积仅发生在有限的粒径和速度范围内。因此,基体通常会因受到低速($10^1 \sim 10^2 \text{m/s}$)颗粒的反复冲击而遭受侵蚀。而碰撞速度<100m/s 的亚微米级颗粒能够通过范德华力或静电力附着于基体表面(Klinkov 等,2005)。然而,这并不属于冷喷涂体系,冷喷涂特征在于材料的分层堆积和颗粒之间的强结合(Klinkov 等,2005)。

临界速度 v_c 是要克服的最重要的物理限制。在 v_c 以下,由于基底被腐蚀而发生材料损失。在 v_c 以上,颗粒才能沉积于基体表面。高压气体的使用、气体预热以及喷嘴设计(2.3 节)都是为颗粒提供足够的加速度来超过 v_c。

现有文献中报道了三种确定临界速度(v_c)的方法：

（1）将足够多的颗粒喷涂到样品上以便精确测量沉积效率，通常按重量计算（第 2.4.2 节）；

（2）喷涂有限数量的颗粒并测试单一颗粒对喷涂的影响（颗粒粘结，反弹；第 2.4.5 节）；

（3）颗粒碰撞的数值模拟（第 2.4.7 节）。

在波谱的超过高速范围的临界值（>3000m/s）处，颗粒开始进入到高速场。此时冲击应力远远超过材料的强度，随着强冲击波的进一步增强，固体材料会表现出如液体一般的行为（Murr 等，1998）。在冷喷涂中，颗粒在高速下会发生从沉积转变为高速侵蚀基体的现象。据文献报道，该转换发生在 $2v_c$ 左右（Schmidt 等，2006）。对于许多具有高 v_c 的材料来说，强烈的侵蚀阈值是难以达到的，除非使用氦气。从发展的角度来看，我们关注的焦点是使颗粒加速度最大化，以便使尽可能多的颗粒超过 v_c。

2.4.2 从侵蚀到沉积的转变：沉积效率曲线

在许多热喷涂工艺中，一定比例的喷涂材料将会反弹或溅出表面而不是被"捕获"在涂层中，从而导致加工效率低于 100%。因此，将沉积效率（DE）定义为单位质量喷涂材料所引起涂层的增重，如下式：

$$DE = \frac{\Delta m}{M_0} \tag{2.8}$$

式中：Δm 为喷涂过程中样品质量的增加；M_0 为喷涂材料的总质量。

类似的，在低温固态颗粒碰撞中，DE 的含义同样适用。在低速状况下，如在微粒喷砂和喷丸作业（<200m/s）中，绝大多数颗粒会发生弹性反弹，只有少数可以嵌入或保持松散粘结，因此 DE 值接近于零。实际上，由于基板的腐蚀，净质量的损失通常非常显著。而如果喷涂的颗粒具有一定的延展性，并且喷涂系统能够将颗粒加速到更高的速度，则 DE 值将开始急剧上升，并在足够高的冲击速度下，DE 值可以接近 100%，而能否达到 100%，将取决于粉末材料。图 2.7 展示了 DE 值随颗粒速度增加的理想变化曲线。

图 2.8 展示了部分早期所使用的不同金属粉末的冷喷涂工艺的 DE 值测量结果（Alkhimov 等，1990）。

如图 2.8 所示在几百米每秒的喷速内 DE 值从 0 急剧上升至较高值。因自身惯性水平的不同，不同大小颗粒往往被加速到不同速度。此外，临界速度本身与颗粒大小也有一定关系（第 2.4.4 节）。因此，DE-v_p 曲线的锐度是有限的，这是因为在过渡区域中，只有一小部分颗粒的速度能够（即最小的颗粒才能够被最快加速)超过 v_c。而 v_c 的精确测定则是通过对 DE 值与颗粒粒径分布的精细关联,并结合原位测量或颗粒速度计算得出的(Schmidt 等,2006)。

气体加热是冷喷涂中的一种标准做法,不仅是因为其能够提高气体的速度和颗粒的加速度(Dykhuizen 和 Smith,1998),还因为颗粒的加热软化能够促进其自身的形变,并降低残余的涂层孔隙度以及 v_c。如图 2.8 所示,当通过加热气体使颗粒加速时,DE 曲线向低速度方向移动。Lee 等测量了气体温度对 Cu-20Sn 冷喷涂的影响,发现气体停滞温度每上升 100℃,则 v_c 下降 50m/s(Lee 等,2007)。

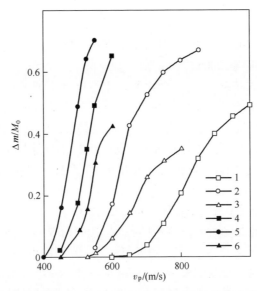

图 2.8　沉积效率与颗粒速度曲线:1—铝,2—铜和 3—镍由空气和氦气混合物在室温下加速;4—铝,5—铜和 6—镍由预热空气加速(Alkhimov 等,1998)(获得 Springer 科学和商业媒体许可转载)

2.4.3　材料性质对临界速度的影响

涂层行业已经逐渐向新材料喷涂的方向发展,以满足日益多样化的应用需求。在发展初期,冷喷涂主要局限于铜、镍和铝。然而,这一系列一直在不断扩展。截至目前,大量的金属、合金以及金属基复合材料都能通过冷喷涂技术成功沉积。

低熔点以及低的机械强度(低抗变形性)是起初所认为的能应用于冷喷涂技术的材料的共同特征。这些材料就包括纯铝、铜、锌、银、锡及它们的合金。它们都具有较低的屈服强度,在高温条件下会出现明显的软化。同时有大量文献报道研究了关于铝和其合金的沉积(Spencer 等,2009;Ajdelsztajn 等,2006;DeForce 等,

2011)以及铜和铜合金的沉积(Fukumoto 等,2009;Karthikeyan 等,2005)。

图 2.8 显示,粒径<50μm 的铝、铜和镍粉末的 v_c 在 500~600m/s 范围之间。Assadi 等发现,当铜粉末的粒径在 5~22μm 之间时,其 v_c 为 570m/s,当铝粉末的粒径<45μm 时,其 v_c 是 660m/s(Assadi 等,2003)。按照 Frost 和 Ashby 的分类方法,这些金属属于同一力学同构组(Frost 和 Ashby,1982)。它们具有相同的面心立方(FCC)晶体结构以及类似的键合。在 FCC 晶格中,滑移沿着密排面发生,共有 12 个滑移系。因此,FCC 金属具有非常良好的变形能力。

相比之下,密排六方堆积的金属(HCP)的滑动面更少,因此它们形变能力更小。一个典型的例子就是钛,实验测得其 v_c 约为 750m/s(Schmidt 等,2009)。大量有关钛及其合金喷涂的研究结果表明(Price,2006;Wong,2010;Cinca,2010):在体心立方(BCC)晶格中,没有紧密堆积,其配位数也低于 FCC 或 HCP,形变能力最差(Vlcek 等,2005)。

除了这些主要的晶系之外,合金化通常也会降低金属的形变能力,因此,合金具有比其组成元素的纯金属更高的 v_c。此外,具有脆性的氧化物、氮化物、碳化物以及其他陶瓷则完全不能应用于冷喷涂。虽然使用传统的冷喷涂设备可以将 ZrO_2(Vlcek 等,2005)或 TiO_2(Kliemann 等,2011)的薄涂层沉积到具有延展性的金属基体上,但是它们需要基体自身发生形变,而且一旦覆盖,涂层沉积便立刻停止。徐和 Hutchings 已经证明了聚烯烃可以以 135m/s 的速度来进行沉积,但是涂层的 DE 值小于 0.5%(Xu 和 Hutchings,2006)。

混合粉末冷喷涂是一种广泛应用的技术,其中粉末的一种组分是金属而另一种则可以是金属间化合物、陶瓷(例如氧化物,碳化物)或不同的合金。最终所得到的涂层产物是一种金属基复合材料(MMC)。一个致密涂层的沉积物的结合和堆积很大程度上发生于金属组分的塑性变形,而硬组分则通过颗粒的冲击嵌入或通过金属颗粒的变形而防止反弹来实现涂层化。根据文献报道,质量百分比从 10:1 到 1:1%(质量分数)的 MMC 均成功地实现了沉积(Lee 等,2004;Irissou 等,2007;Sova 等,2010;Bu 等,2012)。与喷涂纯金属相比,混合粉末对硬质颗粒的包裹会产生喷丸效应,并进一步压实和致密化涂层,以提高涂层与基材的结合强度(Yandouzi 等,2007;Wolfe 等,2006)。

对于冷喷涂工艺中金属和合金的键合而言,形变能力是首要考虑因素。而其他因素则对 v_c 具有影响,特别是熔点 T_m 以及密度 ρ。因此,从图 2.8 中可以看出,即使三种金属均位于同一个力学同构组内,铝比镍或铜更难以沉积。与镍(8.91g/cm³)或铜(8.96g/cm³)相比,低密度的铝(2.70g/cm³)降低了冲击能量。此外,其较高的比热容 c_p 使其更难以达到剪切不稳定状态(详见 2.4.4 节的剪切不稳定性)(Moridi 等,2014)。

根据 Assadi 等（2003）推导出的式（2.9），v_c 与材料密度、熔点、极限抗拉强度以及颗粒温度有关：

$$v_c = 667 - 14\rho + 0.08T_m + 0.1\sigma_u - 0.4T_i \qquad (2.9)$$

式中：ρ 为密度（g/cm³）；T_m 为熔化温度（℃）；σ_u 为室温下极限拉伸强度（UTS）（MPa）；T_i 为颗粒撞击温度（℃）。其中，T_i 取决于颗粒的材料和尺寸，以及影响推进气体和喷涂颗粒之间飞行传热的喷涂工艺参数，如 2.3.6 节所述。作者强调，式（2.9）仅在有限材料特性和工艺条件下有效。尽管如此，它还是有效地证明了材料参数对 v_c 的影响。

这种分析方法能有效区分不同材料性能对 v_c 的相对影响，并可用于绘制一系列金属或合金的 v_c 图谱，甚至是一些实验上不可行的金属或合金。在 Klassen（2010）和 Schmidt（2006）等的研究工作中，他们首先依靠经验测量了部分不同类型颗粒的临界速度，然后通过理论分析了颗粒的性质、尺寸和温度对 v_c 的影响，并将结果扩展到了其他材料之中（图 2.9）。如图 2.9 所示，图中每根柱体的顶部表示相应材料的腐蚀上限，由单个毫米级球体的冲击所导致的质量损失值确定并外推到冷喷涂颗粒的尺寸范围。虽然现有研究对大多数材料，如图 2.9中，进行了喷涂测验，但是依旧缺乏对大量材料 v_c 的系统比较。例如，锡、铅和金等低 v_c 物质与高 v_c 钛镍合金之间的差异是相当惊人的。而这也说明，面对不同材料，冷喷涂工作者需要根据材料知识调整相应的工艺条件。

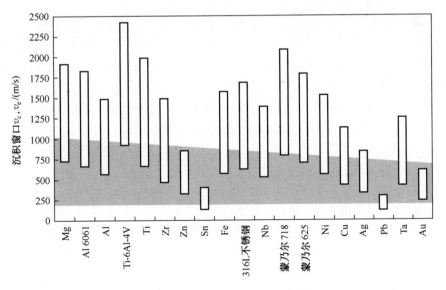

图 2.9　多种材料在冲击温度为 20℃ 时计算得到的临界速度和沉积窗口
（Klassen 等，2010）（获得 Wiley 的许可转载）

41

2.4.4 粒度和纯度的影响

读者可以从前面关于颗粒加速(2.3节)的章节了解到,为了获得所需的高速度,冷喷涂粉末的颗粒尺寸需要比用于热喷涂工艺的(例如等离子或高速含氧燃料喷涂)颗粒小得多。值得注意的是,在开发新的冷喷涂工艺时,研究人员经常采用较粗糙的常规热喷涂粉末。由于冷喷涂工艺中的变形和键合机理与热喷涂工艺中的有很大不同,因此需要研究人员通用粉料开发和生产商进行认真研究,以开发冷喷涂专用粉末。

Schmidt 等(2006,2009)详细探究了颗粒大小对 v_c 的影响。发现由于诸多因素的影响,临界速度随着粒度的减小而增加。相比于大颗粒,小颗粒往往具有更高的比表面积,但也含有例如氧等更多杂质。就通过从熔体冷却所产生的粉末而言(例如雾化),其颗粒越小,则淬火速率越高。由此产生的晶粒细化便会引起 Hall-Petch 硬化。在冷喷涂过程中,颗粒尺寸越小,则其硬化应变速率越大。而温度梯度则越大,则热扩散对界面温度峰值的制约作用越大。

碰撞温度20℃和粒径速度超出范围为 5~200m/s 条件下,铜(式(2.10))和316L不锈钢(式(2.11))的经验公式如下:

$$v_c^{Cu} = 900d_p^{-0.19} \tag{2.10}$$
$$v_c^{316L} = 950d_p^{-0.14} \tag{2.11}$$

式中:d_p 为球形颗粒的直径(μm)(Schmidt 等,2006)。

当然,颗粒越大,其惯性也越大,更难以加速到高速。因此,往往存在一个最佳粒度范围,该范围中的颗粒不能太小以至于上述效应起支配作用,也不能过大以至于加速到 v_c 所需的能量过高。通常情况下,如铜等延展性材料的粒度范围可能为 10~45μm(Schmidt 等,2006)。

除粒度分布外,材料的纯度也是冷喷涂粉末的重要考虑因素。已有研究表明:人工合成氧化铝(Kang 等,2008)、铜、316L不锈钢和蒙乃尔合金粉末(Li 等,2009)证明了氧含量增加可以提高 v_c。而氧化作用对金属粉末具有双重作用。首先,由于氧化物分散和间隙硬化,导致粉末材料延展性的损失,减小了冲击变形的程度。其次,氧化作用改变了粉体表面氧化膜的结构和厚度,从而抑制了颗粒的键合作用(Kang 等,2008;Li 等,2009)。

在比较不同文献中的 v_c 值时,必须要考虑粒度分布和纯度所带来的影响。此外,因为缺乏标准化的测量方法,不同研究人员之间的结果也存在差异。表2.1为测得的金属铜的临界速度值。除了 Li 等测量得到的数值 327m/s(2006),其他人的结果均在 520~610m/s 的范围中。表面上 327m/s 的结果似乎与其余结果不相一致,但是,可以发现该组粉末的粒度比其他组别更小。此外,Li 等使用了更高纯度的铜,这在氧化测试中显然是一个相当重要的因素。然而,在工业上,0.1%~0.2%(质量分数)的氧气浓度以及小于 25μm 的粉末是更为现实的规格。

表 2.1　测得的金属铜的临界速度值

参考文献	颗粒尺寸/μm	粉末特性	铜的临界速度测量	临界速度/(m/s)
Assadi 等(2003)	5~22	惰性气体雾化 99.8%纯度	沉积效率,结合 CFD 的粒子速度分布,通过激光多普勒测速仪验证	570
Gartner 等(2006)	5~25	球形形态氧含量 <0.2%	沉积效率,粒子速度由 CFD 决定	550
Raletz 等(2006)	10~33	—	沉积效率,颗粒成像	538
			粒子成像,速度由一维等熵模型计算	520
Li 等(2006)	平均 56	气体雾化,氧含量 0.01%	沉积效率,粒子速度由 CFD 决定	327
		如上所述,氧化为 0.14%氧		550
		如上所述,氧化为 0.38%氧		610
CFD—计算流体动力学。				

　　从 2.4.3 小节和 2.4.4 小节中所提到的各种因素——材料纯度、晶体结构、合金化以及冲击温度来看,不难发现,冷喷涂颗粒的粘结与其变形密切相关。想要理解为什么存在这种关系,就需要更详细地研究冷喷涂工艺中颗粒扁平化和形变所发生的物理过程。

2.4.5　片层结构的研究:多样的冷喷涂冲击

　　冷喷涂工艺中存在两种键合情况:颗粒与基体的键合以及颗粒与已沉积的颗粒的键合(颗粒与颗粒的键合)。颗粒与基体的键合对于涂层与工件表面的有效粘合是必不可少的,而颗粒间键合情况则决定了沉积物自身内部的粘结强度。

　　冷喷涂工艺最有价值的特性之一便是其灵活性,即具有多样的涂层/基体的组合。通常是具有明显物理性质差异的颗粒和基体材料组合。而粘附到不同表面上的颗粒所需的速度与通过体积测量(2.4.2 节)所得到的颗粒的本征临界速度其实并不一样。只有在一个完整的颗粒覆盖层形成后并且只存在颗粒冲击颗粒的情况下,通过体积测量所得到的本征 v_c 才与颗粒粘附的临界速度相同。

一些研究人员尝试测量颗粒粘结到基体上的临界速度,即颗粒粘附到不同基体表面上的阈值。该临界速度可以通过高倍率放大下对附着颗粒的查勘来获得(也被称为片层结构研究)。可以通过形变颗粒的体积,适当精确的建模以及飞行速度的测量,可以从质量最大(移动最慢)的粘附颗粒上测得 v_c 值。Lee 等(2007)通过测量发现,青铜颗粒喷涂在铝上与青铜颗粒喷涂在青铜上相比,其 v_c 增加 160m/s。另一方面,Raletz 等使用原位颗粒成像技术(Raletz 等,2005)测量发现,将铜喷涂到铜(520m/s)上以及将铜喷涂在 316L 不锈钢(523m/s)上,仅存在微小差异。

片层结构的研究还揭示了关于颗粒-基体变形机制的有用信息。会存在以下几种情况:

(1)当颗粒和基体具有相同或相似韧性之时,两者都会发生形变。总变形量取决于材料的性质(Bae 等,2008)。对于比较软的材料而言,例如,将铜喷涂到铜上(图 2.10),便会有更多的粒子扁平化并且会更深地嵌入基体表面。比较硬的材料,例如,将钛喷涂到钛上(图 2.11),颗粒基本保持原始形状,并且仅粘附在表层。需要注意,喷涂条件和粒度对整体变形量也具有很大的影响。

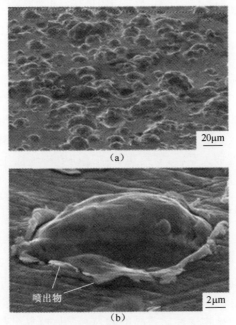

图 2.10 铜表面冷喷铜颗粒(Assadi 等,2003)(获得
Springer 科学和商业媒体许可转载)

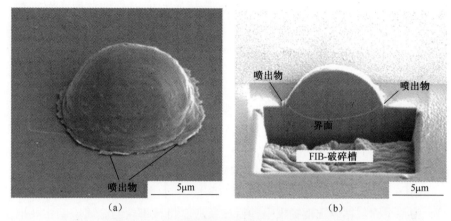

(a)	(b)

图 2.11　气体雾化的纯钛颗粒结合到纯钛表面

(a)在聚焦离子束(FIB)切削之前拍摄的二次电子图像;(b)显示了由 FIB 切开的相同
颗粒,尽管基材发生一些变形,喷射完全受限于颗粒。

(2) 如果颗粒比基体硬得多,那么它将整体嵌入到表面中。由于基体所存在的大小不同的嵌入阻力,颗粒可能会发生不同程度的塑性形变,或者根本不会发生塑性形变。如果颗粒比基体更致密,其渗透性也会发生改变。深入嵌入常常见于铝基冷喷涂工艺中。图 2.12 显示了嵌入的铜粒子是如何通过利用其周围铝的形变来阻止其在纯铝表面反弹的。即使涂层的构建比较困难,金属或陶瓷颗粒也可以嵌入聚合物表面(Poole 等,2012;Vucko 等,2012;King 等,2013)。

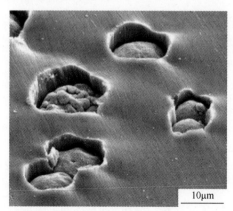

图 2.12　铜颗粒嵌入纯铝表面(EDS 显示熔化的飞溅物仅由铝构成)

(3) 如果颗粒材料比基材柔软,那么形变将主要发生在颗粒中。在极端情况下,基体可以是延展性极差的材料,例如陶瓷。如果表面光滑(即微观下平

45

坦),则颗粒粘附必须通过两种材料之间的化学作用才能实现。然而,在真实情况下,表面通常具有一定的粗糙度(即使是陶瓷)、粒度以及孔隙率。此外,颗粒对脆性材料的初始冲击影响会导致微裂纹、颗粒清除以及可以为粘附提供锚定点的其他缺陷的发生(King 等,2008;Zhang 等,2005)。

最终冷喷涂涂层粘附在基体上的方式也取决于基体的变形的程度。在许多表面上,冷喷涂具有类似于轻微喷砂的粗糙化效果。出于这个原因,在等离子喷涂和其他喷涂技术中的常见预处理,即在喷涂之前用粗糙的陶瓷砂粒或砂子进行喷砂处理,在冷喷涂工艺中则是没有必要的。喷射介质可以嵌入在基体中,促进裂纹的产生和扩展,从而导致结合强度降低。因此,在冷喷涂工艺中可以经常观察到,抛光的基体与喷砂处理后的基体相比,具有更好的涂层结合力。

除其他化学反应外,随着冷喷涂颗粒的嵌入,材料内会产生互锁或"键入"行为,为整个涂层粘合强度提供一种机械反应。机械铆合与金属键结主要取决于所涉及的材料和喷涂条件。例如,下游送粉冷喷涂系统的低压喷涂工艺中铆合对涂层的粘附起着相对较大的作用。

这也充分说明了从第一个颗粒撞击的那一刻起基体表面所发生的本质变化。实际上,在开始沉积时,可能会观察到明显的延迟。例如,在张等的研究结果表明:将铝喷涂到铝合金上时,随着坚韧氧化层的出现,沉积过程会受到阻碍。单次喷涂会产生比预期更薄的沉积涂层。对于其他金属(例如铜基或铁基)基体而言,增加基体硬度会促进颗粒形变、更早地开始沉积以及产生相对较厚的第一层。在非金属基材上,由于缺乏金属键合,铝沉积速度相对较慢(Zhang 等,2005)。

如果起初在基材表面上的反弹次数较高,则可能会导致表面活化。该活化是因基材表面钝化膜的消除以及其表面的位错浓度的增加所导致的化学状态的改变。Klinkov 和 Kosarev(2006)分析了平均直径为 30.2μm 的铝颗粒在抛光铜上的活化现象。他们定义了两个临界速度 v_{c-1} = 550m/s 和 v_{c-2} = 850m/s。在 v_{c-1} 以下,颗粒只会侵蚀基材表面。而速度在 v_{c-1} 和 v_{c-2} 之间时,在粒子附着开始之前,便会存在一定的诱导或延迟时间。当粉末质量流速为 0.06kg/m² · s,速度为 550m/s 时,延迟时间超过 1min。并且在大量颗粒开始附着之前,表面遍布孔洞。随着颗粒速度的增加,延迟时间不断减小。直到速度超过 v_{c-2} 时,颗粒间会产生瞬时粘附而没有延迟。虽然这项研究(Klinkov 和 Kosarev,2006)没有延伸到其他粉末颗粒尺寸和材料组合上,但从上面的描述可以预见,v_{c-1}、v_{c-2} 和延迟时间的出现将完全取决于所选用的材料。例如,在颗粒嵌入足够软的基体时(图 2.12),其最初的回弹率基本可以忽略,而要实现进一步的颗粒间粘合则需要更高的冲击速度。

2.4.6 粘合的绝热剪切机制

对于所有形成强的结合力(形成强结合力沉积物所必须的)的冷喷涂工艺而言,一个共同特点就是在界面处会发生强烈的局部应变。这表现为一种从颗粒–基体接触的边缘沿径向突出而快速向外移动的材料层。该层通常被称为材料射流,而不要与冷喷涂气体射流相混淆。在图 2.10 和图 2.11 中,被标记的便是界面射流。

界面射流形成于绝热剪切不稳定性的发展。界面的高应变率形变会释放热量,从而导致热软化,并进一步加剧局部流动等。在界面处,材料的剪切流动阻力会发生分解。不稳定性的衡量标准已由下式给出:

$$d\sigma = \frac{\partial \sigma}{\partial T}dT + \frac{\partial \sigma}{\partial \varepsilon}d\varepsilon + \frac{\partial \sigma}{\partial \dot{\varepsilon}}d\dot{\varepsilon} \leqslant 0 \tag{2.12}$$

式(2.12)指出,在某些情况下,剪切应力 σ 会出现最大值,而这取决于变量温度 T、应变 ε 以及应变 $\dot{\varepsilon}$。如果热软化在应变硬化和应变硬化率中占主导地位时,便会发生局部应变,即 $d\sigma \leqslant 0$。

在冷喷涂之前喷射现象至少发现于两个已有的工业加工工艺中:即爆炸焊接和动态粉末挤压(冲击加固)。在爆炸焊接中,金属板通过爆炸驱动的倾斜冲击而结合(Crossland,1971a;Crossland 和 Williams,1970)。在相对金属表面碰撞时所产生的压力要比材料的剪切强度大很多倍。材料开始作为一种黏性流体时的应变超过 $10^4 s^{-1}$ 或者作为无黏性流体时应变超过 $10^7 s^{-1}$(Robinson,1977)。最终,材料的这些行为可以利用流体力学定律来完美阐释(Walsh 等,1953)。在一定的碰撞角度下,会形成波浪状的界面,并进一步导致湍流旋涡和混合区域的形成。

爆炸焊接工艺中的结合机理可分为两种:第一种可以被描述为冷焊接,即利用射流中的极端形变来破坏或除去氧化膜和其他表面污染物,使得两个表面的金属晶格在高压下直接接触,这种机制类似于在 2.4 节开始提到的冷压焊,只不过它发生在更高的应变条件下;另一种方法是熔焊,由变形产生的热量会引起局部熔化以及材料处于液态条件下通过界面的瞬态原子扩散。许多爆炸焊接接头的微观结构上都存在明显的熔化迹象。如果动能足够大(Crossland 和 Williams,1970),该迹象可发生在孤立的较小的涡流区域内,或者伴随着 $50\mu m$ 厚的连续熔融层形成。后者通常被认为是不理想的结合,特别是在脆性金属间化合物产生的时候(Crossland 和 Williams,1970)。

动态粉末冲压是指金属或陶瓷粉末通过冲击波压缩以形成固体组分的工艺过程(Raybould,1980)。其与爆炸焊接有许多共同的特点,包括材料进入颗粒间空隙的喷射状流动,以及喷射尖端所经常发生的局部熔化(Mamalis 等,2001)。

虽然喷射是冲击速度超过 V_c 的冷喷涂工艺的共同特征,但是在某些情况下仅能观察到材料的流体状混合。

Champagne 等(2005)发现在铜颗粒渗透到铝合金 AA6061(图 2.13)时存在卷绕和旋涡现象。在镍冷喷涂于铝基体上时也具有类似的特征(Ajdelsztajn 等,2005)。Barradas 等(2007)在铜冲击纯铝基体过程中观察到了"微波"的存在(<1μm),然而他们注意到这种现象并不普遍。目前涡旋已经被发现于锌基涂层与铝合金或镁基材之间的界面处(Wank 等,2006)。波浪界面的一种解释是它们是 Kelvin-Helmholtz 不稳定性的一种形式,波浪界面发生于具有不同切向速度的两个流体之间。通过分析铜铝的黏度比和射流厚度,可以解释为什么这种不稳定性可能会出现在铜粒子喷涂铝基体的过程中,而不是相反的,铝粒子喷涂在铜基体上(Grujicic 等,2003)。

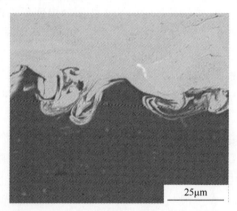

图 2.13　EDS 图显示了冷喷铜涂层和 6061 铝基体之间的界面混合(Champagne 等,2005)(经 Springer 科学和商业媒体许可转载)

2.4.7　冷喷涂冲击的建模

有限元模型(FEM)在理论上对冷喷涂键合的理解起着至关重要的作用。最主要的是,这是由于颗粒撞击的规模非常小,以及形变过程的动态性质,而后者使得研究者无法在不过分简化问题的前提下,对个别键合事件或分析计算进行准确的原位观察。以下所介绍的内容不是对冷喷涂建模的详细说明,而是为了向读者提供有关有限元模型对绝热剪切粘合解释的概述。

建模研究通常集中在撞击平坦表面(抛光基底的数值近似)的球形颗粒上。这种几何体具有高度的对称性。然而,冷喷涂层表面实际上是高度变形和粗糙的,但是这为代表性的模型的确立带来更多的复杂性。

大多数情况下,有限元模型依赖于 Johnson-Cook 塑性模型,由下式给出。

$$\sigma = \left(A + B\bar{\varepsilon}^n\right)\left(1 + C\log\frac{\dot{\bar{\varepsilon}}}{\dot{\bar{\varepsilon}}_0}\right)\left(1 - \left(\frac{T - T_\gamma}{T_m - T_\gamma}\right)^m\right) \qquad (2.13)$$

式中:σ 为流动应力;$\bar{\varepsilon}$ 为塑性应变;$\dot{\bar{\varepsilon}}$ 为塑性应变率;T_m 为熔化温度;T_γ 为参照温度;A,B,C 和 n 是材料常数(Johnson 和 Cook,1983)。值得注意的是 A,B,C 和 n 均是从低应变率的实验中获得的(<10^4s^{-1}),而没有考虑到在极高应变率下的应变率敏感性的变化。相比之下,在冷喷涂工艺中,绝大部分的颗粒应变率都会达到 10^7s^{-1}(King 等,2009),而在喷射区域大约为 10^9s^{-1}(Assadi 等,2003)。

我们现在考虑颗粒和基体相同的情况,这是最重要的,因为它涉及涂层的建立,并且不具有不同材料间所存在的复杂的动力学演变(2.4.5 节)。根据大量冷喷涂的经验数据(表 2.1)、已知的 Johnson-Cook 参数以及其固有的"冷喷性",铜可能是最受欢迎的材料。当然,铝、不锈钢、钛和其他常用的喷涂材料也均被建模。然而,铜颗粒喷涂铜基的影响出现在结合机制的多个关键研究中(Grujicic 等,2004;Bae 等,2008;Lemiale 等,2011;Assadi 等,2003;Schmidt 等,2006;Li 等,2006)。

图 2.14 展示了粒径为 $20\mu\text{m}$ 的铜颗粒在 200m/s,400m/s 和 600m/s 等条件下冲击到铜表面后的最终变形态。图 2.14(a)、(b)和(c)的模拟时间分别为 38ns、35ns 和 38ns。取决于颗粒的大小,速度和主导变形的模式(弹性与塑性),变形周期可能更短或更长;但是,对于大多数情况粒径小于 $25\mu\text{m}$ 的颗粒冲击,一般时间均小于 100ns。

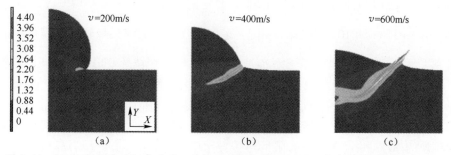

图 2.14　$20\mu\text{m}$ 铜粒子对铜表面的二维轴对称模拟影响,使用了包括热传导的模型。初始冲击速度为(a)200m/s、(b)400m/s 和(c)600m/s(Lemiale 等,2011)(经 Springer 科学和商业媒体许可转载)

图 2.14 的着色部分表示塑性形变,可以清晰地发现其明显高度集中在界面处。在速度达到 600m/s 时,会形成一个突出射流,而这与颗粒和基体有关。在冲击过程中,中央接触点(有时称为南极)的峰值压力为 $1\sim10\text{GPa}$(Grujicic 等,

2003;Dykhuizen 等,1999)。然而,在剪切射流区域内,外围的形变往往更大。其塑性形变可以达到 10,导致网格有限元高度扭曲。

在金属塑性变形过程中所消耗的部分机械能会转换成热量,其余部分会被储存在材料微观结构中。这种储存的能量会产生冷加工状态,改变变形金属的内部能量,并且在形变过程(冲击)完成之后,它将依旧保留在材料中。一般认为塑性变形过程中所消耗的大部分机械能都是以热的形式耗散的。对于大多数金属来说,作为热量消散的塑性功的比例通常假定为一个常数 0.9。因此,在冲击发生的前 10~20ns 温度会急剧上升(Lemiale 等,2011)。

在较低冲击速度下,界面处的塑性应变、温度和应力随时间单调变化。然而,在绝热有限元模型中以及高速条件下(Bae 等,2008;Assadi 等,2003;Grujicic 等,2004;Li 等,2006),在变形周期的后半段,塑性应变和温度会发生额外的突然增加。最大界面温度接近或达到熔点,同时,由于喷射材料失去强度,Vcn Mises 应力会下降到零。这些现象被解释为剪切不稳定所导致的,而这与式(2.12)相一致。Assadi 等(2003)认为,由于应变速率硬化(式(2.12)中的第二项)和热软化(式(2.12)中的第三项)的竞争效应,流动应力的下降往往会伴随着应力的大幅波动。对于铜颗粒冲击铜基体的情况,模型中的剪切不稳定性仅在速度达到 580m/s 或更高的情况下出现(Assadi 等,2003),而这与 DE 测量得到的 v_c 几乎相同(570m/s,表 2.1)(Assadi 等,2003)。

绝热假设通常参照无量纲 $\dfrac{x^2}{D_{th}t}$ 来证明,其中 x 是特征系统维数,D_{th} 是热扩散系数,t 是处理时间。Assadi 等(2003)假定铜的热扩散系数为 10^{-6} m^2/s,x 和 t 分别为 $10^{-6}m$ 和 $10^{-8}s$,结果发现 $\dfrac{x^2}{D_{th}t} \gg 1$。然而,其他将热量转换到模拟中的研究人员发现绝热假设会导致界面温度的高估。而颗粒的变形形状则基本不受影响,并且会发生喷射现象。然而,当铜颗粒冲击铜基体的冲击速度为 600m/s 时,界面温度并不接近熔点,并且会出现完全丧失剪切强度的情况(Lemiale 等,2011;Wang 等,2014)。有趣的是,Schmidt 等假定高度变形的材料的热导率为退火铜块的 60%,并且在这个有限的热传导水平下,剪切不稳定行为类似于完全绝热模拟条件下的行为(Schmidt 等,2006)。

绝热有限元模型不能实现完全模拟网格尺寸的独立性(Assadi 等,2003)。喷射区的极端网格畸变便是令人注意的更深层次原因。已经尝试了许多网格划分方法,但是发现其总会导致射流不切实际的扭曲(Lemiale 等,2011)。Wang 等(2014 年)和 Yu 等(2012)对拉格朗日冷喷涂冲击的有效性提出了质疑。当采用欧拉方程时,对于速度高达 700m/s 以及粒径约为 20μm 铜颗粒的冲击情况,便不会产生剪切不稳定性。

2.4.8 接触区键合条件的差异

对球形颗粒冲击的有限元分析(2.4.7节)表明,与边缘(周边区域)相比,在基材(南极)会产生不同的界面条件。而在外围会发生强烈的剪切作用(图2.14)。

图2.15所示为有限元模型对一个粒径为15μm铜颗粒冲击AA7075铝合金表面的模拟。一层薄薄的铝已然到达熔点,而此时铜颗粒的温度则较低。在这个特定的模型中因不存在热扩散,不连续性是成立的。在两侧,变形量相当大,并导致热量向周边发展(King等,2010a)。

如果粘合仅与绝热剪切相关,那么并非所有的接触表面都会发生粘合。从涂层附着力,沉积物力学性能和电导率的观点来看,界面的哪一部分未粘合以及更进一步如何减少未粘合的问题是非常重要的(Stoltenhoff等,2006)。当颗粒喷涂速度达到v_c附近时,铜基体上的铜涂层的粘结强度范围为30~40MPa。这些测量值约为铜的UTS的20%(Assadi等,2003)。对比铜颗粒冲击铜基体模型,界面面积的15%~25%受剪切不稳定性的影响(Assadi等,2003)。因此,虽然有限元法的假设被简化,但这两个值似乎是一致的。

提高颗粒速度、粉末和基材预热都是已知的提高粘结强度的技术(Marrocco等,2006)。从铜涂层的刻蚀显微照片中可以看出,使用氦气(与氮气相比,气体速度大约增加一倍),颗粒边界的结合部分增加到75%(Stoltenhoff等,2006)。Price等采用热处理法测定了铜铝共喷涂颗粒间的结合程度,发现随着气体压力的增加,颗粒间的结合程度有所提高(Price等,2006)。同样,根据FEM,对镍颗粒的预热处理可以增加受绝热剪切不稳定性影响的界面面积,而在实验中则对应提高了沉积速率和涂层结合强度(约为15%~20%Ni的UTS)(Bae等,2012)。

来自几个方面的实验均直接证实:接触区外围有利于黏结的形成。在Al-Si颗粒喷涂低碳钢(Wu等,2006)以及铝颗粒喷涂锆钛酸铅(King等,2008)的冷喷涂工艺中,基体没有永久变形甚至几乎没有形变。然而,发生弹性回弹的颗粒具有短暂的粘合作用,并留下由亚微米粉末材料碎片组成的标志。在这两种情况下,图案均为环状,且每个标志中间基本没有碎片。

通过用离子束聚焦(FIB)仔细分离颗粒后,在颗粒和基体之间可能会发现裂纹,并通常在边缘区域附近(图2.16)。虽然颗粒作为一个整体仍然会粘附在边缘附近,但是这部分界面并没能经受住拉伸回弹力的作用。一项有关雾化钛颗粒对抛光钛表面影响研究表明,虽然没有明显的裂纹存在,但是在更高的放大倍数可以观察到微观空隙的存在,也就是说两者的界面部分并非完全一致(图

2.16)。在外侧,界面呈现"融合"状态——通过 FIB-SEM(聚焦离子束扫描电子显微镜)观察,边界处并没有显著的特征。从颗粒到颗粒,界面的线性融合百分数从 26%到 77%不等(King 等,2014)。

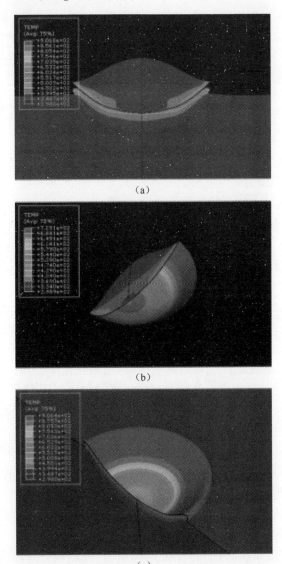

图 2.15　一个 15μm 的铜粒子以 430m/s 的速度撞击铝 AA7075 的有限元模拟
(a)颗粒和基体的横截面图;(b)没有基体的颗粒底表面的视图;(c)除去颗粒的基体表面视图。(由韩国汉阳大学的 G. Bae 使用商业有限元软件包 ABAQUS 6.7-2 进行三维轴对称模拟。King 等(2010a)给出了建模过程的细节。图(a)、(c)经过 Springer 科学和商业媒体的许可转载)

52

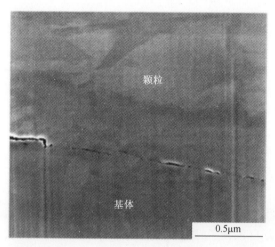

图 2.16　通过聚焦离子束(FIB)切削显示钛颗粒和钛基体之间的界面。
可以看到由于空隙和氧化层所产生的缺陷

　　根据冷焊接模型,例如之前提到的爆炸焊接(2.4.6节),通过剧烈喷射除去氧化层并在压力下保持颗粒与基体的面接触是金属间键接的必要条件。为了模拟有限元模型中的氧化膜行为,Yin 等在 AA6061-T6 颗粒表面包裹了一层薄薄的氧化铝壳层,并利用 Johnson-Holmquist 塑性损伤模型来描述相关性质(Yin 等,2012)。氧化膜在与基体接触时便立即被破坏,并且随着二者接触面积的不断增加,裂纹也在不断扩展。在 6ns 时,向外移动的射流开始将外围区域中的裂化氧化物向外挤出,而在南极点处,裂化的氧化物则倾向于留存下来。基体的硬度对喷射有很大的影响,也将影响氧化物的去除量(Yin 等,2012)。

　　当然,在金属冲击金属时,界面的两侧均存在氧化膜。即使两者都是相同的材料,颗粒和基体对界面剪切不稳定性的贡献也不一定相等。仔细观察图 2.10,可以发现射流源自颗粒和基体两者。然而,颗粒喷射通常比基体喷射更有利于形成,特别是对于像钛颗粒对钛基体这种穿透力较小的冲击(King 等,2014)。Goldbaum 等(2012)提出了三种钛钛键合状况:

　　(1)在 v_c 以下,存在弱面黏结和有限的冶金结合。

　　(2)在 v_c 以上,绝热剪切不稳定性变得愈发明显。喷射增加了界面面积,导致更大比例的冶金结合。

　　(3)当速度大大超过 v_c 时,颗粒和基体都会发生较大程度的形变。组合形成的绝热剪切过程会导致更连续、无空隙或无氧化的键合。颗粒粘附强度接近整体剪切强度。

2.4.9　熔化和其他界面特征

有限元模拟表明,大多数颗粒由于塑性作用而仅经历小于100K的很小升温(图2.15)。但是,喷射区域的温度则接近熔点。

在过去的十几年对冷喷涂的研究中,越来越多的证据表明在冷喷涂期间,可能发生界面熔融现象,且任何熔融层均为纳米尺度。然而,也有相当数量的数据表明,在成功键合的过程中并没有出现任何融化的迹象。这种明显矛盾的现象可能要归因于喷涂温度、压力、颗粒尺寸、形状和材料的种类。虽然基本的设定条件通常是准确报告的,但喷涂技术最实用部分有时并非如此。例如,基体表面的温度是它的尺寸(即热质量)以及冷喷涂枪喷涂粒子的速度和数量的函数。由于需要详细的表征来观察纳米尺度的特征,所以任何一项研究自然只能集中在有限的一组喷涂工艺下。并且,整理来自各种不同来源的信息从而获得整体信息便成为一项艰巨的任务,见表2.2。

表2.2　冷喷过程中界面熔融的经验证据

参考文献	材料体系	沉积温度/℃	测试方法	熔融现象
Li 等(2005)	Zn	320,410	对沉积截面区域进行TEM检测;对沉积表面进行SEM观察	球化颗粒、再结晶颗粒、非晶区
Wank 等(2006)	粉末:Zn 和 Zn5Al 基体:Al7022,Mg AZ91	250	对涂层-基体的相互作用界面进行TEM检测	界面处存在亚微米级或纳米级别的沉积物:$MgZn_2$、$Mg_5Zn_2Al_2$ 和 $Mg_{11}Zn_{11}Al_6$
Zhang 等(2005)	粉末:Al 基体:Sn	室温	SEM	基材的熔融(未给细节)
Xiong 等(2008)	粉末:Al, Ni 基体:Al, Al6061-T6	300,400	TEM	3nm 厚非晶化层的形成
Ning 等(2008)	粉末:Al-10%Sn 基体:304 不锈钢	约300	片层结构研究	喷出物
Bolesta 等(2001)	粉末:Al 基体:Ni	非特定		可观测到 Ni_3Al;相互作用界面层的厚度估计在 20~50nm
King 等(2008)	粉末:Al 基体:锆钛酸铅	350	片层结构研究	球状喷出物并且相互粘接

参考文献	材料体系	沉积温度/℃	测试方法	熔融现象
Song 等(2013)	粉末:Al 基体:钠钙玻璃	350~400	TEM	由粒子和基体元素组成的非晶区及纳米晶化反应层的厚度达到80nm
Li 等(2007)	Al2319, Al12Si, Ti, Ti－6Al－4V, NiCoCrAlTaY	520~620	利用SEM对沉积断裂表面进行观察	韧性断裂,存在凹痕
Barradas 等 (2007)	粉末:Cu 基体:Al	550	对涂层-基体的相互作用界面进行TEM检测	α_2－$AlCu_4$,η_2－AlCu以及θ－$CuAl_2$相层在一些地方有20nm厚。在另一些地方,$CuAl_2$晶体大小为400nm
Guetta 等(2008)	粉末:Cu 基体:Al	600	对单颗粒-基体相互作用界面进行FIB/TEM测试	厚度大于500nm扩散层包含金属间化合物相θ－$CuAl_2$以及Cu_9Al_4,以及Al－$CuAl_2$低共熔区域
King 等(2008)	粉末:Cu 基体:Al	600	板层结构研究	喷出物存在球状的Al颗粒
King 等(2010a)	粉末:Cu 基体:Al, Al7050	200~600	对颗粒-基体相互作用界面进行FIB/SEM,TEM测试	界面处存在球化的Al金属喷出颗粒、凹陷、块状坑壁结构以及间断的金属间化合物θ－$CuAl_2$
Xiong 等(2011)	粉末:Ni 基体:Cu	400	TEM	有Cu,Ni及少量氧等元素所组成的非晶化层
King 等(2014)	粉末:Ti 基体:Ti	600	FIB/SEM	存在喷出物、分散的片状物以及球化液滴
Bae 等(2009)	粉末:Ti 基体:Ti	600	SEM	存在球化颗粒
Vlcek 等(2005)	Ti-6Al-4V	非特定	SEM,TEM	存在球化颗粒
FIB—聚焦离子束;SEM—扫描电子显微镜;TEM—透射电子显微镜。				

当冷喷涂颗粒冲击表面时,表面上通常会留下许多与熔融相关的特征。其中,最容易识别观察的便是喷出的微粒,微粒会从喷嘴上脱离下来并向外抛出。图 2.17 展示了由于表面张力而在熔化时球化的长溅射状和液滴状的喷射物。它们可以看作从粘结的颗粒和反弹区域辐射出来而成,或是附着于坑壁而成(King 等,2010a)。在冷喷涂处理的材料的微观结构中,颗粒与颗粒界面处也发现了埋藏其中的纳米尺度的球化液滴(Li 等,2005;Li 等,2007)。由于表面层强烈的热软化,回弹坑有时具有凹坑形态,尽管这本身不一定意味着融化的发生(King 等,2008)

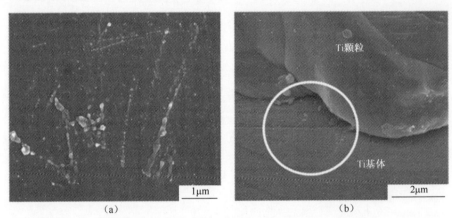

图 2.17 (a)铝在 350℃下对锆钛酸铅的撞击和(b)在 600℃下钛撞击到钛上

在两种不同金属的键结界面处,已发现由金属间化合物所组成的反应层。例如,在铜涂层冷喷涂于铝基材所形成的边界处,间歇式析出物(King 等,2010a)、含有 θ-CuAl$_2$ 的"晶粒"(Barradas 等,2007;Guetta 等,2009)以及包含 CuAl、CuAl$_2$ 和 Cu$_9$Al$_4$ 的数十纳米厚的合金层中被发现(Barradas 等,2007;Guetta 等,2009)。在 Ni-Al(Bolesta 等,2001)和 Zn-Al-Mg(Wank 等,2006)等材料中也观察到类似的反应区。

通过以下论证,我们发现这些厚的金属间化合物区域不可能通过固态扩散形成,而要求界面一段时间的熔融。已知颗粒形变时间要小于 100ns(有限元模型,2.4.7 节)。此外,由于高温剪切层具有亚微米级别的厚度,因此会被周围的金属迅速冷却。再次参考铜和铝的例子,在 Al-CuAl$_2$ 共晶温度(812K)下,铜在铝基固溶体中的扩散速率为 $1.1×10^{-13}$ m^2/s(Anand 等,1965)。扩散距离 $\sqrt{Dt}$ 为 0.1nm,小于铝的晶格参数(0.4nm),当然这不足说明几十纳米厚的合金层产生的机理。相比之下,铜在液态铝中的扩散率则为 $42.2×10^{-9}$ m^2/s(Isono 等,1996),比在固体中高四个数量级(扩散距离 $\sqrt{Dt}$ 则大两个数量级)。当考虑液体对流的影响时,可以预料到其混合距离更长(King 等,2010a)。

界面的非晶层也经常被观察到。在这里,由于金属颗粒或基底表面上可能保留原生氧化物膜,解释会相对复杂。如前文所述(2.5.8 节),通过高冲击压力、擦洗喷射等方法可以破碎和去除原生氧化物膜;然而,不能期望这个过程对沿界面的所有点都是完全有效的,所以任何未去除的无定形氧化物都可能被误认为是反应层。然而,在双金属体系中,能量色散 X 射线分析已经证明在非晶层内存在着来自基体和颗粒的原子。

因此,如果这些层中确实包含有来自相反界面一侧的原子,那么它们也必须被视作为混合区域。同时,不同尺寸原子的存在也能够提高熔化区域转变成玻璃态的能力。非晶态结构则在降至室温的过程中也不会发生改变,这是由于界面处的热梯度悬殊过大所产生的急速冷却效应所导致。

已知存在于射流内的极高应变率(约 $10^9 s^{-1}$)本身也可能是非晶化的一个促成因素。在冷喷涂中,和其他"现实世界"的工艺一样,高应变率变形往往伴随着温度上升,因为绝大多数塑性功都是以热的形式消散的。然而,在过去的 15 年里,金属纳米线的分子动力学模拟可以独立研究加载和加载速率的影响,而不受任何热效应的干扰。在 300K 时,足够高的应变速率下,理想的金属或合金晶体可以在应变率诱导的非晶化的过程中,转变成均匀的无序状态(Branício 和 Rino,2000;Ikeda 等,1999)。熔融焓完全由冲击引起的动能克服而不是热能,例如发生在热诱导的熔化中。

反应层也可能由金属颗粒冲击非金属表面形成,如铝喷涂氧化物陶瓷(King 等,2010b)或碱石灰玻璃(Song 等,2013)。利用透射电子显微镜对铝-玻璃界面层进行表征,结果表明界面层部分为无定形状,部分是纳米晶状,并且其内部包含有来自于两种材料的元素以及出现了明显的钠富集现象(Song 等,2013)。陶瓷基底的低导热率提高了界面温度,使得熔化更有利于进行。Alkhimov 等已经测算出,在一个 25μm 铝颗粒以 800m/s 的速度冲击 Al_2O_3 时,二者的界面温度为 970K,而喷涂铜粒子时则是 630K。此外,由于颗粒变平及向外流向非变形的基体,因此必须考虑部分的摩擦生热(Alkhimov 等,2000)。但是,Drehmann 等发现铝喷涂 Al_2O_3 所得产物的界面比较尖锐,不包含任何混合或无定形的中间层(Drehmann 等,2013)。

除了存在会导致熔化的可能性之外,喷射区域内的剧烈剪切力所导致的其他微结构可能会影响结合强度。通常,大部分冷喷涂颗粒中均具有可见的、较大的且不均匀的微观结构。这是因为形变经历了在颗粒内发生局部变化,而这取决于初始碰撞颗粒的几何形状以及随后达到的颗粒的几何形状。颗粒的微观结构还将取决于局部的晶体取向,滑移系的可用性以及某些金属形变孪晶的产生。

此外,静态恢复或再结晶也可以改变形变区域的结构。然而,在剪切射流中,应变非常大,以至于在形变仍在进行的同时会发生(至少)接近熔点的软化现象。在这样的条件下,动态再结晶过程可能会发生。

在各类出版文献中,均报道了界面处存在着细长的亚晶粒,致密的位错壁以及高度取向错误的等轴晶粒。在铜中,直径约 100nm(Borchers 等,2004)以及直径低至 30~50nm(King 等,2009)的细小等轴晶粒均被发现。在镍中,由于较高的缺陷密度以及晶格应变,利用电子背散射衍射(EBSD)分析技术只能得到低质量的颗粒边界处形貌照片,并且在这些区域中发现了 100~200nm 的亚晶粒的存在(Zou 等,2009)。铝是一种高堆垛层错能(SFE)的材料,其相变的晶粒尺寸相对于铜甚至镍来说均更加大(Borchers 等,2004)。在铝界面处,研究发现晶粒尺寸约为 500nm,同时也包含有一些较小的晶粒(Borchers 等,2004),而在 Al-Al$_2$O$_3$ 界面上,晶粒的尺寸则只有几纳米(Drehmann 等,2013)。Wang 等则在铝界面边界处更进一步发现了一种由低角度的(≤15°)和高角度(≥15°)所组成的混合物(Wang 等,2011)。众所周知,钛由于其低导热性(21.9W·m^{-1}·K^{-1})而具有高"绝热性",并且在遭受冲击或发生其他高应变率形变期间,其局部容易发生剪切作用。研究发现,这种材料内存在着包含有大量缺陷以及粒径为 20~50nm 亚晶的宽区域(King 和 Jahedi,2011),而在另一个研究中,甚至可以看到小至 10nm 的纳米晶体(Rafaja 等,2009)。

有报道已经提出,通过动态再结晶过程在冷喷涂界面处形成的大量细晶粒,会通过与基体相互作用而择优取向的晶体的外延生长来改善结合状况(Drehmann 等,2013;Rafaja 等,2009)。例如,在平滑的沿(001)取向的蓝宝石(Al$_2$O$_3$)单晶上喷涂钛的实验,便证明这两种材料之间的强结合是可以实现的。通过高分辨率透射电子显微镜(HRTEM)观察发现,再结晶的钛纳米晶粒与相邻的蓝宝石之间仅有很小程度的晶格错配(<7%)(Rafaja 等,2009)。

2.5　结论摘要

本章着重介绍了冷喷涂过程的基本原理及其与冷喷涂沉积层质量的关系。同时也概括了颗粒的撞击速度是如何影响作为键合作用物理学根源的微观变形现象(同时包括绝热剪切不稳定现象)。为了更好地理解颗粒加速过程,还详细介绍了作为冷喷涂工艺核心的可压缩流体动力学理论。这些基本原理也说明了作为冷喷涂中最关键参数的喷嘴几何形状、气体压力以及气体温度的直接相关性。

参 考 文 献

Ajdelsztajn, L. , B. Jodoin, G. E. Kim, and J. M. Schoenung. 2005. Cold spray deposition of nanocrystalline aluminum alloys. *Metallurgical and Materials Transactions A* 36A(3):657-666.

Ajdelsztajn, L. , A. Zúñiga, B. Jodoin, and E. J. Lavernia. 2006. Cold gas dynamic spraying of a high temperature Al alloy. *Surface and Coatings Technology* 201(6):2109-2116.

Alkhimov, A. P. , V. F. Kosarev, and A. N. Papyrin. 1990. A method of Cold gasdynamic deposition. *Soviet Physics Doklady* 35(12):1047-1049.

Alkhimov, A. , V. Kosarev, and A. Papyrin. 1998. Gasdynamic spraying. An experimental study of the spraying process. *Journal of Applied Mechanics and Technical Physics* 39(2):318-323.

Alkhimov, A. , A. Gudilov, V. Kosarev, and N. Nesterovich. 2000. Specific features of microparticle deformation upon impact on arigid barrier. *Journal of Applied Mechanics and Technical Physics* 41(1):188-192.

Anand, M. S. , S. P. Murarka, and R. P. Agarwala. 1965. Diffusion of copper in nickel and aluminum. *Journal of Applied Physics* 36(12):3860-3862.

Assadi, H. , F. Gartner, T. Stoltenhoff, and H. Kreye. 2003. Bonding mechanism in cold gas spraying. *Acta Materialia* 51(15):4379-43.

Bae, G. , Y. Xiong, S. Kumar, K. Kang, and C. Lee. 2008. General aspects of interface bonding in kinetic sprayed coatings. *Acta Materialia* 56(17):4858-4868.

Bae, G. , S. Kumar, S. Yoon, K. Kang, H. Na, H. J. Kim, and C. Lee. 2009. Bonding features and associated mechanisms in kinetic sprayed titanium coatings. *Acta Materialia* 57(19):5654-5666.

Bae, G. , J. I. Jang, and C. Lee. 2012. Correlation of particle impact conditions with bonding, nanocrystal formation and mechanical properties in kinetic sprayed nickel. *Acta Materialia* 60(8):3524-3535. doi:10.1016/ j. actamat. 2012. 03. 001.

Balani, K. , A. Agarwal, S. Seal, and J. Karthikeyan. 2005. Transmission electron microscopy of cold sprayed 1100 aluminum coating. *Scripta Materialia* 53(7):845-850.

Barradas, S. , V. Guipont, R. Molins, M. Jeandin, M. Arrigoni, M. Boustie, C. Bolis, L. Berthe, and M. Ducos. 2007. Laser shock flier impact simulation of particlesubstrate interactions in cold spray. *Journal of Thermal Spray Technology* 16(4):475-479.

Bolesta, A. V. , V. M. Fomin, M. R. Sharafutdinov, and B. P. Tolochko. 2001. Investigation of interface boundary occurring during cold gasdynamic spraying of metallic particles. *Nuclear Instruments and Methods in Physics Research Section A* 470(1-2):249-252.

Borchers, C. , F. Gartner, T. Stoltenhoff, and H. Kreye. 2004. Microstructural bonding features of cold sprayed face centered cubic metals. *Journal of Applied Physics* 96(8):4288-4292.

Branício, P. S. , and J. P. Rino. 2000. Large deformation and amorphization of Ni nanowires under uniaxial strain: a molecular dynamics study. *Physical Review B* 62(24):16950-16955.

Bu, H. , M. Yandouzi, C. Lu, D. MacDonald, and B. Jodoin. 2012. Cold spray blended Al + Mg17Al12coating for

59

corrosion protection of AZ91D magnesium alloy. *Surface and Coatings Technology*207(0):155-162. doi:http://dx.doi.org/10.1016/j.surfcoat.2012.06.050.

Champagne, V. K. 2007. *The cold spray materials deposition process: fundamentals and applications*. Cambridge: Woodhead.

Champagne, V. K. , D. Helfritch, P. Leyman, S. Grendahl, and B. Klotz. 2005. Interface material mixing formed by the deposition of copper on aluminium by means of the cold spray process. *Journal of Thermal Spray Technology* 14(3):330-334.

Cinca, N. , J. M. Rebled, S. Estradé, F. Peiró, J. Fernández, and J. M. Guilemany. 2013. Influence of the particle morphology on the Cold Gas Spray deposition behaviour of titanium on aluminum light alloys. *Journal of Alloys and Compounds*554:89-96.

Conrad, H. , and L. Rice. 1970. The cohesion of previously fractured Fcc metals in ultrahigh vacuum. *Metallurgical Transactions* 1(11):3019-3029 doi:10.1007/BF03038415.

Crossland, B. 1971a. The development of explosive welding and its application in engineering. *Metals and Materials* 5(12):401-413.

Crossland, B. 1971b. Friction welding. *Contemporary Physics* 12(6):559-574. doi:10.1080/00107517108205660.

Crossland, B. , and J. D. Williams. 1970. Explosive welding. *Metals and Materials* 4: 79 - 100. Davis, J. R. ed. 2004. *Handbook of thermal spray technology*. Materials Park: ASM International.

DeForce, B. S. , T. J. Eden, and J. K. Potter. 2011. Cold spray Al5% Mg coatings for the corrosion protection of magnesium alloys. *Journal of Thermal Spray Technology* 20(6):1352-1358.

Drehmann, R. , T. Grund, T. Lampke, B. Wielage, K. Manygoats, T. Schucknecht, and D. Rafaja. 2013. Splat formation and adhesion mechanisms of cold gassprayed Al coatings on Al$_2$O$_3$ substrates. *Journal of Thermal Spray Technology* 23(1-2):68-75. doi:10.1007/s11666-013 9966z.

Dykhuizen, R. C. , and M. F. Smith. 1998. Gas dynamic principles of cold spray. *Journal of Thermal Spray Technology* 7(2):205-212.

Dykhuizen, R. C. , M. F. Smith, D. L. Gilmore, R. A. Neiser, X. Jiang, and S. Sampath. 1999. Impact of high velocity cold spray particles. *Journal of Thermal Spray Technology* 8(4):559-564.

Frost, H. J. , and M. F. Ashby. 1982. *Deformation mechanism maps: the plasticity and creep of metals and ceramics*. Oxford: Pergamon.

Fukumoto, M. , H. Terada, M. Mashiko, K. Sato, M. Yamada, and E. Yamaguchi. 2009. Deposition of copper fine particle by cold spray process. *Materials Transactions* 50(6):1482-1488.

Gartner, F. , T. Stoltenhoff, T. Schmidt, and H. Kreye. 2006. The cold spray process and its potential for industrial applications. *Journal of Thermal Spray Technology* 15(2):223-232.

Goldbaum, D. , J. Shockley, R. Chromik, A. Rezaeian, S. Yue, J. G. Legoux, and E. Irissou. 2012. The effect of deposition conditions on adhesion strength of Ti and Ti6Al4V cold spray splats. *Journal of Thermal Spray Technology* 21(2):288-303. doi:10.1007/s11666-0119720-3.

Grujicic, M. , J. R. Saylor, D. E. Beasley, W. S. DeRosset, and D. Helfritch. 2003. Computational analysis of the interfacial bonding between feedpowder particles and the substrate in the cold gas dynamicspray process. *Applied Surface Science* 219(3-4):211-227.

Grujicic, M. , C. L. Zhao, W. S. DeRosset, and D. Helfritch. 2004. Adiabatic shear instability based mechanism for particles/substrate bonding in the coldgas dynamicspray process. *Materials and Design* 25(8):681-688.

Guetta, S. , M. H. Berger, F. Borit, V. Guipont, M. Jeandin, M. Boustie, F. Poitiers, Y. Ichikawa, and

K. Ogawa. 2008. Influence of particle velocity on adhesion of coldsprayed splats. In *Thermal spray: crossing borders, Maastricht, Netherlands2008*, ed. E. Lugscheider. Dusseldorf: DVSVerlag.

Guetta, S., M. Berger, F. Borit, V. Guipont, M. Jeandin, M. Boustie, Y. Ichikawa, K. Sakaguchi, andK. Ogawa. 2009. Influence of particle velocity on adhesion of coldsprayed splats. *Journal of Thermal Spray Technology* 18(3): 331–342.

Ham, J. L. 1963. Metallic cohesion in high vacuum. *American Society of Lubrication Engineers Transactions* 6(1): 20–28. doi: 10. 1080/05698196308971995.

Ikeda, H., Y. Qi, T. Çagin, K. Samwer, W. L. Johnson, and W. A. Goddard. 1999. Strain rate induced amorphization in metallic nanowires. *Physical Review Letters* 82(14): 2900–2903.

Irissou, E., J. G. Legoux, B. Arsenault, and C. Moreau. 2007. Investigation of AlAl$_2$O$_3$ cold spray coating formation and properties. *Journal of Thermal SprayTechnology* 16(5): 661–668.

Isono, N., P. Smith, D. Turnbull, and M. Aziz. 1996. Anomalous diffusion of Fe in liquid Almeasured by the pulsed laser technique. *Metallurgical and Materials Transactions A* 27(3): 725–730.

Jodoin, B. 2002. Cold spray nozzle mach number limitation. *Journal of Thermal Spray Technology*11 (4): 496–507.

Johnson, G. R., and W. H. Cook. 1983. Aconstitutive model and data for metals subjected to large strains, high strain rates and high temperatures. Paper presented at the Proceedings of the 7th International Ballistics Symposium, Hague, TheNetherlands.

Kang, K., S. Yoon, Y. Ji, andC. Lee. 2008. Oxidation dependency of critical velocity for aluminum feedstock deposition in kinetic spraying process. *Materials Science and Engineeing A* 486(1–2): 300–307.

Karthikeyan, J., and A. Kay. 2005. Cold spray processing of copper and copper alloys. *Advanced Materials and Processes* 163(8): 49–55.

King, P. C., and M. Jahedi. 2011. Transmission electron microscopy of cold sprayed titanium. In Thermal Spray: *global solutions for future application, Singapore 2010*, eds. B. Marple, A. Agarwal, M. Hyland, Y. C. Lau, C. J. Li, R. S. Lima, and G. Montavon. ASM International, Materials Park, USA.

King, P. C., S. H. Zahiri, and M. H. Jahedi. 2008. Focussed ion beam microdissection of cold sprayed particles. *Acta Materialia* 56(19): 5617–5626.

King, P. C., S. H. Zahiri, and M. Jahedi. 2009. Microstructural refinement within a cold sprayed copper particle. *Metallurgical and Materials Transactions A* 40(9): 2115–2123.

King, P. C., G. Bae, S. Zahiri, M. Jahedi, and C. Lee. 2010a. An experimental and finite element study of cold spray copper impact onto two aluminum substrates. *Journal of Thermal Spray Technology* 19(3): 620–634.

King, P. C., S. Zahiri, M. Jahedi, and J. Friend. 2010b. Aluminium coating of lead zirconatetitanate–A study of cold spray variables. *Surface and Coatings Technology* 205(7): 2016–2022.

King, P. C., A. J. Poole, S. Horne, R. de Nys, S. Gulizia, and M. Z. Jahedi. 2013. Embedment of copper particles into polymers by cold spray. *Surface and Coatings Technology* 216(0): 60–67. doi: http://dx. doi. org/ 10. 1016/j. surfcoat. 2012. 11. 023.

King, P. C., C. Busch, T. KittelSherri, M. Jahedi, and S. Gulizia. 2014. Interface melding in cold spray titanium particle impact. *Surface and Coatings Technology* 239(0): 191–199. doi: http://dx. doi. org/10. 1016/ j. surfcoat. 2013. 11. 039.

Klassen, T., F. Gärtner, T. Schmidt, J. O. Kliemann, K. Onizawa, K. R. Donner, H. Gutzmann, K. Binder, and H. Kreye. 2010. Basic principles and application potentials of cold gas spraying.

Kliemann, J. O. , H. Gutzmann, F. Gärtner, H. Hübner, C. Borchers, and T. Klassen. 2011. Formation of coldsprayed ceramic titanium dioxide layers on metal surfaces. *Journal of Thermal Spray Technology* 20(1-2):292-298. doi:10. 1007/s11666-0109563-3.

Klinkov, S. V. , and V. F. Kosarev. 2006. Measurements of cold spray deposition efficiency. *Journal of Thermal Spray Technology* 15(3):364-371.

Klinkov, S. V. , V. F. Kosarev, and M. Rein. 2005. Cold spray deposition: Significance of particle impact phenomena. *Aerospace Science and Technology* 9(7):582-591.

Kosarev, V. F. , S. V. Klinkov, A. P. Alkhimov, and A. N. Papyrin. 2003. On some aspects of gas dynamics of the cold spray process. *Journal of Thermal Spray Technology* 12(2):265-281.

Lee, H. Y. , Y. H. Yu, Y. C. Lee, Y. P. Hong, and K. H. Ko. 2004. Cold spray of SiC and Al_2O_3 with soft metal incorporation: a technical contribution. *Journal of Thermal Spray Technology* 13(2):184-189.

Lee, J. , S. Shin, H. Kim, and C. Lee. 2007. Effect of gas temperature on critical velocity and deposition characteristics in kinetic spraying. *Applied Surface Science* 253(7):3512-3520.

Lemiale, V. , Y. Estrin, H. S. Kim, and R. O´Donnell. 2011. Forming nanocrystalline structures in metal particle impact. *Metallurgical and Materials Transactions A* 42A(10):3006-3012. doi:10. 1007/s11661-0100588-5.

Lemiale, V. , P. C. King, M. Rudman, M. Prakash, P. W. Cleary, M. Z. Jahedi, and S. Gulizia. 2014. Temperature and strain rate effects in cold spray investigated by smoothed particle hydrodynamics. *Surface and Coatings Technology* 254:121-130. doi:10. 1016/j. surfcoat. 2014. 05. 071.

Li, C. J. , W. Y. Li, and Y. Y. Wang. 2005. Formation of metastable phases in coldsprayed soft metallic deposit. *Surface and Coatings Technology* 198(1-3):469-473.

Li, C. J. , W. Y. Li, and H. Liao. 2006. Examination of the critical velocity for deposition of particles in cold spraying. *Journal of Thermal Spray Technology* 15(2):212-222. doi:10. 1361/105996306 × 108093.

Li, W. Y. , C. Zhang, X. Guo, C. J. Li, H. Liao, and C. Coddet. 2007. Study on impact fusion at particle interfaces and its effect on coating microstructure in cold spraying. *Applied Surface Science* 254(2):517-526.

Li, C. J. , H. T. Wang, Q. Zhang, G. J. Yang, W. Y. Li, and H. L. Liao. 2009. Influence of spray materials and their surface oxidation on the critical velocity in cold spraying. *Journal of Thermal Spray Technology* 19(1-2):95-101. doi:10. 1007/s11666-0099427x.

Mamalis, A. G. , I. N. Vottea, and D. E. Manolakos. 2001. On the modelling of the compaction mechanism of shock compacted powders. *Journal of Materials Processing Technology* 108(2):165-178.

Marrocco, T. , D. G. McCartney, P. H. Shipway, and A. J. Sturgeon. 2006. Production of titanium deposits by coldgas dynamic spray: numerical modeling and experimental characterization. *Journal of Thermal Spray Technology* 15(2):263-272.

Moridi, A. , S. M. HassaniGangaraj, M. Guagliano, and M. Dao. 2014. Cold spray coating: Review of material systems and future perspectives. *Surface Engineering* 30(6):369-395.

Murr, L. E. , S. A. Quinones, T. E. Ferreyra, A. Ayala, L. O. Valerio, F. Horz, and R. P. Bernhard. 1998. The low velocity to hypervelocity penetration transition for impact craters in metaltargets. *Materials Science and Engineering: A* 256(1-2):166-182.

Ning, X. J. , J. H. Jang, H. J. Kim, C. J. Li, and C. Lee. 2008. Cold spraying of Al-Sn binary alloy: coating characteristics and particle bonding features. *Surface and Coatings Technology* 202:1681-1687.

Papyrin, A. 2001. Cold spray technology. *Advanced Materials and Processes* 159(9):49-51.

Poole, A. J. , R. de Nys, P. C. King, S. Gulizia, and M. Jahedi. 2012. Protecting polymer surface against fouling in boat hulls involves embedding in polymer surface particles with antifouling properties by spray mechanism, where particles are accelerated and sprayed onto polymer surface with suitable velocity. WO2012006687−A1.

Price,T. ,P. Shipway,and D. McCartney. 2006. Effect of cold spray deposition of atitanium coating on fatigue behavior of atitanium alloy. *Journal of Thermal Spray Technology*15(4) :507−512. Rafaja,D. ,T. Schucknecht, V. Klemm,A. Paul,and H. Berek. 2009. Microstructural characterisation of titanium coatings deposited using cold gas spraying on Al_2O_3substrates. *Surface and Coatings Technology*203 (20 − 21) : 3206 − 3213. doi : 10. 1016/j. surfcoat. 2009. 03. 054.

Raletz,F. , M. Vardelle, and G. Ezo 'o. 2005. Fast determination of particle critical velocity in cold spraying. In Thermal spray 2005 : Thermal Spray connects : Explore its surfacing potential! 2005,ed. E. Lugscheider. ASM International Materials Park,USA.

Raletz,F. , M. Vardelle, and G. Ezo 'o. 2006. Critical particle velocity under cold spray conditions. *Surface and Coatings Technology* 201(5) :1942−1947.

Raybould,D. 1980. The cold welding of powders by dynamic compaction. International *Journal of Powder Metallurgy and Powder Technology* 16(1) :9−19.

Robinson,J. L. 1977. Fluid mechanics of copper : viscous energy dissipation in impact welding. *Journal of Applied Physics* 48(6) :2202−2207.

Schmidt,T. ,F. Gartner,H. Assadi, and H. Kreye. 2006. Development of a generalized parameter window for cold spray deposition. *Acta Materialia* 54(3) :729−742.

Schmidt,T. ,H. Assadi,F. Gärtner,H. Richter,T. Stoltenhoff,H. Kreye,and T. Klassen. 2009. From particle acceleration to impact and bonding in cold spraying. *Journal of Thermal Spray Technology* 18(5) :794−808.

Song,M. ,H. Araki,S. Kuroda, and K. Sakaki. 2013. Reaction layer at the interface between aluminium particles and aglass substrate formed by cold spray. *Journal of Physics D : Applied Physics* 46(19) :195301.

Sova,A. ,V. F. Kosarev,A. Papyrin, and I. Smurov. 2010. Effect of ceramic particle velocity on cold spray deposition of metalceramic coatings. *Journal of Thermal Spray Technology* 20 (1 − 2) : 285 − 291. doi : 10. 1007/ s11666−0109571−3.

Spencer,K. , and M. X. Zhang. 2009. Heat treatment of cold spray coatings to form protective intermetallic layers. Scripta Materialia 61(1) :44−47.

Stoltenhoff,T. , C. Borchers,F. Gartner,and H. Kreye. 2006. Microstructures and key properties of coldsprayed and thermally sprayed coppercoatings. *Surface and Coatings Technology* 200(16−17) :4947−4960.

Vlcek,J. , L. Gimeno, H. Huber, and E. Lugscheider. 2005. A systematic approach to material eligibility for the coldspray process. *Journal of Thermal Spray Technology* 14(1) :125−133.

Vucko,M. J. ,P. C. King,A. J. Poole,C. Carl,M. Z. Jahedi,andR. deNys. 2012. Coldspraymetal embedment : an innovative antifouling technology. *Biofouling* 28(3) :239−248.

Walsh,J. M. ,R. G. Shreffler, and F. J. Willig. 1953. Limiting conditions for jet formation in high velocity collisions. *Journal of Applied Physics* 24(3) :349−359.

Wang,Q. ,N. Birbilis,and M. X. Zhang. 2011. Interfacial structure between particles in an aluminum deposit produced by cold spray. *Materials Letters* 65(11) :1576−1578. doi : 10. 1016/j. matlet. 2011. 03. 035.

Wang,F. F. ,W. Y. Li,M. Yu,and H. L. Liao. 2014. Prediction of critical velocity during cold spraying based on a coupled Thermomechanical Eulerian Model. *Journal of Thermal Spray Technology* 23 (1 − 2) : 60 − 67. doi : 10. 1007/s11666−0130009−6.

Wank,A. , B. Wielage,H. Podlesak, and T. Grund. 2006. Highresolution microstructural investigations of interfaces between light metal alloy substrates and cold gassprayed coatings. *Journal of Thermal Spray Technology* 15 (2):280–283.

Wolfe, D. E., T. J. Eden, J. K. Potter, and A. P. Jaroh. 2006. Investigation and characterization of Cr_3C_2 based wearresistance coatings applied by the cold spray process. *Journal of Thermal Spray Technology* 15 (3): 400–412.

Wong, W., A. Rezaeian, E. Irissou, J. G. Legoux, and S. Yue. 2010. Cold spray characteristics of commercially pure Ti and Ti_6Al_4V. *Advanced Materials Research* 89–91:639–644.

Wu, J., H. Fang, H. Kim, and C. Lee. 2006. High speed impact behaviors of Al alloy particle onto mild steel substrate during kinetic deposition. *Materials Science and Engineering:A* 417(1–2):114–119.

Xiong, Y., K. Kang, G. Bae, S. Yoon, and C. Lee. 2008. Dynamic amorphization and recrystallization of metals in kinetic spray process. *Applied Physics Letters* 92:194101.

Xiong, Y. M., X. Xiong, S. Yoon, G. Bae, and C. Lee. 2011. Dependence of bonding mechanisms of cold sprayed coatings on strain–rate–inducednonequilibrium phase transformation. *Journal of Thermal Spray Technology* 20 (4):860–865. doi:10. 1007/s11666–0119634–0.

Xu, Y., and I. M. Hutchings. 2006. Cold spray deposition of thermoplastic powder. *Surface and Coatings Technology* 201(6):3044–3050.

Yandouzi, M., E. Sansoucy., L. Ajdelsztajn, and B. Jodoin. 2007. WCbased cermet coatings produced by cold gas dynamic and pulsed gas dynamic spraying processes. *Surface and Coatings Technology* 202 (2): 382 – 390. doi:http://dx. doi. org/10. 1016/j. surfcoat. 2007. 05. 095.

Yin, S., X. Wang, W. Li, H. Liao, and H. Jie. 2012. Deformation behavior of the oxide film on the surface of cold sprayed powder particle. *Applied Surface Science* 259:294–300. doi:10. 1016/j. apsusc. 2012. 07. 036.

Yu, M., W. Y. Li, F. F. Wang, and H. L. Liao. 2012. Finite element simulation of impacting behavior of particles in cold spraying by eulerian approach. *Journal of Thermal Spray Technology* 21(3–4):745–752. doi:10. 1007/s11666–0119717y.

Zhang, D., P. H. Shipway, and D. G. McCartney. 2005. Cold gas dynamic spraying of aluminium:the role of substrate characteristics in deposit formation. *Journal of Thermal Spray Technology* 14(1):109–116.

Zou, Y., W. Qin, E. Irissou, J. G. Legoux, S. Yue, and J. A. Szpunar. 2009. Dynamic recrystallization in the particle/particle interfacial region of coldsprayed nickel coating:electron backscatter diffraction characterization. *Scripta Materialia* 61(9):899–902. doi:10. 1016/j. scriptamat. 2009. 07. 020.

第 3 章　冷喷涂喂料特性

T. Hussain,S. Yue,C. -J. LI

3.1　引言

任何喷涂工艺中的原料都非常重要,因为涂层的质量便取决于原料的质量。冷喷涂涂层的性能往往根据其应用来定义,如导电性、隔热性、耐腐蚀性、抗氧化性、耐磨性等。所有的这些性能从本质上来讲都与使用的粉末以及冷喷涂工艺参数有关。与喷涂过程中原料会发生很大程度上化学变化的热喷涂工艺不同,冷喷涂倾向于在喷涂过程中保留粉末原料的特性。这使得原材料的选择成为制备冷喷涂涂层的关键因素。

粉末制造业越来越趋向于制造更高纯度、更窄粒径分布及更适用于冷喷涂颗粒形态的粉末。在 21 世纪初期,冷喷涂开发的早期阶段,用于冷喷涂的粉末原料非常有限,因为大部分制造的粉末均用于热喷涂和粉末冶金工业。随着商业冷喷涂设备的引入,粉末制造业转向适合于冷喷涂工艺的粉末尺寸范围和成分的方向发展。通常情况下,与典型的热喷涂工艺相比,冷喷涂工艺需要的原料具有较窄的粒度分布以及更细的粒径,而背后的原因将在本章的后面进行解释。所需颗粒尺寸对于每种不同的冷喷涂设备都是特定设计的(Champagne,2007)。使用最广泛的粒度分布在 $5\sim25\mu m$ 和 $15\sim45\mu m$ 的范围之内。这通常是商业粉末制造商所制造粉末中的较小部分。而粉末的价格又与粒度和形态规格密切相关。毫无疑问,粉末的成本随着粒度范围的减小和纯度的增加而增加。

同基材和中间层(聚合物、复合材料等)的性质一样,原料也是涂层设计过程中必须考虑的一部分,而原料的性质则取决于加工的工艺。目前,越来越多已经完善的技术,如雾化、机械合金化、烧结和喷雾干燥等,用于冷喷涂原料的生产。本章分为三个主要部分:第一部分介绍原料的性质与表征;第二部分介绍粉末的制造方法以及粉末特性对冷喷涂性能的影响;第三部分介绍冷喷涂用复合粉体材料。

3.2 原料的性质与表征

粉末原料的一些性质会使它们可能适合于,也可能不适合于喂料及冷喷涂过程。原料的性质对冷喷涂层的质量有着显著的影响。在冷喷涂过程中,送粉器的设计目的在于将粉末输送到拉瓦尔喷嘴的上游或下游。在那里,粉末颗粒将被加速以冲击基底。粉末的流动性,也就是在业内被称为"粉末喂料"的问题,与粉末可喷涂性密切相关(Davis,2004)。粉末流动性是选择冷喷涂原料的首要原则。粉末进料问题或是喷嘴喉部(拉瓦尔喷嘴中最小横截面的部位)堵塞的问题都可能会导致喷涂中断以及质量较差涂层的形成。而测量粉末流动性的定量测试方法是在 ASTM B213 标准下利用霍耳流量计漏斗进行测定(Davis,2004)。霍耳流量计是一种简单的装置,它利用预先校准的漏斗来测量金属和精细自由流动粉末的流速。霍耳流量计还可以根据 ASTM B212(Pawlowski,2008)来测量粉末的表观密度。粉末的流动速度是一个很重要的性质,它决定了粉末在冷喷涂过程中的可行性。流量过高会导致粉末在喷嘴的会聚部分累积并阻塞喷嘴喉部;相反的,流动性差将导致进料的间歇性以及涂层性能的不均性。

原料粉末的性质可以大致分为物理性质和化学性质两类。物理性质包括:
(1) 颗粒尺寸;
(2) 外部形态(圆形,球状,角状,有/无附加物)以及内部形态(孔隙情况);
(3) 流动性和表观密度;
(4) 热性能;
(5) 电导率/电阻。

此外,这些粉末的典型化学性质包括:
(1) 化学成分(纯度,不需要的物质如氧、氮的含量);
(2) 析出物和相的分布;
(3) 晶体学信息(固溶体)。

理想粉末具有良好的流动性并且不含有附属颗粒。附属颗粒是一种粘附到较大的颗粒并会引起结块和进料问题的细小颗粒。本节概述粉末的特性及其测量技术。各种粉末性质对冷喷涂的影响将在下一节讨论。

3.2.1 粒径分布

一批粉末中的粉末粒度由粉末粒度分布的上限和下限决定。可以使用能够测量所有颗粒尺寸分布的激光衍射粒度分析仪(例如 Malvern 3000,Malvern,UK)来测量粒度。一个好的粉末粒度分布是符合正态分布的(高斯分布),并且没有偏差,这意味着第 50 个百分点所对应的粒径与平均粒径之间的差异并不显著(Crawmer,2004)。在实际生产中,粉末粒度分布不可避免地存在一定的偏差。粉末的粒度通常由 90% 和 10% 之间的粒度分布所决定。用于冷喷涂的典型铜粉的尺寸范围为+5~25μm,这意味着 10% 的粉末在 5μm 以下,10% 的粉末在 25μm 以上。分级是在生产后将不同粒度的粉末进行分离的技术。空气分级通常用于 45μm 以下的尺寸范围,因为此时通过过筛分离是不实际的。

3.2.2 颗粒形态

颗粒形态由粉末生产制造工艺所决定。粉末形态影响流动性、表观密度、可冷喷涂性并最终影响涂层孔隙率以及沉积效率。一般来说,因为不规则颗粒容易紧密堆积在一起,不规则形状的颗粒不会像球形颗粒那样容易进料(Berndt,2004a)。经喷雾造粒工艺所得到的颗粒是球形的,因此便具有更好的流动性。

我们需要研究粉末形态以确定原料的制造路线。除了要考虑一些外部特征如附属颗粒外,粉末也会有如内部孔隙率等内部特征需要考虑。可以使用扫描电子显微镜直接观察粉末的外部形态,而内部形态和孔隙率则可以通过粉末横截面的金相制备来观察。粉末可以封装在树脂中,并在研磨和抛光后进行微观结构观察。

3.2.3 化学纯度

用于冷喷涂的粉末通常比用于热喷涂的粉末的纯度更高。根据材料中杂质含量的不同(O_2,N_2)进行分级,而这些杂质的含量也将影响材料的力学性能。冷喷涂中的键合作用被认为是在材料周围的氧化物壳层破坏之后才形成的,因此较高含量的氧气会增加键合的难度。本章后面将会详细讨论氧化物对冷喷涂性的影响。而粉末中的杂质含量则取决于其制造路线以及粉末储存。

粉末表面受潮会带来显著的粉末供料问题并导致粉末的降解。为了消除受潮的影响,建议在喷涂前将粉末在高于 100℃(水的沸点)的加热烘箱中干燥一段时间。相比于粗粉,细粉由于其更高的比表面积能吸收更多的潮气(Crawmer,2004)。球体的比表面积比任何几何形状的比表面积都要低,因此球形颗粒会比不规则形颗粒的吸潮能力更低。

粉末的化学组成可以利用 X 射线荧光(XRF)光谱仪进行分析,而粉末表面则可以用 X 射线光电子能谱(XPS)来分析。XPS 是一种可以测量粉末以及所得涂层的表面污染的有用技术。X 射线衍射(XRD;Cullity 和 Stock,2001)被广泛用于鉴定粉末中存在的相。通过粉末中初始相和冷喷涂涂层中相的对比可以得到关于喷涂期间相变的有价值的信息。复合材料或团聚粉末的元素分布可以通过对粉末颗粒的金相横截面的能量色散 X 射线光谱仪(EDX)分析来获得。

3.2.4　流动性

流动性是冷喷涂工业中粉末进料的一个主要因素。如前所述,粉末的流动性和表观密度可以通过使用霍耳流量计来测量。与粉末有关的密度术语在热/冷喷涂行业中使用较少。表观密度也可以描述为粉末的密度,它包括粉末颗粒间以及颗粒内孔隙间的空间(Crawmer,2004)。表观密度与粉末的堆积有关并受粉末粒度分布的影响。原料的表观密度影响冷喷涂期间的喷雾进料速率。

3.3　粉末制备方法

用于冷喷涂的材料原则上是金属。在 20 世纪 90 年代冷喷涂工艺的初期阶段,商业纯铜原料被广泛用于喷嘴尺寸以及工艺参数的优化。铜的广泛使用是由于它在所要求的尺寸范围内所具有的延展性和可使用性。在铜的研究和开发之后的便是铝和镍。大多数这些金属粉末都是利用喷雾造粒技术生产并具有相应的球形形态。随着 21 世纪初期商业冷喷涂设备的引入,研究重点和开发工作集中于可商业化的纯钛涂层,其后是无规则/海绵状的钛和钛合金粉末(例如 Ti-6Al-4V)。目前对冷喷涂的兴趣在于合金粉末喷涂,例如 In 718、MCrAlY 以及混合物的复合物粉末。

过去冷喷涂工艺所无法实现的硬质金属沉积陶瓷的技术,如今在使用新型粉末设计和制造路线的情况下,已然不是什么难题。而且,能够提供更高气体压力和温度的冷喷涂设备的发展意味着过去难以喷涂的材料,如今也可以沉积。例如,以下类型的粉末利用冷喷涂工艺,已然可以成功沉积:

(1) 金属:Cu,Al,Ni,Zn,Ti;

(2) 难熔金属:Zr,Ta;

(3) 材料:316 不锈钢,铝合金,MCrAlY;

(4) 氧化物:TiO_2;

(5) 金属陶瓷(陶瓷和金属的组合):WC-Co/Ni;

(6) 金属间化合物:Fe/Al。

作者没有打算对所有可成功应用于冷喷涂工艺中的原料粉末进行全面的综合评估,而仅对其进行了概述。下面将简单介绍粉末生产的一般方法。

3.3.1　喷雾造粒

喷雾造粒是将熔体分解成液滴的过程。其可以使用多种方式来实现,如通过喷嘴的喷洒、于旋转盘上浇注,静电以及超声(Yule 和 Dunkley,1994)。

《喷雾造粒科学与过程》一书非常容易理解。Yule 和 Dunkley 建议读者阅读这本教科书以便详细了解喷雾造粒过程。大多数金属及合金粉末均是通过雾化工艺制备而来,因为在适当的高温下金属熔体的黏度相对较低。反过来说,雾化工艺也适用于大多数金属,如锡、铅、锌、铝、镁、银、铜、金、钯、钴、镍、铁和钢,甚至难熔金属,如钨。但是对于熔点超过 2000K 的金属而言,因其自身所存在的难题,其往往难以雾化。而至于那些没有被广泛使用的玻璃、陶瓷和聚合物,其相关雾化工艺在一定程度上也进行了相关的研究。图 3.1 是惰性气体喷雾造粒过程的示意图。

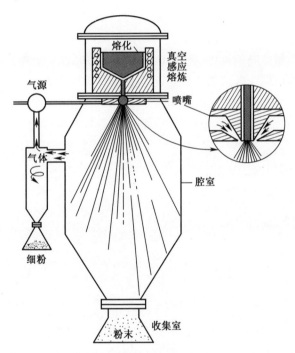

图 3.1 惰性气体喷雾造粒的示意图(Yule 和 Dunkley,1994)

在雾化工艺中,分散的液滴由熔化的物质所形成,并最终形成粉末状固体。其中,只有通过气体雾化和水雾化工艺所得的粉末材料才能广泛应用于冷喷涂工艺中。在雾化器中,金属或合金在感应加热器中熔化,形成熔体,然后被倒入具有校准口的坩埚中,并呈液体状流入喷嘴。之后,金属的熔体通过撞击喷嘴内的气体或水流而分解成液滴(Pawlowski,2008)。最终在造粒塔内的自由落体期间,金属液滴固化形成小的粉末颗粒。

雾化技术中影响粉末质量的变量因素有很多,例如喷嘴几何形状,雾化介质的速度和压力,气体纯度,雾化喷嘴几何形状,熔体过热程度(即熔点以上的温度),熔体组成,熔体的黏度和表面张力,冷却塔的高度等。

3.3.2 气体雾化

气体雾化是利用空气或惰性气体(如氩气和氦气)来进行的,这些气体会分解液态金属流。目前存在几种模型可以描述雾化工艺中的液体分解过程,这些理想化的模型内容包括:先在片层中形成波浪,然后形成带状液体,最后带状液体会分解成液滴,导致球化(Berndt,2004b)。在粉末制造业中喷雾造粒有两种常用的不同模式:①关闭喷嘴;②打开喷嘴(Klar 和 Shafer,1972)。在关闭喷嘴模式中,在气体从喷嘴中流出之前,熔体会通过进料管。相反的,在开放喷嘴模式中,金属流从喷嘴下降一段距离后,会与从气体喷嘴中产生的气流汇合。

冷喷粉需要非常高的纯度,几乎不能含氧。这也就是生产冷喷粉级粉末经常使用惰性气体和真空处理的原因。已经发表的有关铜的系统研究表明,粉末的氧含量越高,其临界速度越大,也就是沉积所需的最低速度越大(Li 等,2006)。图 3.2 展示了经喷雾造粒所形成的铜、铝和钛粉的典型形态。

图 3.2 扫描电子显微照片(二次电子)的(a)气体雾化铜(Hussain 等,2009),
(b)水雾化铜(Chiu 等,2007),(c)气雾化铝(Hussain 等,2012)和(d)喷雾
过程中使用的气体雾化钛(Hussain 等,2011a)

在喷雾造粒中,粉末颗粒通常会先后经历快速冷却以及快速凝固并展现出细晶粒(甚至超细晶粒结构)结构,高密度位错以及合金元素的饱和溶液的淬火组织(Rokni等,2014)。这种淬火效果会增加喷雾粉末颗粒的硬度,并因此降低了它的形变能力。图3.3显示的是高速淬火处理下喷雾造粒钛颗粒的高放大率图像。

图3.3　气体雾化钛粉表面形貌
(a)低倍率;(b)高倍率。

3.3.2.1　水雾化

水射流可用于之前描述的开放式喷嘴配置,因为水流不会像气体射流那样快速地损失动能。水射流也不会像喷雾那样传播。设计通常会使熔体流在被水冲击之前下降到100~500mm。水射流则倾向于产生比气体雾化略微不规则的颗粒(Berndt,2004b),但由于其生产率高,工业倾向于使用这一工艺。为使粉末的水分和氧气含量在特定限度内,脱水及还原过程是必需的。

气雾化相对水雾化的主要优点是增强了成球度。通过气体雾化产生的粉末比较干净并且氧化物含量低。原料粉末中的氧水平是至关重要的,因为冷喷涂中的结合需要无氧化物的清洁金属界面。两种工艺都具有非常高的冷却速率,例如,在水雾化过程中,颗粒以 $10^4 \sim 10^6 ℃/s$ 的速度冷却,而气体雾化的冷却速率为 $10^3 \sim 10^5 ℃/s$ 低一个数量级(Berndt,2004 b)。

一般来说,金属和合金粉末生产中的喷雾造粒具有非常大的产量,通常为1~100000t/年,并且可产生范围从 $10\mu m$ 到10mm的各种粒度。雾化的主要优点是能够在非常严格的限制内更好地控制颗粒的尺寸分布和形状。人们可以使用气体雾化产生近球形颗粒,其具有比任何研磨颗粒更好的流动性质。

3.3.3　喷雾干燥(团聚)

喷雾干燥是一种粉末制造工艺,可以使各种类型的材料团聚。典型的喷雾干燥过程包括几个阶段:浆料的制备,浆料的雾化,喷雾的干燥和颗粒的致密化。使用浆料泵将分散好的前驱体,有机胶黏剂和水的浆液注入大空腔中。可以使用离心机或喷嘴来雾化浆体,随后使用气体将其干燥。利用粉末收集器将固体粉末收集。通过这种技术生产的粉末通常是多孔的,需要致密化阶段,如烧结。团聚和烧结是制备致密化氧化物、氮化物和金属陶瓷等粉末的较好途径。通过喷雾干燥的粉末还未找到一个商业冷喷涂应用,但一些实验研究报道了这样的粉末的冷喷涂性能(图 3.4)。

图 3.4　(a)团聚的 W-Cu 粉末(Moridi 等,2014)和(b)用于冷喷涂的
团聚和烧结 WC-Co 粉末(Li 等,2007b)

3.3.4　烧结和粉碎

氧化物和金属陶瓷是通过烧结和粉碎生产粉末的典型实例。烧结粉末的形状不规则,在冷喷涂中流动性和喷涂性差。烧结通常在 0.7 倍熔点左右的温度下进行。由烧结产生的粉末通常致密且呈块状。碳化钨是通过渗碳钨制成的,然后粉碎和筛选以获得所需的尺寸范围。然后将粉碎的粉末与带有有机黏合剂的钴混合并在还原温度下烧结。

3.3.5　氢化-脱氢

商业生产纯的钛粉和钛合金对冷喷涂界有重要意义,因为在冷喷涂期间没有颗粒熔化和氧化,所以会维持初始粉末性质。氢化物脱氢(HDH)是广泛用于生产钛和钛合金原料的化学工艺。这种工艺制造粉末的成本要比气化的钛原料低得多。使用 HDH 工艺生产的粉末的典型形态是不规则的。制造过程依赖于可以研磨和筛选的一些金属氢化物的脆性(Hussain,2013)。

钛中的杂质含量至关重要,因为这会影响成品的机械性能。对于更细的粉末而言,其氧含量对颗粒比表面积更加敏感。随着颗粒直径减小,颗粒比表面积会显著增加。这也就意味着,随着颗粒尺寸的减小,氧含量也会随之增加。

在 HDH 工艺中,原材料首先会被装载到氢化物单元中,之后在氢气气氛下被加热。该反应生成氢化钛(TiH_2)。而脆性很大的 TiH_2 则被进一步粉碎成更细的颗粒。此后细颗粒会返回氢化装置进行脱氢处理。然后将颗粒置于高真空下并在加热条件下可逆地释放颗粒中的氢气。最后筛选粉末以除去烧结颗粒。在这个过程中,粉末形态受起始原料的影响。目前,有三种来源的原钛:锻造钛、钠还原钛、镁还原钛。HDH 过程的流程图如图 3.5 所示。HDH 工业纯钛和 Ti6Al4 合金的典型形态如图 3.6 所示。

图 3.5　制造钛粉的 HDH 工艺流程图

图 3.6　氢化-脱氢的扫描电镜图片(SEM)
(a)、(b)商业纯钛;(c)、(d)Ti-6Al-4V 粉末。

3.3.6　其他

机械合金化是另一种生产小批量用于冷喷涂实验粉末的技术。迄今为止,该技术一直被用于使用复合材料例如 Fe-Si 和 Fe-Al,来制造具有金属间化合物和纳米结构的涂层(Li 等,2007a)(Wang 等,2007)。在机械合金化过程中,来自研磨过程的摩擦能量会引起颗粒的塑性变形。此外,也存在其他制备工艺,如羟基制造法。举个典型的例子,镍和铁粉便是通过这种途径制造的。通常,用这种方法生产的粉末不是球形的。

3.4 粉末特性对冷喷涂性能的影响

冷喷涂的两个重要特征是涂层的 DE 值和孔隙率。DE 值是指喷涂过程中所使用的粉末质量与粉末沉积质量之比。对于给定的一组粉末特征(即组成、微观结构、形态、尺寸和尺寸分布)和基材组合,增加喷雾气体温度和压力将增加 DE 值并且最有可能降低孔隙率,这主要是颗粒速度增加所导致的。然而,需要注意的是,通过单独增加气体温度来增加速度不一定会导致 DE 值和孔隙率具有完全相同的增量,这可以从仅仅增加气体压力便能达到相同速度增量中看出(Wong 等,2009)。尽管如此,速度仍然是生产涂层的关键工艺变量。反过来,对于给定的气体,气体温度以及压力、粉末的速度则受粉末形态、尺寸以及尺寸分布的影响。

关于粉末特性对冷喷涂性能影响的诸多结论都是基于数学建模。在定性和定量验证方面,实验员主要受限于具有广泛颗粒特性的合金粉末种类的有限性。例如,为了量化最佳颗粒尺寸和相关最大粉末临界速度,几乎没有公开的报道包括足够多数量不同平均颗粒尺寸的研究能够近似地确定最佳值。通常获得不同粉末尺寸的方法是筛分。而为了生产足够多的粉末而使用现有的冷喷枪是非常耗时的,尤其是生产较精细尺寸的粉末。即使有可以测试的粉末,基材的存在也会妨碍冲击速度的测量,这就增加了实验问题。最后,要改变单一粉末的特性从而获得广泛特性的粉末也是不容易的,这会使得实验结果的分析变得复杂。因此很少有研究通过实验,全面探索分析粉末特性对冷喷涂性能的影响。而本节则简要概述粉末颗粒大小、形态和氧化态对颗粒速度、涂层的 DE 值和孔隙率的相关数学研究和实验研究。

3.4.1 粉末粒度对颗粒速度的影响

粉末粒度显著影响加速行为以及随后的颗粒速度。图 3.7 便是一个典型的例子,该图展示了粒径对球形铜粉末速度的影响(Li 和 Li,2004)。一般而言,颗粒速度随着粉末粒径的减小而增加。较小的颗粒很容易加速到较高的速度,而这非常适合于冷喷涂。因此,使用小粒径粉末可以很容易地满足沉积颗粒的速度要求。喷雾粉末颗粒通常具有一定的粒度分布,而在冷喷雾下,喷雾粉末的粒度通常要求要小于 50μm。

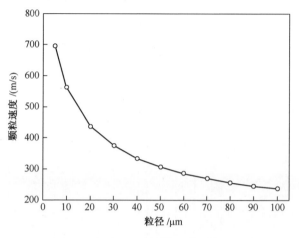

图 3.7　使用氮气情况下粒径对颗粒撞击速度的影响

　　流体动力学研究表明,颗粒粗糙度的增加会降低颗粒的速度。不仅如此,在基底存在的情况下,喷涂过程中,基底表面前会出现弓形激波,从而使所有颗粒减速。减速程度取决于颗粒大小,尺寸越小的颗粒受到弓形激波的影响则越强烈。
　　除了粒径之外,颗粒的密度也影响加速行为。通常,颗粒密度越低,喷雾颗粒的加速度越高。因此,较低密度的颗粒可以达到比高密度颗粒更高的速度。根据 Helfritch 和 Champagne(2006)的计算,最佳粒径是密度的相对弱函数,对包含铝、铁以及其他金属的一系列密度的测量显示其值为几微米,如图 3.8 所示。这些计算均是在压力为 2.76MPa 和温度为 673K 的氮气气氛下测量的。

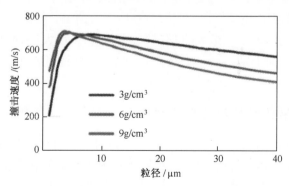

图 3.8　计算三种密度颗粒的粒度对(氮气,压力 2.76MPa 和温度 673K)
(Helfritch 和 Champagne,2006)冲击速度的影响

关于颗粒大小对速度影响的实验验证,Ning 等(2007)用 5 种不同尺寸的球形铜粉进行了全面研究,范围从 12~60MPa。低压冷喷涂则一般是在 0.7MPa 和 573K 下氮气或氦气气氛下进行。铜粒径对速度的影响如图 3.9 所示。结果表明,平均颗粒速度随着平均粒径的增加而减小,并且用氦气喷涂的颗粒具有比氮气更高的速度。

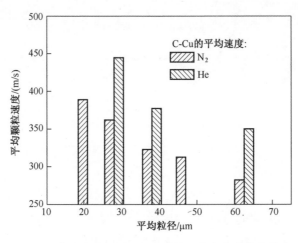

图 3.9   实验结果显示了粒径对低压冷喷涂速度的影响

(压力为 0.7MPa,温度为 573K)

有人认为,存在一个具有最大的冲击速度的最佳粒度。但是,这个值似乎处于几微米的量级,并且用如此细小的粉末喷射会产生其他问题。普遍接受的粒径范围一般在 20~30μm 的范围内,这可能处于对冲击速度和粉末制造约束的双重考虑。在这个尺寸范围内,速度不会急剧变化。然而,如前所述以及如图 3.10 所示的那样,DE 值会在临界速度(此处称为 v_{crit})与最大速度(此处称为 v_{max})之间的小范围内迅速增加,并且在超过 v_{max} 的情况下,DE 值会由快速增加转化为渐近增加,直到变成最大的 DE 值。因此,为了最大化 DE 值,重要的是速度足够超过 v_{max}(而不是 v_{crit})。并且在 v_{max} 以上运行将促进对这一过程的控制,最大限度地降低冷喷雾对粉末粒径的敏感度。

3.4.2   粉末形貌对颗粒速度的影响

喷雾粉末的形态取决于其制造工艺。气体雾化所合成的金属合金粉末通常呈现球形。除了气体雾化过程外,还采用氢化脱氢和机械合金化来生产用于冷喷涂的金属合金粉末。然而,通过这些方法生产的粉末不是球形的,尽管它们呈现出近球形的特征。颗粒速度受喷雾粉末形态的影响。形态效应则通常是由形

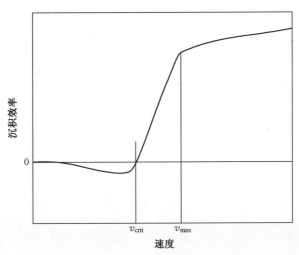

图 3.10　沉积效率与速度的关系(颗粒速度必须高于 v_{max} 而不是 v_{crit},
以避免颗粒尺寸对沉积效率的强烈影响)

状因子来表征的。形状因子被定义为与当前颗粒的体积相等的等效球形颗粒与当前颗粒的表面积之比。所以,形状因子必定小于 1。通过模拟发现,不规则形状的颗粒会比球形颗粒具有更高的速度(图 3.11)。因此,不规则形状的粉末颗粒可以具有比球形更高的 DE 值。然而,应该注意的是,由于不规则形状粉末的高比表面积,沉积的涂层的氧含量可能会很高。高比表面积也会保留在合成的涂层中,进一步在喷涂后退火工艺中影响冷喷涂层的机械性能。

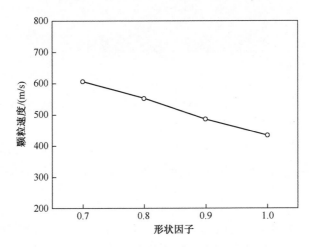

图 3.11　使用氮气条件下等量直径为 $20\mu m$ 的铜的颗粒
形状因子对其速度的影响(Li 等,2004)

从理论上讲,不规则粉末会表现出更高的阻力系数,从而实现更高的颗粒速度,其他方面也是一样的。然而,由于颗粒的不规则性,数学建模会很困难;图3.12所示为不规则粉末的扫描电子显微镜图片,展示了大量不规则的粉末。因此,为了量化不规则性对颗粒速度的影响,相关的测量是必须的。Wong 等(2013)比较了 5 种形式的商业纯钛原料,包括三种球形粉末和两种"不规则"粉末。图 3.12(a)和(b)是工作中使用的不规则粉末。

图 3.12　不规则粉末的例子
(a)商业纯度(CP)Ti"海绵";(b)CP Ti"不规则";(c)"纯"铁表现出粗糙的表面,
与光滑的表面球形粉末相比,这也会增加阻力系数。

　　所有粉末的加权尺寸分布都可以利用激光衍射粒度分析仪测定,如图 3.13 (a)所示。测量一定范围内氮气冷喷涂不同条件下颗粒的速度,条件 1 为 3MPa 压力和 573K 温度,条件 6 为 4MPa 和 1073K,其他 4 个条件为温度和压力在这些临界值内的组合。量化"不规则"粉末效果的最佳比较是将其与"小"球形粉末进行比较。而关于平均速度的比较,似乎由于形态所导致的增速会随着喷雾强度的增加而减小;对于喷雾条件 1,增加约 12%,而对于喷雾条件 6,增加大约 8%。当对比小球形粉末和大球形粉末时,观察到类似的趋势,较小的粒径使条件 1 的速度增加约 8%，条件 2 的速度增加 6%。

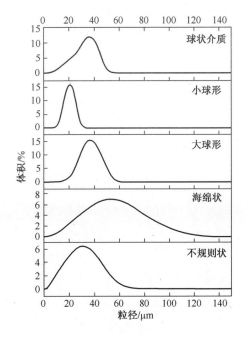

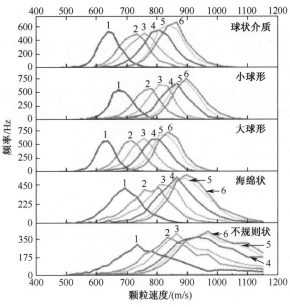

图 3.13　Wong 等（2013）的研究中 6 种喷雾条件下粉末的粒度分布（a）
和速度分布（b）（海绵状和不规则状粉末见图 3.12）

Fukanuma 等(2006)对角状和球状不锈钢粉末的比较结果如图 3.14 所示,其中微熔体粉末是球形的。在 50%的累积体积分数和更高强度的喷雾条件下,其速度增加大约 20%。在这一研究中,或许更好说明不规则粉末具有改善冷喷涂性能潜力的方式是:氮气气氛下喷涂不规则不锈钢粉末与氦气气氛下喷射的球形粉末具有相类似的速度(3MPa 和 573K 对于两种气体)。

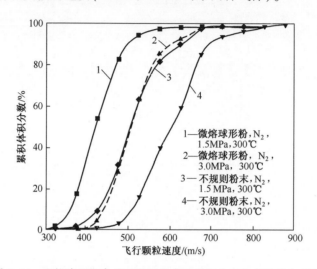

图 3.14 比较球形和角形不锈钢粉末的累积体积分数速度与颗粒速度的函数(微熔体是球形粉末)

3.4.3 临界速度

如前所述,冷喷涂非常细小尺寸的颗粒具有两个问题:弓形激波的减速效应以及随着颗粒尺寸减小而增加的 v_{crit}。如图 3.15(改编自 Schmidt 等,2006)所示,对于给定的冷喷涂条件,会存在一定的颗粒尺寸窗口,而处于该窗口的颗粒的速度超过 v_{crit} 时便会发生沉积。而最佳颗粒尺寸便是最大化 v_{crit} 以上颗粒速度增量的颗粒尺寸。图 3.15 展示了一个可以给出大致相同速度(颗粒速度 v_{crit})增量的粒径范围,而这个范围对减小粒度对该度量的影响的过程控制是很有用的。在此范围以上时,冷喷涂涂层性能下降,因为粉末速度下降得比 v_{crit} 快;在小于此范围的颗粒尺寸下,v_{crit} 增加速度比颗粒速度快。

对 v_{crit} 的早期建模未曾涉及对 v_{crit} 有影响的颗粒尺寸效应;然而,实验结果(Schmidt 等,2009)表明:v_{crit} 的大小受颗粒大小的影响。如图 3.15 所示,v_{crit} 随着尺寸的增大而减小,直到达到平台区。假设颗粒结合的机制是基于氧化膜的破坏从而产生的表面反应和绝热剪切机制(Assadi 等,2003),而颗粒尺寸的减小会导致单位体积的氧化膜表面积增加以及热扩散率增加,所以难以达到绝热

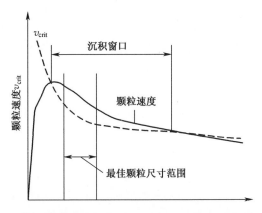

图 3.15　粒度对临界速度和颗粒速度影响的示意图,其定义了冷喷涂的

最佳颗粒化范围(改编自 Schmidt 等,2006)

剪切机制被激活所需的温度。

　　粉末形态的影响也会影响临界速度 v_{crit}。例如,图 3.13 中展示了 Wong 等所研究粉末的表征数据,其 v_{crit} 值如表 3.1 所列。需要注意的是,v_{crit} 随喷雾条件的变化而变化,这可以用该温度下气体的温度以及颗粒停留时间的影响来解释;气体温度和停留时间的增加往往会增加颗粒的柔软度,导致 v_{crit} 值降低(Wong 等,2009)。而比较"不规则"粉末和小球形粉末的结果,发现几乎不存在形态效应。同样,"海绵"形态和大球形 v_{crit} 值也没有明显差异。

表 3.1　粉末粒度对临界速度形态的影响(Wong 等,2013)

冷喷涂条件	$v_{crit}/(m/s)$	$v_{crit}/(m/s)$	$v_{crit}/(m/s)$	$v_{crit}/(m/s)$	$v_{crit}/(m/s)$
	球状介质	小球形	大球形	海绵状	不规则状
1	610	619	605	604	618
2	582	594	576	574	593
3	568	582	560	559	581
4	546	563	537	536	563
5	546	563	537	534	560
6	539	557	529	526	554

3.4.4　颗粒速度对沉积效率和孔隙率的影响

　　到目前为止,已经讨论了粉末特性对粉末速度和 v_{crit} 的影响。如图 3.16 所示,给定粉末速度的增加会导致其沉积效率的增加。这表明任何提高粉末速度的因素都会增加沉积效率。因此,考虑到粉末尺寸的增大通常会降低其速度,其结果也可能会导致沉积效率的减少。但是,如图 3.10 所示,速度所产生的影响也与 v_{crit} 和 v_{max} 有关;如果颗粒速度低于 v_{crit},则不能沉积;如果它高于 v_{max},则不会受粒径影响。事实上,如图 3.16 所示,Schmidt 等(2006)的研究结果表明:当对颗粒速度在临界速度以上的增量绘图时,粒径对 DE 值没有影响。因此,颗粒尺寸除了对颗粒临界速度以上的速度增量有影响之外,并不会产生其他影响。实际上,图 3.15 的示意图表明:存在一最佳的粒径范围,在此范围内沉积效率基本保持恒定。但是该范围因合金种类而异,也可能会随冷喷涂工艺参数变化而变化。

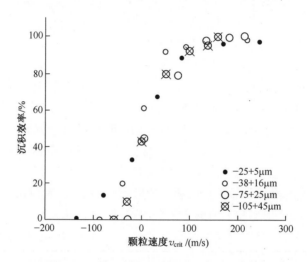

图 3.16 在不考虑粉末尺寸的情况下颗粒速度在临界速度以上的增量
对沉积效率的影响(改编自 Schmidt 等,2006)

关于颗粒性质对孔隙率的影响,一般来说,其相关的发现与沉积效率的发现相似,因为二者的关键指标均是颗粒速度超过临界速度的程度。Wong 等(2013)发现了球形粉末的孔隙率与二者(粉末速度与 v_{crit})比值呈特定关系,如图 3.17 所示。在这个特定的尺寸范围内(图 3.13),球形粉末似乎属于相同的群体。而对于"不规则"粉末而言,v_p/v_{crit} 值的范围太窄以至于不能检查其对孔隙率的影响。但是"海绵"形态的粉末(图 3.12(a))却遵循类似于球形粉末的规律,尽管与相同给定的 v_p/v_{crit} 值的球形形态相比,其具有更高的孔隙率。这表明不规则粉末比球形粉末更难压实。事实上,这项研究中的不规则粉末呈现出明显的孔隙率梯度,即孔隙率随着基底距离的增加而增加,而孔隙率在球形粉末的整个涂层厚度上都基本保持不变。这表明喷丸处理对于减少不规则颗粒孔隙率而言非常重要,并且再次指出"压实"的问题。

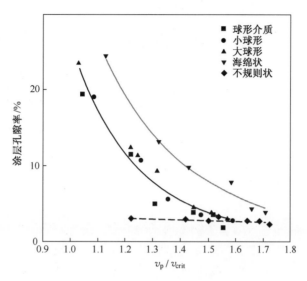

图 3.17　颗粒速度 v_p 与 v_{crit} 之比对在图 3.12 和图 3.13 所示 CP-Ti 的颗粒
尺寸和形态的孔隙率的影响(Wong 等,2013)

　　关于不规则形态的 CP-Ti 原料粉末的研究结果存在一定的相互矛盾。在
Zahiri 等(2009)的一项研究中发现,随着平均粒度(22~16μm)的减小,涂层孔
隙率会发生下降(9.5%~8.0%)。作者认为这是由于较小的颗粒会具有较高的
颗粒撞击速度。而在 Marrocco 等(2006)的另一项研究中发现,随着平均粒径
(28~47μm)的增加,涂层孔隙率会发生显著降低(22%~14%)。这种现象的解
释是:较大颗粒的碰撞强化了喷丸效应。人们普遍认为这些较大的颗粒将以低
于临界速度的速度飞行,因此,它们只会增强喷丸效应而不会沉积到基底上。而
这种喷丸强度的增加将会导致涂层孔隙率的降低,但也可能导致沉积效率的降
低。后一种假设表明,粒径分布也会影响到沉积效率和孔隙率。Blose(2005)研
究了三种相似粒度的 Ti-6Al-4V 原料的冷喷涂特性实验结果如表 3.2 所列。
但是由于这三种原料由不同的工艺制成,因此最终得到的粉末特性也不同。

表 3.2　粉末特性参考(Blose,2005)

粉末种类	制造技术	形态	制造商	平均尺寸/mm	硬度/VHN
Ti-6Al-4V	气体雾化	球形	Crucible Research,USA	29	291
Ti-6Al-4V	等离子雾化	球形	Pyrogenesis Canads	27	280
Ti-6Al-4V	氢化物-脱氢	角状	Affinity China	30.7	351
Ti-CP	氢化物-脱氢	角状	Affinity China	21	153
VHN—维氏硬度值。					

Ti-6Al-4V 氢化-脱氢角状料表现出最低的孔隙率,但其沉积效率也最低。低沉积效率可能归因于高硬度,而低孔隙率则归因于能够填充空隙的细颗粒的大量存在。这一结果不仅说明沉积效率和孔隙率不一定相关,而且还表明粉末特性可以耦合。在这种情况下,粉末加工技术不仅改变了粉末形貌,而且改变了粉末的硬度。事实上,粉末特性与硬度的相关性是一个相当普遍的主题。例如,球磨是生产纳米晶粒和改变形态的常用技术。形态的变化会增加粉末的速度,但加工硬化则会降低粉末的冷喷涂性,从而大大抵消了增加速度的益处。事实上,粒度细化还会通过增加体氧含量来改变机械性能,可能导致固溶强化。

3.4.5 粉末的表面氧化作用

对于金属合金粉末颗粒而言,其不可避免地含有一定程度的氧气,因为金属合金表面通常覆盖着一层几十纳米厚的氧化层(Temples 等,1993)。颗粒表面氧化层的存在阻止了冲击颗粒与接触界面上的底层沉积颗粒的直接接触。有效结合的形成便需要在接触界面处对氧化层进行充分破坏和分散。所以,表面氧化层更厚的粉末颗粒自然需要更高的颗粒速度。此外,颗粒表面上的氧化层越厚,颗粒的临界速度也越高。对于铜粉,不同的研究人员发现了不同的临界速度值,如表 3.3 所列(Li 等,2009)。普通喷雾粉末的临界速度一般在 290~640m/s 的范围内。通过使用低氧含量铜粉颗粒并随后将其氧化成不同高氧化物含量,Li 等发现铜粉的氧化会显著影响临界速度,并因此影响沉积效率(Li 等,2006)。氧含量低于 0.02%(质量分数)时,铜粉的临界速度约为 300m/s。当同种粉末在空气中被氧化为氧含量为 0.13%(质量分数)及 0.38%(质量分数)时,临界速度分别增加到了 550m/s 和 610m/s。由于大多数金属合金粉末在空气中会自然氧化,所以金属粉末的储存便变得非常重要。随着储存时间的增加,

表 3.3　文献中报道的 Cu 的典型临界速度(Li 等,2009)

研究人	临界速度/(m/s)	氧含量/%	颗粒尺寸	参考文献
Alkimov 等	500	——	$10\mu m$	Alkimov 等(1990)
Stoltenhoff 等	550~570	0.1~0.2	$5\sim25\mu m$	Stoltenhoff 等(2002)
Gilmore 等	640	0.336	$19\mu m,22\mu m$	Gilmore 等(1999)
Li 等	290~360	0.02	$64.1\mu m$	Li 等(2006)
Li 等	550	0.13	$20.5\mu m$	Li 等(2006)
Li 等	610	0.38	$20.5\mu m$	Li 等(2006)
Schmidt 等	250~280	——	20mm	Schmidt 等(2006)
Schmidt 等	500	——	$25\mu m$	Schmidt 等(2006)
Raletz 等	422~437	——	$10\sim33\mu m$	Raletz 等(2005)

喷雾粉末颗粒的沉积效率将逐渐降低。因此,随着储存时间的增加,用原粉末制备的涂层的数据可能无法对应由新鲜粉末所制备的涂层。Li 等(2010)的一项研究也发现:对于软质韧性材料而言,其临界速度对表面氧化的依赖性更为显著(图3.18)。而随着合金硬度的增加,氧化效果可能会变得不那么显著。

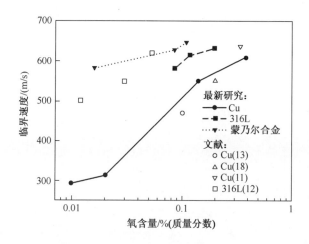

图 3.18　原料氧含量对临界速度的影响(Li 等,2010)

3.5　冷喷涂用复合粉体材料

3.5.1　混合粉体

冷喷涂是一种能够沉积复合材料或复合涂层,且有前景的工艺。由于单个粉末颗粒在形成沉积物的过程中没有组分变化,所以可以通过粉末组成的设计来制造涂层的组分。复合涂层的沉积可以通过不同类型的粉末来实现,例如,包含不同初始粉末的混合物,预合金粉末以及准合金化复合粉末(比如机械合金粉末)。使用粉末混合物是沉积复合涂层工艺中的相对更简单和更经济的方法。因此,目前已经有很多学者通过这种途径对不同材料的组合进行了研究(Wang 等,2008,2013;Feng 等,2012;Melendez 和 McDonald,2013;Koivuluoto 等,2012;Shockley 等,2013;Irissou,2007;Sansoucy 等,2008;Spencer 等,2012;Luo 等,2011;Luo 和 Li,2012)。然而,由于单个颗粒的沉积行为取决于其形变能力,这便导致沉积物与其起始混合粉末之间存在较大偏差。图3.19 综合展示了使用冷喷涂工艺沉积混合粉末于陶瓷颗粒增强金属基复合材料的典型结果。其中一个事实便是,当使用两相混合物复合粉末时,沉积物中硬质陶瓷相的含量明显低于初始粉末混合物中硬质陶瓷相的含量。并且,对增强物体积浓度高于40%的复合材料粉末的沉积是非常困难的。例如,为了沉积具有体积分数约30% WC-12Co 含量的 Ni-(WC-12Co)复合材料,需要使用体积分数约90% WC-12Co 的粉末混合物。这意味着在沉积过程中,初始粉末中至少2/3以上的 WC-12Co 会从基体弹回。因此,为了更好确定涂层组分,沉积层组分和初始粉末组合物之间对应的实验关系的确定是极其有必要的。

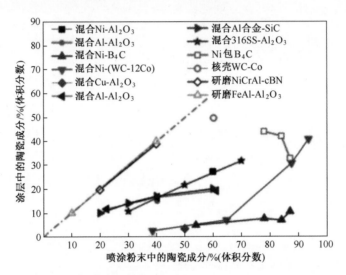

图 3.19 不同方法制备的不同复合粉末中初始粉末与涂层中
的硬质增强物含量之间的关系

3.5.2 预合金粉末和金属间化合物

保证涂层组分与初始颗粒组分一致的解决方案之一便是使用预合金粉末或准复合粉末。当使用机械合金粉末时,由于粉末中的特定组分不可能优先地回弹,所以沉积物的组分会与喷涂颗粒的组分保持一致(例如 NiCrAl-cBN,Luo 等,2011,2012b 和 FeAl-Al₂O₃ 粉末,Luo 和 Li 2012)。因为使用的复合粉末是由金属成分组成,所以可以根据设计要求来改变粉末的组分。然而,由于金属-陶瓷复合材料中金属与陶瓷相的形变能力显著不同,所以在机械合金化过程中,陶瓷相主要包含在金属基体中。通过机械合金化制备金属-陶瓷复合粉末存在着一定的缺陷:陶瓷组分会一部分形成单独的陶瓷颗粒;另一部分会形成没有任何陶瓷-陶瓷接触的均匀的微观结构。而如果使用分步工艺,则含量高达40%(体积分数)的陶瓷成分也可以均匀地包含在金属合金基体中(Luo 和 Li,2012)。即先采用烧结工艺,再接着进行粉碎或喷涂烧结即可。在文献中(Gao 等,2008;2010;Yang 等,

2012),WC-12Co 多孔粉末便是通过烧结和粉碎工艺生产的。

机械合金化也可以用来制备具有纳米结构的粉末和金属间化合物的涂层。通过控制合金化过程和研磨时间,可以明显改变被研磨合金的均匀性,并且可以显著减小其晶粒尺寸。图 3.20 说明了 90%Fe-10%Si 粉末和相应涂层的晶粒尺寸随球磨时间的变化(Li 等,2010)。经过几小时的研磨后,粉末的粒径甚至会变成几十纳米。一般来说,机械合金化粉末呈球状且表面粗糙,如图 3.21 所示(Wang 等,2007)。而在研磨之后,便可以通过筛选获得能用于冷喷涂工艺的合适尺寸范围的粉末。

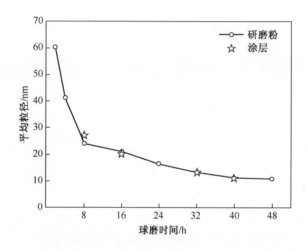

图 3.20　球磨时间对 Fe-12Si 合金粉末晶粒尺寸的影响(Li 等,2010)

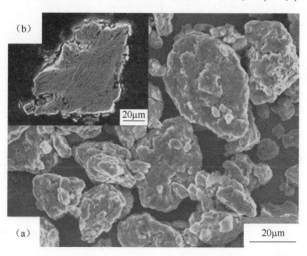

图 3.21　经过研磨的 Fe-40Al 粉末形貌(a)和横截面显微结构(b)(Wang 等,2007)

由于纳米结构材料具有许多独特的物理、化学和力学性能,因此纳米结构涂层的有效沉积具有重大意义。最重要的是,冷喷涂可以沉积得到块状的厚纳米结构涂层。由于粉末在冷喷涂过程中不会熔化,所以这些纳米结构粉末可直接用作原料。已经有许多研究对具有纳米结构粉末的冷喷涂进行了探索(Li 等,2010;Wang 等,2007;Ajdelsztajn 等,2006;Lima 等,2002;Kim 等,2005;Li 等,2007a;Zhang 等,2008),并且得到的普遍结论为:原料的纳米结构会保留在涂层中。图 3.22 为通过冷喷涂所得到的具有纳米结构的 NiCrAlY 涂层,包括(a)起始的 NiCrAlY 粉末,(b)机械合金化的 NiCrAlY 和(c)冷喷涂层的 XRD 图谱以及纳米结构 NiCrAlY 涂层的透射电子显微镜(TEM)图。经机械合金化粉末和涂层的 XRD 图谱对比发现,衍射峰会显著增宽,而这则恰恰表明了纳米结构的存在。而涂层的 TEM 图像则清楚地显示晶粒尺寸小于 100nm。

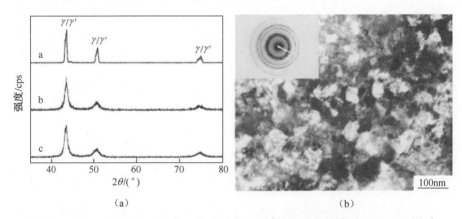

图 3.22　(a)NiCrAlY 标准粉末 a,研磨粉末 b 和喷涂纳米结构涂层 c 的 XRD 图谱;
(b)纳米结构 NiCrAl 涂层的 TEM 图像(Zhang 等,2008)

对许多中、高温环境下的工业应用而言,由于金属间化合物如 FeAl 和 NiAl,在氧化和硫化气氛中具有优异的耐腐蚀性(Stoloff 等,2000),因此,其是极具吸引力的材料。与钢和其他商用铁基合金相比,FeAl 合金表现出更好的抗氧化性以及更低的密度。而且,这种异常强化效应也使得金属间化合物有希望成为高温耐磨材料。而热喷涂过程中所产生的氧化则会使这些性能失效(Cinca 和 Guilemany,2012)。由于低温下的低延展性和脆性,所以冷喷涂金属间化合物的直接沉积很困难。于是人们便提出了使用 Fe/Al 和 Ni/Al 的机械合金化来制造金属间化合物涂层的途径(Li 等,2007a,2011)。通过这种途径所合成的机械合金粉末,在高速撞击时便具有了足够的变形能力。通过喷涂后退火处理,机械合金化的涂层便转变成金属间化合物。在 Fe/Al 或 Ni/Al 合金中,这种相转变的温度往往高于 500℃(Yang 等,2013)。

3.5.3 硬质涂层的金属陶瓷和多孔粉末设计

WC-Co 硬质合金和 Cr_3C_2-NiCr 被广泛用作热喷涂工艺的硬质涂层材料 (Li 和 Yang,2013)。前者用于温度低于约 500℃ 的氧化环境,而后者则用于温度高于 500℃ 的环境。这些材料的涂层通常通过超声速火焰喷涂(HVOF)工艺沉积。虽然 HVOF 沉积的 WC-Co 具有优异的耐磨性能,但其仍然难以沉积少量脱碳的致密纳米结构的 WC-Co 涂层。然而,如前所述,冷喷涂工艺可以在涂层没有任何脱碳的条件下,实现纳米结构的 WC-Co 涂层的制备。

为了能够通过冷喷涂工艺形成沉积物,相互接近的颗粒和基底都需要经历必要的塑性变形。因此,由于硬质金属陶瓷的低变形能力,具有高含量陶瓷组分的厚陶瓷金属,特别是 WC-Co 涂层,难以通过冷喷涂工艺沉积(Lima 等,2002)。在一些冷喷涂涂层(例如钛)中,可明显观察到其顶部为多孔层而底部为致密层,这是由于颗粒的夯实作用所导致的(Li 等,2003;Hussain 等,2011b)。这种夯实效应可通过多孔粉末的设计来形成硬质金属陶瓷涂层,这有助于提高冲击和沉积的硬质颗粒的伪变形性(Gao 等,2010)。

通过研究单个多孔 WC-Co 颗粒的沉积,可以识别其形变机制。当多孔金属陶瓷颗粒冲击基体时,颗粒撞击区周围的区域会发生变形,并导致颗粒下部区域致密化,而颗粒顶部多孔结构则不受影响(Li 等,2007b)(图 3.23)。多孔颗粒的顶部区域仍然保持连续颗粒撞击的可变形性。此后,当多孔金属陶瓷颗粒冲击已经沉积的金属陶瓷层时,沉积颗粒的顶部多孔层处便会发生形变。这样便可以同时满足沉积层和冲击颗粒的变形要求。因此,利用冷喷涂技术,可以通过多孔粉末的结构设计获得致密的 WC-12Co 涂层。涂层显微硬度测量表明,冷喷涂所得到的纳米结构 WC-12Co 涂层的屈服硬度值从 1870HV 增加到了 2000HV(Kim 等,2005;Li 等,2007b),而这与烧结块体相当。

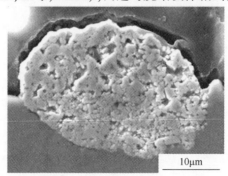

图 3.23 由多孔粉末设计制造的冷喷涂 WC-Co 颗粒的横截面。不均匀的变形导致
下部的致密化并保持上部的多孔结构(Li 等,2007b)

3.5.4　用于硬质涂层的金属涂覆陶瓷颗粒

　　作为对冷喷涂工艺中简单机械混合粉末的替代物,单个碳化钨颗粒通过特定的化学气相沉积(CVD)方法来用纯铝封装;而铝的高活性使得碳化钨颗粒难以用其他的湿化学方法包裹。虽然通常条件下难以在各个碳化钨颗粒的表面上都均匀地沉积铝,但所使用的封装技术却非常有效地刺激固态颗粒的键合(Wang 和 Villafuerte,2009)。这主要归因于脆性碳化钨颗粒周围的少量铝能提供足够的延展性来提高颗粒沉积的能力,即使在相对低的气体压力下也是如此。人们通过同样的 CVD 技术也试图在类似的碳化钨颗粒上沉积纯铜,但是没有取得很大的成功;相反,却可以使用电镀的方法来实现纯铜对碳化钨颗粒的封装。图 3.24 所示为冷喷涂后涂覆铝的碳化钨和涂覆铜的碳化钨原料粉末的微观结构。这种金属基体(铝或铜)则可以视作为冷喷涂工艺中的延展性黏合剂。而该种涂层则展现出良好分散,保留的碳化物相和低孔隙率的特点。与由金属-碳化物共混物产生的冷喷涂涂层物相比,由包占比较高裹碳化物原料产生的冷喷涂涂层具有更高的硬度。

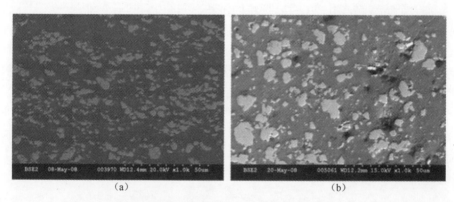

(a)　　　　　　　　　　　　　　　(b)

图 3.24　冷喷涂涂层的显微结构(a)铝包覆碳化钨和(b)铜包覆碳化钨(Wang 等,2008)
　　　　　(金属模具由铝和铜制成)

3.6　结论摘要

　　冷喷涂中原料的选择要求相关人员对冷喷涂工艺、特定的喷涂设备设计以及粉末的特性有一个全面的了解。本章主要对原料的特性及其相关的测量技术做了简单的总结,同时也简要介绍了粉末(包括用于冷喷涂的商业粉末和实验粉末)制造的相关内容。冷喷涂需要的粉末需要具有良好的流动性,不含附属颗粒,高纯度以及窄粒度分布。用于冷喷涂的金属和合金粉末通常使用惰性气体雾化技术制造,其生产的粉末往往具有球形形态和严格规格的尺寸范围。不规则粉末,例如利用氢化-脱氢工艺所制造的角状的钛粉末,由于其低成本和实用性,现在也广泛用于冷喷涂工艺。此外,凝聚的金属陶瓷粉末以及机械合金化生产的金属间化合物也已经用于冷喷涂沉积工艺。

此外,本章也根据颗粒速度(临界速度),涂层的沉积效率和孔隙率对原材料的可冷喷涂性进行了详细的讨论,得出以下一般结论:

(1)一般而言,对于给定的气体温度和压力,粒径的增加会导致颗粒速度的降低;然而,由于喷雾流会撞击基体,非常细的颗粒将会由于弓形振动效应而剧烈减速。而且,与较高密度的颗粒相比,拥有较低密度的颗粒能够达到更高的颗粒速度。通常使用的最佳粒度范围约为 $20 \sim 30 \mu m$,这可能是对冲击速度以及粉末制造限制的综合考虑。

(2)颗粒形态(球形与角形)对涂层微观结构的影响相当复杂。理论上,不规则粉末所需的冲击速度比球形冲击速度高,这是因为不规则粉末喷涂情况下的阻力系数更高。与球形粉末相比,增速往往会增加不规则粉末的沉积效率,但也会因颗粒变形、粘合机制以及填充的差异,而导致孔隙率不一定降低。此外,与球形原料相比,不规则粉末会更加难以压紧而导致涂层具有更大的孔隙率。

(3)粉末的临界速度很大程度上取决于颗粒的氧化程度。通常,粉末内氧含量的增加会导致临界速度的增加,因为在撞击时需要更大的冲击能量来分解氧化物壳层。

冷喷涂工艺越来越受到人们的欢迎,特别是用于各种高端工程应用的复合涂层(如金属陶瓷涂层)的制备。在冷喷涂工艺中,因为喷涂前后粉末的组成不会发生变化,所以使用粉末混合物(金属和陶瓷)作为原料相比于其他方式,是一种更简单、更经济的方法。但是,在喷涂过程中陶瓷颗粒可能会发生反弹,从而减少了涂层中陶瓷相的比例。而粉末的预合金化和机械合金化则可以消除陶瓷反弹效应,是沉积混合原料的替代方案。WC-Co 金属陶瓷和金属间化合物(Fe-Al 和 Fe-Si)都是使用预合金粉末来进行冷喷涂沉积。多孔粉末设计的新方法也有望应用于 WC-Co 金属陶瓷上。在多孔颗粒沉积过程中,形变主要发生在颗粒底部,而顶层则不受影响并因此适合于连续的颗粒冲击和涂层积聚。

参 考 文 献

Ajdelsztajn, L. , A. Zuniga, B. Jodoin, and E. J. Lavernia. 2006. Coldspray processing of a nanocrystalline AlCuMg-FeNi Alloy with Sc. *Journal of Thermal Spray Technology* 15:184-190.

Alkimov, A. P. , V. F. Kosarev, and A. N. Papyrin. 1990. A method of cold gas dynamic deposition. *Doklady Akademii Nauk SSSR* 315(5):1062-1065.

Assadi, H. , F. Gartner, T. Stoltenhoff, and H. Kreye. 2003. Bonding mechanism in cold gas spray ing. *Acta Materialia* 51:4379-4394.

Berndt, C. 2004a. Feedstock material considerations. In *Handbook of thermal spray technology*, ed. J. R. Davis, 137-141. Materials Park:TSS/ASM International.

Berndt, C. 2004b. Material production process. In *Handbook of thermal spray technology*, ed. J. R. Davis, 147-158. Materials Park:TSS/ASM International.

Blose, R. E. 2005. Spray forming titanium alloys using the cold spray process. Proceedings of the international thermal spray conference, Basel/DVSVerlag, Dusseldorf.

Champagne, V. 2007. *Introduction. Cold spray materials deposition process—fundamentals and applications*. Woodhead:CRC Press, 1-7.

Chiu, L. H. , C. H. Wu, and P. Y. Lee. 2007. Comparison between oxidereduced and wateratom ized copper powders used in making sintered wicks of heat pipe. *China Particuology* 5(3):220-224.

Cinca, N. , and J. M. Guilemany. 2012. Thermal spraying of transient metal aluminides:an over view. *Intermetallics* 24:6.

Crawmer, D. 2004. Process control equipment. In *Handbook of thermal spray technology*, ed. J. R. Davis, 85-98. Materials Park:TSS/ASM International.

Cullity, B. D. , and S. R. Stock. 2001. *Elements of X - ray diffraction*. New York: Prentice Hall. Davis, J. R. 2004. *Handbook of thermal spray technology*. Ohio:TSS/ASM International.

Feng, C. , V. Guipont, M. Jeandin, O. Amsellem, F. Pauchet, R. Saenger, S. Bucher, and C. Iacob. 2012. B4C/Ni composite coatings prepared by cold spray of blended or CVDcoated powders. *Journal of Thermal Spray Technology* 21(3/4):561-570.

Fukanuma, H. , N. Ohno, and R. Huang. 2006. The Influence of Particle Morphology on Inflight Particle Velocity in Cold Spray. Proceedings of the 2006 international thermal spray confer ence May 15-18. Seattle:ASM International.

Gao, P. H. , Y. G. Li, C. J. Li, G. J. Yang, and C. X. Li. 2008. Influence of powder porous struc-ture on the deposition behavior of cold-sprayed WC-12Co coatings. *Journal of Thermal Spray Technology*. 17(5/6):742-749.

Gao, P. H. , C. J. Li, G. J. Yang, Y. G. Li, and C. X. Li. 2010. Influence of substrate hardness transition on builtup of nanostructured WC12Co by cold spraying. *Applied Surface Science* 256:2163-2168.

Gilmore, D. L. , R. C. Dykhuizen, R. A. Neiser, T. J. Roemer, and M. F. Smith. 1999. Particleveloc ity and deposition efficiency in the cold spray process. *Journal of Thermal Spray Technology* 8(4):576-582.

Helfritch, D. , and V. Champagne. 2006. Optimal particle size for the cold spray process. Proceed ings of the inter-national thermal spray conference. 15–18 May 2006, Seattle, Washington.

Hussain, T. 2013. Cold spraying of titanium: a review of bonding mechanisms, microstructure and properties. *Key Engineering Materials* 533:53–90.

Hussain, T. , D. G. McCartney, P. H. Shipway, and D. Zhang. 2009. Bonding mechanisms in cold spraying: the con-tributions of metallurgical and mechanical components. *Journal of Thermal Spray Technology* 18 (3) : 364–379.

Hussain, T. , D. G. McCartney, and P. H. Shipway. 2011a. Impact phenomena in cold-spraying of titanium onto va-rious ferrous alloys. *Surface and Coatings Technology* 205(21/22) :5021–5027.

HussainT, D. G. McCartney, P. H. Shipway, and T. Marrocco. 2011b. Corrosion behaviorof cold sprayed titanium coatings and free standing deposits. *Journal of Thermal Spray Technology* 20(1/2) :260–274.

Hussain, T. , D. G. McCartney, and P. H. Shipway. 2012. Bonding between aluminium and copper in cold spraying: story of asymmetry. *Materials Science and Technology* 28(12) :1371–1378.

Irissou, E. , J. G. Legoux, B. Arsenault, and C. Moreau. 2007. Investigation of AlAl$_2$O$_3$ cold spray coating formation and properties. *Journal of Thermal Spray Technology* 16(5/6) :661–668.

Kim, H. J. , C. H. Lee, and S. Y. Hwang. 2005. Superhard Nano WC – 12% Co coating by cold spray deposi-tion. *Materials Science and Engineering A*391:243–248.

Klar, E. , and W. M. Shafer. 1972. In *Powder metallurgy for highperformance applications*, eds. J. J. Burke, and V. Weiss, 57. New York: Syracuse University Press.

Koivuluoto, H. , A. Coleman, K. Murray, M. Kearns, and P. Vuoristo. 2012. High pressure cold sprayed (HPCS) and low pressure cold sprayed(LPCS) coatings prepared from OFHC Cu feedstock: Overview from powder characteristics to coating properties. *Journal of Thermal Spray Technology* 21(5) :1065–1075.

Li, C. J. , and W. Y. Li. 2003. Deposition characteristics of titanium coating in cold spraying. *Surface and Coating Technology* 167(2/3) :278–283.

Li, C. J. , andW. Y. Li. 2009. Recent advances in coating development by cold spraying. In *Surface modification of materials by coatings and films research signpost Kerala, India*, ed. X. Y. Liu.

P. K. Zhu, and C. X. Ding. Li, C. J. , and G. J. Yang. 2013. Relationships between feedstock structure, particle pa-rameter, coating deposition, microstructure and properties for thermally sprayed conventional and nanostruc-turedWCCo. *International Journal of Refractory Metals&Hard Material* 39:2–17.

Li, C. J. , W. Y. Li, and H. Liao. 2006. Examination of the critical velocity for deposition of par ticles in cold spra-ying. *Journal of Thermal Spray Technology* 15(2) :212–222.

Li, C. J. , G. J. Yang, and H. T. Wang. 2007a. Manufacturing method of intermetallics coatings. ZL 2007 10017976. X Chinese patent.

Li, C. J. , G. J. Yang, P. H. Gao, J. Ma, Y. Y. Wang, and C. X. Li. 2007b. Characterization of nanostructured WCCo deposited by cold spraying. *Journal of Thermal Spray Technology* 16(5/6) :1011–1020.

Li, C. J. , H. T. Wang, Q. Zhang, G. J. Yang, W. Y. Li, and H. L. Liao. 2010. Influenceofsprayma terials and their surface oxidation on the critical velocity in cold spraying. *Journal of Thermal Spray Technology* 19(1/2) : 95–101.

Li, C. J. , H. T. Wang, G. J. Yang, and C. G. Bao. 2011. Characterization of hightemperature abrasive wear of cold-sprayed FeAl intermetallic compound coating. *Journal of Thermal Spray Technology* 20:227–231.

Li, W. Y. , and C. J. Li. 2004. Optimization of spray conditions in cold spraying based on the nu merical analysis of particle velocity. *Transactions—Nonferrous Metals Society of China* 14(S2):43–48.

Li,W. Y,and C. J. Li. 2010. Characterization of coldsprayed nanostructured Febased alloy. *Ap plied Surface Science* 256:2193–2198.

Lima,R. S. , J. Karthikeyan, C. M. Kay, J. Lindemann, and C. C. Berndt. 2002. Microstructural characteristics of coldsprayed nanostructured WCCo coating. *Thin Solid Films* 416:129–135.

Luo,X. T. ,and C. J. Li. 2012. Dualscale oxide dispersoids reinforcement of Fe–40 at. % Al in termetallic coating for both high hardness and high fracture toughness. *Materials Science and Engineering A* 555:85–92.

Luo,X. T. ,G. J. Yang,and C. J. Li. 2011. Multiple strengthening mechanisms of coldsprayed cBNp/NiCrAl composite coating. *Surface and Coatings Technology* 205(20):4808–4813.

Luo,X. T. ,G. J. Yang, and C. J. Li. 2012b. Preparation of cBNp/NiCrAl nanostructured composite powders by a stepfashion mechanical alloying process. *Powder Technology* 217:591–598.

Marrocco,T. , D. G. McCartney, P. H. Shipway, and A. J. Sturgeon. 2006. Production of titanium deposits by coldgas dynamic spray:numerical modeling and experimental characterization. *Journal of Thermal Spray Technology* 15(2):263–272.

Melendez,N. M. , and A. G. McDonald. 2013. Development of WCbased metal matrix compos ite coatings using lowpressure cold gas dynamic spraying. *Surface and Coatings Technology* 214:101–109.

Moridi,A. ,S. M. HassaniGangaraj,M. Guagliano,and M. Dao. 2014. Cold spray coating:Re view of material systems and future perspectives. *Surface Engineering* 30(6):369–395.

Ning,J. ,J. H. Jang,and H. J. Kim. 2007. The effects of powder properties on inflight particle velocity and deposition process during low pressure cold spray process. *Applied Surface Sci ence* 253:7449–7455.

Pawlowski,L. 2008. *The science and engineering of thermal spray coatings*,2nd edn. Wiley.

Raletz,F. ,M. Vardelle, and G. Ezo' o. 2005. Fast determination of particle critical velocity in cold spraying. In thermal spray connects:Explore its surface potential,2005 international thermal spray conference Basel,DVS, Germany Welding Institute Dusseldolf in CD–ROM.

Rokni, M. R. , C. A. Widener, and V. R. Champagne. 2014. Microstructural evolution of 6061alu – minum gasatomized powder and highpressure cold sprayed deposition. *Journal of Thermal Spray Technology* 23(3): 514–524.

Sansoucy, E. , P. Marcoux, L. Ajdelsztajn, and B. Jodoin. 2008. Properties of SiC – reinforced aluminum alloy coatings produced by the cold gas dynamic spraying process. *Surface and Coatings Technology* 202 (6): 3988–3996.

Schmidt,T. ,F. Gärtner,H. Assadi, and H. Kreye. 2006. Development of a generalized parameter window for cold spray deposition. *Acta Materialia* 54:729–742.

Schmidt,T. ,H. Assadi,F. Gartner,H. Richter,T. Stoltenhoff,H. Kreye,and T. Klassen. 2009. From particle acceleration to impact and bonding in cold spraying. *Journal of Thermal Spray Technology* 18(5/6):794–808.

Shockley,J. M. ,H. W. Strauss,R. R. Chromik, N. Brodusch, R. Gauvin, E. Irissou, and J. G. Legoux. 2013. In situ tribometry of cold–sprayed Al–Al$_2$O$_3$ composite coatings. *Surface and Coatings Technology* 215:350–356.

Spencer,K. ,D. M. Fabijanic, and M. X. Zhang. 2012. The influence of Al$_2$O$_3$ reinforcement on the properties of stainless steel cold spray coatings. *Surface and Coatings Technology* 206(14):3275–3282.

Stoloff,N. S. ,C. T. Liu,and S. C. Deevi. 2000. Emerging applications of intermetallics. *Interme tallics* 8:1313.

Stoltenhoff,T. ,H. Kreye,and H. J. Richter. 2002. An analysis of the cold spray process and its coatings. *Journal of Thermal Technology* 11(4):542–555.

94

Temples, L. B. , M. F. Grununger, and C. H. Londry. 1993. Influences of oxygen content on MCrAlY's. In *Thermal spray: Research design and applications*, ed. C. C. Berndt, 359–363. Materi als Park: ASMInternational.

Wang, J. , and J. Villafuerte. 2009. Low pressure cold spraying of tungsten carbide composite coatings. *Advanced Materials & Processess* (ASM International 2009). 167(2):54–56.

Wang, H. T. , C. J. Li, G. J. Yang, C. X. Li, Q. Zhang, and W. Y. Li. 2007. Microstructural char acterization of cold-sprayed nanostructured FeAl intermetallic compound coating and its ball milled feedstock powders. *Journal of Thermal Spray Technology* 16(5/6):669–676.

Wang, H. T. , C. J. Li, G. J. Yang, and C. X. Li. 2008. Effect of heat treatment on the microstruc ture and property of coldsprayed nanostructured FeAl/Al$_2$O$_3$ intermetallic composite coating. *Vacuum* 83(1):146–152.

Wang, Q. , N. Birbilis, H. Huang, and M. X. Zhang. 2013. Microstructure characterization and nanomechanics of cold-sprayed pure Al and AlAl$_2$O$_3$ composite coatings. *Surface and Coat ings Technology* 232 (15): 216–223.

Wong, W. , A. Rezaeian, S. Yue, E. Irissou, and J. G. Legoux. 2009. Effects of gastemperature, gas pressure, and particle characteristics on cold sprayed pure titanium coatings. In Proceedings of the international thermal spray conference Las Vegas, NV.

Wong, W. , P. Vo, E. Irissou, A. N. Ryabinin, J. G. Legoux, and S. Yue 2013. Effect of particle morphology and size distribution on cold sprayed pure titanium coating. *Journal of Thermal Spray Technology* 22(7):1140.

Yang, G. J. , P. H. Gao, C. X. Li, and C. J. Li. 2012. Simultaneous strengthening and toughening effects in WC (nanoWCCo). *Scripta Materialia* 66:777–780.

Yang, G. J. , S. N. Zhao, C. X. Li, and C. J. Li. 2013. Effect of phase transformation mechanismon the microstructure of cold-sprayed Ni/AlAl$_2$O$_3$ composite coatings during postspray an nealing treatment. *Journal of Thermal Spray Technology* 22(2):398–405.

Yule, A. J. , and J. J. Dunkley. 1994. *Atomization of melts: for powder production and spray deposition*. New York: Oxford University Press.

Zahiri, S. H. , C. I. Antonio, and M. Jahedi. 2009. Elimination of porosity in directly fabricated titanium via cold gas dynamic spraying. *Journal of Materials Processing Technology* 209(2):922–929.

Zhang, Q. , C. J Li, C. X. Li, G. J. Yang, H. T. Wang, and S. C. Lui. 2008. Study of oxidation behavior of cold-sprayed nanostructured NiCrAlY bond coatings. *Surface and Coatings Technology* 202(14):3378–3384.

第4章 冷喷涂涂层性能

M. Jeandin, H. Koivuluoto, S. Vezzu

4.1 涂层的显微结构

由于材料的应用范围不断扩大,考虑由两种组分组成的给定微结构相关性越来越大,即一方面由普通材料组成,另一方面是由空隙组成。空隙通常称为孔隙率。

4.1.1 颗粒和晶粒的显微结构

典型的冷喷涂微观结构是双重的,原因仅在于初始的材料是粉末。在颗粒尺度上观察,微观结构由片层结构组成,也就是撞击时发生形变的颗粒。在更小的尺度上,由于颗粒内部晶粒的存在,显微结构呈冶金型。在这两个尺度上,驱动力都是形变,并导致两种现象的出现,即材料流动和晶粒转变。这些原因造成我们即可以对微观结构进行普遍的描述,也可以涉及晶体学或界面进行局部描述。

4.1.1.1 普遍描述

由于颗粒冲击所造成的形变会导致溅射型微观结构的形成,而这通过常规的金相显微图片不容易被发现。根据冷喷涂材料的性质,可能需要使用特定的蚀刻或图像分析。成功处理后,金相便能显示出典型的片层状微观结构(图4.1),其形状看起来像斑点鱼(图4.2)。如果将撞击时颗粒的塑性形变类比为适应深水中高压的斑点鱼身体,便不难理解。

物质流动行为不仅表现在变形颗粒的轮廓上,而且还表现为作为颗粒遗留的前沉积颗粒(在最广泛的意义上)边界(图4.1)。根据原料颗粒的生产情况,初始颗粒表现出或多或少明显的细颗粒显微结构(见第3章)。例如,因雾化时冷却速率的不同,雾化粉末给定颗粒的微观结构可以在树枝状微结构到细微微观结构的范围内波动(图4.3)。因为用于冷喷涂的粉末通常是相当精细的粉末(即30μm以下),所以树枝状颗粒并不常见。

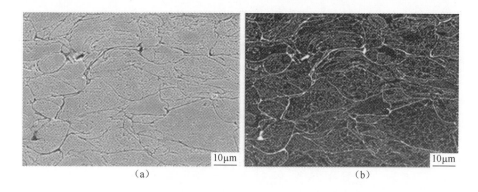

(a)　　　　　　　　　　　　　　　(b)

图 4.1　冷喷涂铝的横截面扫描电子显微镜(SEM)图像,(a)略微蚀刻。(b)经过图像处理
(感谢 Quentin Blochet,MINES ParisTech,2014)

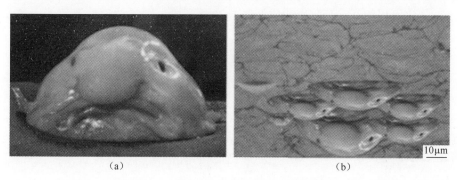

(a)　　　　　　　　　　　　　　　(b)

图 4.2　水滴鱼。(a)正常的,(b)在冷喷涂 Cu(横截面 SEM 图像)中插入倒置的水滴鱼;
与有限元(FE)模拟图相比

在这个尺度上观察涂层会给人关于材料均匀性的思考,这反映了涂层制备过程中粉末特性的均匀程度(第 2 章)。为了深入这一方面,特别是进行定量评估,就必须使用特定的工具来开发一种形态参数(4.2 将进行详细阐述)。当从整体微观结构来看时,也就是本节所述从溅射颗粒的尺度考虑时,人们可能会怀疑在涂层构建的过程中更小尺度会发生什么样的情况。相应的现象实际上是指控制涂层的最终(力学和物理)特性的那些现象。

4.1.1.2　晶体学和界面特性

当碰撞时,一个给定的颗粒会经历极端的塑性变形,如第 2 章所述。有关详细信息,可参考各种综述,如最近 Moridi 等(2014a,2014b),Jeandin 等(2014)和 Cinca 等(2013a,2013b)的综述。不容忽视的是,在颗粒撞击时,应变和加热速率通常可以分别达到 10^9 s^{-1} 和 10^9 K・s^{-1}。在这些条件下,可能会出现三个最

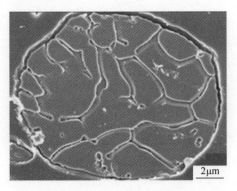

图 4.3　氮化铝颗粒的横截面 SEM 图像,"凯勒氏试剂"腐蚀
(巴黎高等矿业学院 Quentin Blochet 提供,2014)

重要的现象,即晶粒细化、应变调节以及相界面转换。而且即使三者之间不完全独立,但也可以相互区分。因为它们各自涉及形成不同微结构特征的不同基本机制。

1. 晶粒细化

由于颗粒撞击时的高塑性变形,会导致颗粒动态再结晶的发生,进而导致晶粒细化。在特定条件下对冷喷涂后的单个粉末堆积层进行透射电子显微镜(TEM)观察,可以很好地观察这一基本现象。针对不同的材料(例如 Dykhuizen等(1999)的"早期"论文,以及最近由 Descurninges 等(2011))提出的具体的溅射收集实验,即"溅射实验"。例如,一个钛的溅射薄膜实验便证实了 Kim 等(2008)在 2009 年提出的流行示意图(图 4.4)

图 4.4　在给定的颗粒和基底之间的冲击下动态再结晶的示意图
(依 Kim 等,2008)

取决于材料的类型,重结晶的程度或多或少有着明显区别。当将钛喷涂到 Ti-6Al-4V 上时,通过再结晶进行的晶粒细化大约会占据溅射体积的一半(图 4.5)。

对于处在形成阶段的实际涂层中,动态再结晶往往会发生在颗粒界面。该

图 4.5　在 Ti-6Al-4V 基底的钛冷喷涂层的片层状结构的暗场 TEM 图像
（依 Giraud 等,2015）

过程与 Meyers 等(2007)提出的一般基本机制保持一致。但仅适用于颗粒-颗粒
界面(图 4.6)。再结晶晶粒尺寸和取向差主要由喷涂材料的颗粒熔点以及堆垛
层错能决定(SFE)(Borchers 等,2005)。这在冷喷涂面心立方(fcc)材料如铜、
铝或镍时尤其明显。例如,后者由于具有相当高的熔点和相当低的 SFE,即使在
相当少量的超细晶粒中也难动态再结晶。电子背散射衍射(EBSD)作为一个强
大的工具可以来分析这一现象,并成功地应用于邹等在早期对镍的研究工作上
(图 4.6)。

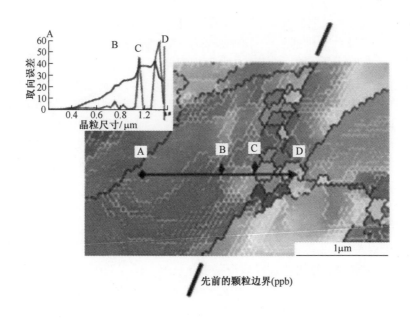

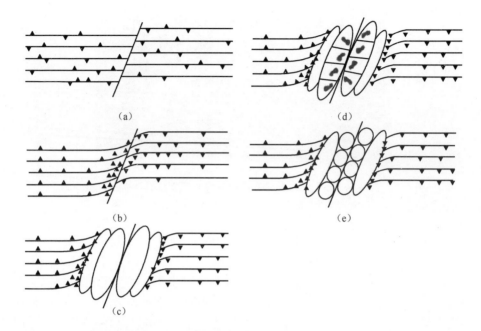

图 4.6 EBSD 逆极性图(IPF)冷喷涂镍的图谱,插入、穿过颗粒-颗粒边界的错误取向剖面
(在相同边界处相应的再结晶过程的示意图)(Zou 等,2009)

在先前的颗粒边界处(PPBS),由于绝热剪切条件下温度不断地增加,晶粒一般会生长至微米尺度的大小(Assadi 等,2003;Guetta 等,2009)。

2. 固态应变调节机制

除了动态再结晶(也可以认为是由于应变调节导致)之外,由于冲击时严重的塑性形变,可能会诱发其他机制的发生。本节主要讨论固态条件下的现象,而这些现象并非仅限于在界面发生。此外,本节不讨论常规的位错重排的机制。位错重排经常发生在晶体中,而后者则经常是晶粒或亚晶粒的前驱体。至于证明,读者可以参考该研究领域的首批论文中的一篇——即 Mc Cune 等(2000),或最近的一篇论文——Jeandin 等(2014)。此外,涉及界面熔化的现象将在下一部分进行介绍,因为它们具有显著的作用。

(1) 在具有低 SFE 的材料内,孪晶现象往往更容易发生,例如沿着 fcc 金属(如 Ag)中的(111)面。根据剪切机制可知,在滑动带和塑性变形方向之间通常会出现 40°误差(Paul 等,2007)。而且,形变的区域不仅涉及较大尺度规模,也涉及纳米尺度规模。这可能会导致滑移带穿过整个层片或纳米孪晶(图 4.7)。

(2) 由应变调节所引起的固态相变会导致无定形结构以及由无序取向纳米晶组成的无序结构的形成,而后者会由于杂质的存在能保持一定程度上的稳定

（Xiong 等,2011）（图4.8）。

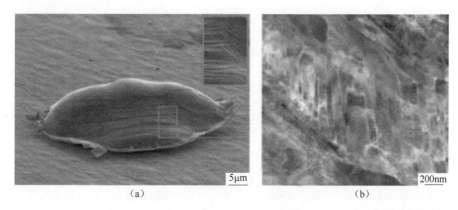

（a）   （b）

图4.7 应变调节的证据

（a）在冷喷涂的 Dart-Vadered Mantatyped 层片钛中的滑移面（图示,放大）（由巴黎高等矿业学院提供 Damien Giraud,2014）;（b）冷喷涂 Ag 中的纳米变形剪切带（由巴黎高等矿业学院提供 Gilles Rolland,2010）。

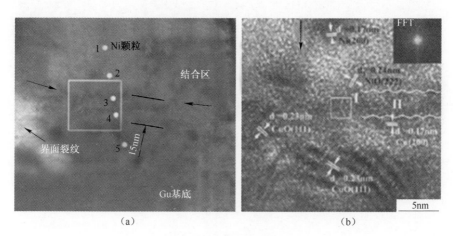

（a）   （b）

FFT—快速傅里叶变换。

图4.8 冷喷涂镍到铜上的高分辨透射电镜（HRTEM）图像

（a）一般区域;（b）放大的框内区域,显示无序和非晶样结构。

（依 Xiong 等,2011）

3. 相/界面转换

正如已经看到的,由于颗粒冲击时的高能量以及材料的短时间内相互反应,冷喷涂微观结构会呈现出亚微米特征,但并不是纳米特征。而对这一机理的理解是对控制涂层的附着力和内聚力是至关重要的。这些特征位于层片-层片-

基底的界面处。由于非平衡状况的存在,相应现象的解决相当复杂。然而,人们可以按照它们是否有助于熔化清洁界面,将它们分成两类。而固态转换在前面几节已经讨论。

(1)融化可以被视为颗粒冲击条件下物质相互作用的极端情况。但是,由于反应区域面积通常很小,且无法通过无能量建模来描述,所以融化的证据一般很难找到。因此,对此而言透射电镜分析是最好的分析手段,尤其是涉及能相互反应的材料及低熔点的喷涂材料时。例如,在早期的研究中,Barradas 等(2007)详细描述了将铜冷喷涂到铝上时金属间化合物的形成机制,并提出了界面现象图。这些相区域,特别是共晶区域及包晶区域,会发生瞬时的熔化(图 4.9(a))。这一现象非常容易发生,因为应变的增加会导致熔点的降低,例如,fcc 金属(Lynden-Bel,1995)。当从冷喷涂涂层自身来考虑时,使用低温材料(如锌)则可以促进液相的生成(图 4.9(b)(Li 等,2010)。

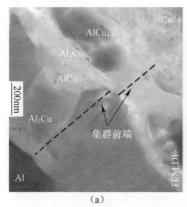 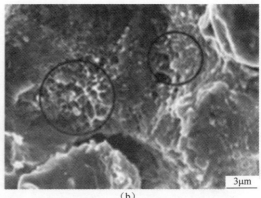

(a)   (b)

图 4.9 在冷喷涂界面熔化的证据

(a)(铝,铜)金属间化合物(铝,铜)相的透射电子显微镜(TEM)图像,用冷喷涂将铜沉积到 Al 上(Jeandin,2011);(b)冷喷涂锌中熔区(圆圈)的 SEM 图像。(Li 等,2010)

(2)熔化过程的高级阶段可导致熔融材料界面层的延伸,且要冷却速率足够高,其便可能是非晶态的。而非晶化可以形成片层-基底界面的很大一部分(图 4.10)。

(3)在后面的章节中将会介绍纯固态转变之间的中间相互作用状态(图4.8)以及界面融合过程中两种相互作用材料的黏性强制混合。而这些原料可以部分保持或者不保持固体状态,主要取决于原料的性质以及加工条件。所涉及的机制可以类比于在机械合金化,爆炸过程或在磨损摩擦条件下的两体接触

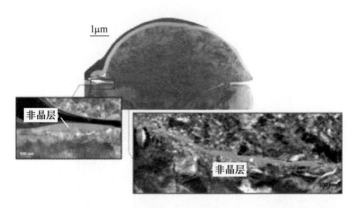

图 4.10　位于两个暗场放大的非晶层在界面处的 TEM 图像上方的是 Ti-Ti-6Al-4V 上的钛冷喷涂层的明场 TEM 图像(由巴黎高等矿业学院 Damien Giraud 提供,2014)

区域所接触的机制。由于与 Kelvin-Helmotz 不稳定现象有关的绝热剪切不稳定性的存在,典型的旋涡能够在界面处形成(图 4.11)(Champagne 等,2005; Ajdelsztajn 等,2005)。

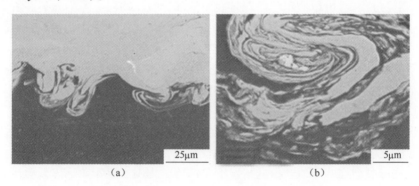

图 4.11　在铝基体(黑色)冷喷涂(a)铜(Cha 等,2005)和(b)镍(亮)之间的界面处涡旋的横截面 SEM 图像(Ajdelsztajn 等,2005)

(4) 使用通用术语来说,清洁意味着(部分)去除污染物、夹杂物以及外部相如氧化物、氮化物等。最常见的效果便是在初始粉末表面的氧化物层先破碎化及部分清除(图 4.12),这是由于涂层制备阶段的颗粒冲击所造成的。该效果特别显著并且对反应性及氧敏感性材料如钛或钽特别有益(Giraud 等,2015;Jeandin 等,2014;Descurninges 等,2011)。

(5) 由于碰撞时存在的温度和应变的差异,含氧量会沿着颗粒冲击界面发

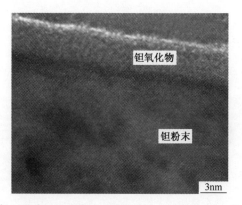

图 4.12　商业原料钽粉的高分辨率(HR)TEM 图像(Jeandin 等,2014)

生变化。同样的,层片实验可以更好地阐明这一基本现象,并且能通过这些现象说明涂层堆积水平。正如颗粒影响模型所展示的那样(例如 Guetta 等,2009;Schmidt 等,2009),由于沿着轮廓的温度会不断增加,含氧量通常会从层片中心到周边逐渐降低。温度升高会促进固体和液体状态下的氧扩散。对于后者而言,在喷涂过程中,可以假定喷涂颗粒表面的部分氧化物层会发生破裂并留下纯金属-金属界面,比如将铜冷喷涂在铝的过程中所存在的氧化铝(Barradas 等,2007)。在多个关于冷喷涂微观结构的研究中,研究者们利用了 TEM 中的能量色散 X 射线光谱(EDX)来分析基板与基板或基板与界面之间的氧的固态扩散(Giraud 等,2015;Jeandin 等,2014)(图 4.13)。

(6)界面处的氧含量变化的另一原因可能是氧化物的碎裂。然而,虽然有很多假设,但是这一原因在研究工作中还尚未发现。由于涉及界面的力学性能发生了变化,例如将在 4.36 节中阐述的涂层-基材结合强度以及涂层内聚力、氧化物层的碎裂会在一定氧含量的情况下发挥特定作用。且氧化物碎裂会使氧化物碎片发挥如氧化物弥散强化合金一般的作用。弥散在冷喷涂界面处的氧化物类似于前不久(Morris 等,1987)在动态压缩粉末冶金(P/M)高温合金中所遇到的氧化物,会因为界面处的复合强化效应而可能提高其抗腐蚀性能。

一般来说,所有上述提到的界面微观结构的冷喷涂特征都可以影响涂层机械性能,即作为粘附钉扎位点的涡流、作为钉扎位点的金属间化合物或脆化相(更不利)、作为保护屏障的无定形夹层以及氧化物分散体作为局部复合材料等,因此评估与这些典型的冷喷涂微结构特征相对应的力学性能是极其需要的。为了满足这种需求,需要对这些性能进行局部处理,因为所有这些特性都涉及纳米尺度,而导致冷喷涂层系统需从纳米尺度来控制。对机械(界面)性质的局部研究数据将被用于一种微观-宏观建模,而前提是这种模型未来能够重大发展

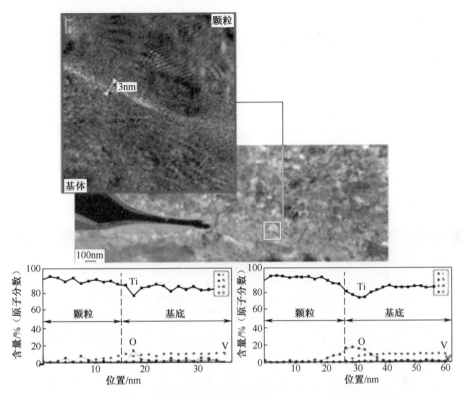

图 4.13　暗场 TEM 图像和(图像中以红色绘出)具有 EDX 线扫描轮廓的
Ti 基体-Ti-6Al-4V 界面的 HRTEM 图像(左上)(Giraud 等,2015)

以评估非常精细的微观结构和超快速现象。第 4.3.6 节便讨论了这个领域的第一步。

4.1.2　多孔性

　　虽然冷喷涂先前被开发用于完全致密涂层的制备(因为高动力学加工条件适合于该过程的实现),但是其所得涂层的孔隙率依然需要高度关注。而随后的发展也表明冷喷涂可以专门制备多孔涂层,例如,生物医学相关的应用(Sun 等,2008;Cinca 等,2010)。

　　孔隙率主要取决于涂层形成工艺。孔隙是由于撞击时的颗粒变形不足和颗粒速度不足所导致的,而不是由一个独立的参数所决定。人们无法实现更加精确的控制,因为这些所需的参数,即形变与速度,部分取决于颗粒的尺寸和形态以及基体的粗糙度。在涂层形成过程中,"基体"首先是指用于沉积第一层涂层的实际基体,其次便是由已经沉积的颗粒所构成的基体表面。因此,孔隙率是由颗粒随机撞击所造成的。人们可能会假设出其在涂层内演变的一般趋势,从而将这种随机变化整合到大量的(通常在几百个以上)层片上。而其主要趋势便是后续颗粒的连续冲击而形成的夯实效果,直到累积到一定的涂层厚度,即喷丸效应。而在涂层的上部,孔隙率会因为材料经受的冲击次数较少而变得更高。因此,冷喷涂涂层的孔隙率会表现出一种从涂层-基材界面到涂层表面的梯度分布。梯度曲线取决于材料以及喷涂条件,主要是粉末颗粒尺寸和分布,还有颗粒速度场、粉末流量、沉积次数以及基材的性质。这很好地解释了冷喷涂难以致密化的材料(如 Ti 基合金),需要喷涂两次的原因(图 4.14)。

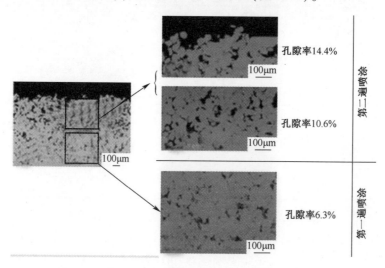

图 4.14　在 Ti-6Al-4V 上冷喷涂 Ti-6Al-4V 的横截面
SEM 图像(Christoulis 等,2011)

　　然而,这种喷丸效果在建立之前需要花费一定的时间,取决于底层(由已经沉积的颗粒制成)稳定的时间。而这一时间越长,基质材料越表现出高减振能力,比如聚合物(图 4.15)。而为缩短这一时间并促进键合和致密化过程,可以使用金属键涂层,例如使用锡(Ganesan 等,2012)。

　　为了确定涂层内孔隙的含量,即孔隙率,可以使用多种不同的方法,(例如Adreola 等,2000 综述)。常用的方法有物理方法,如阿基米德孔隙率测定法、压汞法(MIP),气体渗透法和密度测定法。然而,由于冷喷涂所得到的孔隙率通常非常低或者是不均匀,这些方法并不常使用。最佳方式是使用传统的二维金相或三维技术。

4.1.2.1　二维金相学

　　如果在抛光过程中能够避免拖尾和非正常的材料去除,传统的二维金相学

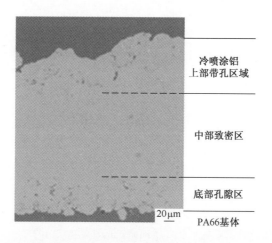

图 4.15 在 2.5MPa,250℃下使用冷喷涂将铝喷涂在 PA66 上三次的 SEM 显微照片
(由巴黎高等矿业学院 Damien Giraud 提供,2014)

是非常合适测定涂层孔隙率的。然而,在冷喷涂涂层中因为经常使用韧性材料,其拖尾会更加频繁。相反,硬质相的存在或在涂层-基材界面处及孔隙边缘处硬度的局部差异,会促进材料无意去除。尽管在准备材料前这是一个非常普遍的问题,在表征冷喷涂材料时也需要特别小心。否则,可能导致孔隙率过高或过低(图 4.16)。

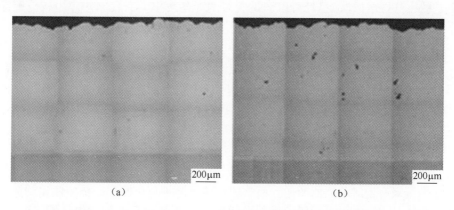

图 4.16 在铜上喷涂银试样的横截面光学图像(对于两张照片相同)
(a)经过普通的抛光;(b)仔细打磨后。(由巴黎高等矿业学院 Gilles Rolland 提供,2010)

因此抛光质量是后续孔隙率测量的潜在误差的主要来源。而现在孔隙率的测定则主要使用定量图像分析(QIA;图 4.17)来测算。对于给定的抛光状态,对

结果有影响的不确定度相当低,可以说被限制在±5%(相对值)。

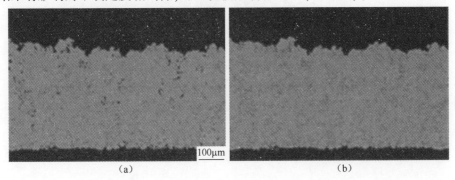

图 4.17　在图像处理之前(a)和之后(b)PA66 的冷喷涂铝涂层的横截面图像
(由巴黎高等矿业学院 Damien Giraud 提供,2014)

4.1.2.2　三维金相学

　　与二维方法相比,三维方法的优点在于对孔隙率的评估是通过对材料内部的直接观察得来而绕过了材料准备阶段。顺便提一句,即使在热喷涂领域进行了尝试(Ctibor 等,2006),由于需要再次抛光,因此,基于使用连续横截面的Pseudo-3D 方法往往也差强人意。尽管发展了超小角度 X 射线及小角度中子散射,但目前最流行的技术依然是基于 X 射线显微摄影术(XMT)或层析法。而且,后者的应用仍然相当有限,主要限于陶瓷材料。目前 XMT 和变形模式(主要是数字分层成像法)已经可以满足所需的高分辨率。而且这些应用在冷喷涂涂层中的技术在过去的 5 年中已经得到了特别迅速的发展(最近的报道,Delloro等,2014a,2014b)。

　　(1) XMT 是一种研究热喷涂涂层孔隙率的有力工具,可以揭示尚未展现甚至假设的材料特征(Amsellem 等,2012)。XMT 也可以展示粉末特性对孔隙率的具体影响(图 4.18)。除了能够确定孔隙率水平和孔隙分布外,XMT 可以使用与图像分析相结合的体视学图像分析对形态参数进行深入研究。这些方面以及除孔隙率以外的冷喷涂参数将在 4.2 节讨论。

　　(2) 与层析成像相比,计算机层析成像(CL)通过管检测器系统实现简单的线性平移来产生对象层的图像。而重建算法则与计算机断层扫描中使用的算法几乎相同。与 XMT 相比,层析法特别适用于表征各向异性的材料特性,例如沿给定方向(如典型的喷涂方向)存在一定梯度的孔隙率或沿涂层–基材界面处存在梯度的表面粗糙度。后者将在第 4.2 节讨论。至于冷喷涂涂层内孔隙率评估的更进一步演化,一个引人注目的例子便是已经描述过的减振吸收与聚合物 CS金属化中的夯实作用的结合(图 4.19)。

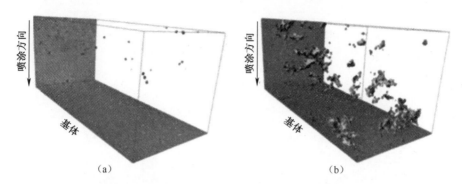

图 4.18　在 X 射线衍射图像(重建体积为 280mm×280mm×573mm)的气相色谱银中
(a)对于细粉和(b)对于较粗糙的粉末(依 Rolland 等,2008)

图 4.19　多孔冷喷涂铝的三维 CL 图像。红色的是孔隙,米色的是铝,紫色的
是重建/分析平面(尺寸为 175μm×183μm)。(由巴黎高等矿业学院
Damien Giraud 提供,2014)

4.1.2.3　二维和三维技术的比较

　　因为样品制备简单以至于没有人为误差,用于孔隙率评估的三维技术(更一般地用于微观结构分析)毫无疑虑地更适用于孔隙率的测量(见第 4.1.2.1节)。无论涂层内的分析区域如何,三维和二维评估之间的差异都是显著的(图4.20)。差异可能会导致低估或高估孔隙率,这取决于涉及的材料类型,因为不同材料的拖尾或材料去除的效果不同。在图 4.20 中,误差棒对应于给定的制备方法(二维或三维)。因此它们不会重叠。

　　冷喷涂涂层的微观结构是多方面的。结构特征范围涉及纳米层次(如前所述 Grujicic 等,2004)到宏观层面。后者可以由冷喷涂(Halterman,2013)的独立

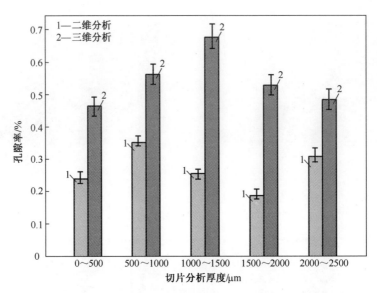

图 4.20　从二维和三维技术获得的全部孔隙含量(即孔隙率)

之间的比较(Rolland 等,2008)

组件的增材制造的网络视频很好地说明。除了尺寸外,冷喷涂涂层性质的基本部分与这些相同特征的形态有关。如前所述,这是由冷喷涂所涉及的特定工艺和冶金特征所造成的。所以,想要对涂层性质有一定的了解,便需要进行形态学研究。而在后面部分将对材料的形态问题进行讨论。整个部分将有助于开发更强大和逼真的涂层微观结构模型和性能。

4.2　涂层的形态和物理性质

形态属性(见 4.2.1 节中的定义)在物理属性的相关章节已经进行了部分介绍,尽管这些应该在单独的章节中讨论。但是这一点并没有实现,因为它们涉及一个不断变化的领域。在该领域中,大量的研究工作仍在进行中,还有许多尚待完成。而本章的内容便会涉及这些方面,并且由于良好的前景而颇有意思。

4.2.1　形态学

形态特性涉及涂层的各个部分的形状、尺寸(从颗粒到涂层本身)以及所有与微观结构有关的特征。另外,一些相关的形态特征会涉及基材,主要是表面粗糙度和涂层-基材界面。

如前所述,涂层的微观结构以及涂层的性能主要取决于局部参数,如颗粒速

110

度、温度和应变速率,而这些又主要受局部形态特征所影响(Cinca 和 Guilemany,2013;Cinca 等,2013a,2013b)。因此对这些特征的描述即发展中的最先进的三维描述是极其需要的。在冷喷涂沉积的前后都需要进行成像,以便更好地分析产品的制备过程和最终性能,当然也要包括喂料的模型。而这将有助于丰富分析工艺的方法,包括基于颗粒临界速度的完善方法等。而对这些特征的描述将是本小节的主要内容,并且不会回归到第 4.1.2 节中已经讨论的孔隙率。

4.2.1.1 颗粒形貌

众所周知,粉末是冷喷涂发展的关键因素(Jeandin 等,2014;见 4.2.1 节的上述介绍和第 2 章)。球形粉末不再被认为是该过程的最佳粉末,这与 Doxa 在冷喷涂早期阶段所说的不一致。因此适合且经济地定制粉末存在着很高的需求。而这种粉末的发展便需要对颗粒形态有一个全面的表征,以更好地理解涂层性能与粉末之间的关系,从而优化粉末。

即使与图像分析联合使用,常规表征方法如光学和 SEM 方法也相当具有局限性。而且,基于激光的成像诊断和粒度分析仪并不适用于形态的评估。因此,颗粒的数值三维分类便由一个至关重要的步骤所组成,特别是对用作建模输入的数据供应商而言。按照 XMT 所进行的先进分类(Delloro 等,2014a)通常可以表示为三个阶段:①图像处理(例如使用分层分析);②形状标准应用(使用各种测量操作);③聚类分析(例如使用 K-均值方法)。该方法可能涉及数千个颗粒。而这些颗粒的形状分布如图 4.21 所示。

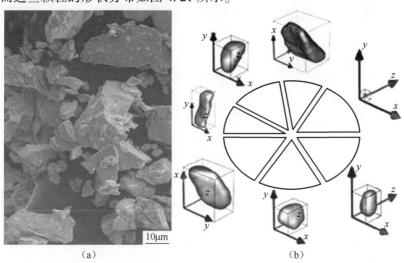

     (a)   (b)

图 4.21　用于冷喷涂的钽不规则粉末。(a)松散颗粒的 SEM 图像;(b)由 XMT 获得的形状分布(饼状图的每个扇区显示分析的颗粒的数量以及具有 15μm 长度的 x,y,z 轴矢量的代表形状的对应 XMT 图像)。(依 Delloro 等,2014a)

这种形态分类的方法也可以扩展到团聚体上从而促进它的相关作用,例如已经有所应用的 WC-Co(Li 等, 2013)以及银基复合材料(Zeralli 等,2014; Rolland 等,2012)或陶瓷(Yamada 等,2009)。这里再一次说明,三维微型断层摄影术是一种强大的表征手段(图 4.22)。

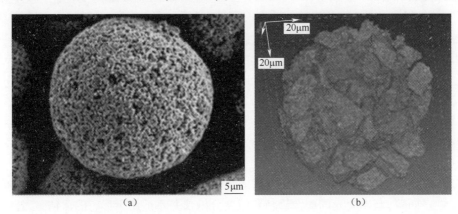

图 4.22 用于冷喷涂的团聚粉末的例子。(a) WC-Co 粉末的 SEM 图像(Li 等, 2013);(b) Ag-SnO₂ 粉末的 XMT 图像(由巴黎高等矿业学院 Yassine Zeralli 提供,2013)。

4.2.1.2 层片的形态学

对层片形态学研究的一个主要兴趣是通过形变行为与颗粒形态进行关联。逐个颗粒地进行研究,即对一个给定颗粒进行研究,仍然是一项实验挑战。但在不久的将来,使用先进技术,如基于激光冲击技术可能会取得成功(Barradas 等, 2007; Jeandin 2011;请看 4.3 节和 6.3 节)。目前,这种方法是基于统计学的,适用于单片层或整个涂层。而二维和三维技术均可以应用其中。但是,接下来的小节将不会再详细介绍二维技术,因为 4.1 节已经进行了间接的说明。通常而言,二维成像会与图像分析结合使用并对层片的形变进行测量。相比之下,在三维技术中,图像抽取才是最主要的阶段,如下所述:

(1) 单个层片的结构可以通过线扫描这一方式来研究。通过传统的三维光学分析或 SEM 形貌可以很容易地实现对层片新形成部分的尺寸和形态的评估(第 4.1 节)。一个完整的表征,即也包括对嵌入基板部分的表征,需要利用新形成部分的知识来建立形态模型,从而实现对截面更进一步的研究。此外,也可以通过 XMT 或更好的层析法来直接进行完整的表征工作(CL; Delloro 等, 2014a)。因为层片材料与基底材料对 X 射线吸收不尽相同,所以这些方法非常容易应用。但是如果二者对 X 射线的吸收没有不同,样品则必须进行专门的处理(delloro等,2014b)。可以选择性地使用腐蚀、渗透或涂层等(对层片而言,只要不影响颗粒的冲击即可)(图4.23)。另外,XMT和层析成像也可用于对层片内部的形态特征进行表征,例如由于层片聚集体内的孔隙而引起的变形轮廓(Li等,2013)。

175μm×200μm×200μm

(a)   (b)

图4.23 冷喷涂铝到 Al 2017 上的 XMT 图像

(a)普通图;(b)数字提取层片。(Rolland 等,2008)

(2)涂层内部的层片形态可以使用 XMT 或 CL 获得,只要按照上述要求所制备的样品能够从周围层片中提取一个给定的层片即可(图4.23)(Rolland 等,2008)。

(3)通过三维技术的表征发现,实际在层片尺度上存在着变形不均匀性,这便突出了局部参数的作用,例如颗粒形状、局部速度以及温度。

4.2.1.3 粗糙度

考虑到界面粗糙度对层片-层片以及层片-基底粘附性能的影响,以及进一步对涂层内聚力和粘结强度产生影响(第4.3.6节),粗糙度已然成为不得不考虑的相关参数。界面粗糙度主要由粒子的形态(在4.2.1.1小节中讨论)以及冷喷涂之前的基材表面粗糙度所决定。

(1)基材的表面粗糙度由预处理所决定,包括喷砂处理以及第一次冷喷涂处理(具有加热和清洁的效果)。而对其的表征,在4.2.1.2节介绍中所提到的传统方法是很适用的(Gan 和 Berndt,2014;Blochet 等,2014)。而更深入的研究则需要使用到 X 射线层析成像(图4.24)。

(2)界面粗糙度评估的精度或多或少地取决于所选的表征方法。例如,后者甚至可以表征能够控制固定效应的涡流状特征(回到图4.11)。而结合了定量图的二维或三维技术也是可以应用其中(Blochet 等,2014)(图4.24)。

4.2.1.4 宏观形状

宏观形状被理解为是一种与基材或涂层几何形状有关的形状。因此所涉及

图 4.24 涂层表面和涂层-基体界面粗糙度的三维 CL 图像,用于将 PA 沉积到 PA66
上(上图蓝色为基准面,下图红色为基准面,尺寸为 175μm×183μm)
(由巴黎高等矿业学院 Damien Giraud 提供,2014)

的尺寸通常与涂层厚度相当。在第一种情况下,相关的几何体指的是基材的形状,其相应的问题可能是修复问题,其中最受关注的便是孔洞的填充问题(Blochet 等,2014;Jones 等,2011)。在第二种情况下,有关几何形状便是涂层的形状。这可能与涂层厚度控制有关,以使冷喷涂工艺所得的传统涂层得以使用。除此之外,还可能涉及将冷喷涂应用于零件的添加/直接制造,即自由制造。虽然此时控制涂层的形成依旧相当困难(Pattison 等,2007),但是在冷喷涂开发之初,后者便已被公认为极具前景。而在现在,相当复杂的形状都可以实现,比如利用微米级喷嘴(Sova 等,2013a,2013b)以及无遮蔽受控沉积(Kim 等,2013)(图 4.25)来用于制备电极电路。

4.2.1.5 多尺度建模的形态学方法

在前面 4 小节中讨论的所有要点取决于涂层的制备工艺。关于冷喷涂工艺,对其的理解、验证和预测都将有助于建模以及数值模拟的发展,因为任何经验方法基本上都是有局限性的。而要克服的主要困难来自工艺的多尺度特性。正如已经提到的,模型的建立涉及发生在颗粒尺度和涂层尺度的现象,但是众所周知,亚微米尺度还不能通过计算模型来构建。本章节仅旨在从形态学角度给出一些有关冷喷涂制备和应用的建模的关键要素。而且,目前这个领域正处于蓬勃发展的阶段,而此处也只做简短介绍。

(1)由于颗粒形态对喷雾气体速度有影响,计算流体动力学(CFD)必须涉

图 4.25 适用于冷喷涂自由制造的成型沉积物(a)使用微喷嘴的铝沉积锥体的光学
顶视图(Sova 等,2013a,2013b);(b)使用三角形镶嵌方案的 Al-Cu 垂直壁的
光学视图,图中的刻度间距是 1mm(Pattison 等,2007)

及颗粒形态。随着这种类型的建模不断发展,例如 Lupoi 和 O′Neill(2011),形态
学方面将发挥越来越大的作用。这种方法将从之前所使用的不规则形状颗粒的
阻力系数(Tran-Cong 等,2004)(图 4.26)中获得完善。

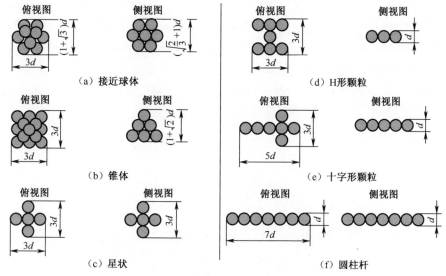

图 4.26 用于计算阻力系数的基于团聚球体的各种典型颗粒形状
(Tran-Cong 等,2004)

(2) 有限元(FE)模型已经广泛用于模拟撞击时颗粒的形变。许多出版物,

例如,顾(2013)和谢等(2013)的,包括网络上生动的视频,都对其进行了阐述。但是,绝大多数情况下,它们主要应用于球形颗粒并采用二维的方法。而最近的研究进展则主要涉及不规则粉末(Assadi 等,2014;Yin 等,2014),尽管冲击所涉及的颗粒数量很少,以及对其特点的了解仍然相当有限。然而,除了使用基于统计学的形态学模型之外,对应用于真实颗粒的有限元三维计算的改进(即从XMT 获得,参见第 4.2.1.1 节),都具有很大的潜力和希望(Delloro 等,2014a;图 4.27)。而后者则使得涂层建立过程中模拟的颗粒数目显著增加。

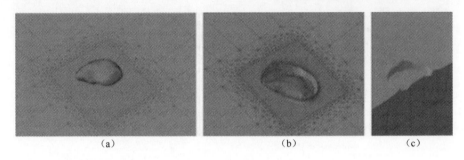

(a)　　　　　　　　　　(b)　　　　　　　　　　(c)

图 4.27　有限元三维模拟真实不规则颗粒的影响。(a)在冲击之前的初始阶段的俯视图;(b)和(c)冲击结束时横截面俯视图。(Delloro 等,2014a)

　　(3) 形态学模型由一系列模型组成,并且促进了颗粒形态学的发展。它们在热喷涂领域的发展可以追溯到大约 15 年前,当时它主要应用于在粗糙材料上的等离子喷涂,例如纤维(Cochelin 等,1999)。此时,它们基于一种重现流体动力学的气体点阵自动模型,然后可以将它们用于冷喷涂涂层的建模(Delloro 等,2014a;Jeandin 等,2014;图 4.28),并最终与有限元建模相结合,从而形成一种使用真实图像(见第 4.2.1.1 节)作为数值输入的模型。

图 4.28　建立模拟三维形态冷喷涂 Ta 涂层的模型(由巴黎高等矿业学院 Laure-Line 提供,2013)

（4）这类形态模型的一个显著优势在于可以模拟大量粒子，即数千个粒子。

4.2.2 电导率和热导率

传导是通过介质内的分子或介质之间的物理接触传递热能或电能的过程。例如，热能的传递可以通过流体中的弹性冲击，或是金属中的自由电子或绝缘体中的声子振动（Seo 等，2012a）来进行。据报道，由冷喷涂所沉积的金属和复合材料涂层的导热性和导电性与原料粉末特性、沉积过程（和后处理）条件以及这些因素在微观结构和形态方面对涂层平均质量的影响直接相关（Koivuluoto 等，2012；Stoltenhoff 等，2006）；在这个意义上，热导率和电导率的行为可能与原子间和晶粒间的化学和物理键合的性质相关。然而，如 Seo 等（2012a，2012b）、Koivuluoto 等（2012）和 Sudharshan 等（2007）的报道，对于冷喷涂领域中的研究较多的热门材料，迄今为止，热导率和电导率的研究仍然仅限于铜和铝基涂层。其原因便是这些金属所固有的优异的高导电性，使得它们广泛用于大多数工业应用中的电气和热管理方面。

4.2.2.1 冷喷涂涂层的导电性能

颗粒和颗粒之间边界的质量是了解和描述冷喷涂涂层传导性能的关键因素。比如块状退火材料，其显微组织往往由大晶粒组成，且相互之间具有冶金接触的低缺陷边界；但是在冷喷涂涂层中，微观结构是非常复杂的：通常会遇到孔隙、氧化物、高塑性变形区域、由于冷加工而产生的高位错密度以及存在可能依赖于沉积材料和工艺条件的延伸的非均质颗粒-颗粒边界。事实上，在涂层制备过程中，由于绝热剪切不稳定性、机械钉扎和局部微焊接过程等多种机制的存在，冲击颗粒发生塑性变形并与基底粘合在一起，以至于对颗粒-颗粒边界和特征的描述变成了一个非常复杂的问题，并且这些条件只能进行基于显微图像研究的定性评估。不幸的是，由这些边界所产生的接触电阻正是决定沉积涂层导电性能的关键因素，因此缺乏分析描述这些边界的工具便使得预测和控制冷喷涂涂层的导电性能难以实现。但是在近几年学者已经进行了一些尝试。例如，Sudharshan 等（2007）考虑通过 Matthiessen 规则的一般公式来描述 Al 及 Al-Al$_2$O$_3$ 复合涂层的电阻率：

$$\rho = \rho_0 + \Delta\rho_{gb} + \Delta\rho_{disl} + \Delta\rho_{por} + \Delta\rho_{fil} \qquad (4.1)$$

式中：ρ 为材料（涂层）的电阻率；ρ_0 为热振动影响温度变化贡献的电阻率；$\Delta\rho_{gb}$ 为晶界的电阻率；$\Delta\rho_{disl}$ 为位错贡献的电阻率；$\Delta\rho_{por}$ 为孔隙率所贡献的电阻率；$\Delta\rho_{fil}$ 为嵌入金属基体中的（最终的）陶瓷或其他填料的电阻率。然而，在精确评估式（4.1）的每一项后，得出的结论是对公式影响最大的唯一因素是 ρ_0 项，而沉积材料的固有性质则与冷喷涂 Al 和 Al-Al$_2$O$_3$ 复合涂层报道的实验数据严重不符(Sudharshan 等,2007)。同时,在 Litovski 等(2014)的研究中,表观导热系数 λ_{app} 的经验关系式被用来描述 Al 和 Al-Al$_2$O$_3$ 复合涂层的热导率:

$$\lambda_{app} = M\lambda_{solid}f(孔隙率) \tag{4.2}$$

式中:λ_{solid} 为所关注范围内固相的热导率;$f(孔隙率)$ 为总孔隙率的函数,其数值约为 0.5;M 为微结构参数,代表粒子之间的相对接触面积的大小。

利用这种方法和热导率的实验结果,并考虑到原始颗粒尺寸在 $20\sim30\mu m$ 范围内,可计算得出 M 的值为 0.02。根据横截断面的 SEM 研究(Litovski 等, 2014),作者通过实验测算了约 300nm 的颗粒之间的接触面积并进行了验证。然而,M 值作为涂层材料和沉积条件的函数,其变化难以确定,并且每次都必须检查式(4.2)的有效性,这便大大限制了公式的应用。

虽然截至目前都难以分析描述特定涂层微观结构特征对冷喷涂涂层导电性能的影响,但基于实验结果的一些细节和趋势仍然是明显的,并且能够帮助对这些现象的理解。

4.2.2.2 涂层微观结构和沉积后退火的影响

Seo 等详细讨论了涂层孔隙率和晶体尺寸对冷喷涂工艺制备的纯铜涂层的导热性的影响,例如,图 4.29 所示的粉末制造工艺、喷涂参数和设备以及沉积后退火条件(2012a,2012b)。当然,过高的涂层孔隙率会导致过低热导率的形成;然而原始原料的质量也是非常重要的,例如,用电解粉末(A)或水雾化(B)获得的喷涂涂层(如图 4.29 中所示的标记 1),即使具有很低的孔隙率,也表现出导热性低的特性,这可能是由于气体雾化过程中氧含量较大所致。此外,沉积后退火对于降低孔隙率是很有效的,并且热处理后的样品所对应的喷涂涂层总是具有更高的热导率,但是,退火工艺必须根据涂层材料以及沉积参数进行调整。从这个意义上讲,由于孔隙率和晶粒尺寸(D)的显著增加,较高的温度(条件 6, 600℃)可能是有害的,例如在氦气作为载气喷涂涂层的情况下会导致孔隙率和晶粒尺寸显著增大(D),但是也有可能是有利的,例如对于电解质粉末(A)以及低温处理时不会产生显著影响的情况(B,C,E)。

Coddet 等(2014)做了类似的实验报道,解释了 Cu-0.5Cr-0.05Zr 冷喷涂涂层电导率随沉积后退火温度变化而变化的规律。范围在 15.5mS/m 内的电导率(即 25% 国际退火铜标准(IACS))在材料经过适当调整沉积后退火温度处理后,可以达到 49mS/m(即 84.5IACS)。相同的现象也在使用机械研磨的纳米铜和氧化铝粉末所获得的 Cu-Al$_2$O$_3$ 纳米复合材料冷喷涂涂层中观察到了。如 Sudharshan 等(2007)所报道的那样,在制备完成后,涂层表现出低于 20mS/m 的电导率,而在退火(950℃)处理后则高达约 50mS/m,Koivuluoto 等(2012)进一步强调说明了微观结构演变与电导率之间的相关性。他们在研究中以无氧高导电

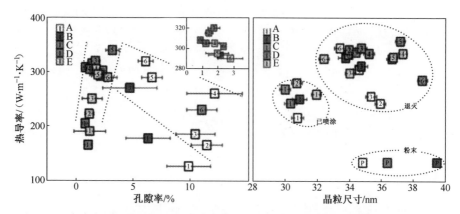

图 4.29 冷喷涂纯铜涂层的热导率作为涂层孔隙率和晶粒尺寸的函数。通过使用电解(A)、水雾化(B)和气体雾化(C、D、E)产生的原料粉末来获得涂层。在室温和 0.62MPa(d)、3MPa(e)下,以 400℃和 0.6MPa 的空气作为载气(A、B、C)或氦气喷涂涂层。样品分别在高真空至 600℃(200℃、300℃、400℃、500℃和 600℃)下等温处理 1h,分别为标记 1、2、3、4、5 和 6。(Seo 等,2012b)

铜(OFHC)为原料将高压冷喷涂(HPCS)和低压冷喷涂(LPCS)沉积的涂层性能进行了对比。图 4.30 为用 HPCS 和 LPCS 获得的沉积层和退火后涂层的横截面显微照片和断层观察结果,并展示了与 LPCS 复合 Cu-Al₂O₃ 涂层的进一步比较。在 HPCS 条件下所导致的冲击高塑性形变、粒子扁平化以及显微结构的相关平均质量使得其电导率高达 79IACS,而 LPCS 涂层获得的电导率则仅为 46IACS。即使经过沉积后退火(400℃,2h)处理,高压和低压冷喷涂涂层的差距仍然保持不变,分别为 90 IACS 和 69 IACS。退火后,凹坑的存在证明了该处理对于促进原子扩散和微观结构固化的有效性,并且其结果确实是提高了传导性能。

当涂层微观结构表现出较差的颗粒间的结合力时,如 LPCS 纯铜涂层的情况,在原料中添加少量陶瓷氧化铝颗粒可增强喷丸效应、增大颗粒形变量,减少孔隙并进而提高微观结构的平均致密度。虽然嵌入涂层中的氧化铝颗粒具有优异的绝缘特性(图 4.30),但是仍然使 LPCS 所得涂层的平均电导率增加(60IACS 和 83 IACS,分别在热退火之前和之后),从而再次证实了涂层微观结构决定传导性质以及相对于所有其他参数的关键作用,包括材料固有特性。

除了电导率之外,在导热性的研究中也有过类似的考虑,例如 Kikuchi 等(2013)所研究的 Cu-Cr 冷喷涂复合涂层。特别是真空加热到 1093K 时,涂层微结构发生了显著的有益变化:消除了典型的喷涂形态的颗粒–颗粒扁平边界并且获得了完全再结晶,且晶粒尺寸达 10μm 的铜颗粒,并最终实现了热导率增

	制备态	退火后

HPCS
纯铜

LPCS
纯铜

HPCS铜
-Al₂O₃

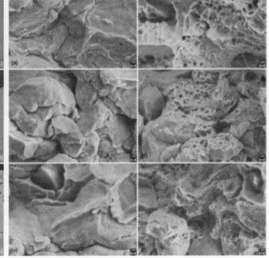

图 4.30　采用不同的喷雾设备和原料获得不同的冷喷涂 6-羟基-5-氟胞嘧啶铜
（OFHC）涂层形貌和断口（退火前后）（Koivuluoto 等,2012）

加 10%。

Choi 等（2007）报道了沿着纯铝涂层的平面和厚度方向电阻率的各向异性,通常情况下厚度方向的电阻率要高于平面的电阻率。

总而言之,即使到目前为止还没有详细的模型可用于分析描述其机理,但是涂层微观结构特别是颗粒-颗粒边界的孔隙率和形态,是影响冷喷涂涂层传导性能的主要因素。事实上,控制这些微结构特征的关键因素便是能够显著提高喷涂涂层的传导性能的基础。从这个意义上说,沉积后的热退火是一种相对更加容易,快速,并可用于研究的方法。Seo 等（2012a）对热退火影响的定性机制进行了描述,且为人们所广泛认可。它主要描述了冷喷涂纯铜涂层中导热性的演变:对于喷涂态涂层来说（图 4.31(a)）,层片间的空隙和氧化物界面处会形成分布均匀的孔隙,而其孔隙率则与沉积条件和材料特性（强度,临界速度等）有关。这些界面在传导过程中充当了拦截间隙,阻碍了能量转移,并导致沉积涂层具有典型的不良传导性能。得益于适当调整的退火处理工艺（图 4.31(b)）,孔隙会聚结,并且由于层片和颗粒之间的原子扩散和深层接触的建立,颗粒-颗粒界面会逐渐消失。这些都是可实现的极佳性能。通常,由于剩余的孔隙和较厚的界面的存在,它们相对于相应的块体材料所提供的传导特性仍然较低。在最佳条件下退火(图4.31(c))会导致晶粒异常长大,从而进一步增大晶粒之间的界面并实现空隙的重新排列。从传导特性和机械内聚的角度来看,这是有害的,这会促使涂层性能的急剧恶化。

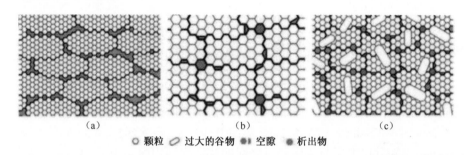

(a)   (b)   (c)

◎ 颗粒　◎ 过大的谷物　◎ 空隙　● 析出物

图4.31　退火工艺优化的原理描述。(a)制备态铜涂层的晶粒;(b)最佳退火后均匀生长晶粒;(c)在最佳退火温度下异常生长的晶粒。(Seo 等,2012a)

4.2.2.3　传导性能:冷喷涂与其他热喷涂技术

最后,相对于其他热喷涂技术而言,突出冷喷涂涂层的传导性能更有意义。图4.32显示了经冷喷涂,超声速火焰喷涂与电弧喷涂工艺制备的喷涂态铜涂层以及再经过退火处理后的涂层的导电性能。相对于其他热喷涂技术,冷喷涂相对低的制备温度使得其获得具有较低氧含量、更致密的涂层,而这是改善导电性能的关键。正如预期的那样,根据前面的讨论,沉积后退火处理对所有涂层都是有利的,并且考虑到研究中具体的探索条件,较高的退火温度将会使得电导率得到显著改善。而冷喷涂涂层与其他热喷涂涂层之间的差距也将仍然存在,但这

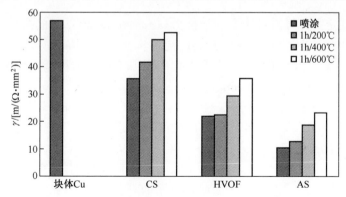

图4.32　冷喷涂(CS)、超声速火焰喷涂(HVOF)和电弧喷涂(AS)工艺制备的喷涂态铜涂层和沉积后退火铜涂层的电导率(退火的块体铜数据作为参考材料)(Stoltenhoff 等,2006)

也证实了冷喷涂在纯金属涂层沉积中的卓越性。另一方面,对于所有涂层,即使经历沉积后,再经过退火处理其传导性能仍然低于块体的铜材料,而且必须注意的是,即便经过适当调整的冷喷涂工艺和沉积后处理,也仅仅只是对相应块体材料的性能的无限靠近。

4.3 涂层的力学性能

热喷涂和冷喷涂涂层的力学性能和结构完整性通常是部分工业应用所需要考虑的主要问题之一。例如,冷喷涂常常用于航空、军事和汽车行业(Champagne 和 Helfritch,2014;Jones 等,2011)的翻新和结构恢复的维护、修理和检修(MRO),其中涂层与基体材料之间的结合力和内聚强度的限制是存在的。此外,硬质合金以及金属陶瓷常常被用作制备耐磨涂层,这主要是因为其表面特性具有特殊需求,如硬度、抗划伤性以及耐磨损性能。参比热喷涂描述概论,冷喷涂所获得的涂层会由于低温和独特的固态生长机制,具有截然不同的形貌、微观结构和力学性能。如本书先前所讨论的那样,冲击和生长过程中的严重塑性变形以及由此导致的沉积涂层的冷加工,会使得直到基底第一层的各层涂层都处于显著残余压应力状态(Shayegan 等,2014),从而开辟了新的方法来控制和加强疲劳行为。另一方面,冷喷涂涂层表现出的典型的高刚度和低延伸性能仍然是许多结构材料应用的限制(Jones 等,2011)。本节旨在对冷喷涂涂层的力学性能进行讨论,致力于为冷喷涂专家提供有用的总结以及指导学生和工业最终用户快速了解特定工业应用的过程特性和可能性。

硬度:

硬度被定义为材料对压痕的抵抗力(Rösleret 等,2007),根据统一的方式,压痕是用于确定材料硬度的最普遍广泛的实验方法(Revankar,2000)。根据ASM 国际定义,硬度(压痕)测试可以使用不同的标准进行分类,特别是测量方式和载荷的大小(Kuhn 和 Medlin,2004)。

(1) 关于测量方式,按照广泛接受的分类标准,主要可以分为两种:通过测量压痕尺寸(布氏,维氏,努氏)评估的硬度以及通过测量压痕深度(洛氏,纳米压痕)评估的硬度。

(2) 关于压痕载荷的大小,可以定义三个不同的类别:宏观硬度、显微硬度和纳米硬度测试。对于宏观硬度测试,压痕负荷为 1kgf(1kgf = 9.8N)甚至是更高,洛氏试验(最大 150kgf)和布氏(最大 3000kgf)试验通常是最广泛使用的。显微硬度测试(特别是维氏和努氏)则使用较小的负载,范围从 1~1kgf,最常用的范围是 25~500gf。纳米压痕测试也称为仪器压痕测试,是在压痕载荷可能小至 0.1mN 条件下对负载产生的压痕深度和负载大小的同时测量,其深度测量值往往在 20nm 范围内。Berkovich 针头常用于这些测试(Revankar,2000)。

自 19 世纪以来,压痕实验就已经开始应用于矿物和块体材料中以确定宏观硬度(DIN 50359-1 1997)。在这种情况下,压痕时塑性变形所关注的材料体积和相关缩进区域相对于材料微观结构和(最终)相分布而言非常重要,因此通常将所得硬度视作为压入材料的平均硬度。相反,热喷涂(TS)和冷喷涂所得涂层在硬度测定时是有轻微滑移区的:薄涂层避免了在高负载或穿透深度下在表面上进行压痕而不受基底影响的可能性(一般的经验法则认为,在软质基材上进行硬涂层喷涂和在硬质基材上进行软涂层喷涂的情况下压入深度应不大于整个涂层厚度的10%或20%,Fischer-Cripps 2000)。实际上,测试通常在抛光涂层的横截面上进行,并且显微压痕载荷通常在 25~500gf 之间,当然载荷的大小取决于整个涂层厚度和以下特定的特征。例如,按照美国测试与材料协会(ASTM)B933-04 报告的要求,压痕面积应该随着压痕载荷所增强的局部微观结构,相分布和组成的硬度的增加而逐渐减小。另外,由于涂层形成过程明显不在热力学平衡之内,所以使用复合团聚的粉末原料(例如,团聚碳化物,如 WC-Co,WC-Ni)(Ortner 等,2014),粉末混合物(Sevillano 等,2013)或涂覆的粉末以及存在特定的微观结构特征,如层片(尤其是在等离子喷涂;Pawloski,2008)孔隙、冷加工和应变以及晶粒细化(尤其是在冷喷涂中;Papyrin 等,2007)以及相当复杂和非均匀的微观结构,通常由相对于传统块状材料进一步增强了硬度的局部变化结果和数据发散的热喷涂和冷喷涂涂层表现出来。

在这种情况下,冷喷涂涂层的显微硬度被广泛研究并在文献中相当多材料的微观硬度被拿来研究(Luo 等,2014a,2014b)。冷喷涂金属基涂层的显微硬度通常会平衡来自冲击时的颗粒高变形和相对于相应块体材料引起涂层显微硬度增强的相关冷加工的积极贡献,但同时也存在着因孔隙和缺陷而使得颗粒-颗粒边界缺乏内聚强度,进而导致涂层显微硬度降低的情况。由于这些原因,能够在低温下实现高塑性变形的韧性材料相对于相应的块体材料便显示更高的硬度。此外,能够引起涂层生长期间颗粒塑性变形(即载气压力)增加以及最终涂层致密度增加的工艺参数也能实现更高的涂层显微硬度。如 Chavan 等(2013)的报道如图 4.33 所示,这种行为可以通过韧性金属如纯银的沉积来证明。在250~450℃和 1.0~2.0MPa 范围内,作为载气温度和压力函数的显微硬度的实验变化趋势(维氏硬度仪,100gf 压痕载荷)(相关的粒子速度高达 480m/s)说明了气体温度和压力对粒子速度的增加具有有益贡献和有利影响。此外,由于冲击后韧性颗粒受到了强烈的冷加工处理,涂层平均硬度在退火块状银(25HV)硬度的三倍以上。

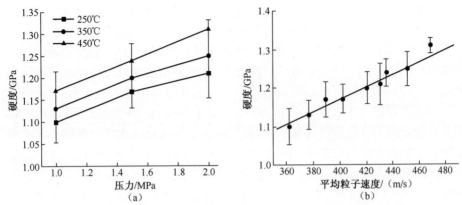

图 4.33　冷喷涂银涂层显微硬度与其性能的关系(a)载气温度和(b)压力(根据 Chavan
　　　　等(2013)提供的相应平均粒子速度)

在纯铜涂层中也观察到了类似的趋势:对整个冷喷涂过程的理解是基于纯铜材料的沉积。因此,对于纯铜涂层的沉积也具有一定的历史因素的考量。在高压(Stoltenhoff 等,2001;Schmidt 等,2009)和低压(Papyrin 等,2007)的两种情况下,对作为喷涂过程参数的函数的涂层的显微硬度都进行了广泛讨论。罗等(2014a, 2014b)最近评价了金属涂层(主要是纯金属)的硬度,报道的相应退火块体材料、喷涂粉末以及喷涂涂层之间的差异,如表 4.1 所列。根据该研究可知,与退火的粗晶块体相比,铜涂层的硬度可以提高约 3 倍。镍涂层的硬度比微米级晶粒和退火镍块体的初始粉末分别增加了 2 倍和 3 倍(Ajdelsztajn 等,2006)。而且,与其相应的初始粉末相比,不同材料表现出不同程度的原位硬化。对于纯钛涂层,不规则形状粉末的硬度增加约 13%,球形粉末的硬度增加39%(Goldbaum 等,2011),而钽涂层的硬度则显著增加了约 140%(Koivuluoto 和Vuoristo 2010a;Koivuluoto 等,2010b)。

表 4.1　部分纯金属及合金的冷喷涂涂层微观硬度总结

材料	硬度(本体材料)	硬度(沉积涂层)	参考文献
纯金属			
Ti	97HV	4.0GPa±0.3GPa	Li 等(2003)
		2.76GPa±0.13GPa	Ajaja 等(2011)
Ta	87HV	2.73GPa±0.21GPa	Koivuluotoand Vuoristo(2010a); Koivuluoto 等(2010b)
		230HV	Koivuluotoand Vuoristo(2010a); Koivuluoto 等(2010b)

材料	硬度(本体材料)	硬度(沉积涂层)	参考文献
	40HV	150HV	Borchers 等（2005）
Cu		105~145HV	Koivuluoto 等（2012）
		73~118HV	Venkatesh 等（2011）
Ag	0.2GPa	1.3GPa	Chavan 等（2013）
Ni	80HV	197±21HV$_{0.3}$	Bae 等（2010）
Zn	20HV	50~75HV$_{0.2}$	Li 等（2010）
Al		45~55HV	Rech 等（2009）
合金			
A1100	80HV$_{0.05}$	115~257HV$_{0.05}$	Balani 等（2005a,2005b）
A2024			
A2224		140~150HV	Stoltenhoff 和 Zimmermann（2009）
A2618		3.75MPa	Jodoin 等（2006）
Nc-A2618		4.41MPa	Jodoin 等（2006）
Nc-A5083	—	261HV$_{0.3}$	Ajdelsztajn 等 2005
A6061		90~110HV$_{0.01}$	Rech 等（2014）
A6082		70HV	Moridi 等（2014a,2014b）
A7075		142HV	Stoltenhoff 和 Zimmermann（2009）
A7075		120~140HV	Ghelichi 等（2014a,b）
Nc-A7075		130~170HV	Ghelichi 等（2014a,2014b）
Cu-4Cr-2Nb		157HV$_{0.2}$	Yu 等（2011）
Cu-1Cr-0.1Zr		165HV$_{0.5}$	Vezzu 等（2015）
Cu-8Sn		167HV$_{0.2}$	Guo 等（2007）
AISI304SS	200HV$_{0.2}$	345±18HV$_{0.2}$	Meng 等（2011a）
AISI316SS	2.11GPa	2.92GPa	Sundararajan 等（2009）
Stellite6		682HV$_{0.1}$	Cinca 和 Guilemany（2013） Cinca 等（2013a,2013b）
In625		5.7MPa	Poza 等（2014）
In718		423~516HV	Levasseur 等（2012）
Waspaloy		538~579HV$_{0.025}$	Vezzu 等（2014）

Hussain(2013)最近对使用不同喷涂条件和设备沉积的商业纯钛涂层的维氏硬度进行了评价。商用纯 1 级块状钛的典型显微硬度约为 1450MPa，气体雾

125

化球形钛粉的平均硬度约为 1410MPa(Wong 等,2010)。而冷喷涂硬度范围在 1500~3200MPa 之间,而这也强调了原料粉末的种类、冷加工、涂层微观结构和孔隙率会显著影响涂层的显微硬度。

Lee 等(2008)报道了气体压力对冷喷涂 CP-Al 涂层的显微硬度的影响,他们用氮气作为载气喷涂纯铝,发现分别在 0.7MPa 和 2.5MPa 的载气压力下,涂层的显微硬度分别为 42~55HV。类似地,对于其他韧性纯金属涂层而言,其涂层硬度均在相应退火块体材料硬度(15HV)的三倍以上,这也证实了由冲击引起的颗粒塑性变形的重要贡献。许多作者(Stoltenhoff 和 Zimmermann,2009)广泛研究并报道了高压和低压冷喷涂工艺下不同的铝合金涂层(例如 A2024、A7075、A6082、A6061、A5083)的力学特性和显微硬度(Ghelichi 等,2012;Rech 等,2011;Ziemann 等,2014)。合金涂层特别是沉积硬化合金的涂层中的硬度受其受热史的影响很大:通常,气雾粉末会在冷喷涂中使用,这归因于它们的球形形态和尺寸均匀性;但是气雾化过程也会涉及材料的快速冷却过程,并导致沉积物不受控制的分布。因此,沉积的典型气雾化的硬质合金粉末的硬度往往低于相应的热处理材料(Ashgriz 等,2011)。在沉积过程中,由于高速冲击所导致的冷加工硬化与由于未优化的涂层微结构所导致的硬度降低效果往往相反。举两个代表性的例子,A2024 沉积涂层相对于 A2024-T4 块体材料以及 A7075 沉积涂层相对于 A7075-T6 块体材料(Stoltenhoff 和 Zimmermann,2009)。必须强调的是,冷喷涂涂层和热处理块体材料的力学性能存在极大的不同;即使平均硬度可能相似,其原因也是完全不同的。对于热处理材料而言,其硬度是由沉淀硬化所导致的,而对于沉积的冷喷涂涂层而言,硬度仅仅是冷加工和应变硬化的结果。从这种意义上讲,如果集中注意力在显微硬度上,相对于初始粉末,冷喷涂沉积能够使得显微硬度显著增加,即使这种增强常常不如热处理合金所获得的。

Balani 等(2005b)研究了在沉积的 A1100 合金涂层中使用纯氦气或氦气/氮气混合物,而不是氮气作为气体载体对涂层的显微硬度的影响。如预期的那样,应用氦气可以获得更加密实和坚硬的涂层,这主要是因为氦气相对于氮气(或空气)具有更高的声速,从而获得了更好的冷喷涂整体工艺,提高工艺效率、涂层质量、微观结构以及力学性能。然而,如本书所讨论的,对成本和收益的权衡考虑使得氮气不会被氦气取代。

根据研究发现,硬度也会随颗粒速度或者载气温度和压力的增加而增加,例如 Meng 等(2011a)的研究:在使用 AISI304 不锈钢涂层的情况中,涂层已在 3.0MPa,温度范围为 450~550℃氮气条件下,用 Kinetik-3000 沉积喷涂。初始气体雾化粉末的硬度为 171HV(50g 压痕载荷),而在沉积之后,便可得到高达 267HV 的涂层显微硬度(200g 压痕载荷)。Vill 等(2013)深入研究了 AISI316

不锈钢的显微硬度与喷涂参数的关系,证实优化后的涂层硬度(高达 358HV)大约是初始颗粒硬度的两倍。这项研究通过使用纳米压痕所测定的多个硬度值,进一步强调涂层局部微观结构对硬度的影响,并证实了孔隙率、缺陷以及颗粒边界对局部硬度存在显著的不利影响。Koivuluoto 等(2008a,2008b)报道了低压冷喷涂沉积在铜基以及钢基上的铜、镍和锌涂层的维氏显微硬度(300g 压痕载荷),结果是:105(Cu),120(Ni)和 57(Zn)。此外 Ni-Co 高温合金镀层的显微硬度也被许多作者分别报道过,例如 Waspaloy(Vezzu 等,2014),Stellite(Cinca 和 Guilemany,2013),Inconel625(Poza 等,2014),Inconel718(Levasseur 等,2012)。

Li 等(2006)则使用纯金属铜、铝和钛对喷涂距离对硬度的影响做了研究。研究发现,涂层的显微硬度在 10~110mm 范围内的喷涂距离情况下基本不受影响,尽管沉积效率会有所降低。

在冷喷涂涂层上进行沉积后再热处理是一种惯用操作,以便微观结构更加致密,促进颗粒–颗粒界面处的冶金结合,从而增加拉伸性能。但是由于退火过程会消解喷丸过程中的残余应力和冷加工硬化效应,便也会引起涂层显微硬度的降低(Meng 等,2011b;Levasseur 等,2012;Coddet 等,2014;Bu 等,2012a)。

即使冷喷涂参数和其他工艺条件的种类较多,例如原料特性、实际粉末和涂层上的预沉积或后沉积处理等,也可以得到一定的趋势(经验法则),从而解决一定的问题。例如,涂层显微硬度通常会随着撞击时颗粒塑性变形的程度的增加而增加。如此这般,提高颗粒的速度便可以使得到的涂层显微硬度增加。从这种意义上讲,颗粒形态可以决定涂层的显微硬度。事实上,相对于球形颗粒而言,不规则颗粒具有更有效的阻力系数,从而可以达到更高的飞行速度。同时,低硬度粉末原料(例如通过在原料粉末上实现热退火(Li,2013;Ko,2014),或通过使用由电化学过程产生的树枝状原料获得)的使用,可以增强冲击时颗粒的塑性变形能力,从而在涂层生长期间获得更高的应变速率,并因此得到相对于颗粒硬度更高的显微硬度。Wong 等(2013)通过使用不同的粉末原料和喷涂参数研究了冷喷涂钛涂层在这种情况下所受到的影响,并发现总结了涂层显微硬度随颗粒速度/临界速度比值变化的结果,如图 4.34 所示。而且随着颗粒速度与临界速度之间的比值的增加,涂层显微硬度会略微不断增加。此外,相比于气雾化的球形颗粒、海绵状或不规则状钛的情况下,较软和不规则的原料可以得到较高的涂层显微硬度。

低温固态涂层生长机制允许使用对温度敏感的原料。例如,极细的复合材料粉末、团聚粉末或纳米结构粉末,相对于传统粉末原料都能表现出更高的硬度。然而,其硬度会受到温度升高的强烈影响,从而使得通过传统热喷涂技术不可能获得该性能。所以在这个领域,冷喷涂被认为是一种非常有效解决该问题

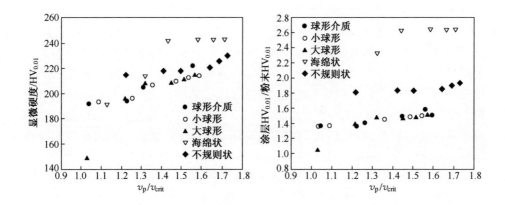

图 4.34　使用不同原料和工艺参数沉积的冷喷涂钛涂层的涂层显微硬度和
涂层显微硬度/粉末显微硬度比的性能(根据 Wong 等,2013)

的方式(Kim 等,2005;Jodoin 等,2006)。例如,在液氮条件下,A5083 合金粉末的纳米晶粒尺寸能够被球磨至 20~30nm 范围内,并且在冷喷涂工艺之后,其纳米晶粒结构依然能够被保留(Ajdelsztajn 等,2005)。相比于冷加工而成的 A5083 纳米晶喷涂和铸造所形成的涂层,由上述操作所导致的显微硬度的增加是非常显著的,从 104HV 到 261HV(300g)。通常,纳米结构粉末所具有的高硬度和刚度会导致冲击时颗粒塑性变形较低,由于这些原因,与用传统气体雾化粉末相比,这种粉末所得的冷喷涂涂层会具有更大的孔隙率。从某种意义而言,孔隙率和微观结构缺陷的存在对于结构性能和显微硬度都是有害的,因此最终的涂层性能是初始粉末的优良性能和微观结构的致密度降低的负面影响的复合效应,并且使用纳米结构粉末的有效性还有待评估。

1. 深度测量压痕

深度测量压痕或仪器压痕由传统的压痕测试组成,其中应用的法向载荷和位移在测试过程中连续检测并收集,从而得到一个加载和卸载压痕曲线。对于这两条曲线,仪器化的压痕可以产生一个精确和完整的负载(L)采样与压入深度(h)(Fischer-Cripps,2005,2011)。目前深度测量压痕主要应用于低负载条件、凹痕的尺寸太小而不能像光镜那样通过光学显微镜观察和检测状况,以及由于弹性恢复凹痕材料的力学性能不能被认为是完全塑性的情况。而且其主要为一种纳米压痕,其压痕载荷通常介于 0.1mN~0.5N 之间,并且压入深度介于几十纳米至几微米之间。纳米压痕技术广泛应用于涂层技术和表面工程。到目前为止,由于功能强大的新仪器的出现和广泛的传播,纳米压痕技术日益受到重视。测量的压痕曲线所反映的是测试样品的力学性能;因此,如果可以找到反向分析方法,则可以从压痕曲线猜测测试样品的力学性能。如今通常是使用 1994

年开发的 Oliver 和 Pharr 理论模型和方法来进行预测的;弹塑性试样的载荷-位移压痕曲线如图 4.35 所示。加载后,刚开始会出现初始弹性响应,然后是弹塑性变形。负载增加到其最大值 P_{max},对应的深度为 h_{max}。测试可以分别是负载控制型和深度控制型,分别对应最大压痕负载(深度将作为结果确定)和最大压入深度(负载将作为结果确定)。一旦达到最大载荷(或深度),载荷会选择性地保持恒定一段时间,然后逐渐取消并获得卸载曲线。在卸载时,首先是弹性回复,其中 $dP/dh=S$ 是恒定的。紧接着便是弹性塑性变形,如图 4.31 所示。最后,在完全卸载时,用残余压痕深度 HR 来估计材料的硬度。降低的弹性模量 E_r被定义为:$E_r=E/1-\nu$,其中 E 是压痕材料的弹性模量 ν 是泊松系数,它是从斜率 S(线性行为的近似值)获得的,或者用二次函数拟合载荷曲线的第一部分。

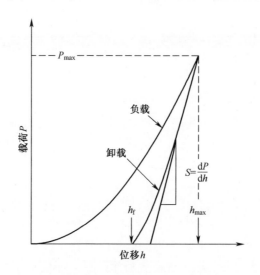

图 4.35　显示重要测量参数的压痕载荷 - 位移曲线的示意图

　　在现实实践中,在载荷-位移曲线中可能会遇到一些不连续性的类型,并且更多观察到的是突然进入和突然弹出现象,这些情况是在负载控制实验期间,出现在目标材料上的突然偏移现象。如图 4.36(a)、(b)所示,在加载曲线中可以观察到突然进入现象,而在卸载时可以观察到突然弹出现象。突然进入和突然弹出均与大块无缺陷材料(Fischer-Cripps,2011)中的位错成核和移动、相变以及裂纹成核和传播(特别是突然弹出)相关。但是,对于来自 P/M 和热喷涂涂层的材料而言,突然弹出现象可以被认为是涂层内聚力和颗粒-颗粒结合强度的定性指标;事实上,对于存在孔隙或没有致密微观结构的材料而言,压痕通常会引起材料的坍塌,并表现为加载曲线中的突然位移偏移;由于这些情况可以频繁地被观察到并且愈发明显,它们被认为是微观结构致密性和颗粒-颗粒内聚力缺乏的现象。

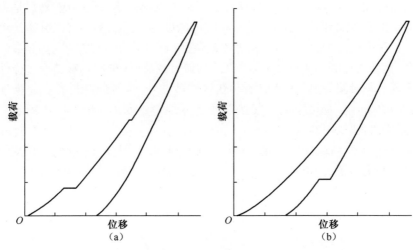

图 4.36 大多数遇到负载 - 位移曲线的不连续性

(a)突然进入的情况;(b)突然弹出的情况。

在压痕过程中不同的加载速率能够引起不同量的加工硬化。通常,这种现象能够避免,或者最终必须考虑进行适当地拟合曲线并产生压痕结果,因此正常过程需要将加载速率设置为足够大以避免加工硬化的发展。然而,另一方面,这也可以用于进一步深入研究加工硬化效应,例如,Kim 等(2010)预测了金属材料的加工硬化指数。这是利用原子力显微镜观察尖锐压痕中的残余压痕图像所得到的(Kim 等,2010)。虽然加工硬化起着关键作用,特别是在冷喷涂沉积工艺中,通过提供关于冲击时颗粒变形的信息以及具有重要相关性的涂层性质,但是,这些方法尚未普及并应用于表征热喷涂涂层。相信在不久的将来这些方法能够不断发展。

2. 冷喷涂涂层深度测量压痕

仪器化压痕和纳米压痕在热喷涂和冷喷涂涂层的局部力学性能的表征中也是极富成效的。较小尺寸的凹痕能够增强这种机械调查的空间分辨率,从而突出了局部差异、纳米结构效应以及涂层微观结构和力学性能(特别是硬度)之间的相关性,此外,该方法可用于复合材料和多材料涂层的研究。例如,Yan 等(2012)研究了应用 Olver-Pharr 方法于复合材料颗粒纳米压痕的条件,并且发现对于软颗粒喷涂于硬基体以及硬颗粒喷涂软基体两种情况,测量的准确度都是可接受的。Bae 等(2012)和 Zou 等(2010)对镍冷喷涂涂层进行了 Berkovich 纳米压痕测试,并都发现了粒子内纳米硬度值的不均匀性。镍颗粒界面附近的硬度会高于颗粒内部的硬度,这种差异是由冷喷涂产生的晶界和位错所导致的。

130

Wang 等(2013)进行了纳米压痕实验,以研究局部变形对 Al-Al$_2$O$_3$ 复合镀层中铝颗粒力学性能的影响。Goldbaum 等(2011)和 Ajaja 等(2011)参考 Nix-Gao 模型并研究了压痕载荷对冷喷涂钛涂层硬度的影响。该模型基于应变梯度可塑性,研究了压入深度对硬度测量的影响。真实硬度 H_0 或者无限深度处的硬度与测得的硬度 H、压入深度 h 以及特征长度尺寸 h^* 有关,并满足公式 $H=H_0(1+h^*/h)^{1/2}$。真实的硬度可以通过拟合一组不同深度的压痕数据来获得,比如 Ajaja 等(2011 年)进行的冷喷涂钛涂层的研究。据研究发现,与本体硬度相比,真实的硬度更高,并与孔隙率以及涂层中的缺陷存在密切的关系。Bolelli 等(2010)利用对深度敏感的 Berkovich 压痕测试研究了冷喷涂钽涂层。他们发现涂层的力学性能不具有任何尺度依赖性,对层状结构的存在不敏感,而这表明冷喷涂的钽颗粒之间存在强烈而紧密的键合作用。同样,由于压痕尺寸较小,深度感应凹痕模式是一种高分辨率识别深度剖面的有用方式。例如,Poza 等(2014)研究了经高压冷喷涂沉积的 Inconel625 涂层在激光重熔轨道上的硬度和弹性模量的演变,而 Liang 等(2011)则利用纳米压痕技术研究区分了不同区域冷喷涂钴基合金涂层的硬度。

3. 原料粉末的深度测量压痕

由于压痕的尺寸减小,纳米压痕也可以在原料粉末上进行。Shorey 等(2001)在考虑嵌入介质的形变的基础上,对不同技术制备的磁性和非磁性研磨颗粒样品进行了相关研究。在存在嵌入基体的情况下,考虑到在压痕载荷而不是自身塑性变形的影响下,颗粒可能被推入嵌入介质中是很重要的。在这种情况下,会高估压入和残余深度并因此低估了硬度值。Hryha 等(2009)还讨论了嵌入树脂的硬度对压痕硬度和模量的影响,特别是金属粉末。

4. 球形压头的深度测量压痕

用球形压头进行的深度测量压痕也可以用来估计材料的强度。假设 Hollomon 应力-应变曲线所描述的金属塑性硬化的公式为

$$\sigma = \sigma_0 + k\varepsilon_p^m \tag{4.3}$$

其中:σ_0、k 和 m 为材料参数,可以从球形压痕测试中通过测量负载-压入曲线中的加载和卸载中的柔量来获得。部分有关硬度与屈服强度和拉伸强度的经验关系已经被研究报道,如 Tabor(1951),Shabel 等(1987)和 Fischer-Cripps(2000)所报道的。并且从这个意义上讲,仪器化的压痕测试机器的使用使得压痕过程的许多细节都可以使用并且刺激人们开发更为精确的程序(Au 等,1980;Nayebi 等,2001;Taljat 等,1998)从而更精确地评估弹性-塑性性能。载荷-位移曲线取决于试验的多种物理性质,但主要受试样材料的单轴应力-应变($\sigma-\varepsilon$)

曲线影响。据报道，一些作者，例如 Fischer-Cripps(1997)，使用加载过程中产生的载荷-位移曲线的斜率来估计塑性流动特性，并推断卸载时斜率的杨氏模量(Huber 等,1997;Nayebi,2002)。Beghini 等(2002,2006)对球形压痕进行了广泛的参数化有限元分析，以研究凹坑形状材料对屈服应力和应变硬化的依赖性，并提出了直接从荷载-位移曲线中推导材料的 σ-ε 曲线的方法。Nayebi 等(2001)利用了一种基于载荷-位移曲线与 σ-ε 曲线之间的直接相关性的方法来表征表面结构梯度材料。

关于这些概念和模型在涂层和冷喷涂涂层中的应用，必须说明的是，所有的估计都要是精准的，即涂层性能和力学性能要尽可能接近相应的块体退火材料的性能。但是由于空隙、位错、层板结构、粒子间的脱粘以及其他涂层微观结构性能的存在，上述状况往往难以实现。然而，在具有韧性行为的纯金属涂层的情况下，这些差异几乎可以忽略不计，从而有机会能够获得相当准确的结果。例如，Bolelli 等(2010)利用 Field 和 Swain(1995)冷喷涂块状钽涂层的多粒子卸载方法进行球形压痕测试，来求得应力-应变曲线和弹性模量，且结果非常令人满意。但是，分析也存在一个局限性，便是它无法直接量化材料的屈服强度(YS)，因为通过球形压痕获得的实验数据点与弹性状况有着明显的不同。因此，这些模型和程序对于直接、快速、无损地预测拉伸性能是非常有用的。然而，在热喷涂和冷喷涂涂层情况下，理想的块体材料表征的必要假设过于激进，从而掩盖了获得不准确的结果的风险。

4.4　涂层的强度和弹性性能

强度和弹性性能的评估是描述涂层材料力学性能的基本问题。一般来说，使用拉伸试验可以获得应力-应变曲线并推断这些性质。图 4.37 展示了韧性和脆性材料的应力-应变曲线的示意图；此外，存在一些关键参数被用来定量描述材料的力学行为：产生塑性变形(YS)的临界应力(σ_y)(在大多数情况下为 0.2%)；材料的断裂应力(σ_f)或直至脆性和韧性材料的断裂(极限拉伸强度 UTS)的最大应力。此外，还包括基于胡克定律的弹性行为(杨氏模量或弹性模量 E)以及塑性行为、延展性(材料在断裂之前如何变形)、弹性(材料在吸收能量时吸收能量弹性变形)和韧性(导致断裂所需的能量)(Rösler,2007)。

拉伸试验广泛用于结构和工程应用材料的选择，也可用于测试不同材料的载荷特征，以表征主要力学性能和质量(Davis,2004)。典型的拉伸试样(图 4.38)在拉伸机械夹具和具有更多受限部分的应变区域(可能发生变形和断裂)时具有拉伸的极限。两个区域需正确连接并被量取相应尺寸以避免出现超出标

132

距长度的负载效应。存在多种测试标准来描述样品类型和确定相应的测量程序,如 ASTM 和 DINEN,测试的样品形状涉及圆柱形到扁平形,尺寸从几毫米到几厘米不等(图 4.34)。

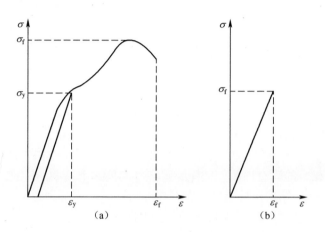

图 4.37 典型应力-应变曲线
(a)韧性材料;(b)脆性材料。

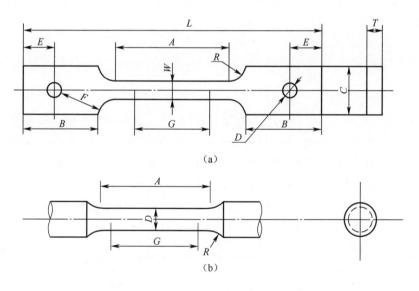

(a)

(b)

图 4.38 根据 ASTM E8-04 的拉伸试样规格
(a)扁平和;(b)圆柱形标本。

4.4.1 厚涂层的拉伸测试

过去几个世纪,在用于机械表征材料特别是金属材料的程序中,一些程序对涂层和涂层样本的测试进行了扩展和定制。首先,必须区分研究的目的:①涂层材料本身的力学性能;②涂层系统的力学性能。对于情况①,采用微平板拉伸试验(MFT)进行拉伸试验从而得到应力–应变曲线的方法应用较多且更为精确。对于情况②,已经开发了一些特定的程序来研究整个涂层系统的力学行为,通过获得完整应力–应变曲线,或仅具有极限强度的应力–应变曲线,如三点和四点弯曲试验,管状涂层拉伸(TCT)或使用缺口狗骨式试样来获取相应数据。

4.4.1.1 MFT 测试

根据 ASTM E8-04 的原则进行的 MFT 测试,通常用于粉末冶金产品以评估沉积(压实)材料的固有性质。试样的制备可能是一个复杂的问题,即需要生产几毫米厚的涂层,并需要从原始基底上除去涂层并适当加工以获得完全由沉积材料组成的独立试样,其形状和尺寸也要根据 ASTM 程序制定。冷喷涂沉积涂层通常的表现类似于脆性材料,特别是当沉积高强度和低延展性材料如硬钢、镍和钴超合金时。在这种情况下,扩散孔隙位于颗粒–颗粒边界处,导致弱的内聚强度和塑性变形能力,并促进裂纹扩展和脆性断裂(Vezzu 等,2014;Levasseur 等,2012)。由于这些原因,MFT 试验通常限于研究韧性材料的沉积涂层的行为,此外也可用于研究沉积后退火处理对内聚强度影响的演变,例如 Yu 等的研究(2011)。冷喷涂技术特别适用于结构应用领域(Jones 等,2014)或作为快速制造技术(Ajdelsztajn 等,2005;Sova 等,2013b)。

4.4.1.2 TCT 测试

Schmidt 等开发了一种定制的拉伸试验,专门应用于热喷涂和冷喷涂涂层的设计——TCT(Schmidt 等,2006a,b)测试。TCT 测试可用于内聚强度的确定并估算涂层材料的极限抗拉强度。虽然该测试在热喷涂和冷喷涂领域中的使用相当广泛而固定,但该测试尚未归入官方标准。样品制备和测试程序如图 4.39 所示:一对圆柱体通过内螺纹联接起来;涂层是沿样品的外表面沉积而来,所以一旦内螺钉被移除,涂层便是两部分样品的唯一支撑。然后用万能试验机的螺钉将圆柱夹紧,使其承受拉伸载荷直至涂层失效。使用 TCT 测试的主要优势是 MFT 的快速性;然而,必须提及的是,双涂层基材的几何设计会导致拉伸涂层中的应力集中。这种应力集中将导致基底之间间隙处的米塞斯应力增加至拉伸涂层中平均米塞斯应力的 1.5~1.7 倍。所以,测量的涂层强度必须乘以该因数以获得与常规拉伸测试(MFT 测试)相当的拉伸强度值。而这也已经为由 MFT 和 TCT 测试确定的强度值相关联实验所证明。此外,由于目前测试方法使用比较广泛,原始数据还可以与 TCT 强度数据一同使用,从而实现更快的过程控制和优化。涂层粗糙度和波纹状结构会使涂层横截面积的测量变得复杂,并影响到所获得的涂层强度值。如果涂层粗糙度或涂层波纹状结构幅度超过涂层厚度的1/5,建议对涂层表面进行机械加工处理。

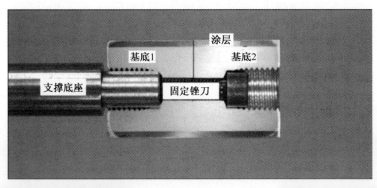

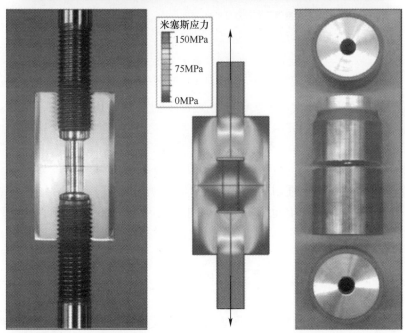

图 4.39　根据 Schmidt(2006a)的 TCT 测试样品制备和测试程序

4.4.1.3　弯曲

对材料的弯曲强度和弯曲弹性模量进行测量需要使用主应力模式为弯曲的材料。根据 ASTM E855-08,考虑三种程序:①悬臂梁;②三点弯曲;③四点弯曲。其中涂层系统仅使用②和③。弯曲梁位于双滚轮支架上,其正常载荷聚焦于中心位置(三点测试,程序 A-图4.40(a))或聚焦在靠近中心的固定位置的两个位置(4点测试,程序 B-图4.40(a))。弯曲梁可以是独立的涂层或者是一般地沉积在基底的一侧,在后一种情况下,喷涂的位置将成为的荷载区域,如图4.40(b)所示:在辊的支撑下,涂层表面将受到拉伸载荷,而其相反的表面受到压缩载荷。

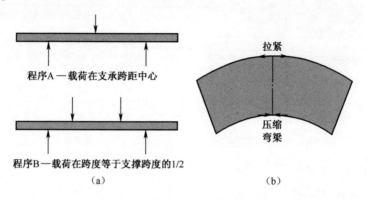

图 4.40　弯曲或弯曲测试的示意图
(a)3和4点弯曲配置;(b)弯曲梁上的拉伸和压缩应力状态。

通过使用通用拉伸设备来执行弯曲测试的涂层样本的制备以及测试都是非常快速的。获得整个样品(涂层样品)的应力-应变曲线之后,可以根据公式估算样品的弯曲强度和弯曲应变,例如(Davis,2004)。

4.4.1.4　其他方法

遵循 DIN EN 15340 准则,剪切强度有时候会用来表征厚涂层的粘附力和内聚力,但在冷喷涂涂层中也具有特定的应用,例如,Binder(2011)的研究。Coddet 等(2014)进行了圆环约束试验,即使所制备涂层必须为厚涂层。

4.5　冷喷涂参数对涂层强度的影响

Schmidt 等(2006a)已经详细研究了冷喷涂的喷涂参数对纯铜涂层强度的影响。DE 值和涂层强度之间的重要关系便是首先研究的问题,并通过绘制性质的变化受喷涂过程气体温度影响的图像来说明(图4.41)。使用3.0MPa的氮气作为工艺气体喷涂 A-38+11μmCu 粉末原料。发现 DE 值会向上线性增长直到达到饱和极限,之后曲线斜率会大大降低,而且如果进一步提高过程气体温度,仅可观察到轻微增加。相反,TCT 强度会缓慢增长直至 DE 值的饱和极限,然后随着喷涂过程气体温度的进一步升高其斜率会出现突然增加。这种行为根本上是基于颗粒-颗粒结合机制：当在过程气体温度较低并处于饱和时，冲击颗粒的总冲击能量（和动量）主要用于有效增加被限制粒子的数量，而进一步提供冲击能量和动量将有利于提高粘结的质量、增强颗粒的塑性变形并促进相应的界面剪切机制（由涂层粘附和颗粒-颗粒结合力所决定）（Assadi 等，2003）。

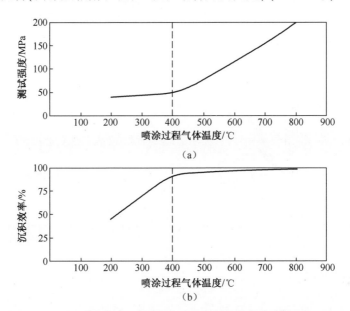

图 4.41　(a)涂层强度，由管状涂层拉伸测试确定；(b)沉积效率作为过程气体温度的函数(Schmidt 等，2006a)

　　通过比较在标准条件和优化条件（优化条件意味着粉末喂入加长型的预热室中，以及较高的喷涂过程气体温度）或者是说图 4.41 中临界点前后的喷涂条件下纯铜涂层的应力-应变曲线来证实有关涂层机械强度行为的描述。应力-应变曲线通过 MFT 测试得到，如图 4.42 所示。用标准喷涂条件制备的样品在达到仅 0.08%的伸长率后便会产生 57MPa 的极限抗拉强度。其杨氏模量为71GPa，远小于文献（125GPa）中铜的参考数据。另一方面，用优化条件制备的试样在相应的 0.63%伸长率下便产生 391MPa 的极限抗拉强度，表现出接近高度变形的块体材料的性能。其杨氏模量为 117GPa，接近于铜的文献数据。并且，通过断面显微观察发现，优化制造的涂层会有凹痕并具有强大的颗粒-颗粒结合强度，而标准工艺涂层必须沿着颗粒-颗粒边界切割，如 Schmidt 等（2006a）所进行的研究。

　　因此可以总结出，随着颗粒冲击条件超过临界条件（即临界速度），结合强度逐渐增加,使颗粒粘附并使得涂层进行有效堆积。只要条件在沉积窗口之内,便可以实现(Schmidt 等,2006b;Assadi,2011)。相反,如果颗粒速度超过沉积窗口的极限,则力学性能会因强烈的涂层侵蚀、残余应力的存在以及粘合强度的损失而下降。

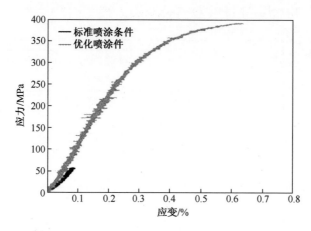

图 4.42   MFT 测试的应力 - 应变曲线对应使用标准条件喷涂或优化喷涂的涂层

4.6   粉末特性的影响

冷喷涂对粉末原料的质量和特性非常敏感,这源于颗粒撞击温度和速度对涂层制备所起的关键作用。如之前所述,涂层质量,特别是强度和力学性能也与颗粒冲击参数以及塑性变形现象密切相关。因此,由于粉末原料特性会影响颗粒的撞击速度和温度,它们也将对沉积涂层的内聚强度产生影响。

首先,颗粒尺寸和密度能够改变阻力效率、飞行中的颗粒速度以及弓形激波的相互作用,也因此会影响碰撞粒子在基底附近的减速和偏转。Assadi 等(2011)研究报道了在纯铜和纯钛涂层情况下,粗颗粒在提高 TCT 强度方面的效果。强度是根据粒子速度和 v_p/v_{crit} 参数绘制的(即粒子撞击速度与临界速度之间的比值,意味着粒子速度超过临界速度)。实际上,虽然平均颗粒尺寸在 $-5\mu m + 25\mu m$ 至 $-105\mu m + 45\mu m$ 的铜以四种不同尺寸分布情况下研究,而钛则以 33μm 和 45μm 情况下分为两种不同尺寸分布来研究,并似乎不影响沉积效率的变化,但它对涂层强度具有不可忽视的影响(图 4.43 和图 4.44),或者更直观地说,需要较低的颗粒速度来确保高强度涂层的制备。然而,当这种影响仍然存在时,用 v_p/v_{crit} 对粒子速度做图,发现具有线性趋势,详见 Assadi 等(2011)的研究。

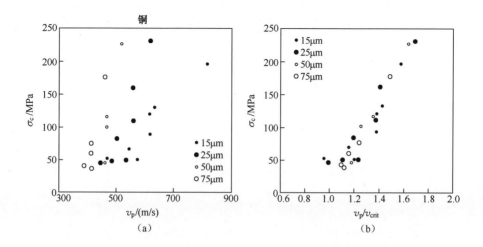

图 4.43　冷喷涂铜涂层的内聚强度的测量值

（a）相对于颗粒冲击速度作图；（b）颗粒冲击速度与临界速度的比值作图。（Assadi 等,2011）

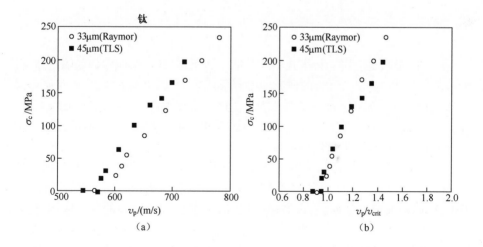

图 4.44　冷喷涂钛涂层的内聚强度的测量值

（a）相对于颗粒冲击速度作图；（b）颗粒冲击速度与临界速度的比值作图。（Assadi 等,2011）

使用粗颗粒的益处也在纯铝涂层的状况下有所研究,其中粉末原料的尺寸分布为-105μm+63μm(Van Steenkiste 等,2002)。图4.45 为相应的应力-应变曲线,发现其具有与相应的块体材料类似的力学性能,且YS和UTS分别为56MPa 和90MPa。报道的杨氏模量的值介于块体铝35MPa 和冷加工铝106MPa之间,当然,后者更接近并代表冷喷涂沉积过程和涂层微观结构。

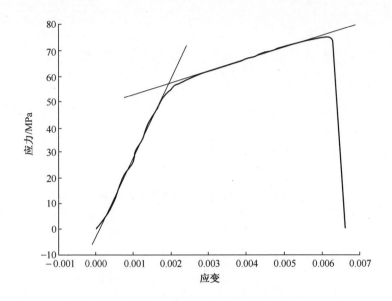

图4.45　在288℃温度下进行动态(低压冷喷涂)喷涂铝涂层的拉伸试验

粒子的形状也会影响粒子在喷嘴中的阻力机制,从而影响它们的喷出速度。这一效应在 Wong 等(2013)的研究中得到了证明,他们比较了球形、不规则形和海绵形工业纯钛粉末原料的喷涂性能。在这项研究中没有关于涂层强度的研究结果,但是,沉积效率趋势以及扁平率和显微硬度被研究报道了,并可以按照前面的讨论预测内聚强度的演变。

在谈及涂层和粘结强度的影响时,还必须要考虑到颗粒表面氧化层的影响(Jeandin 等,2014),以及自然覆盖颗粒的氧化层会在高速撞击时破裂(Li 等,2010;Yin 等,2012);然而,氧化物碎片会集中于塑性变形颗粒的中心区域,这是因为外部金属射流仅在界面的外围区域形成,所以该部分的氧化物碎片会被包裹在涂层微结构中(Yin 等,2012)。这种硬质氧化物对颗粒-颗粒结合产生阻碍,并对涂层强度和延展性产生不利影响。因此,慎重选择初始原料、制造和储存条件以及喷涂参数是必须的,以保持尽可能低的氧含量,以避免表面氧化层的生长,来获得高强度涂层并确保结果具有良好的可靠性。

4.7 喷涂工艺的影响

文献中已经广泛报道了喷涂方法如喷涂角度、喷枪横向速度和间距对冷喷涂涂层微观结构和力学性能方面的影响,但是其尚未完全阐明。比如,有几项研究集中在间距(Li 等,2006)、喷涂角度(Li 等,2007a,b)或者涂层堆积上(Rech 等,2014),然而,实际存在许多参数需要考虑,例如粉末和基底材料和特性,喷涂参数,喷嘴类型和形状,粉末注射几何形状,基底尺寸和热性能等。因此,很难确定一些通用的方案,并且在实践中,每个冷喷涂操作者都会根据具体的喷涂过程和最终应用开发自己的技术。

在这种情况下,可以举出一些例子来介绍沉积方法所产生的影响;例如,Binder 等(2011)研究的喷涂角度对钛涂层强度的影响,并发现 TCT 强度会随着颗粒入射角降低而降低。据报道,TCT 强度从约 290MPa(垂直入射)减小到约 90MPa(45°入射),而且这种不利影响被认为是由于撞击速度垂直分量的减少所导致的。事实上,几种涂层特性,如孔隙率、剪切强度和 TCT 强度,对 v_{p90}/v_{crit} 之比(v_{p90} 代表粒子速度的垂直分量)绘制图谱,图像均表示出预期的线性趋势。有意思的是,如果对 TCT 强度和孔隙率做图(图 4.46),会发现随着孔隙率的增加以及气孔尺寸的增大,涂层的强度降低,认为这是由于颗粒脱离粘结和裂纹形核的促进所致。

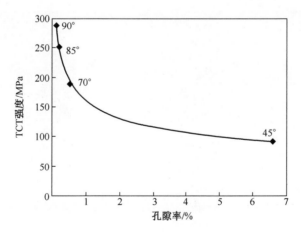

图 4.46 钛涂层管状涂层拉伸强度与孔隙率的关系。使用气体温度
1000℃、气压 4MPa 对涂层进行冷喷涂。(Binder 等,2011)

最近 Rech 等(2014)研究报道了涂层厚度(0.5~2.0mm)和喷枪横移速度

(2.0mm 厚的涂层以缓慢的速度单程沉积并快速地沉积四遍)对冷喷涂 A6061
涂层的拉伸性能的影响。并按照 E855/90 标准进行了四点弯曲试验来获得应
力-应变曲线。尽管内聚强度基本上不受涂层厚度和制备过程(即喷涂涂层的
通过次数)的影响,在涂层显微组织和断口分析中也要强调这一区别。一旦施
加的载荷足以促进裂纹成核和第一阶段的传播,单程制备的厚涂层便不会阻止
裂纹扩展,裂纹扩展直到基底界面并发生涂层的突然断裂。另一方面,由多遍沉积
的涂层会表现出阻隔裂纹扩展的性能,这是由于在后续界面之间存在更多的界面
(Tjong 和 Chen,2004),类似于在其他技术中沉积多层涂层时所观察的那样。

4.8　退火对强度的影响

特定的优化工艺以及对原料材料和制备过程的适当选择,是一种获得内聚
强度足够用于几种工业应用的涂层的有效解决方案,特别是关于诸如纯铜或铝
的延性金属的沉积。相反,当接触高强度涂层材料如镍或钛合金时,这些只是必
要条件而非充分条件。在这种情况下,由于 YS 较高,冲击时发生的颗粒塑性形
变便会相对较低,特别是在冲击温度范围内,并会进一步导致在颗粒-颗粒界面
处形成更多的孔隙和较低的结合力。这些概念代表了在相同冲击条件下,对不
同材料组合的多重冲击计算所得到的涂层横截面模拟,如图 4.47 所示(Schmidt
等,2009)。

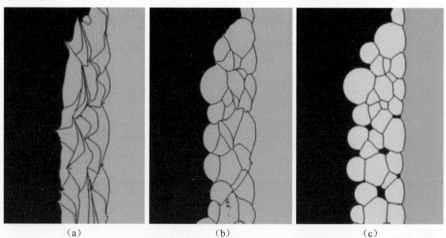

(a)　　　　　　　　　　(b)　　　　　　　　　　(c)

图 4.47　在相同冲击条件下对不同材料组合计算的多种影响情景的 2D 模拟。初始
　　　　冲击温度设定为 20℃,颗粒冲击速度取决于颗粒直径,冲击速度在 400~
　　　　650m/s 之间,粒径在 8~50μm 之间变化。(a)铜在 316L 上;(b)316L 不锈
　　　　钢在 316L 不锈钢上;(c)Ti-6Al-4V 在 316L 钢上。(Schmidt 等,2009)

142

虽然钢铁上的铜涂层的主要特征是显著的塑性变形和微观结构的致密性,但是 AISI316L 以及 Ti 6Al-4V 涂层并不具有这种特征,相反所观察到的是显著的孔隙和可忽略的颗粒-颗粒变形所导致的涂层内聚强度变低。

为了使冷喷涂涂层获得更高的强度,本节结出了两种基本的方法:一方面,为了提高喷涂设备的性能,即能够提供更高的工艺气体压力和温度来提高颗粒速度;另一方面,研究喷涂后退火的机理,以优化显微组织和促进烧结过程。关于第二个主题,在文献中报道了几项尝试,证实了沉积后退火对沉积涂层的内聚强度和延展性能的有益影响。

对于任何粉末冶金产品而言,冷喷涂涂层的烧结过程都可以进行,但必须小心:通常真空或至少无氧气氛(即氩气,氮气)热处理是必需的,以防止在颗粒表面外形成氧化物层,避免形成烧结块。建议使用尽可能低的退火温度以避免变形和残余应力增加,此外,使用低温沉积技术也有一些有利方面,例如平均残余压应力、获得非常精细的微观结构以及优异的涂层硬度。此外,即使存在益处,出于对部件尺寸、基础材料以及特定的生产工艺的考虑,工业上可能难以甚至无法实现沉积后热退火操作。

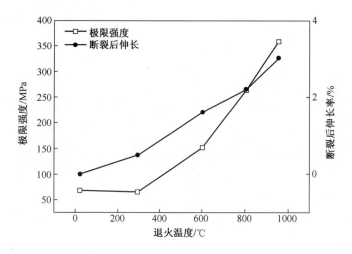

图 4.48　在不同的温度下,冷喷涂涂层和退火涂层的极限强度和
伸长率(Meng 等,2011a,2011b)

考虑到这一点,许多作者都研究报道了热退火对强度和伸长率性能的有益影响:Meng 等(2011a)发现在 10^{-3} Pa 的真空中进行 1h 退火之后,利用 MFT 测量方法,观察到 AISI304 冷喷涂涂层的断裂 UTS 和伸长率的增加。据研究,退火处理会使得原子在颗粒之间进行界面扩散,并通过逐步实现的烧结过程将颗粒-颗粒界面从纯机械结合转变为冶金结合,就如同断层研究所证实的那样。

此外,如图 4.48 所示。扩散还减少了在喷涂涂层中存在的潜在裂纹成核位点,从而在 900℃ 退火的情况下将喷涂涂层的极限强度提高了 5 倍,然而,退火后的涂层中总是存在一些缺陷,例如来自涂层微孔和团聚氧化物颗粒聚结的中等大小的孔隙,并且这些缺陷会引起断裂的提早发生。因此,退火涂层的极限强度和延伸率都低于块材 304 不锈钢(SS)。在 Cu-0.5Cr-0.05Zr(Coddet 等,2014)和 Cu-4Cr-2Nb(Yu 等,2011)等其他涂层材料的情况下,这种行为也会或多或少地被观察到。

图 4.49(Gärtner 等,2006)显示了在真空热退火 1h 前后沉积的纯铜涂层的应力-应变曲线。除了之前的考虑之外,据报道,最初的涂层微观结构被认为是

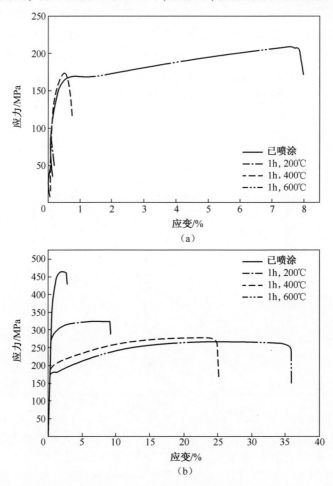

图 4.49 在不同温度下在真空中退火 1h 之前和之后制备的冷喷涂涂层的应力-应变曲线。已经使用(a)氮气和(b)氦气做为工艺气体沉积涂层。(Gartner 等,2006)

144

导致退火处理更有效地提高内聚强度的根本原因。从这个意义上说,用氦处理的冷喷涂涂层表现出与高度变形的块体材料相似的性能,并在随后的退火处理之后,失效强度和伸长率会与冷轧板类似,其断裂伸长率会高达35%。然而,用氦处理的冷喷涂涂层在相对较低的拉伸应力下便会显示出脆性断裂,即使经历了热退火处理也是一样;而且处于压缩接触的颗粒-颗粒界面的也只是恰好闭合,由此导致的更高的破坏延伸率也仅为8%。

　　Levasseur 等和 Wong 等(2012)研究利用高强度材料进行 In 718 冷喷涂涂层的无压烧结。再一次说明了:初始涂层微观结构对于促进颗粒-颗粒界面处的冶金结合具有重要的影响,并且以更高冲击速度沉积的涂层能够更有效地获益于退火处理,从而达到763.6MPa 的极限拉伸应力(相当于块体材料的62%)以及24.7%的最大伸长率,结果如图 4.50 中的应力-应变曲线(Wong 等,2012)。

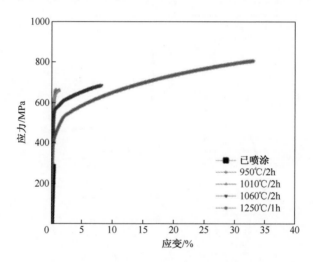

图4.50　In718冷喷涂不同温度热退火后的应力-应变曲线(Wong 等,2012)

　　Ogawa 等(2008)研究报道了低压冷喷涂所沉积的 CP-Al 涂层的热处理与4点弯曲测试下的机械负载的关系。值得注意的是(图 4.51),在压缩载荷作用下,热退火处理对应力-应变曲线的影响是可以忽略不计的,而在拉伸载荷下,效果则是显而易见的。对这种行为的解释主要基于内聚破坏机制:由于始于孔隙和微观结构缺陷的垂直裂缝的形成,并扩展到整个涂层的厚度;从这种意义上来理解,在压缩载荷作用下,这种特定的机制并没有使得喷涂材料具有良好的力学性能。

　　总而言之,优化的退火工艺对于增强冷喷涂涂层的内聚强度是有利的,这归

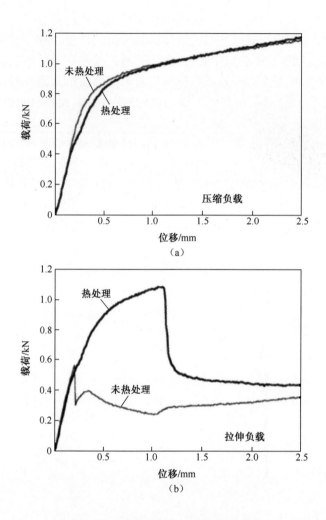

图 4.51 热处理试样的 4 点弯曲试验结果
(a)压缩加载;(b)拉伸加载。(Ogawa 等,2008)

因于退火会促进粒子-粒子界面处的原子扩散以及随后激活相关的烧结过程。初始涂层质量,如微观结构致密度、低孔隙率和初始强度,对于扩散和阻碍颗粒-颗粒界面氧化而言至关重要。因此,高致密度的喷涂涂层需从两部分获得,即热退火之前以及退火之后都要生成相应高强度的涂层。最后,由于氧化物和残余孔隙的嵌入能够促进裂缝的形成,因此在强度方面,涂层的性能通常会低于或显著低于相应的块状材料。

4.9 残余应力

本节主要介绍冷喷涂过程中的残余应力现象。有关残余应力的更多具体信息也可以在第 5 章中找到。残余应力几乎可以在所有材料的表面找到。应力是通过机械、热或化学等一种或多种手段进行表面和整体处理的结果。在大多数制造过程中,如材料变形、热处理、加工或功能化处理(改变形状或改变材料的性能),残余应力都会增加。它们有多种来源,也会存在于未加工的原材料中(在原料制造过程中引入或由于加载力导致)。当残余应力足够大时,则会导致局部屈服和塑性变形以及表面涂层开裂和局部分层,并最终严重影响零部件性能。由于这个原因,从测量结果或建模预测中推导出内部应力状态是至关重要的。部件表面或涂层中的拉伸残余应力通常是不希望有的,因为它们可能导致疲劳失效、淬火裂纹和应力腐蚀开裂的出现,且往往是这些现象的主要原因。表面层中的压缩残余应力通常是有益处的,因为它们会增加材料的疲劳强度和耐应力腐蚀开裂性,并增加了脆性陶瓷和玻璃的弯曲强度。但是,过大的压缩应力会导致块体材料的内聚破坏(散裂)以及涂层的粘合或内聚力型剥落。一般来说,当残余应力沿与施加的负载相反的方向操作时(例如,在施加拉伸负载的部件中的压缩残余应力),残余应力往往是有益处的。

根据 Rickerby(1986),Rickerby 和 Burnett(1988)以及 Withers 和 Bhadeshia(2001)的研究,残余应力有三种类型:宏观应力(Ⅰ型应力),会在宏观区域(尺度大于多晶涂层材料的晶粒尺寸)均匀分布;微观应力(Ⅱ型应力),存在于微观区域如一个均匀的晶粒或亚晶粒;非均匀载荷(Ⅲ型应力),即在微观层面不均匀的载荷。三种不同类型的应力特性的三维尺度示意图如图 4.52 所示。

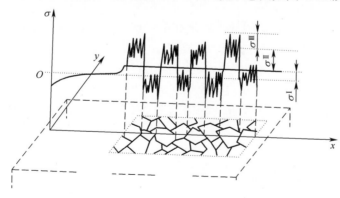

图 4.52 根据长度尺度分类压力

总的来说，I 型应力对材料性能的贡献最大，并且从工程学的角度来看尤其重要，特别是在材料科学和摩擦学领域。但是，当比较通过不同的方法测出的结果时，必须给出每种测量方法的取样量和分辨率以及被测残余应力类型，特别是涉及 II 型和 III 型微观残余应力时。其中，重要的是特征体积的概念，该特征体积定义为：描述给定类型的平均残余应力为零的体积。从这个意义上说，重要的是要考虑局部的变化（II 型和 III 型微残余应力）即由复合材料或多相材料，特定纹理或局部应变微观结构中的变化。大多数"破坏性测定技术"（例如钻孔，剥层法）会去除大量材料，使得 II 型和 III 型应力平均为零。除了公式之外，基于将材料视为连续介质的弹性理论，并关联松弛（由于材料去除）和测量应变，所以只需测量宏观残余应力。另一方面，像 X 射线衍射那样的衍射方法能通过衍射峰的扩大进行微观应变的定性测量。

表面涂层领域残余应力的来源，主要集中于两个方面（Luzin 等，2011）：

（1）沉积应力 σ_d，该沉积特性与生长机制有关。例如，在热喷涂中，这种残余应力通常是由表面上的凝固涂层的收缩引起的拉伸"淬火"应力导致的。对于冷喷涂涂层，这种应力是相当微小的，是喷丸工艺所引起的。

（2）热应力 σ_{th}，是在温度较高的复合基材涂层体系冷却时产生的。它可以定性地解释为：在施加变化温度时，不同层状材料的膨胀或收缩的差异会导致每层涂层沿厚度方向的残余应力发生变化。涂层和基材之间通过界面处的剪切而转化的应力，会导致涂层系统的收缩、拉长或弯曲。实际上，在高或低于基底或沉积温度的温度下，双轴热应变 ε_{th} 会出现在具有不同热膨胀系数的相互结合的基底涂层中。在温度变化过程中，复合结构中不会发生塑性变形，热应力则按照胡克定律与弹性应变直接相关：

$$\sigma_{th} = \left(\frac{E_c}{1 - \nu_c} \right) \varepsilon_{th} = \left(\frac{E_c}{1 - \nu_c} \right) (\alpha_s - \alpha_c)(T - T_0) \qquad (4.4)$$

式中：E_c 和 ν_c 分别为涂层的杨氏模量和泊松比；α_c 和 α_s 分别为涂层和基底的热膨胀系数；T_0 为自由应力状态的温度；T 为实际温度。

通常，高温沉积技术，如热喷涂，会因热应力而使得涂层存在残余应力。另一方面，低温塑性变形技术也会导致热应力产生，但往往可以忽略，而涂层残余应力则主要由沉积应力引起，至于应力状态是拉伸还是压缩则取决于具体技术。在冷喷涂工艺中，高速碰撞以及喷丸效应是影响残余应力状态的关键因素，通常会产生残余压缩应力。

4.9.1 残余应力的测定

表面和涂层残余应力的测定可以通过几种方法和技术进行（Schajer，

2013),如表 4.2 所列,也将会在第 5 章中进行讨论。每种技术都具有其独特的优缺点。所以具体方法的选择必须考虑材料、涂层/样品特性以及研究的目标特性来进行选择。

表 4.2　表面工程材料以及涂层残余应力的测试技术总结

测试技术	是否破坏性	能否相区分	精确程度	空间分辨率	深度分辨率	速度
钻孔法	是	否	●●	●	●	●●●●
MLRM	是	否	●●	●	●●	●●●
弯曲测试	是	否	●●●	●	—	●●●●
XRD	否	是	●●●	●●●	●●●	●●
中子衍射	否	是	●●●	●●	●●	●
MLRM—多层递归匹配测试;XRD—X 射线衍射。						

钻孔和去层等机械方法基于延伸测定,钻孔法基本上由两个阶段组成:①通过钻孔(典型的 2mm 直径)去除被研究的材料;②借助于延伸圆环测量在孔周围发生的松弛应变。这个理论已经广为人知,执行起来也相对容易(ASTM E837-08),最近也在 Huang 等(2013)的研究中有所总结。然而,两种测试都具有破坏性,且空间和深度分辨率相对较低,对材料的相位或结构也不具有敏感性。它们可以用于确定均匀材料和涂层中的宏观应力,以便相当准确地计算平均残余应力。为了能够进行深度分布,层移除和钻孔测试方法可以在增量程序中进行,比如 Valente 等(2005)的热喷涂涂层研究和 Rech 等(2011)的冷喷涂 A6061 涂层研究。

弯曲法则是基于这样的事实:引起基底弯曲的残余应力是由涂层沉积导致的。所以,根据曲率的变化可以计算出与涂层厚度和弹性特性成函数关系的相关应力的变化。曲率的测量可以使用接触法(轮廓测量法,应变仪)或不直接接触法(视频,激光扫描),且后者能够常规检测到降至约 10mm^{-1} 的曲率。Stoney (1909)方程通常将曲率半径与涂层平面中的双轴应力关联起来:

$$\sigma_c = \frac{E_s'}{6} \frac{t_s^2}{t_c} K \tag{4.5}$$

式中:σ_c 为涂层的残余应力;$E_s' = E_s / 1 - \nu_s$,E_s、ν_s 为基材的弹性模量和泊松比;t_s 和 t_c 为基材和涂层的厚度;K 为曲率。

类似于上面引用的其他机械方法,弯曲方法能够进行类型(I)的总体残余应力的估计,并且可以用于包括多层和多结构材料的多种涂层材料。目前,已经开发了许多理论模型以便预测由残余应力引起的组合梁的弯曲(Brenner 和 Senderoff,1949;Masters 和 Salamon,1993)。Stoney 方程的适用条件是一个重要的问

题。所以,在使用这种方法来计算涂层和厚涂层中的残余应力之前,必须进行一些检查。Stoney 方程的使用主要有四个要求:

(1) 双轴应力近似;

(2) 小弯曲(低曲率 K);

(3) 窄条样品;

(4) $t_c \ll t_s$。

双轴应力近似的条件对于单晶和具有强纹理特征的材料是无效的,而以无优先取向为特征的平面各向同性材料应用于 Stone 方程则是一种理想状况;然而,对于存在纹理的样品,方程的适用范围却没有特别的规定。对于低弯曲(低曲率,K)和窄条样品的测试来说,正确选择试样几何形状和满足 $t_f \ll t_s$ 的条件是需要的,以便于忽略弯曲所产生的影响并将平面应变不匹配作为导致残余应力的唯一因素。薄膜技术(Vijigen 和 Dautzenberg,1995)便很容易满足这一条件,但是其主要局限性是,利用弯曲法来精确测量热喷涂涂层中的应力存在一定的难度。举个例子,为了使精度优于 5%,则需要要求 t_c/t_s 比率低于 0.02,这意味着对于厚度为 4~5mm 的 Almen 板,涂层厚度必须低于 0.08~0.10mm。最近,新的模型已经开发出来提高较厚涂层的测量精度,而这也进一步扩大了在热喷涂和冷喷涂涂层中弯曲方法的应用(Kõo 和 Valgur,2010;Wang 等,2010a,2010b;Benabdi 和 Roche,1997)。

在这个领域,不得不提及的是渐进式增长方法:Stoney 方程研究的是沉积后静态双层体系的曲率,并且是一种非原位技术。而渐进式增长方法则可以在逐渐沉积涂层的情况下,预测其中的残余应力,是一种原位技术;当涂层以指定的层厚逐层形成时,会引入沉积应力,例如来自沉积应力或不同热收缩的失配应变。在这些模型中,使用最多的便是 Tsui 和 Clyne(1997)所提出来的方法。该方法被设计用于逐层涂层沉积技术,特别是热喷涂和冷喷涂工艺。使用该模型的主要优点之一是能够分离残余应力项,并预测热应力和沉积应力。

相反,衍射技术能够确保高空间分辨率,且对所研究材料的相和结构存在敏感性。它们适用于复合或精细结构的材料和涂层,特别是需要研究微观/微观应变的作用时。衍射方法可以由布拉格定律说明:

$$2d_{hkl}\sin\theta_{hkl} = \lambda \qquad (4.6)$$

式中:d_{hkl} 为选定晶格面与 hkl 之间的距离;λ 为波长;θ_{hkl} 为散射角。当材料处于压缩或拉伸应力状态时,其晶格会发生畸变,甚至会引起 d 晶格间距的变化而导致衍射峰位置的偏移。为了找到机械法和衍射法之间的联系,可以将晶格视作为嵌入每个微晶或晶粒中的自然和永远存在的原子平面应变仪(Hutchings 等,2005;Schajer,2013)。实际上,实验技术无法确定原子空间分辨率下的晶格间距的变化(即残余应力)。然而,相对于机械法,衍射法的空间分辨率通常会低几个数量级。从实验观点来看,X 射线衍射和中子衍射是用于确定残余应力的两种常用技术。其中,由于操作相对简单以及设备相对便宜,X 射线应用的更加广泛。X 射线衍射和中子衍射的主要区别在于入射光束的穿透深度以及相应的研究体积;X 射线仅具有几微米的穿透深度,所以对表面非常敏感。而中子衍射则可以穿透深达几毫米的物质,从而实现更好的平均测量。基于这些原因,中子衍射往往用于表征厚涂层或直接表征部件组分。从这个意义上讲,XRD 通常会与剥层法结合使用,以获得更好的平均值或残余应力分布。而对于中子衍射而言,可以适当地调整入射束的条件以便进行更宽范围内的测量。实际应用中通常采用,考虑应力和应变与平面应力条件之间的线性关系的 $\sin^2\psi$ 方法来确定应力值。该模型假设晶格距离 d 和 $\sin^2\psi$ 之间存在一定的线性关系,其中 ψ 是入射和衍射 X 射线束的二等分线所对的角度,并具有如下关系:

$$\sigma_\varphi = \left(\frac{E}{1+v}\right)_{hkl} \frac{1}{d_{0(hkl)}} \left(\frac{\partial d_{\varphi\psi(hkl)}}{\partial \sin^2\psi}\right) \tag{4.7}$$

式中:σ 为指定方向上的应力分量;E 为材料的弹性模量;hkl 为晶格平面;d_0 为未变形材料中的平面 hkl 的晶格间距;ψ 为未变形材料的平分线所对的入射角度和衍射的 XR 光束;$\left\{\dfrac{\partial d_{\varphi\psi(hkl)}}{\partial \sin^2\psi}\right\}$ 为 d-$\sin^2\psi$ 的斜率。

4.9.2 冷喷涂涂层中的残余应力

冷喷涂涂层中残余应力的生成和演化可以有助于理解涂层的生长机理。冷喷涂中工艺所产生的沉积应力通常是压缩应力,是由持续高速冲击的喷丸效应和塑性变形所产生。Matejicek 和 Sampath(2001)研究了单个颗粒(单个层片)的影响,发现冷喷涂铜颗粒中的残余应力是喷涂颗粒速度的函数,并且当颗粒速度处于 500~700m/s 的范围内时,所产生的压力值为几十兆帕。当从单次沉积转变为多次粒子沉积时,其最终应力状态是一种动力冲击/喷丸强化效应与导致热气喷射时的退火和应力释放的热效应之间的平衡态。在这种情况下,Luzin 等(2011)指出,冷喷涂涂层上的残余应力几乎完全是由颗粒的高速冲击时喷涂材料的塑性变形过程形成的沉积应力所产生的,而热效应在改变诱导应力分布方面没有显著作用。他们研究了在铜和铝基体上沉积铜或铝涂层体系,其经过中子衍射所得到的残余应力分布如图 4.53 所示。他们还将实验结果与 Tsui 和 Clyne 的渐进模型进行了经验性对比,并定量验证了热应力在总残余应力中的可忽略性。他们用线性动量传递冲击的理论方法对冲击参数进行了进一步的估计,并定义了以下关系来预测冷喷涂涂层表面的最大残余应力:

$$\sigma_{max} = -(0.333 + 0.286\alpha\beta)(1 - \alpha\beta)[(1 - 2\alpha\beta)\sigma_s + k \cdot \alpha\beta \cdot p_{max}]$$

$$(4.8)$$

$$p_{max} = \frac{2}{\pi}\left(\frac{5}{4}\pi E_*^4 \rho v^2\right)^{0.2}$$

$$(4.9)$$

其中：p_{max} 为假设赫兹接触时计算的最大压力；σ_s 为材料的屈服应力；ρ 为材料的密度；v 为冲击速度；E_* 为等效模量，定义为 $E_* = E/(1-\nu^2)$，ν 是泊松系数，k 是一个接近 1 的常数。将两个参数 α 和 β 耦合成一个乘积，用以描述变形材料的弹塑性状态：α 是应变硬化率（切线模量）与杨氏模量的比值，β 是真实弹性应变的真实塑性应变。根据式(4.7)和式(4.8)，并在 Al/Cu,Al/Mg 系统中，进行残余应力预测准确性的验证。

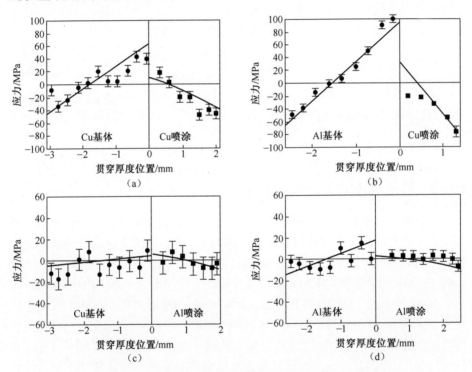

图 4.53 厚度方向内应力分布的测量(符号)和模型拟合(实线)

(a)铜/铜样品；(b)铜/铝样品；(c)铝/铜样品；(d)铝/铝样品。(Luzin 等,2011)

从式(4.7)和式(4.8)可以看出，最重要的预测之一是塑性材料的特性，尤其是冲击温度下的 YS(有效 YS)，其与残余应力发展有着密切的关系。特别是在 $\alpha\beta$ 的式(4.7)中降低到 $\sigma_{max} = 0.33^* $ YS，这意味着残余应力是 YS 的 1/3(在冲击温度下；Spencer 等,2012a,2012b)。事实上，式(4.7)和式(4.8)通过 YS 项

152

重新说明了冲击温度所起到的重要作用,并将 YS 项和残余应力的发展以及铺层系数临界速度联系起来。从这种意义来说,铺展系数可以假设为撞击时的颗粒变形的指数,因此根据 Luzin 等(2011)的方法则可以用来评估冲击发生的应变;假定撞击粒子在泰勒撞击测试(Meyers,1994)中会线性减速的条件下,对这种撞击应变的计算结合撞击速度值则可以用来计算撞击持续时间,并估计出平均应变率。最后,平均冲击压力可以根据计算冲击时间上的动量转移来计算(Van Steenkiste 等,2002),这与根据式(4.7)和式(4.8)的残余应力直接相关。另一方面,如图 4.54(a)所示,铺层系数会随着颗粒冲击速度的增加而增加,尽管这种增加速率主要取决于材料特性以及颗粒温度。有趣的是,当它与颗粒冲击速度(v_p)与临界颗粒冲击速度(v_{crit})(图 4.54(b))的比值作图时,铺层系数对材料性质或温度几乎不具有依赖性。此外根据 Schmidt 等(2006a,2006b)的研究,发现其对有效屈服应力还存在一定的依赖性。因此,所有变化都会存在于 v_p/v_{crit} 函数中,而扁平化比率似乎是 v_p/v_{crit} 的一个独特函数,与材料和工艺参数的值无关(Assadi 等,2011)。而这也再次说明了冷喷涂沉积中临界速度参数所具有的重要意义。

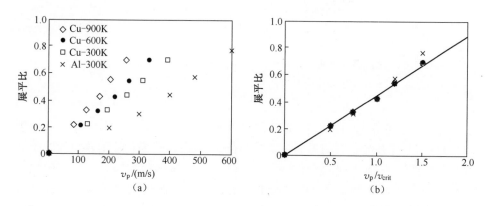

图 4.54　(a)粒子撞击速度和(b)撞击速度与临界速度之比作为计算铜和铝的扁平率的函数。(b)中的虚线表示关系:$y = 0.46x$。(Assadi 等,2011)

有效屈服应力在材料屈服应力与温度行为的关系方面具有重大影响,比如低温区域的变化较大(特别是延展性能好和熔点较低的 Al 和 Al 合金)的情况下。如图 4.55 所示与冷拉镍和高温合金镍相比,一些常见铝合金的 YS 随温度变化的趋势。很明显,几百摄氏度的冲击温度通常是可以实现的且可用于冷喷涂沉积,并且能够将 YS 降低到低于 100MPa 的值。但是在 HP-Ni 冷拉的情况下,这一温度基本上是无效的。而对于高强度的高温合金而言,则是完全无效的。

　　同样,将残余应力的实验测定与式(4.7)和式(4.8)相结合,也可用于 YS 的反向计算,比如 Spencer 等(2012a,2012b)对应用不同的条件和设备,冷喷涂的纯铝、A6061 以及 A7075 铝合金涂层的相关研究。正如所预期的那样,对于在较低温度(铝,100~400℃)下喷涂的样品,有效屈服应力降低至了 2,但对于在高温(550℃)下喷涂的样品,其有效值可高达约 7。

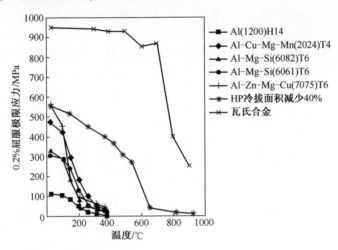

图 4.55　屈服强度与几种铝合金、镍和镍基高温合金的温度函数关系(数据
　　　　来自国家统计局杂志;Jenkins)

　　如果增加颗粒冲击温度能够提高冲击时的材料的延展性及其可喷涂性,则也必须考虑到它也有可能会促进淬火应力的生成以至于发生涂层分层。特别地,它也与基底和涂层间的界面残余应力分布的不连续性有关:而这也取决于基底材料和温度(材料尺寸,沉积方式等),并且会明显影响涂层的结合而导致裂纹的形成。在谈及喷涂材料的颗粒冲击温度和有效 YS 时,必须考虑到在冲击过程中金属颗粒中实际上不存在均匀的温度分布,并且在不同位置以及残余应力分布的局部差异下,这些差异会使得材料产生不同的塑性行为。许多作者(Assadi 等,2003)都研究报道了在冷喷涂沉积中存在的剪切不稳定性以及温度升高而引起层片边缘的局部熔融现象。最近 Saleh 等(2014)开发了一个光滑粒子流体力学(SPH)模型来描述 A6061 铝合金在冷喷涂沉积过程中的粒子-粒子碰撞相互作用以及层间和层内粘合的性质。一个有趣的结果是冲击颗粒的核心与其外围之间的塑性变形程度不同,其核心处表现出更低程度的塑性变形,而外围塑性变形严重以致于引起局部的微丝化。而对残余应力分布的研究,也证实了在最终应力状态下的热力学和动力学效应间存在着良好的平衡,也证实了由

非均匀塑性变形引起的涂层显微结构内局部变化之间的相关性。更进一步的,使用 Tsui 和 Clyne 方法分析实验结果和模拟之间的一致性则进一步证明了动力学,相对于热效应,对冷喷涂沉积过程具有主导作用。Suhonen 等(2013)则进一步研究了各种预处理,如喷砂和冷喷涂,对碳钢(S355)、SS(AISI316)和铝合金(A6061)上的钛、铜和铝冷喷涂涂层的残余应力趋势的影响。前文着重强调了第一层沉积对涂层粘结起到的关键作用,而从残余应力的角度来看,由于冷喷涂所具有的性质,本部分详细介绍了压应力。然而,据研究,拉伸或压缩试验的选择需要根据涂层和基体材料的组合,或者根据热应力贡献的变化而定,而该热应力则与基体和涂层之间的热膨胀系数之差成正比。

影响残余应力的另一个参数是涂层厚度,并且在沉积的涂层在与基底的界面处显示出较低的应力值,且会以沿着从界面到表面的深度方向向上增加。从这个意义来说,轰击粒子的喷丸效应会在反复的冲击下"积聚",这一点也可以通过观察单层与多层冲击间的冲击残余应力的差异来证实(Matejicek 和 Sampath,2001)。喷丸效应对铝基涂层残余应力分布的影响,已经通过喷涂不同的 Al 和 Al_2O_3 粉末混合物所获得的 Al / Al_2O_3 涂层,进行了经验性的研究,并且证实了通过撞击进行的附加陶瓷颗粒喷丸实验会导致(压缩)应力总量的增加(Rech 等,2009)。

此外,Rech 等(2011)实验研究了热输入对 A6061 合金涂层残余应力演变的影响,并在实验中考虑使用了 24~375℃范围的基体预热以及不同的沉积方法(单遍和多遍喷涂)。根据该研究,使用 XRD、弯曲法以及改进的剥层测量的残余应力在所有情况下都是压缩的,并且表现出一定的轻微趋势:压应力随着预热温度的增加而减小。

考虑到冲击颗粒在涂层生长过程中的喷丸强化(Ghelichi 等,2014a,2014b)以及撞击颗粒对基体上残余应力分布的影响,部分研究人员研究了冷喷涂过程与喷丸强化在动力学方面的相似性以及对残余应力产生的影响(Shayegan 等,2014)。

如果考虑对涂层生长的影响,则主要观点认为动态冲击在冷喷涂涂层残余应力产生起着更重要的作用;然而,另一个新的模型已经被开发出来,更进一步地描述了退火对残余应力的影响。这个模型涉及两步:第一步是考虑冲击粒子的喷丸效应;而第二步则是考虑负责松弛机制的退火效应。第二步是该模型的创新之处。作者采用 Zenner-Wer-Avrami 函数计算固定温度下的应力松弛随退火时间的变化。通过比较针对 A5053 铝合金涂层的模拟结果与 XRD 的残余应力的实验测定来评估模型精度。

Shayegan 等(2014)通过对挤压 AZ31B 镁合金上沉积 Al1100 合金的实验,

研究了撞击颗粒对基体残余应力分布的影响,并开发出一个新模型。该模型使用 Cowper-Symonds 模型来描述较高的冷喷涂涂层应变率,以及使用 Johnson-Cook 材料模型来描述颗粒的影响。此外也通过单颗粒模型,进行了相关的参数研究,以评估速度、颗粒形状和直径、颗粒与基底之间的冲击角度和摩擦力对基底上引发的残余应力的影响。其主要结果如图 4.56 所示。其典型的形状分布与喷丸处理表面所表现的残余应力分布一致,即在表面层(冷喷涂沉积情况下的基材/涂层界面)处存在弱残余压应力,随后残余压应力会不断增加直到在基底内的临界深度处观察到最大压应力。而这一临界深度受喷涂条件以及粒子性能的影响,如图 4.56 所示。且基底内的残余应力会逐渐减小直到零,并进一步到达拉伸峰值,从而使进入材料的总应力平衡,并且拉伸峰值强度与压缩峰的强度之间存在一定的相关性。

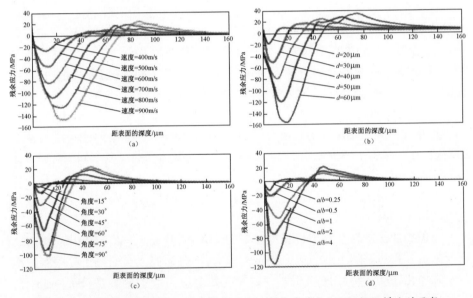

图 4.56 作为(a)颗粒速度,(b)颗粒直径,(c)撞击角度和(d)颗粒纵横比的函数,
在被 Al1100 颗粒撞击时在 AZ31B 基材中产生的残余应力分布(Shayegan 等,2014)

4.10 涂层的疲劳特性

第 5 章和第 4.10.2 节中将详细讨论残余应力对疲劳的影响。由于疲劳约占所有机械故障的 90%,因此材料和结构部件的疲劳行为对于充分了解可靠的机械设计具有重要意义。发生疲劳失效的原因通常是,持续重复的相同或相似的载荷会大大减小材料可承受的载荷。此外,即使在塑性材料中(也就是说在

弹性线性场中),疲劳失效之前也不会出现大的塑性变形,这也使得相比较于静态负荷下,对部件损伤的检测会更难——因此灾难性失效的危险相当大(Rösler,2007)。

引入一些基本的描述疲劳强度的概念对理解特定表面涂层的潜在影响而言是必需的。在与时间相关的循环载荷状况下,会出现疲劳的情况,如图4.57所示;对时间的依赖性可以通过负载周期或交替时间的时间段 T 来描述。在实验室测试中最常考虑和重复应用的是正弦或三角形循环。负载由应力幅度和平均应力来描述,定义为

$$\sigma_a = \frac{\sigma_{max} - \sigma_{min}}{2}, \quad \sigma_m = \frac{\sigma_{max} + \sigma_{min}}{2} \quad (4.10)$$

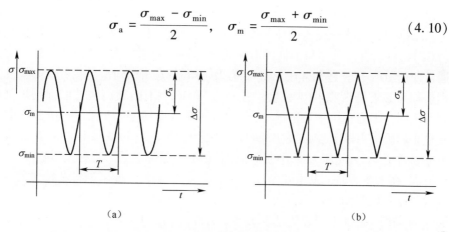

图 4.57 基于时间的循环加载

(a)正弦曲线;(b)三角形。

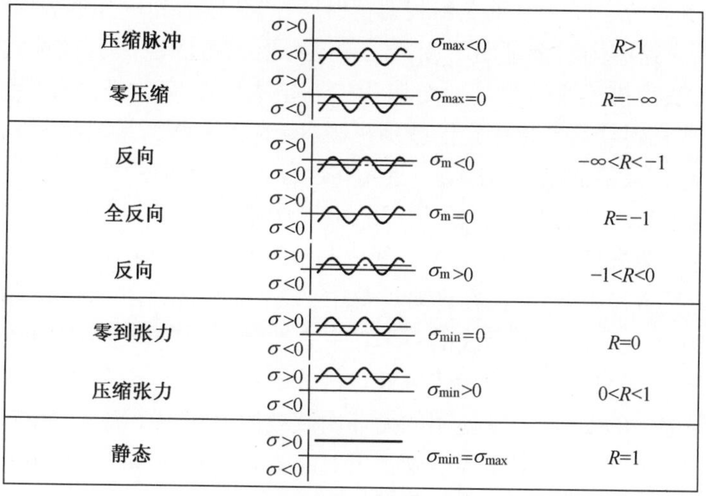

压缩脉冲	$\sigma>0$ $\sigma<0$	$\sigma_{max}<0$	$R>1$
零压缩	$\sigma>0$ $\sigma<0$	$\sigma_{max}=0$	$R=-\infty$
反向	$\sigma>0$ $\sigma<0$	$\sigma_m<0$	$-\infty<R<-1$
全反向	$\sigma>0$ $\sigma<0$	$\sigma_m=0$	$R=-1$
反向	$\sigma>0$ $\sigma<0$	$\sigma_m>0$	$-1<R<0$
零到张力	$\sigma>0$ $\sigma<0$	$\sigma_{min}=0$	$R=0$
压缩张力	$\sigma>0$ $\sigma<0$	$\sigma_{min}>0$	$0<R<1$
静态	$\sigma>0$ $\sigma<0$	$\sigma_{min}=\sigma_{max}$	$R=1$

图 4.58 典型的负载曲线和 R 比率

157

通常用于定义疲劳周期的另一个参数是疲劳应力比(或简称应力比),定义为

$$R = \sigma_{min} / \sigma_{max} \qquad (4.11)$$

式中:σ_{max} 和 σ_{min} 分别为循环中的最大应力和最小应力。根据式(4.10),应力比 R 是通常用于进一步描述负载的第二个参数。最后,当在循环过程中观察到符号变化时,应力便会发生交替或逆向。而当循环中的负载完全拉伸(正向)或压缩(负向)时,便分别对应我们所讨论的波动或循环应力(图4.58)。

通过实验的观点来看,一种材料的疲劳强度通常是首先通过应力循环图来描述的(也称为应力寿命图或 S-N 或 Wohler 图),如图4.59所示。周期数 N,经常以对数形式绘制在 X 轴上,而应力 σ 则通常以线性或对数关系绘制于 Y 轴上。根据完成最终断裂的循环总数,可以分为高循环疲劳(HCF)和低循环疲劳(LCF)两种情况。截至目前尚没有明确的循环次数来区分这两种区域,目前则通常使用 10^4(有时是 5E4)。LCF 状态及 HCF 状态下所对应的疲劳应力幅度分别被称为 LCF 强度和 HCF 强度。且 LCF 与 HCF 相比,疲劳失效的损伤机制也有所不同。因为在第一种情况下,在疲劳周期会出现塑性形变,而 HCF 失效则发生于屈服应力以下。必须注意的是,相比于 HCF,LCF 条件下的 S-N 曲线的斜率通常更小,因此应力幅值的微小变化便会对循环次数产生很大影响;出于这个原因,在 LCF 状态(发生弹塑性变形)下,应变 ε 是一种用于将循环次数与失效次数以及疲劳循环严重程度相关联的参数。这些 εN 曲线也被称为 Coffin-Manson 曲线,是 LCF 研究的基本工具。通常,在相同的应力/应变循环下的破坏是相当大的,这意味着疲劳强度对材料的缺陷非常敏感。特别地,疲劳损伤起初涉及材料的局部,并且通常从材料的自由表面开始;也就是说,表面状态是很关键的,其疲劳强度会严重受到表面粗糙度、残余应力和可能的表面加工硬化的影响。所有这些因素都证明了疲劳试验结果所具有的巨大分散性,这也使得利用统计方法来描述疲劳强度和绘制代表一定失效概率的极限曲线是必要的。此外,一些材料会表现出一定的疲劳极限(有时也被称为持久极限)。在这种情况下,会存在极限的循环 NE 值。展示在图像上,S-N 曲线在较大的循环次数的状况下几乎是水平的。在这种情况下,S-N 图是 I 型(图4.59a)。在 NE 循环中的试样绝不会失效,并且在 S-N 曲线中与 NE 相对应的应力被称为疲劳强度,耐久极限或疲劳极限 σ_E。但在许多材料中,S-N 曲线往往不具有水平部分(类型 II,图4.59b)。虽然 S-N 曲线的斜率在一定数量的周期内会变得更小,但即使疲劳幅度较小,最终也会出现疲劳失效。因此这些材料不具有真正的疲劳极限。为了确保部件的安全,通常使用的循环次数被约束在 10^8 次,比具有真正疲劳极限的材料大 10 倍。如果需要明确指出对应一定数量的循环次数的疲劳强度,而不是真正的疲劳极限,循环次数可以加到下标中,如 $\sigma_{E(10^8)}$(Rösler,2007)。

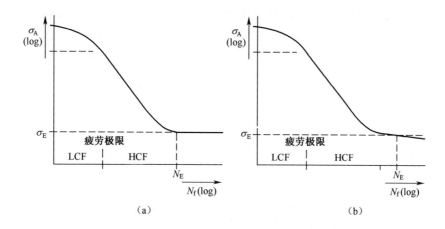

图 4.59　Ⅰ型和Ⅱ型 S-N 曲线的特征类型

(a)Ⅰ型;(b)Ⅱ型。

通过观察双对数变量绘制的 S-N 曲线,可以发现,在大范围的周期数内 S-N曲线表现为直线,并且该线性趋势可以由 Basquin 方程描述:

$$\sigma_A = \sigma'_f (2N_f)^{-a} \tag{4.12}$$

其中,疲劳强度系数 σ'_f 与拉伸强度有关。σ'_f 具有一些典型的近似值,对于钢是 1.5 UTS 而对于铝和钛合金是 1.67 UTS。疲劳强度指数取决于材料和试件几何形状,对于光滑标本而言,其范围通常在 0.05~0.12 之间(Rösler,2007)。

4.10.1　疲劳损伤机制

疲劳发展和失效的机制可能不同,这取决于材料类型、表面状态、循环条件、环境等,并且可能需要复杂的综合分析。然而,就金属而言,疲劳破坏一般是由表面裂纹的萌生和增长所引起的。只有通过热处理或热化学处理(渗碳,氮化,感应淬火等)预先硬化材料,疲劳裂纹才会从内部缺陷开始,通常在非金属夹杂物处。

除了这些情况外,失效机制分三个步骤:第一步是裂纹萌生;第二步是循环载荷下的裂纹扩展和传播;最后一步是灾难性失效。理解这些步骤对于理解表面处理尤其是冷喷涂涂层如何影响部件的疲劳寿命至关重要。裂纹萌生阶段对基底材料的力学性能及其表面状态非常敏感。金属表面常常可见表面缺陷、缺口、裂纹以及微裂纹;它们来自生产过程、机械加工或制造过程、或者是对材料和部件的简单处理。事实上,即使任何微观缺陷都是预见的,承受最大剪切应力的相邻晶粒的连续滑动变化也会产生持久滑移带。并且一系列的表面峰和表面谷也会随着循环次数的增加而增大尺寸,直到形成裂纹,并在循环载荷作用下连续

159

萌生和扩展,最终导致疲劳性破坏,其中裂纹路径与施加载荷有关。这种损伤机制对表面状态非常敏感,例如粗糙度和表面残余应力可能在静态载荷下影响不太显著,但对疲劳强度而言至关重要。因此,表面的力学性能和物理状态是控制裂纹萌生和提高部件疲劳寿命的关键因素。

这张示意图可以突出表明表面处理对增强疲劳强度的突出作用。其首要目标便是减少表面缺陷和粗糙度,这通常可以通过金属加工和表面的进一步机械加工来实现,例如众所周知的后处理工艺轧制和锻造,能够闭合金属表面上的微孔和孔隙,从而增加疲劳强度。另一方面,提高疲劳强度的第二个目标是表面硬化,就是在低屈服应力下降低塑性变形,常用的表面处理包括钢的喷丸硬化或氮化等。最后,许多文献也报道过,表面上的残余压应力对增加疲劳强度有益,因为其能够机械对抗裂纹的萌生和扩展。

4.10.2 冷喷涂涂层的疲劳强度

虽然疲劳强度对工业应用中的机械部件的实际性能以及表面工程处理对影响疲劳强度的相关性具有重要影响,但文献对冷喷涂涂层对疲劳强度影响的介绍仍不充分。此外,测试程序和条件很多,结果的解释通常很复杂。因此现在可用的实验结果是多样的,有时也是矛盾的。

在冷喷涂镀层金属部件上评估疲劳强度的相关标准主要有 ASTM B593《铜合金弹簧材料弯曲疲劳试验的标准测试方法》和 ISO 1143《金属材料—旋转杆弯曲疲劳试验》分别对应的是纯弯曲和旋转弯曲应力。作为基体和涂层的研究材料均是轻合金,主要是冷喷涂在航空和国防领域越来越广泛应用的铝和钛合金(这些材料被大量使用)(Jones 等,2011)。

影响冷喷涂涂层金属材料疲劳强度的主要因素可以概括为:

(1) 粘合强度—基体/涂层界面;

(2) 涂层材料和质量(微观结构,孔隙率,力学性能);

(3) 残余应力状态;

(4) 表面粗糙度。

虽然不同研究的立场和实验结果是一致的(即关于结合强度),但也经常存在一些矛盾之处(即残余应力状态,涂层材料),这主要是因为冷喷涂相对较新技术以及新实验的不断增加,以及结果和问题本身具有一定的复杂性;所以,本章节的论述范围主要涉及一些文献报告中可以使用的结果,并试图找出其中的共识和总体趋势。

4.10.2.1 结合强度对疲劳性能的影响

可用的所有文献都一致证实了:结合强度对冷喷涂试样的疲劳性能具有强

烈的影响(Ghelichi 等,2012;Sansoucy 等,2007;Price 等,2006)。结合强度能够在完全排除涂层的影响下,避免在基体表面上裂纹萌生的发生,这一关键作用是毋庸置疑的;或更加糟糕的是,其仅仅能保留沉积第一层的喷丸效应所带来的基底粗糙化和缺口效应增加,所导致的不利影响。例如,Ghelichi 等(2012)在对A5052 基材上的 CP-A1 和 A7075 涂层的研究中发现了这种现象:CP-Al 的不良粘附性(首要原因)(图 4.60(a))使得涂层对疲劳强度的影响微不足道,而另一方面,相比于裸基板,A7075 涂层的结合强度(图 4.60(b))能够显著提高基体的疲劳极限。此外,基材/涂层界面的低黏合性似乎具有主导作用,能消除其他有益或有害的影响。例如,在 Ghelichi(2014a,2014b)的研究中,他们将使用球形气化的微结构粉末作为原料获得的 A7075 涂层与通过使用纳米结构的低温粉末得到的 A7075 涂层进行比较,结果如下:虽然纳米结构原料的机械特性会使得涂层具有优异的性能,但是在横截面断面图(图 4.61)所示的低结合强度以及多孔微观结构相共同存在的条件下,涂层的存在对最终疲劳强度的影响基本可以忽略。因此,"传统"A7075 涂层能够使疲劳极限增加高达 30%,但是较硬的纳米结构涂层则对疲劳极限的提高没有影响。

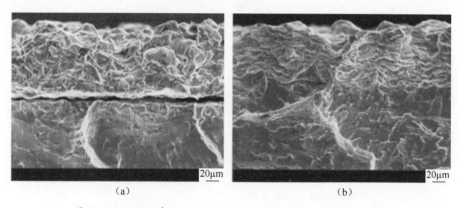

(a)   (b)

图 4.60   A5052 基体上的(a)CP Al 和(b)A7075 冷喷涂涂层的
截面断口形貌(Ghelichi 等,2012)

据报道,相对于裸露的基底,具有优良的粘结强度(61MPa±4MPa 的粘结强度)的喷涂有 Al-Co-Ce 的 A2024 样品,其失效循环次数基本上提升了一个数量级(Sansoucy 等,2007)。

通过表面预处理以增加结合强度可以对最终的疲劳性能起重要作用。例如,将喷砂预处理与随后的冷喷涂涂层相结合,对疲劳寿命的增强具有多重有利影响(Ziemann 等,2014)。首先,喷砂对于疲劳寿命本身是有益的,因为其会在表面上产生残余压应力;此外增加的表面粗糙度能够通过基材/涂层界面处的机

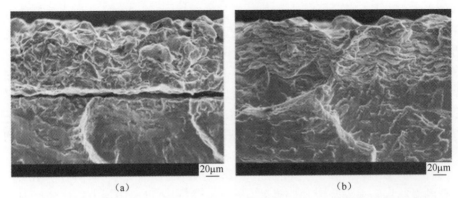

图 4.61　A7052 冷喷涂 A5052 基体的断口形貌分析采用(a)气体雾化微结构粉末，
(b)低温纳米结构粉末获得涂层(Ghelichi 等,2014a,2014b)

械锚定从而改善涂层的附着力。另一方面,将喷丸强化与冷喷涂结合也会获得完全不同的最终结果。虽然单独的喷丸强化的效果与喷砂的情况相同,对疲劳强度的增加有利,但却对随后的涂层附着力有着不利的影响。因此,Ziemann 等获得的大多数喷丸/涂层样品(2014)都会在基材/涂层界面处的开始失效(图4.62(a)、(b));另一方面,喷砂/喷涂试样的优异黏附力似乎是性能提高的原因。并且在这种情况下,因经历过多的循环的疲劳失效往往发生在基体内(图4.62(c)、(d))。

按照 Clzek 等(2013)的研究,在 Ti6Al4V 基底上的喷涂 CP-Ti 涂层的情况下,结合强度也可能对疲劳强度产生负面影响;在该研究中,虽然涂层和基体间具有高粘附性,但是涂层表面质量相对较低,特别是其高表面粗糙度和显著孔隙率;在第一步中,这种情况会通过缺口效应促进裂纹的萌生,并且在第二步中,涂层与基材的良好附着力会使得形成的垂直裂纹从涂层转移到基材,从而导致样品快速失效(Clzek 等,2013)。

总而言之,确保在基材/涂层界面处具有足够的结合强度是使沉积涂层在疲劳强度上起作用的必然要求。所有其他特性(如应力状态或表面粗糙度)的影响相比于粘合强度来说都是次要的。因为如果没有涂层附着力,便意味着裂纹的产生可以直接从基材表面开始,而使得涂层不会产生任何(有益或有害)影响。

4.10.2.2　涂层质量对疲劳强度的影响

关于涂层材料和质量的作用,可以肯定地说,良好的涂层质量,如致密的微观结构和高内聚强度,会增加沉积材料的平均力学性能(Schmidt 等,2006a,2006b;Assadi 等,2011)。特别是,对于抗疲劳性能来说,微观结构中的表面粗糙

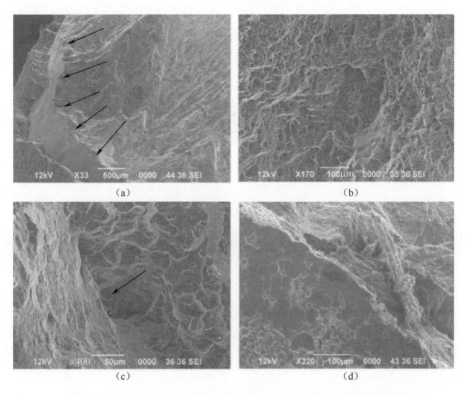

图 4.62　(a)、(b)喷丸硬化/涂层试样和(c)、(d)喷砂/喷涂试样的
代表性裂纹的断口图(Ziemann 等,2014)

度、孔隙率或颗粒-颗粒边界的低内聚强度都是至关重要的,它们会通过缺口效应来促进裂纹的萌生(Wong 等,2012)。此外,沉积工艺优化的重要性和影响涂层质量的参数的作用在文献中都有很好的描述,并且使用延展性能更好的材料如纯金属(即铜,铝,镍)会显著提高冷喷涂涂层的质量。此外,这些材料往往具有较低的临界速度和较高的塑性变形能力(Schmidt 等,2006a,2006b;Assadi 等,2011)。但是,这些材料的内在力学性能往往很差,并因此不会显著增加涂层部件的疲劳强度。所以,以较差的质量沉积高强度的涂层材料会比具有优良质量的低强度涂层材料更好吗? 不幸的是,疲劳强度和涂层性能(即残余应力、表面粗糙度、孔隙率、YS、结合强度)之间既没有明确的相关性,也没有明确的不相关性,以便能够追踪到一些基本原则。从这个意义上来说,冷喷涂铝合金涂层的三个例子便可以描述当前的情况:Ghelichi 等(2012)通过研究冷喷涂涂层 A5052发现了涂层材料和涂层固有力学性能对疲劳行为的重要影响;Ziemann 等(2014)研究发现通过使用质量好但不起眼的 CP-Al 涂层便能显著增加疲劳寿

命;Moridi 等(2014a,2014b)则研究报道了使用与基底 A6082 相同的材料进行冷喷涂的影响。图 4.63 显示了 Ghelichi 等(2012)研究的结果,并支持了涂层材料在低周期状态下增加疲劳极限和斜率所起到的主要作用。

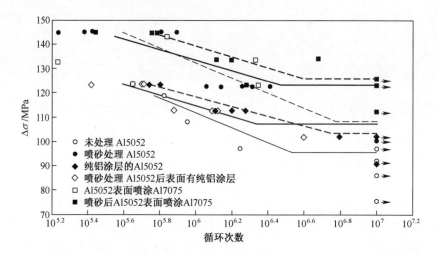

图 4.63　低压冷喷涂在未处理和喷涂处理后的 A5052 基体上制备 CP-Al 和 A7075 涂层
　　　　的 S-N 曲线(Ghelichi 等,2012)

　　研究发现,涂层和基材之间的疲劳行为会与更高性能材料的疲劳强度保持一致(如果可以确保一定的粘结强度和涂层质量),因此强烈推荐使用高性能涂层材料。从这个角度来讲,有研究发现疲劳极限能够提高 30%,例如,A5052 上的 A7075 涂层(Ghelichi 等,2012),如图 4.63 所示。在类似的 AZ91D 镁合金上喷涂 Al / Al$_2$O$_3$ 涂层的研究中,研究人员将其归因于沉积复合的基体的 HCF 极限的提高(Xiong 和 Zhang,2014)。

　　Moridi 等(2014a,2014b)研究讨论了 A6082 冷喷涂涂层对 A6082 材料疲劳强度的影响;本研究旨在排除涂层材料对疲劳行为的影响,重点关注由冷喷涂沉积层所产生的效果。涂层表现出良好的结合强度和紧密的微观结构,从而确保了其与基材之间的结合。根据研究结果,疲劳极限增加了约 15%,而这也证明了冷喷涂技术能够提高疲劳强度。另一方面,相比较未涂层试样,涂层试样的失效循环次数以及低循环状态下的曲线斜率几乎没有变化,如图 4.64 中 S-N 图所示。从这个意义上说,所观察到的宏观裂纹扩展机制在标准样本和涂层样本中是完全相同的。因此,涂层能够提高裂纹扩展开始的阈值。但是一旦裂纹开始扩展,两种收缩样本最终断裂的周期数则大致相同(Moridi 等,2014a,2014b)。

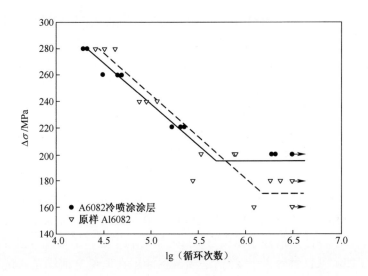

图 4.64　经喷砂处理后和冷喷涂制备了 A6082 涂层的 S-N 曲线,基体为 A6082(Moridi 等,2014a,b)

最后,Ziemann 等(2014)结合喷砂和喷丸强化预处理 CP-Al 冷喷涂涂层,发现基体的失效周期数会显著增加。虽然对于基材(A2024)而言,涂层材料(CP-Al)具有较低的性能,但其确实显著提高了材料的疲劳寿命。

目前钛合金基体材料已经引起人们的关注。根据相关研究,由冷喷涂沉积的 CP-Ti 涂层的较差的层间结合力和低模量对 Ti-6Al-4V 涂层的疲劳强度是有害的(Price 等,2006)。实际上,在应力循环过程中,层间退化导致垂直裂缝的形成,并随后传播和转移到基底上,从而造成材料的过早失效(Clzek 等,2013)。

AL Mangor 等(2013)则首次报道了纯冷喷涂沉积涂层的疲劳寿命,并将 AI-SI316L 涂层与块体 AISI316L 相比。冷喷涂涂层经过了退火处理以促进扩散和颗粒-颗粒界面的接近。结果(与 YS 和极限强度的演变相一致)表明:相对于块体材料,冷喷涂材料即使在沉积退火之后也表现出较低的疲劳强度,这主要是由于其刚度、残留的孔隙以及在颗粒-颗粒边界处的缺陷和裂纹形态萌生位点所导致的。

总而言之,虽然涉及大量参数和广泛的研究且目前尚未阐明具体情况,但是也可以确定涂层材料和涂层平均质量对确定疲劳强度和疲劳寿命起着积极作用。希望能够有越来越多的实验结果和文献产生,将这个领域变得更加清晰。

4.10.2.3　残余应力对疲劳强度的影响

传统观点认为在金属部件表面上的残余压应力的布置对于提高部件的疲劳

强度和寿命有益(Schijve,2001)。而这也是已在工业中采用的喷丸强化和喷砂表面处理的基础。到目前为止,众所周知,冷喷涂沉积能够产生一定的残余压应力,这要归功于本章前面部分介绍的撞击颗粒所产生的喷丸效应。因此,按照逻辑,冷喷涂所引起的残余应力将有利于提高疲劳强度;一般而言这句话是正确的,但是必须考虑一些因素:首先,涂层中的压应力通常会由基底表面上的拉应力来平衡掉,如Rech等(2011)的研究。而这种诱导的拉伸应力可能会促进裂纹的萌生并降低整个疲劳寿命,比如涂覆Ti-6Al-4V(Cizek等,2013;Price等,2006)的相关研究。其次,过度的残余压应力会影响结合强度,导致界面过早地脱粘和剥落。此外,根据Al-Co-Ce喷涂在A2024(Sansoucy等,2007)和A6082(Moridi等,2014a,2014b)上以及CP-A1喷涂在A2024上(Ziemann等,2014)的相关结果,冷喷涂涂层的残余压应力状态主要有利于金属组件疲劳强度的提高。所以,为了能够从这种效果中受益,必须确保涂层在质量方面满足一定的要求。即在前面提到的所有情况下,涂层都存在一定的粘结强度(Sansoucy等,2007)的研究中材料的粘结强度为61MPa±4MPa)致密度以及形态(即涂层孔隙率范围为0.2%~0.5%(Ziemann等,2014))

4.10.2.4 表面粗糙度对疲劳强度的影响

表面形貌和粗糙度是在第一步中通过提供高密度的裂纹萌生位置来影响材料的疲劳行为。角部、尖锐边缘、孔洞或其他形貌特征的存在会引起局部应力的增强,从而促进裂纹成核和扩展,因此金属部件会表现出疲劳强度降低这一缺点。在喷涂领域,(Papyrin等,2007),热喷涂和冷喷涂涂层均表现出典型的粗糙表面(平均表面粗糙度Ra,报道高于0.01mm),而且粗糙度则取决于使用的原料粉末和材料的特性。事实上,当考虑其对疲劳强度的影响时,表面粗糙度则表现出另一面,并且必须尽可能地减小其负面影响。而韧性材料的冷喷涂则会在冲击时形成更大的颗粒形变,从而降低表面粗糙度和缺陷;按照这一想法,CP-Al涂层能够改善喷砂处理的A2024的表面质量,从而提高其疲劳强度(Ziemann等,2014)。同时,在高表面粗糙度,相对较高的孔隙率以及低表面/涂层质量共同存在的条件下,A7075纳米结构涂层的潜在有益效果将会无效化(Ghelichi等,2014a,2014b)。涂层沉积后的抛光、加工以及喷丸硬化处理(Bageri等,2010)可用于减少表面粗糙度和表面缺陷。然而,迄今为止没有任何文献报道对这个问题进行深入研究。

本书收集了与冷喷涂镀层疲劳强度调查有关的主要实验程序和结果,如表4.3所列。

166

表 4.3　显著影响涂层疲劳强度的冷喷涂沉积的特征举例

基体材料	涂层材料	测试程序	性能	参考文献
A2024-T3	Al-Co-Ce	ASTMB593	相比于原材料及包铝合金,CtF 增加一个数量级(200MPa 压力下)	Sansoucy 等(2007)
A2024-T351	CP-Al	ISO1143	CtF 增加 850%(结合喷砂处理技术——201MPa 压力下)	Ziemann 等(2014)
	CP-Al	ISO1143	无显著影响(结合喷丸处理,180 ~ 210MPa 条件下)	Ziemann 等(2014)
A5052	CP-Al	ASTMB593	无显著影响	Ghelichi 等(2012)
	A7075	ASTMB593	FL 增加 30%(结合喷砂处理技术)	Ghelichi 等(2012)
	A7075(冷冻研磨的纳米微粒)	ASTMB593	无显著影响	Ghelichi 等(2014a,b)
A6082	A6082	ISO1143	FL 增加 15%;FS 无显著变化	Moridi 等(2014a,b)
AZ91D	Al/Al$_2$O$_3$	三点弯曲测试法	FL 增加 20MPa	Xiongand Zhang(2014)
Ti6Al4V	CP-Ti		疲劳寿命减少 9%	Cizek 等(2013)
Ti6Al4V	CP-Ti	旋转弯曲	FL 减少 30~100MPa	Price 等(2006)

CtF—疲劳循环次数;FL—疲劳极限;CP—工业纯。

4.10.3　黏合剂/内聚强度

黏附性是任何类型涂层/基体系统的基本属性,因为它与整个系统的耐久性和寿命密切相关。涂层的性能和可靠性取决于涂层/基材体系的机械完整性,即涂层与基材之间的结合力。因此,通过简单可靠的方法来评估涂层结合力是亟需的(Chen 等,2014)。在实验测量中,粘附力可以被定义为两种材料分离时施加的力(通常定义为每单位面积的最大力);或粘附功,即两种材料相互分离的功,(Rickerby 和 Stern,1996)。截至目前,已经提出了许多用于热喷涂涂层的理

167

论和机制;然而,没有一个能够涵盖所有情况,并且没有一个结合力的测试方法能满足所有要求。因此,最好的测试方法便是模拟了实际压力状况的方法(Lin和Berndt,1994;Mittal,1978)。用于测试热喷涂涂层的主要方法如下(Pawloski,2008):

(1)基于结合力的一系列测试,包括拉伸结合力测试(TAT),也称为"拉脱"法,探针测试、剪切测试;

(2)基于断裂力学的一系列试验,包括弯曲试验、双悬臂梁(DCB)法和压痕试验;

(3)其他方法,如划痕测试和"激光冲击"测试。

4.10.3.1 TAT 或"Pull-off"方法

TAT 已广泛用作热喷涂和冷喷涂涂层的常规质量控制工具。TAT 测试如图 4.65 所示;在中心,涂覆的试样通过环氧树脂胶粘接到支撑夹具上,从而可以施加拉力。拉伸强度是由断裂时施加的最大载荷除以横截面积得到的。如果失效仅发生在涂层-基底界面,则可以得出涂层的粘附强度。如果破裂完全在涂层内发生,则可以得出涂层的内聚强度。混合状况也时有发生,并使对结果的分析变得困难。测试者们通常会使用 ASTM C633 标准,但同时也存在着其他几个程序和国家标准(例如 EN 582 和 JIS H8664)。然而,TAT 程序存在几个缺点,包括环氧树脂胶的渗透和测试夹具的对准问题。ASTM 试验的另一个局限是其有限的强度(不超过 $p = 80 \sim 100\text{MPa}$),无法测量具有良好结合力的涂层(Lin 和 Berndt,1994;Mittal,1978;Pawloski,2008)。

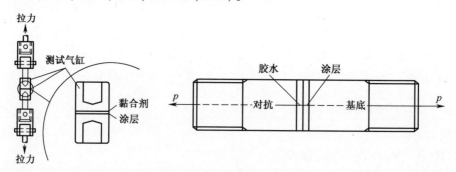

图 4.65　TAT 测试的示意图

与其他热喷涂技术不同,通过冷喷涂工艺可以获得相当厚的涂层。厚涂层的结合强度可以使用 Huang 和 Fukanuma(2012)所介绍的新型测试方法进行测量,如图 4.66 所示。首先,如图 4.66(a)所示,现将超过 5mm 的厚涂层沉积在直径为 25mm 的传统拉伸试样上。然后,将试件加工成图 4.66(b)所示的样品,并按照图 4.66(c)所示安装。将涂层/基材界面附近的部分切薄以确保拉伸测

168

试期间在该区域发生破裂。虽然在涂层/基体界面附近的内角处使用了圆弧过渡,但应力集中也可能导致内角附近出现试样失效,即使样品的几何形状未被优化,也可以得到结合强度的下限数据。

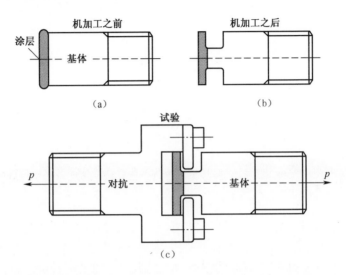

图 4.66 根据 Huang 和 Fukanuma(2012)测试涂层结合强度的新方法

目前,冷喷涂涂层采用了其他能够测量平板试样上涂层附着力的拉拔试验(Marrocco 等,2006;Price 等,2006;Van Steenkiste 等,2002;Tao 等,2009)。一般的拉拔试验(例如,ASTM 标准 D4541,使用便携式附着力试验机的涂层的拉脱强度的标准试验方法)是通过黏合剂将加载夹具(小车,双头螺栓)固定到(垂直于)涂层表面的方式来进行的。在黏合剂固化之后,将测试装置连接到加载夹具上,并在其上施加垂直于测试表面的张力。然后逐渐增加施加在加载夹具上的载荷并进行监控,直到材料塞子脱落或达到规定值。

此外,也可以使用销钉法来测量涂层附着力,如 Smurov 等(2010)和 Sova 等(2013b)研究。该方法如图 4.67 所示,涂层会被沉积到嵌装入基体上的销上。该销具有截头圆锥形状,顶端底部的直径为 2mm。涂层被沉积在销的顶端基部以及基体表面上。喷涂后,便将基材固定,并沿轴向向销钉施加机械力。而结合或粘结强度便被定义为,在发生破裂的区域将销从涂层上分离所需的力的大小。

而开发的剪切测试方法,则能够在不需要胶合和固化的情况下快速评估涂层与基材的结合/内聚强度,并且能够更好地描述剪切负荷下涂层的行为(Spencer 等,2012a,b;Wang 等,2010a,b;Yandouzi 等,2009)。在该技术中,使用市售的硬质金属板作为冲床,并在涂层样品上沿平行于基材/涂层界面的方向上施加剪切负荷,从而在测试期间保证样品架固定基材的同时,将压力施加于涂层

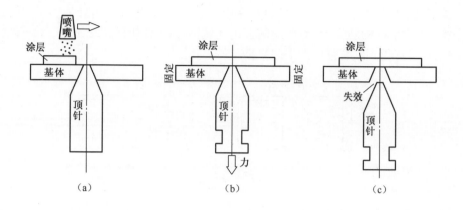

图 4.67　销钉粘接试验方法。(a)使用齐平安装的针在基体上沉积涂层;(b)牢固固定基底并将力施加到销的底端;(c)增加力直到涂层破裂。(Sova 等,2013b)

上。最常见的剪切测试标准是 EN 15340 和 ASTM F1044。用于评估裂纹扩展的断裂力学方法是基于应力强度因子 K 或应变能释放率 G 来定义的。此外,测量方法还包括 DCB 测试、双重扭转测试、弯曲测试(3 或 4 点),单边缺口试验和紧凑型拉伸试验,但在文献中关于冷喷涂涂层的实验数据则少之又少(Ziemann 等,2014)。

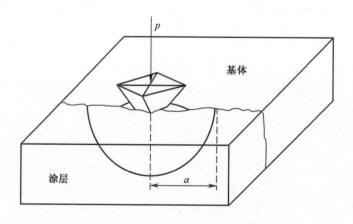

图 4.68　界面压痕测试的模式(Chicot 等,1996)

图 4.68 中显示的压痕测试能够表征界面的韧性(Demarecaux 等,1996;Marot 等,2006;Chicot 等,1996)。压痕测试是在喷涂涂层的抛光截面上进行的。使用压头并适当对准,然后在涂层与基材的界面处制造维氏压痕。压头压入产

170

生的裂纹会沿着界面局部化并具有半圆形状(图4.68)。而适当的数学处理则可以测量界面韧性K_c。但在计算之前需要知道杨氏模量以及涂层和基体的硬度。

由 Benjamin 和 Weaver(1960)所提出的划痕试验通常用于表征薄的硬质涂层。划痕测试通常是通过压头在膜表面上线性移动进行的,期间负载不断地增加。对应于涂层分离的载荷被定义为临界负载。Seo 等(2012a,b)研究了在冷喷涂涂层上使用划痕试验的例子。

4.10.3.2 冷喷涂涂层的粘附力

冷喷涂涂层的粘附力主要取决于颗粒与基材表面的结合力。在冷喷涂中颗粒的结合被认为是大程度的塑性变形和界面处的相关现象的结果(Assadi 等,2003)。因此,影响结合强度的大多数因素都会影响涂层的内聚强度,这在前面的章节已经介绍过了。更高的结合强度和颗粒粘附力可以通过增强撞击时的粒子变形,如 Fukanuma 和 Ohno(2004)以及 Huang 和 Fukanuma(2012)在研究中增大粒子撞击速度,以及使用氦气气氛来获得,如 Vezzu 等(镍基高温合金涂层,2014)的研究。出于同样的原因,由于会产生更为显著的塑性形变,具有较低熔点的韧性金属涂层通常会表现出比高强度合金涂层更高的结合强度,如 Li(2007a,b)和 Koivuluoto 等(2008a,b)的研究。

其次,结合强度也取决于基材特性,如力学性能和表面特性(粗糙度,化学性质)。例如,韧性基材在冲击时往往能够产生更为显著的塑性形变,也因此常常具有更高的粘附力(Fukanuma 和 Ohno,2004;Gärtner 等,2006;Stoltenhoff 等,2006;Fukanuma 和 Huang,2009);出于相同的原因,可以通过对基底部分的预热来降低材料的 YS 以增强其塑性变形并以此来增加涂层的附着力(Suo 等,2012;Rech 等,2011),但是过度预热可能会产生有害的淬火应力,特别是当基底和涂层材料具有不同的热膨胀性能时。从表面状态来看,基材的制备工艺对结合强度的影响是一个复杂的问题,并且在该领域中,千变万化的材料和喷涂参数的组合使得结果也纷繁复杂。例如,喷砂处理往往会因为表面氧化层的破裂和清洁作用以及因此产生的机械咬合增强效果,而改善涂层附着力(Irissou 等,2007;Danlos 等,2010;Vezzu 等,2014)。然而,研究也认为表面粗糙度对粘结强度没有显著影响(Wu 等,2006),甚至可能导致粘结强度的轻微降低,例如,对于涂覆有纯钛的 Ti6Al4V 基体的相关研究(Price 等,2006)。这种负面影响被认为与基材表面的喷砂处理所产生的加工硬化有关,因为它能够导致喷涂层与基材结合的塑性变形能力降低。当然,其他制备方法也可以使用,例如抛光、喷丸强化、化学蚀刻(Irissou 等,2007)或激光烧蚀以及加热(Danlos 等,2010)等,并且它们的效果已经被研究报道。据研究,激光烧蚀能够有效进行表面清洁并促进涂层和基材之间的紧密结合,即使其产生的局部热量可能会导致热影响区的形成并且在材料(如铝合金)对温度敏感的情况下产生一定的淬火应力,如 Danlos 等(2010)的研究。此外,也必须考虑到:该过程也会改变表面结构和形态,并导致冷喷涂沉积的一个基本特征的丧失。

影响和改善结合强度的另一种方式是将初始粉末原料与一定质量分数的硬质填料(通常是陶瓷例如氧化铝或碳化硅)混合。事实上,如许多作者所报道的那样,在粉末原料中加入硬质颗粒通常对涂层粘附具有有益的效果(Lee 等,2005;Irissou 等,2007;Tao 等,2009;Wang 等,2010a,b;Spencer 等,2012a,b)。这主要是因为硬质或基本上不变形的冲击粒子会产生额外的喷丸作用,从而增加韧性粒子的塑性变形程度。然而,随着粉末原料中硬质颗粒的体积分数的进一步增加,并由此改变了涂层的微观结构,其对结合强度的增益效果必定会与硬颗粒-硬颗粒以及硬颗粒-韧颗粒的低界面结合强度的不利效果相平衡,从而会逐渐降低涂层的粘附性(Wang 等,2010a,b;Sevillano 等,2013)。根据相关研究,在涂层生长期间用硬质颗粒冲击基材表面能够有效除去低粘附的颗粒、天然氧化物以及表面缺陷并因此促进表面粘附(Tao 等,2009)。此外,在沉积第一层时,基底/涂层界面的热演化以及基底局部温度被认为是确定由最终氧化物、残余应力状态以及颗粒塑性变形所形成的界面反应性的基础。因此一些其他参数,例如基体形状和夹紧方式、喷枪速度以及间隔距离,都会影响生长涂层上的热输入,并因此对最终结合强度产生影响。

在表 4.4 和表 4.5 中报道了文献中记载的关于在使用氮气或氦气作为工艺气氛时,获得的涂层和基底材料的黏结强度。

表 4.4　部分基体与涂层(涂层均是在 N_2 气氛下沉积而成)结合强度的总结

涂层材料	基体材料	基体处理方式	键合强度		参考文献
Al	AZ91Mg	喷砂	18	Stud-pull	Tao 等(2009)
Al	AA6061		24	?	Lee 等(2005)
Al	Al7075	喷砂	40	ASTMC-633	Irissou 等(2007)
Al				Stud-pull	VanSteenkiste 等(2002)
Al	AA2024-T351	喷砂	40	ASTMC-633	Ziemann 等(2014)
Al	Al7075-T651	抛光,喷砂,喷丸,化学蚀刻	30~40	ASTMC-633	Irissou 等(2007)
Al	ZE41A-T5Mg		>43	ASTMC-633	DeForce 等(2011)
AA2319	钢	喷砂	34	ASTMC-633	Li 等(2007a,b)
AA6061	AA2017	表面除油	28	ASTMC-633	Danlos 等(2010)
AA6061	AA2017	喷砂	36	ASTMC-633	Danlos 等(2010)

172

涂层材料	基体材料	基体处理方式	键合强度		参考文献
AA6061	AA2017	激光蚀刻	51	ASTMC-633	Danlos 等（2010）
AA6061	AA2017	激光加热；激光蚀刻	65	ASTMC-633	Danlos 等（2010）
AA6082	AA6082	喷砂	24	ASTMC-633	Moridi 等（2014a,b）
Al-5Mg	ZE41A-T5Mg	喷砂	51.7	ASTMC-633	DeForce 等（2011）
Al-12Si	钢	喷砂	>50	ASTMC-633	Li 等（2007a,b）
Al-12Si	钢	喷砂	20~70	Stud-pull	Wu 等（2006）
Al-12Si	钢	喷砂	>50	ASTMC-633	Li 等（2007a,b）
Al+Al$_2$O$_3$	AZ91Mg	喷砂	32	Stud-pull	Tao 等（2009）
Al+Al$_2$O$_3$	AA6061		45	—	Lee 等（2005）
Al+Al$_2$O$_3$	Al7075	喷砂	>60	ASTMC-633	Irissou 等（2007）
Cu	Cu	喷砂	17	JIS H8664	Fukanuma 和 Ohno（2004）
Cu	Al	喷砂	24	JIS H8664	Fukanuma 和 Ohno（2004）
Cu	Al	喷砂	>40	ASTMC-633	Gärtner 等（2006）
Cu	钢	喷砂	10~20	ASTMC-633	Gärtner 等（2006）
Cu	Al,Cu	喷砂	40	EN582	Stoltenhoff 等（2006）
Cu	钢	喷砂	10	EN582	Stoltenhoff 等（2006）
Cu	Cu,AA5052,AA6063		>100	改良拉伸试验	Huang 和 Fukanuma（2012）
Cu+Al$_2$O$_3$	Cu,钢	喷砂	20~23	EN582	Koivuluoto 等（2008a,b）
Fe+Al	钢	喷砂	38	ASTMC-633	Yang 等（2011）
Mg	Al	喷砂	10	ASTMC-633	Suo 等（2012）
Ni	钢	喷砂	25	ASTMC-633	Li 等（2007a,b）
Ni	Al		>50		Fukanuma 和 Huang（2009）
Ni	Cu		40		Fukanuma 和 Huang（2009）
Ni	不锈钢		35		Fukanuma 和 Huang（2009）

173

涂层材料	基体材料	基体处理方式	键合强度		参考文献
Ni+Al$_2$O$_3$	Cu,钢	喷砂	8~9	EN582	Koivuluoto 等 (2008a,b)
Ni-Cr$_3$C$_2$	钢	喷砂	27.5~39.5	ASTMC-633	Wolfe 等(2006)
NiCoCrAl-TaY	钢	喷砂		ASTMC-633	Li 等(2007a,b)
Stellite6	钢	细磨	53(cohe-sive)	ASTMC-633	Cinca 等(2013a)
Ti	钢	喷砂	15	ASTMC-633	Li 等(2007a,b)
Ti	不锈钢	喷砂	19	JIS H8664	Fukanuma 和 Ohno (2004)
Ti	AA7075-T6	除油及打磨	34	ASTMC-633	Cinca 等(2010)
Ti6Al4V	钢	喷砂	10	ASTMC-633	Li 等(2007a,b)
WC-Co	AA7075T6	SiC 砂纸打磨	76	ASTMF1147	Dosta 等(2013)
WC-Co	AA7075T6	SiC 砂纸打磨	19~26	ASTMC-633	Couto 等(2013)
Zn+Al$_2$O$_3$	Cu,钢	喷砂	33~38	EN582	Koivuluoto 等(2008a,b)

表 4.5　部分基体与涂层(涂层均是在 He 气氛下沉积而成)键合强度的总结

涂层材料	基体材料	基体处理方式	键合强度		参考文献
Al	AZ91Mg	研磨	20	剪切测试	Wang 等(2010a,b)
Al,AA6061	AZ91Mg	SiC 砂纸打磨	30~36	ASTM C-633	Spencer 等(2009)
AA4047	ZE41A-T5Mg		>37	ASTM C-633	DeForce 等(2011)
AA5356	ZE41A-T5Mg		>35	ASTM C-633	DeForce 等(2011)
AA2224	AA2224		65	EN582	Stoltenhoff,Zimmermann (2009)
AA6061	AlSi1		28	EN582	Stoltenhoff,Zimmermann (2009)
AA7075	AA7075		30	EN582	Stoltenhoff,Zimmermann (2009)
Al-5Mg	ZE41A-T5Mg	喷砂	60	ASTM C-633	DeForce 等(2011)
Al-12Si	AA6061-T6	喷砂	49	ASTM C-633	Sansoucy 等(2008)
Al-12Si	AA6061-T6	喷砂	21	剪切测试 (EN15340)	Yandouzi 等(2009)
Al-12Si +SiC	AA6061-T6	喷砂	43	ASTM C-633	Sansoucy 等(2008)
Al-12Si +SiC	AA6061-T6	喷砂	16~20	剪切测试 (EN15340)	Yandouzi 等(2009)
Al+Al$_2$O$_3$	AZ91Mg	研磨	40	剪切测试	Wang 等(2010a,b)

涂层材料	基体材料	基体处理方式	键合强度		参考文献
CP Al+Al$_2$O$_3$ AA6061+Al$_2$O$_3$	AZ91Mg	SiC 砂纸打磨	40	ASTM C-633	Spencer 等（2009）
Cu	Al	喷砂	30~35	ASTM C-633	Taylor 等（2006）
Cu	CuAA5052， AA6063		>150	改良拉伸试验	Huang 和 Fukanuma（2012）
SS+Al$_2$O$_3$	AZ91Mg	SiC 贴层	25~60	剪切测试	Spencer 等（2012a，b）
Ti	不锈钢	喷砂	50	JIS H8664	Fukanuma，Ohno（2004）
Ti	Ti6Al4V	抛光；磨细	22	PAT	Marrocco 等（2006）
Ti	Ti6Al4V	喷砂	32~37	PAT	Price 等（2006）
CP—工业纯；SS—不锈钢；PAT—过程分析技术；SiC—碳化硅。					

4.10.3.3 激光冲击附着力测试：LASAT®

在过去的 20 年中，法国开发出了 LAser 冲击附着力测试，即 LASAT®，并用于热喷涂涂层的测试（Berthe 等，2011）。这一发展遵循美国 Gupta（1995）以前的工作，仅用于平面界面和薄涂层。LASAT® 的最佳改进便是其能适应常规粘附试验的弱点，即"拉断"试验的缺点（第 4.3.5.1 节）。众所周知，后者的局限性主要在于无法测量高粘结强度的涂层以及会因胶水的使用而使涂层具有多孔结构。此外，在有限的实验条件范围内，拉断测试往往比较繁琐、耗时且结果不一致。

（1）通过 LASAT® 中的激光冲击效应，可以确定涂层基材的结合强度（Arrigoni 等，2012）（图 4.69）。首先，通常由几吉瓦每平方厘米的激光脉冲会形成（主）压缩波。此波之后便是释放波。两种波都通过材料系统传播，直到主波在另一种稀疏波中从涂层的自由表面处反射出来。当两种稀疏波相交时，便会形成拉伸应力，并作用在涂层与基体界面处。界面失效的应力水平对应于粘结强度。通过使用 SHYLAC 或 RADIOSS 等数字代码模拟冲击波传播，可以计算应力。通过干涉测量或材料后干涉观察，可以实时监测脱粘的进展。通常使用的激光冲击加载方式有两种，即照射裸露材料时的直接照射（图 4.69a），以及在诸如水或玻璃之类的透明介质的作用（激光束—表面相互作用）下的限制照射（图 4.69b）。对等离子体的限制会增加激光冲击压力，从而增加应力负荷。

（2）除了在传统条件下确定涂层-基材粘合强度外，LASAT® 也可以在与室温不同的温度下，以及特定的大气和/或液体环境中进行（Guipont 等，2010）。多层材料也可以被表征。LASAT® 非常适用于冷喷涂涂层（Blochet 等，2014；

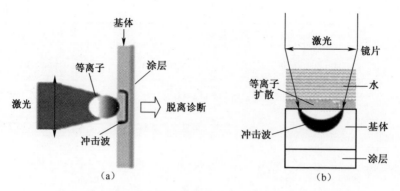

图 4.69　LASAT(a)在直接照射状态下的示意图和(b)在密闭
状态下的示意图(Berthe 等,2011)

Koivuluoto 等,2013;Giraud 等,2012),而这可以用来实验说明氧化作用对涂层结合强度的影响(Christoulis 等,2010;Barradas 等,2005)。相关的进展涉及将 LAS-AT®应用于涂层表面而不是基底背面(Begue 等,2013)以及层片结构等小尺寸材料系统(Jeandin 2011)(图 4.70)。后者对冷喷涂的调查非常有吸引力,因为对局部现象和属性的处理方法很有效(参见 4.1 节和 4.2 节)。并且通过该方法可以得出粒子氧化态对粘附的作用。对于给定的喷涂条件和材料,随着氧化层厚度的增加,层片结构的结合强度可能会急剧下降,例如,在冷喷涂铜到铝的情况下,其结合强度会从 415MPa 下降到 280 MPa(图 4.70)。

　　(3) 涂层间的粘结性,也就是层层黏合强度可以使用类似 LASAT®测定涂层的内聚力的测试工艺(Barradas 等,2005)。

　　基于激光冲击测试的两种 LASAT®变形也被开发用于了解与冷喷涂有关的现象以及对相关过程的理解。

　　(4) LASERFLEX 由发射受激辐射(LASER)的光放大组成,其中飞行的物体可以是颗粒或薄片。由于其中粒子飞行的状况可能与冷喷涂中的相类似,因此 LASERFLEX 被称为冷喷涂的实验模拟工具(Barradas 等,2007;Jeandin,2011)。相比于冷喷涂而言,其优点是模拟更容易控制和实施。

　　(5) CLASS(Cold LAser Shock Spray)是一种基于使用激光冲击来剥落涂层以重新喷涂涂层的技术,而该涂层可由冷喷涂先制备而成(图 4.71;Jeandin 等,2014)。CLASS 依旧存在发展的空间。首先,可以认为这是一种表征冷喷涂涂层内性能梯度的先进测试技术。其次,CLASS 也可以认为是一种新型喷涂工艺,只不过其所使用的材料是由喷涂粉末制成,并因此具有独特的初始性能。

　　从 LASAT®的发展和变化中,人们可能会期望合成一种新型集成激光冲击控制链来测试粉末,例如,可以在批次接收时实现经济高效,快速和强有力的控

176

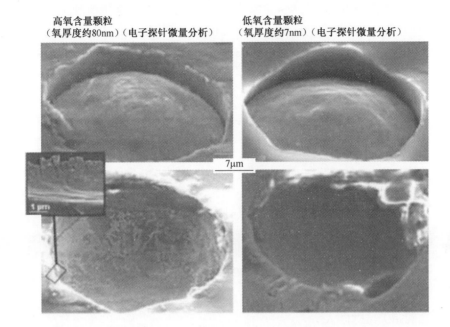

高氧含量颗粒
（氧厚度约80nm）（电子探针微量分析）　　　低氧含量颗粒
（氧厚度约7nm）（电子探针微量分析）

图 4.70　Cu 层片-Al 基体系统(上图)的 SEM 图像,在 LASAT® 之前和之后(底部)用于双
　　　　粒子氧化水平分析(Jeandin,2011)。上面的图片显示了嵌入式层片,下面的图片显
　　　　示了由于 LASAT® 引起的层片去除之后的相应陨石坑。

制。这也将包括由 LASERFLEX'ed 颗粒所制得涂层的 LASA 测试。

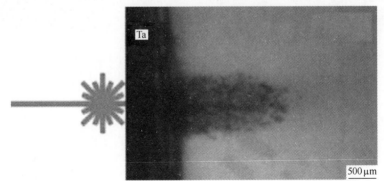

图 4.71　CLASS'T 涂层的阴影图像(激光像形图模拟激光冲击照射)
(Jeandin 等,2014)

4.10.3.4　微拉伸测试

　　近年来,聚焦离子束(FIB)设备被开发应用于微拉伸试验,并成功地表征了

冷喷涂涂层的界面强度（Ichikawa 等，2014）。FIB 具有多种用途，如对微拉伸试样和（Si 单晶）微悬臂梁进行原位显微机械加工、微观样品提取、将样品固定到悬臂梁和微探针上的钨沉积以及当作扫描离子显微镜（SIM）用于实时监测室内的测试（图 4.72）。

施加的载荷 F 由悬臂梁的位移 d 计算，即

$$F = \frac{Ewt^3}{4l^3}d$$

式中：E 为弹性模量；l 为长度，宽度；t 为悬臂的厚度。

断裂应力等于负载除以断裂面积。该面积可以通过测试样品断裂表面的 SEM 观察来确定。

微拉伸测试非常适用于比较涂层内部和涂层层间界面以及涂层本身的强度，其中后者可以使用传统的拉拔测试来确定。例如，冷喷涂铜涂层的上述三者之间便具有很大的差异。当考虑微孔的界面存在时，三者的值大约分别为 670 MPa，180 MPa 和 350 MPa（Ichikawa 等，2014）。因此后者被认为是影响涂层宏观强度的主要因素。微拉伸试验显示出将小尺寸微观结构特征（第 4.1 节）与力学性能相关联的巨大潜力。

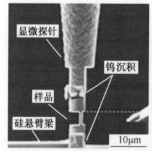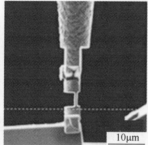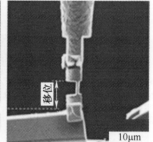

图 4.72　在测试之前、测试期间和样品破裂之前，微拉伸测试装置的
SIM 图像（从左到右）（依 Ichikawa 等，2014）

4.10.3.5　改进的球粘结剪切试验

球粘结剪切测试在使用微划痕测试仪的条件下，可以用于薄膜粘合强度的测量。按照 Goldbaum 等（2012）的描述，该技术包括将法向力 F_N 施加到放置于基底之上的触针上，且该触针位于薄膜一定距离处，用以测量薄膜附着力。然后将基板水平移动到触控笔下方（图 4.73）。根据以下公式计算作用于触针上的切向力 F_T，基线力 F_B 和损伤面积 A，则薄膜涂层与基体的粘结强度为

$$\frac{F_N - F_B}{A}$$

178

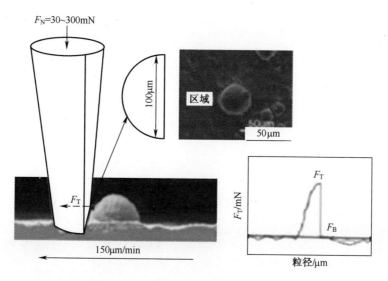

图 4.73　层片附着力测试的示意图，包括测试区域中层片的横截面和俯视图以及剪切层片时的相应力-位移图(Goldbaum 等,2011)

在损伤剪切之前,损伤区域面积 A 通过光学观察来计算。该测试可用于各种喷涂加工参数(包括粒径)的影响的连续快速表征。由于加载模式不同,它可以用于补充 LASAT® 的数据(第 4.3.6.3 节)。由于评估层片结构的扁平率实际上是不够的,因此这两种测试都需要作为薄膜结合力的方法。

4.11　耐磨损性能

部分文献简要报道了冷喷涂涂层的磨损性能。这些研究主要集中在摩擦系数和滑动磨损研究上。表 4.6 列出了一些冷喷涂层的耐磨性能。

在一项研究中,纳米晶铜涂层成功由冷喷涂工艺喷涂而成,且与传统的冷喷涂相比,它们的磨损率往往更低(图 4.74)。因此纳米晶铜具有被用作轴承零件中的涂层材料的潜力(Liua 等,2012)。

表 4.6　冷喷涂层磨损性能的选择

作者	涂层材料/基体材料	磨损性能
Guo 等(2015)	HPCS(Cu–8%(质量分数)Sn)到含 9.5/36.8/57.6%(体积分数)AlCuFeB 组分的低碳钢上	CuSn 颗粒中准晶体的加入能够提高 CoF 值。相比于单纯的 CuSn 颗粒,CuSn+9.5%QC 颗粒喷涂后的材料的耐磨性更强

179

作者	涂层材料/基体材料	磨损性能
Li 等(2011)	HPCS 经热处理(950℃,5h)的 Fe60Al40 到不锈钢上	相比于不锈钢基体,经热处理的 FeAl 涂层在室温下和高温下具有更高的耐磨性
Pitchuka 等(2014)	非晶化的、纳米晶化的(Al-4.4Y-4.3Ni-0.9Co-0.35Sc(原子分数%))Al 合金喷涂到 Al6061	相比于热喷涂涂层的 CoF 值(0.38),冷喷涂的 CoF 值(0.55)更高
Melendez 等(2013)	WC-12Co+NiLPCS 低碳钢上	LPCS WC 基涂层具有与 HVOF 基以及 HPCS WC 基涂层相类似的耐磨性
Shockley 等(2013)	C<sAl+10%(质量分数)Al₂O₃	相比于 Al 涂层,Al+Al₂O₃ 涂层具有更稳定的摩擦系数以及更低的干滑磨损性能
Guo 等(2009)	铜锡合金/锡以及铜锡合金/准晶体(AlCuFeB)的复合涂层	相比于纯锡涂层,复合涂层具有更低的摩擦系数。这可能是因为复合涂层具有更高的硬度
Shockley 等(2014)	冷喷涂 Al,Al+Al₂O₃ 到低碳钢基体上	相比于纯 Al 冷喷涂的蓝宝石,经由 Al-22%(质量分数)Al₂O₃ 冷喷涂的具有更低和更稳定的干滑磨损性能

CoF—摩擦系数;LPCS—低压冷喷涂;HPCS—高压冷喷涂;HVOF—超声速火焰喷涂;WC—碳化钨。

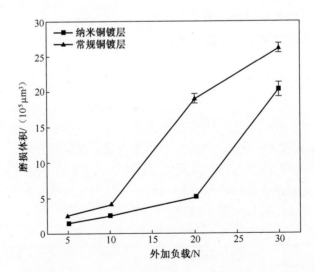

图 4.74 对于冷喷涂的纳米晶铜和冷喷涂的常规铜涂层,磨损体积与施加的相对载荷

在另一项研究中,Li 等(2011)发现,与室温和高温(800℃)下的 2520 耐热 SS 涂层相比,热处理冷喷涂 FeAl 涂层的磨料磨损率更低。在这种情况下,主导

磨料磨损的机制被认为是一种微切削效应(Li等,2011)。另一方面,研究人员对热处理及非热处理的冷喷涂铝非晶和纳米晶合金涂层的干滑动磨损行为也进行了研究。与单纯的喷涂涂层(未热处理)相比,热处理涂层表现出更高的耐磨性和更低的摩擦系数(CoF)(Pitchuka等,2014),而冷喷涂铝基涂层显示出比铝块体材料更好的动摩擦性能(Attia等,2011)。此外,Shockley等(2013)研究发现了冷喷涂 Al-Al$_2$O$_3$ 复合涂层的磨损性会更进一步改善。并且,CoF值会随着涂层中 Al$_2$O$_3$ 量的增加而降低。此外,磨损率则会随着 Al$_2$O$_3$ 含量的增加而降低,如图 4.75 所示(Shockley等,2013)。

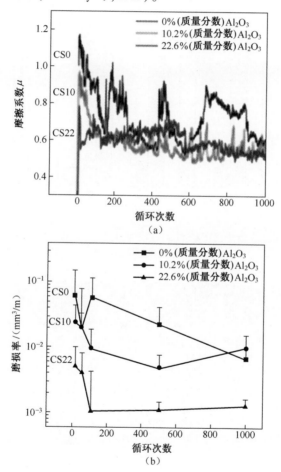

图 4.75　在原位摩擦测试中冷喷涂 Al,Al-10.2%(质量分数)Al$_2$O$_3$ 和 Al-22.6%(质量分数)Al$_2$O$_3$ 涂层的结果。(a)摩擦系数与周期的平均摩擦系数;(b)干滑动磨损率与周期。(Shockley等,2013)

Spencer 等(2009)研究了冷喷涂(动力学金属化)铝涂层和铝及 Al_2O_3 复合涂层的磨损性能。随着喷涂和热处理铝和 6061 铝合金涂层中 Al_2O_3 颗粒数量的增加,滑动磨损率会发生显著降低,如图 4.76 所示。且当涂层组分为 Al+75% Al_2O_3 而非铝时,磨损类型会从粘附磨损变为磨粒磨损。图 4.77 显示了滑动磨损试验后冷铝和 Al+75% Al_2O_3 涂层磨损表面的 SEM 图像(Spencer 等, 2009)等。

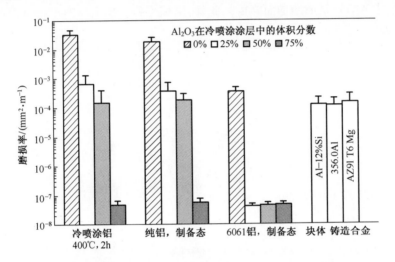

图 4.76 在球磨盘磨损研究之后,冷喷涂 Al 和 Al + Al_2O_3 涂层的磨损率与
体相合金相比较(Spencer 等,2009)

图 4.77 在冷喷涂 Al 和(b)冷喷涂 Al + 75% Al_2O_3 涂层的球磨盘磨损测试后,
磨损痕迹的 SEM 图像(Spencer 等,2009)

Melendez 等(2013)研究报道了冷喷涂 WC 金属基复合材料(MMC)涂层的

耐磨性能。喷涂于低碳钢上的 LPCS WC-12%(质量分数)Co 及 Ni 混合粉末涂层的耐磨性会随 WC 颗粒含量的增加而不断下降(Melendez 等,2013)。相反,罗等(2014a,b)发现体积分数为 20%cBN-NiCrAl 纳米复合冷喷涂涂层具有与 HVOF 喷涂 WC-12Co 涂层相当的两体磨损率。此外,经过热处理(750℃,5h)的 cBN-NiCrAl 纳米复合涂层与未处理涂层相比,耐磨性提高了 33%。

一些研究人员一直专注于自润滑冷喷涂层的研究。例如,Stark 等(2012)发现,与纯 Ni 喷涂涂层相比,在往复式磨损试验中,在 Ni 和 Ni-P 涂层中嵌入的 hBN 颗粒会减少约 40% 的 CoF 和 25% 的磨损体积。此外,Guo 等(2015)研究了用冷喷涂工艺喷涂 AlCuFeB 准晶和青铜粉末的机械混合物,以制备准晶增强的 MMC 涂层。据研究,准晶材料具有独特的性能,如低表面能、高硬度、低 CoF 和良好的耐磨和耐腐蚀性,因此是一种令人感兴趣的喷涂材料。而且,随着 MMC 涂层中准晶粒数量的增加,孔隙率会不断降低。此外,随着 CuSn 粉末中准晶量的增加,CoF 会略有下降,然而由于它们所具有的增强效应,少量的准晶粒子便能够明显提升耐磨性(Guo 等,2015)。

4.12　耐腐蚀性能

在过去几年中,有关腐蚀和冷喷涂涂层的研究和出版物迅速增加。在这个领域,腐蚀被简单地描述为一种现象。冷喷涂涂层由于其致密和不可渗透的涂层结构而彰显出一定的耐腐蚀潜力。因此,本节将选择介绍冷喷涂涂层的抗腐蚀性能。

4.12.1　腐蚀

腐蚀是一种与材料(例如金属,涂层)和环境之间化学或电化学反应有关的现象(Jones,1996)。对于部分工业设备而言,耐腐蚀性是必需的,例如化学和工艺设备以及能源生产系统。通常,金属的腐蚀保护是基于通过表面形成钝化膜的阳极保护或牺牲阳极的阴极保护。基本上保护一旦失效或损坏,腐蚀便开始进行(Talbot 和 Talbot,1998)。

腐蚀能够以不同的形式发生,例如,均匀腐蚀、点蚀、缝隙和电偶腐蚀,其中电偶腐蚀是涂层的典型腐蚀形式。局部腐蚀最常见的形式是点蚀和缝隙腐蚀,并且在腐蚀性条件下能够相对较快地穿透材料(Jones,1996)。如果钝化层的保护材料受到局部损坏,表面上会形成凹坑从而使得该区域底层金属暴露,便因此在该地发生点蚀(Frankel,2003)。所以,点腐蚀会导致严重的局部破坏(Schweitzer,1996)。对于粘附不完全和不均匀的涂层而言,点腐蚀很容易发生。

阳极保护涂层中的孔隙的存在会促进水溶液渗入涂层结构的内部而加速了点腐蚀(Chatterjee 等,2001)。在所有的腐蚀情况中,缝隙腐蚀被认为是破坏能力最大的腐蚀,会引起严重的局部腐蚀(Kelly,2003)。电化学腐蚀经常会发生在同一电解液中的不同金属之间。在电偶中,腐蚀起始于成为阳极的抗腐蚀性较差的材料(更具活性),而更耐腐蚀的材料(更贵重的)也就成了阴极(Baboian,2003)。金相结构和微观结构特性都会影响到材料的腐蚀行为(Jones,1996)。阴极材料可以保护较不贵重的材料,而阳极材料则可以为贵重材料提供阴极保护。阴极保护主要是基于阳极材料的牺牲,例如钢基材上的锌基涂层。在这种情况下,孔隙率不再是关键因素,涂层的不渗透性和其表面上的钝化层对于耐腐蚀性的影响才是关键的。

4.12.1.1 腐蚀测试

开路电位测量和盐雾试验(ASTM B117 标准)均是评估可腐蚀基材(例如盐水条件下的碳钢)上涂层的致密度(密度,不可渗透性)的重要方法。此外,盐雾试验是评估各种涂层质量的常用测试方法。这种特殊的测试能够在受控的测试条件下使用不同的腐蚀性溶液和不同的测试温度(B117-90 1992)来进行测试。涂层的腐蚀保护性和腐蚀速率可以通过涂层的极化行为来表征评估(Schweitzer,1996)。极化测量广泛用于冷喷涂层的腐蚀研究。此外,可以通过更多与应用相关的测试来研究腐蚀性能,例如,在某些特定暴露条件下进行热腐蚀测试和电化学腐蚀测试。

开路电位行为:

材料的互连孔隙度(孔隙度及开孔率)可以通过使用开路电位测量来进行评估。微观表征能够揭示涂层的结构细节,而腐蚀研究则可以用来分析其致密度。图 4.78 展示了涂层、基材和多孔涂层的电位行为。如果涂层是由相互连接的孔隙所组成,则其电势行为由涂层和基材的复合电位组成,被称作混合电势。

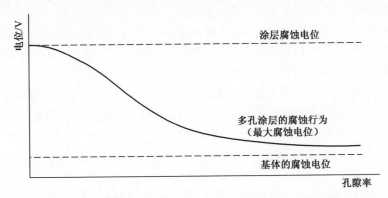

图 4.78　涂层的电位行为与孔隙率的函数(Vreijling,1998)

如果涂层的开路电位值接近相应块材的电位值,则表示涂层具有一定致密的结构。但是,如果涂层的值接近基材材料的值,它会反映涂层存在一定的贯通孔隙。在这种情况下,测试液体能够从涂层表面渗透到涂层与基底之间的界面处,并腐蚀基底,其腐蚀产物最终也会在表面形成。图 4.79 展示了致密冷喷涂涂层(Ta、Cu、Ni)和具有开孔结构冷喷涂涂层(NiCr)的开路电位行为。

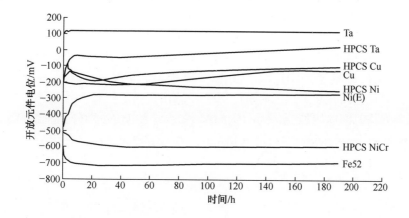

图 4.79　在 3.5%NaCl 溶液(Ag/AgCl 参考电极)中,Ta 和 Cu 块体材料,电解制备的 Ni(Ni(E)),冷喷涂的 Ta、Cu、Ni 和 NiCr 涂层以及 Fe52 基体材料的开放电位行为。(Koivuluoto 等,2008b)

4.12.2　冷喷涂涂层的腐蚀性能

在过去的几年里,研究报道冷喷涂涂层腐蚀性能和行为的文献越来越多。最近,Bala 等(2014)还有 Koivuluoto 和 Vuoristo(2014)发表了有关冷喷涂涂层腐蚀性能的综述文章。大多数冷喷涂涂层的腐蚀研究都集中在基于牺牲材料性能的腐蚀防护上,例如 Zn、Al 和 Al 基复合材料涂层(Maev 和 Leshchynsky,2006;Champagne,2007;Djordjevic 和 Maev,2006;Karthikeyan 等,2004;Blose 等,2005;Xiong 等,2009;Villafuerte 等,2009;Kroemmer 和 Heinrich,2006;Chavan 等,2013;Bu 等,2012b;DeForce 等,2011;Spencer 等,2009;Dzhurinskiy 等,2012)。例如,Blose 等(2005)报道了用冷喷涂的 Zn,Al 和 Zn-Al 涂层阻碍湿态环境对钢基材的腐蚀。Karthikeyan 等(2004)发现,利用极化测量分析法,冷喷涂铝涂层的耐腐蚀性会高于铝体材料的耐腐蚀性。图 4.80 所示为冷喷涂铝涂层和铝块材的极化行为。涂层的钝化效应首先表现为线性,然后曲线会稍微弯曲,最后再回归线性。这表明涂层经历了再次钝化(Karthikeyan 等,2004)。

在另一项研究中,在镁合金基体上喷涂具有致密结构的铝涂层,从而使得材料在 NaCl 溶液环境中也具有足够的抗腐蚀能力(Tao 等,2010)。此外,通过极化测量分析不难发现,与铝块材相比,冷喷涂 Al + Al₂O₃ 复合涂层会表现出更好的抗腐蚀能力(Xiong 等,2009)。LPCS Al 涂层就是作为牺牲阳极从而保护了 AA2024 基材,这也体现了大气和海水环境下防腐的可能性(Villafuerte 等,2009)。此外,致密的冷喷涂铝涂层也可以用于保护烧结钕铁硼磁体不受腐蚀的影响(Ma 等,2014)。Dzhurinskiy 等(2012)也实现了通过低压法制备致密和具有良好的抗腐蚀性能的冷喷涂 Al,Al + Al₂O₃,Al + Zn + Al₂O₃ 涂层。图 4.81 所示为这些涂层的腐蚀电位行为。冷喷涂铝涂层(CP1)具有与铝块材相似的腐蚀电位行为。另外,在 Al₂O₃ 涂层(CP 2 和 CP 3)的情况下,随着暴露时间的增加,腐蚀电位不断升高。这可能是由保护性氧化物层的生长所导致的。另一方面,随着暴露时间的增加,Al + Al₂O₃ + Zn 涂层腐蚀电位不断降低,这可能是由 Zn 的消耗和涂层的溶解所导致的(Dzhurinskiy 等,2012)。

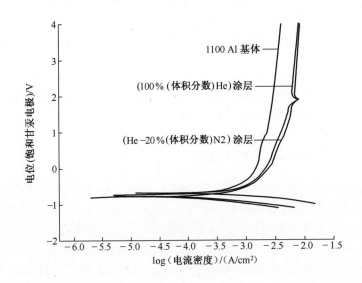

图 4.80　冷喷涂 1100 Al 涂层和 1100 Al 块材在 0.5mol/L H₂SO₄ 中的
极化行为(Balani 等,2005b)

使用冷喷涂法制备防腐涂层(低孔隙率)(Papyrin 等, 2007)具有很大的潜力。冷喷涂铝和锌涂层(Kroemmer 和 Heinrich 2006;Bu 等,2012b)和 LPCS Zn∕Al∕Al₂O₃ 涂层(Djordjevic 和 Maev,2006)可以用于腐蚀的防护。锌涂层被广泛用于水环境和海洋环境中钢构件的防腐蚀保护。由于锌更易被腐蚀,因此锌可以作为钢材的牺牲阳极,从而保护钢材免受腐蚀的影响。Chavan 等(2013)研究了在 3.5%NaCl 溶液中热处理和非热处理的冷喷涂锌涂层的极化行为。由于非热处理和热处理冷喷涂锌涂层形成了保护性钝化层,从而提高了锌涂层的耐腐蚀性,所以涂层的寿命也会随着增加。此外,经过热处理的锌涂层的腐蚀电流密度会有所降低,表明其具有较强的防腐蚀能力(Chavan 等,2013)。

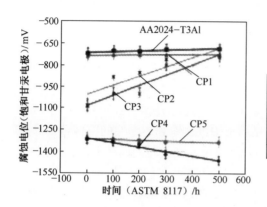

样品名称	成分/%(体积分数)		
	Al	$\alpha-Al_2O_3$	Zn
CP1	100	0	0
CP2	75	25	0
CP3	50	50	0
CP4	30	50	20
CP5	35	40	25

图 4.81　盐雾腐蚀试验中腐蚀电位(E_{corr})的函数。样本代号显示在表格中。
ASTM—美国测试和材料协会。(Dzhurinskiy 等,2012)

冷喷涂涂层腐蚀防护的一个典范便是镁基底材料上的铝基涂层,且二者的结合具有一定的应用前景。镁基合金因其重量轻、强度高而在结构构件中得到广泛应用。然而,其抗腐蚀和磨损性能不是很好。为了提高耐腐蚀性,镁合金部件会被涂覆耐腐蚀材料,例如铝和铝基复合涂层。通过向金属粉末中添加陶瓷颗粒也能够改善镁基底上铝涂层的腐蚀性能。冷喷涂的 Al + Al_2O_3 涂层会具有与块状铝合金类似的耐腐蚀性(Spencer 等,2009)。在粉末混合物中添加硬质颗粒有三个主要功能:①保持喷嘴清洁(消除喷嘴堵塞);②激活喷涂表面;③锤击涂层结构(致密化)(Koivuluoto 等,2008a)。在另一项研究中,Al+$Mg_{17}Al_{12}$混合粉末的使用能够提高冷喷涂铝涂层的密实度。硬金属间化合物颗粒的添加也会减少孔隙率并因此提高耐腐蚀性。涂层的行为越接近铝块体,则越反应出基底材料本身的耐腐蚀性(Bu 等,2012b)。

　　此外,冷喷涂 Al-5Mg 涂层的腐蚀性能(DeFrand 等,2011)也有所研究,并在腐蚀研究中具有良好的表现:在盐雾试验中暴露 1000h 后,涂层表面处没有观察到镁腐蚀迹象。此外,涂层与镁结合的电流反应最小,表明电流的兼容性(DeFrand 等,2011)。

　　致密性、密度和不渗透结构是贵金属涂层材料(相比于基体材料)耐腐蚀性的首选标准。例如,Cu、Ta、Ni 和 Ni 基合金比钢基体更贵。密度意味着涂层的不渗透性,即涂层结构不存在连通的孔隙。另一方面,通过使用腐蚀测试也可以确定连通孔隙率。据研究报道,具有低孔隙率的冷喷涂 Ni、Ta、Ti、SS 和黄铜涂层在抗腐蚀应用方面具有一定的潜力(Koivuluoto 等,2010b;Koivuluoto 和 Vuoristo,2010a;Marx 等,2005;Hoell 和 Richter,2008;Bala 等,2010b;Wang 等,2006;Wang 等,2008;AL-Mangour 等,2013)。

开孔电位测量和盐雾试验表明,LPCS Cu 和 Cu+Al_2O_3 涂层结构中含有孔隙。涂层的开孔电位则接近 Fe_{52} 基底材料的值(Koivuluoto 等,2008a;Koivuluoto 和 Vuoristo,2010b)。无论如何,在冷喷涂工艺中,粉末类型和组成对涂层的致密性都有很大的影响。添加 Al_2O_3 颗粒能够增加涂层的致密性。粉末混合物中金属和陶瓷颗粒的最佳组成取决于喷涂材料组合和金属颗粒的粉末类型(Koivuluoto 和 Vuoristo,2010b)。图 4.82 显示了 HPCS 铜和钽涂层的整体致密涂层结构,并且其具有与相应块材相类似的开路电位。在长时间暴露下,涂层能够继续保持稳定的性能,表明它们具有一定的结构耐久性(Koivuluoto 等,2010b)。由于高稳定性钝化层(SWWeiZER,1996)的存在,钽涂层具有特殊的耐腐蚀性(ASM 手册 13B,ASM 金属手册,2005),也因此能够引起人们高度的关注。钽在酸(非 HF)、盐和有机化学品中,即使在高温下也能有效地防腐蚀(ASM 手册 13B,ASM 金属手册,2005)。此外,钽作为在钢基体上的致密涂层会在许多环境下阻挡腐蚀,从而提供高耐腐蚀特性(Jones,1996)。

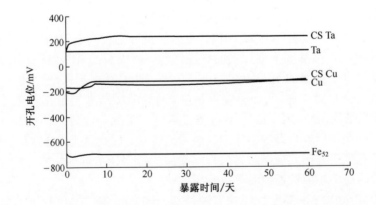

图 4.82 在 3.5%NaCl 溶液中,高压冷喷涂(HPCS)Ta 和 Cu 涂层,Ta 和 Cu 本体材料以及 Fe_{52} 基底材料的开路电位与暴露时间的函数(Koivuluoto 等,2010b)

表 4.7 腐蚀电位 E_{corr}、腐蚀电流密度 i_{corr}、钝化电位 E_{pp} 和通过 Tafel 外推法分析 3.5%(质量分数)NaCl 和 40%(质量分数)硫酸溶液中的 Ta 块状材料和 CS 涂层的钝化电流密度 i_{pp}(Koivuluoto 等,2009)

样品	溶液	$T/℃$	E_{corr}/V	$i_{corr}/(\mu A/cm^2)$	E_{pp}/V	$i_{pp}/(\mu A/cm^2)$
Ta 块状材料	NaCl	22	−0.66	1.1	0	16
HPCS Ta	NaCl	22	−0.67	1.1	0.05	11
Ta 块状材料	NaCl	80	−0.68	0.5	−0.25	20
HPCS Ta	NaCl	80	−0.66	0.6	0.05	13
Ta 块状材料	H_2SO_4	22	−0.32	0.4	0.08	12
HPCS Ta	H_2SO_4	22	−0.33	0.3	0.10	12
Ta 块状材料	H_2SO_4	80	−0.34	0.8	0.04	15
HPCS Ta	H_2SO_4	80	−0.30	2.0	0.05	15
HPCS—高压冷喷涂。						

　　Ta 块材和致密的 HPCS Ta 涂层能够发生快速钝化,并且由于稳定的钝化层的生成,材料的腐蚀速率会降至非常低的值(Jones,1996)。表 4.7 便显示了在 22℃ 和 80℃ 的 NaCl 和 H_2SO_4 溶液中钽块材和 HPCS Ta 涂层的腐蚀特性。涂层和块材具有相类似的腐蚀特性(Koivuluoto 等,2009)。致密 HPCS 钽涂层的腐蚀特性与块材相似,彰显涂层自有的耐腐蚀性(而与基材等无关)。

　　另外,由于具有完全致密的涂层结构,在 1mol/L KOH 溶液中的电化学测试可以看出 HPCS 钽涂层的稳定的惰性特征。图 4.83 展示了不同基底上,Ta 体和冷喷涂的钽涂层的相似的阳极腐蚀行为(铝上的冷喷涂 Ta1,铜上的冷喷涂 Ta2 和钢上的冷喷涂 Ta3;Koivuluoto 等,2010a)。

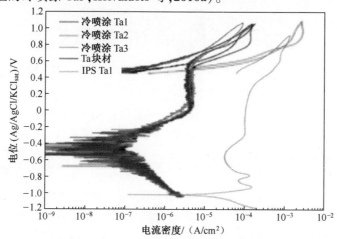

图 4.83　冷喷涂 Ta 涂层(Al 上的冷喷涂 Ta1,Cu 上的冷喷涂 Ta2 和钢上的冷喷涂 Ta3),Ta 块状材料和 1mol/L KOH 中的惰性等离子喷涂(IPS)Ta 涂层的极化行为(Koivuluoto 等,2010a)

据报道,喷涂和热处理的 HPCS Ni 和 Ni-20Cu 涂层的开路电位与基体材料(Fe$_{52}$)相比更接近于基体材料(Ni 和 Ni-30Cu),表明涂层具有较高的质量(Koivuluoto 和 Vuoristo,2010a)。热处理也能提高 Ni 和 Ni-Cu 镀层的致密性。其原因主要与晶粒的软化、重排导致的回复、再结晶以及空隙减少有关(Koivuluoto 等,2007,2015;Koivuluoto 和 Vuoristo,2010a)。通过使用优化的喷涂参数(Koivuluoto 和 Vuoristo,2010a),HPCS Ni 也能使涂层的致密性得到改善。另一方面,改善涂层致密性的另一方法便是在金属粉末中添加硬质颗粒(Koivuluoto 和 Vuoristo 2009,2010a;Koivuluoto 等,2015)。例如,加入 Al$_2$O$_3$ 颗粒便能明显改善冷喷涂 NiCu 涂层的致密性。图 4.84 所示为腐蚀试验中暴露 80h 后的涂层表面。而且,热处理和添加 Al$_2$O$_3$ 的涂层也被用于相关的对比测试。此外不得不说的是,腐蚀测试比盐雾测试的攻击性要强 100 倍(Koivuluoto 等,2015)。

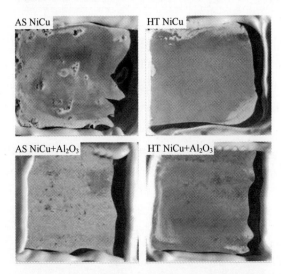

图 4.84　在腐蚀试验中暴露 80h 后,制备态和热处理后 HPCS NiCu 和 NiCu + Al$_2$O$_3$ 涂层表面(Koivuluoto 等,2015)

一般而言,Ni-Cr 合金在高温下会具有高氧化性以及耐腐蚀性,因此它们可以被用于锅炉和电炉中。而冷喷涂 Ni-50Cr 涂层在这些条件下的适用性也已经通过熔盐 Na$_2$SO$_4$-60%V$_2$O$_5$ 糊状物(900℃,1h)环境下的加速热腐蚀试验被探究(Bala 等,2010b)。这些涂层具有致密且无氧的结构,且它们比未涂覆的锅炉钢具有更好的耐腐蚀性(图 4.85)(Bala 等,2010b)。此外,冷喷涂的 Ni-20Cr 涂层比无涂层的 T22 锅炉钢基材具有更好的耐腐蚀性能(Bala 等,2012)。然而,在冷喷涂和 HVOF-Ni-20Cr 涂层之间的比较中,由于 HVOF 涂层表面会形成 Cr$_2$O$_3$ 层,而具有更好的表现(Bala 等,2012)。当然,冷喷涂 Ni-20Cr 涂层的耐热腐蚀性也会优于未涂覆的钢基体,这是由形成保护性氧化物所致(Bala 等,2010a)。在另一项研究中,通过使用动力学金属化(冷喷涂)也制备出了具有高耐腐蚀性的 Ni 基非晶涂层。例如,冷喷涂的 NiNbTiZrCoCu 涂层具有极低的钝化电流密度和宽的钝化区,从而表现出极高的耐腐蚀性(Wang 等,2006)。

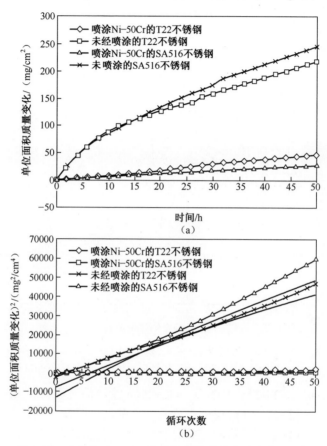

图 4.85 冷喷涂 Ni-50Cr 涂层和未涂层基底的热腐蚀研究
(a)重量变化/面积与时间的关系;(b)在 900℃下,Na$_2$SO$_4$-60%V$_2$O$_5$
环境中的重量变化/面积与循环次数的关系。(Bala 等,2010b)

钛和钛合金具有良好的腐蚀性能,并且被广泛应用于海洋环境(Wang 等,2008)。也已经有文献报道了冷喷涂钛涂层的腐蚀特性和相关的致密性改进措施(Wang 等,2008)。经高压和高温喷涂的冷喷涂钛涂层具有最低的孔隙率,也因此具有更好的耐腐蚀性能。此外,用优化的喷涂工艺喷涂的抛光钛涂层具有与钛块材相类似的性能。只有涂层密度差异会引起极化电流密度偏高(Wang 等,2008)。

由于其良好的耐腐蚀性和生物相容性,钛还可应用于生物医学方面。其抗腐蚀性能主要是基于二氧化钛层的形成。此外,羟基磷灰石(HAP)的添加则会改善其生物活性。据研究,冷喷涂 Ti + 50HAP 涂层的耐腐蚀性会优于冷喷涂 Ti + 20HAP 涂层(Zhou 和 Mohanty,2012)。另外,热处理能够提高 Ti + 20HAP 涂层的抗腐蚀能力。所有涂层都具有钝化范围,其中,Ti + 50HAP 是最稳定的(Zhou 和 Mohanty,2012)。此外,冷喷涂钛涂层通过真空热处理后也可以被致密化(Hussain 等,2011)。另一方面,Marrocco 等(2011)也通过用涂层激光后处理从而提高了冷喷涂钛涂层的耐腐蚀性。它们使涂层的表面致密化,并消除了相互连接的孔隙。通过极化测试的结果可以看出,经过后处理的冷喷涂钛涂层具有与相应的块状钛相类似的耐腐蚀性能(图 4.86)(Marrocco 等,2011)。

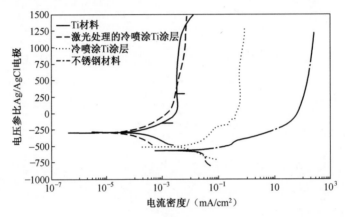

图 4.86　在 3.5%的 NaCl 中,块体钛、碳钢和制备态 Ti 涂层(碳钢和激光
处理的钛涂层)进行动电位极化扫描(Marrocco 等,2011)

此外,Dosta 等(2013)也研究了 WC-25Co 涂层的抗腐蚀性能。在 NaCl 溶液中进行电化学研究后,在涂层中未检测到任何腐蚀迹象(Dosta 等,2013)。此外,另一项研究则探索了冷喷涂 SS 涂层的耐腐蚀性能(AL-Mangour 等,2013)。SS 和 Co-Cr 合金由于其高耐腐蚀性而被广泛用于医疗方面。AL-Mangour 等(2013)则将冷喷涂的 SS 涂层与 Co-Cr 颗粒混合。他们通过优化复合材料的成分(33%Co-Cr)和热处理涂层来降低孔隙率。并且通过涂层的极化行为检测到了其耐腐蚀性的改善。与纯 SS 相比,复合涂层的腐蚀速率更低(图 4.87)(AL-Mangour 等,2013)。

冷喷涂的 SS 涂层与具有优化粉末特性的相应块体材料具有相类似的极化行为。Spencer 和 Zhang(2011)发现用混合粉末(-10μm 和-22μm)冷喷涂不锈钢涂层的抗腐蚀性最高。两种不同粒度分布的 316L 粉末混合在一起,这样可以显著提高涂层的耐腐蚀性,从而接近块状材料的性能(Spencer 等,2011)。腐蚀

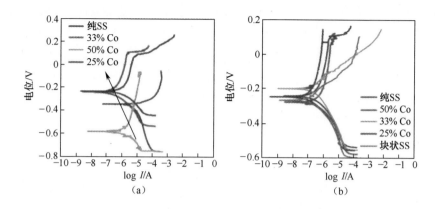

图 4.87 冷喷涂不锈钢(SS)+ CoCr 涂层(a)喷涂涂层和
(b)退火(1100℃)涂层的极化行为(AL-Mangour 等,2013)

性能也与涂层厚度有关;通过极化行为(Spencer 等,2011)和表面处理(抛光表面具有比有一定粗糙度的喷涂涂层更高的抗腐蚀性(Wang 等,2008))分析,具有更高厚度的涂层往往具有更高的耐腐蚀性。

致谢 第4章作者要感谢 MINES ParisTech 公司的 Odile Adam 女士提供参考文献清单,感谢所有在 MINES ParisTech/C2P 冷喷涂相关研究领域工作的博士生和科学家提供的有效研究成果。Yuji Ichikawa 教授提供了图片并与作者进行了有益的讨论,来自 Veneto Nanotech 的 Enrico Vedelago 和 Silvano Rech 以及来自米兰理工大学的 Mario Guagliano 教授也给予了帮助,作者在此一并表示感谢。

参 考 文 献

Ajaja, J. , D. Goldbaum, and R. R. Chromik. 2011. Characterization of Ti cold spray coatings by indentation methods. *Acta Astronautica* 69 (11-12): 923-928.

Ajdelsztajn, L. , J. M. Schoenung, B. Jodoin, et al. 2005. Cold spray deposition of nanocrystalline aluminum alloys. *Metallurgical and Materials Transactions A* 36: 657-666.

Ajdelsztajn, L. , B. Jodoin, and J. M. Schoenung. 2006. Synthesis and mechanical properties of nanocrystalline Ni coatings produced by cold gas dynamic spraying. *Surface & Coatings Technology* 201: 1166-1172.

AL-Mangour, B. , Mongrain, R. , Irissou E. , and S. Yue. 2013. Improving the strength and corrosion resistance of 316 L stainless steel for biomedical applications using cold spray. *Surface and Coatings Technology* 216: 297-307.

Amsellem, O. , F. Borit, D. Jeulin, et al. 2012. Three-dimensional simulation of porosity in plasma sprayed alumina using microtomography and electrochemical impedance spectrometry for fi nite element modeling of properties. *Journal of Thermal Spray Technology* 21:193-201.

Andreola, F. , C. Leonelli, M. Romagnoli, et al. 2000. Techniques used to determine porosity. *American Ceramic Society Bulletin* 79:49-52.

Arrigoni, M. , M. Boustie, C. Bolis, et al. 2012. Shock mechanics and interfaces. In *Mechanics of solid interfaces*, eds. M. Braccini and M. Dupeux, 211-248. London: Wiley.

Ashgriz, N. 2011. *Handbook of atomization and sprays: Theory and applications*. New York: Springer.

ASM Metals Handbook. 2005. *Corrosion: Materials, corrosion of nonferrous alloys and speciality products, corrosion of tantalum and tantalum alloys*, vol. 13B. Materials Park: ASM Interna tional.

Assadi, H. , F. Gartner, T. Stoltenhoff, et al. 2003. Bonding mechanism in cold gas spraying. *Acta Materialia* 51:4379-4394.

Assadi, H. , T. Schmidt, H. Richter, J. O. Kliemann, K. Binder, F. Gaertner, T. Klassen, and H. Kreye. 2011. On parameter selection in cold spraying. *Journal of Thermal Spray Technology* 20 (6): 1161-1176.

Assadi, H. , T. Klassen, F. Gartner, et al. 2014. Modelling of impact and bonding of inhomogeneous particles in cold spraying. In International thermal spray conference, Barcelona, 21-23 May 2014, 203-207.

Attia, H. , M. Meshreki, A. Korashy, V. Thomson, and V. Chung. 2011. Fretting wear characteristics of cold gasdynamic sprayed aluminum alloys. *Tribology International* 44:1407-1416.

Au, P. , et al. 1980. *Flow property measurements from instrumented hardness Tests. Nondestruc tive evaluation in the nuclear industry*, vol. 10, 597-610. New York: ASM.

B11790. 1992. *Standard test method of salt spray (Fog) testing. Annual book of ASTM standards*, 19-25. Philadelpia: ASTM.

Baboian, R. 2003. *Galvanic corrosion, corrosion fundamentals, testing, and protection, ASM handbook*, vol. 13A, 210-213. Materials Park: ASM International.

Bae, G. , K. Kanga, H. Naa, J. J. Kimb, and C. Lee. 2010. Effect of particle size on the microstructure and properties of kinetic sprayed nickel coatings. *Surface and Coatings Technology* 204 (20): 3326-3335.

Bae, G. , J. I. Jang, and C. Lee. 2012. Correlation of particle impact conditions with bonding, nanocrystal formation and mechanical properties in kinetic sprayed nickel. *Acta Materialia* 60 (8): 3524-3535.

Bageri, S. , P. I. Fernàndez, R. Ghelichi, M. Guagliano, and S. Vezzù. 2010. Effect of shot peening on residual stresses and surface workhardening in cold sprayed coatings. *Key Engineering Materials* 417 - 418: 397-400.

Bala, N. , H. Singh, and S. Prakash. 2010a. High temperature corrosion behavior of colds pray Ni 20Cr coating on boiler steel in molten salt environment at 900℃. *Journal of Thermal Spray Technology* 19 (1-2):110-118.

Bala, N. , H. Singh, and S. Prakash. 2010b. Accelerated hot corrosion studies of cold spray Ni- 50Cr coating on boiler steels. *Materials & Design* 31:244-253.

Bala, N. , H. Singh, S. Prakash, andJ. Karthikeyan. 2012. Investigations on the behavior of HVOF and cold sprayed Ni-20Cr coating on T22 boiler steel in actual boiler environment. *Journal of Thermal Spray Technology* 21 (1):144-158.

Bala, N. , H. Singh, J. Karthikeyan, and S. Prakash. 2014. Cold spray coating process for corrosion protection: A review. *Surface Engineering* 30 (6):414-421.

Balani, K. , A. Agarwal, S. Seal, and J. Karthikeyan. 2005a. Transmission electron microscopy of cold sprayed

194

1100 aluminum coating. *Scripta Materialia* 53:845-850.

Balani, K. , T. Laha, A. Agarwal, J. Karthikeyan, and N. Munroe. 2005b. Effect of carrier gases on microstructural and electrochemical behavior of coldsprayed 1100 aluminum coating. *Surface and Coatings Technology*195: 272-279.

Barradas, S. , R. Molins, M. Jeandin, et al. 2005. Application of laser shock adhesion testing to the study of theinterlamellar strength and coating substrate adhesion in cold sprayed. *Surface and Coatings Technology* 197: 18-27.

Barradas, S. , V. Guipont, R. Molins, et al. 2007. Laser shock flier impact simulation of particle substrate interactions in cold spray. *Journal of Thermal Spray Technology* 16:548-556.

Beghini, M. , L. Bertini, andV. Fontanari. 2002. On the possibility to obtain the stressstrain curve for a strain-hardening material by spherical indentation. International *Journal of Computer Ap plications in Technology* 15 (4): 168-175.

Beghini, M. , L. Bertini, and V. Fontanari. 2006. Evaluation of the stress-strain curve of metallic materials by spherical indentation. *International Journal of Solids and Structures* 43 (7-8): 2441-2459.

Begue, G. , G. Fabre, V. Guipont, et al. 2013. Laser shock adhesion test (LASAT) of EBPVD TBCs: towards an industrial application. *Surface and Coatings Technology* 237:305-132.

Benabdi, M. , and A. Roche. 1997. Mechanical properties of thin and thick coatings applied to various substrates, Part I, an elastic analysis of residual stresses within coating materials. *Journal of Adhesion Science and Technology* 11 (2):281-299.

Benjamin, P. , and C. Weaver. 1960. Measurement of adhesion of thin films. Proceedings of the Royal Society of London. Series A. *Mathematical and Physical Sciences* 254 (1277): 163-176. Berthe, L. , M. Arrigoni, J. P. Boustie, et al. 2011. State of the art laser adhesion test (LASAT). *Nondestructive Testing and Evaluation* 26:303-317.

Binder, K. , J. Gottschalk, M. Kollenda, F. Gartner, and T. Klassen. 2011. Influence of impact angle and gas temperature on mechanical properties of titanium cold spray deposits. *Journal of Thermal Spray Technology* 20 (1-2):234-240.

Blochet, Q. , F. Delloro, F. Borit, et al. 2014. Influence of spray angle on the cold spray of Al for the repair of aircraft components. In International thermal spray conference, Barcelona, 21-23 May 2014, 69-74.

Blose, R. , D. Vasquez, and W. Kratochvil. 2005. *Metal passivation to resist corrosion using the cold spray process. Thermal Spray 2005: Explore its surfacing potential!* . Basel: ASM Inter national.

Bolelli, G. , et al. 2010. Depthsensing indentation for assessing the mechanical properties of cold sprayed Ta. *Surface and Coatings Technology* 205 (7):2209-2217.

Borchers, C. , F. Gartner, T. Stoltenhoff, and H. Kreye. 2005. Formation of persistent dislocation loops by ultrahigh strain rate deformation during cold spraying. *Acta Materialia* 53:2991- 3000.

Brenner, A. , and S. Senderoff. 1949. National Bureau of Standards. Research Paper RP1954, vol. 42, 105-123.

Bu, H. , M. Yanodouzi, C. Lu, and B. Jodoin. 2012a. Postheat treatment effects on cold sprayed aluminium coatings on AZ91D magnesium substrates. *Journal of Thermal Spray Technology* 21 (3-4): 731-739.

Bu, H. , M. Yandouzi, C. Lu, D. MacDonald, and B. Jodoin. 2012b. Cold spray blendedAl+$Mg_{17}Al_{12}$ *coating for corrosion protection of AZ91D magnesium alloy. Surface and Coatings Technology* 207:155-162.

Champagne, V. , ed. 2007. *The cold spray materials deposition process:fundamentals and applications*, 362 Cambridge: Woodhead PublishingLtd.

Champagne, V. K. , and D. J. Helfritch. 2014. Mainstreaming cold spray—Push for applications. *Surface Engineering* 30 (6): 396-403.

Champagne, V. K. , D. Helfritch, P. Leyman, et al. 2005. Interface material mixing formed by the deposition of copper on aluminum. *Journal of Thermal Spray Technology* 14:330-334.

Chatterjee, U. , S. Bose, and S. Roy. 2001. *Environmental degradation of metals*. New York: Mar cel Dekker Inc.

Chavan, N. M. , B. Kiran, A. Jyothirmayi, P. P. Sudharshan, and G. Sundararajan. 2013. The cor rosion behavior of cold sprayed zinc coatings on mild steel substrate. *Journal Thermal Spray Technology* 22 (4): 463-470.

Chen, Z. , et al. 2014. A review on the mechanical methods for evaluating coating adhesion. *Acta Mechanica* 225 (2): 431-452.

Chicot, D. , P. Démarécaux, and J. Lesage. 1996. Interfacial indentation test for the determination of adhesive properties of thermal sprayed coatings. *Thin Solid Films* 283:151-157.

Choi, W. B. , L. Li, V. Luzin, R. Neiser, T. GnäupelHerold, H. J. Prask, S. Sampath, and A. Gould stone. 2007. Integrated characterization of cold sprayed aluminum coatings. *Acta Materialia* 55:857-866.

Christoulis, D. K. , S. Guetta, E. Irissou, et al. 2010. Cold spraying coupled to nanopulsed Nd YAG laser surface pretreatment. *Journal of Thermal Spray Technology* 19:1062-1073.

Christoulis, D. K. , S. Guetta, V. Guipont, et al. 2011. The influence of the substrate on the deposition of cold sprayed titanium: an experimental and numerical study. *Journal of Thermal Spray Technology* 20:523-533.

Cinca, N. , and J. M. Guilemany. 2013. Structural and properties characterization of stellite coatings obtained by cold gas spraying. *Surface and Coatings Technology* 220:90-97.

Cinca, N. , M. Barbosa, S. Dosta, et al. 2010. Study of Ti deposition onto Al alloy by cold gas spraying. *Surface and Coatings Technology* 205:1096-1102.

Cinca, N. , E. López, S. Dosta, and J. M. Guilemany. 2013a. Study of stellite6 deposition by cold gas spraying. *Surface and Coatings Technology* 232:891-898.

Cinca, N. , J. M. Rebled, S. Estradé, et al. 2013b. Influence of the particle morphology on the cold gas spray deposition behavior of titanium on aluminum light alloys. *Journal of Alloys and Compounds* 554:89-96.

Cizek, J. , O. Kovarik, J. Siegl, K. A. Khor, and I. Dlouhy. 2013. Influence of plasma and cold spray deposited Ti layers on highcycle fatigue properties of Ti6Al4V substrates. *Surface and Coatings Technology* 217: 23-33.

Cochelin, E. , F. Borit, G. Frot, et al. 1999. Oxidation and particle deposition modeling in plasma spraying of Ti-6Al-4V/SiC fiber composites. *Journal of Thermal Spray Technology* 8:117- 124.

Coddet, P. , C. Verdy, C. Coddet, F. Lecoutrier, and F. Debray. 2014. Comparison of cold sprayed Cu-0. 5 Cr-0. 05Zr alloys after various heat treatments versus forged and vacuum plasma sprayed alloys. *Journal of Thermal Spray Technology* 23 (3): 486-491.

Couto, M. , S. Dosta, M. Torrell, J. Fernández, and J. M. Guilemany. 2013. Cold spray deposition of WC17 and 12Co cermets onto aluminum. *Surface and Coatings Technology* 235:54-61.

Ctibor, P. , R. Lechnerova, and V. Benes. 2006. Quantitative analysis of pores of two types in a plasma sprayed coating. *Materials Characterization* 56:297-304.

Danlos, Y. , S. Costil, X. Guo, H. Liao, and C. Coddet. 2010. Ablation laser and heating laser com bined to cold

196

spraying. *Surface and Coatings Technology* 205 (4):1055-1059.

Davis, J. R. 2004. *Tensile testing.* Materials Park: ASM International.

DeForce, B. S. ,T. J. Eden, and J. K. Potter. 2011. ColdsprayAl−5% Mgcoatingsforthecorrosion protection of magnesium alloys. *Journal of Thermal Spray Technology* 20 (6):1352-1358.

Delloro, F. , M. Faessel, H. Proudhon, et al. 2014a. A morphological approach to the modeling of the cold spray process. In International thermal spray conference, Barcelona, 21−23May2014, 221-226.

Delloro, F. , M. Faessel, D. Jeulin, et al. 2014b. X ray microtomography and modeling of cold sprayed coated powders. In International thermal spray conference, Barcelona, 21−23 May 2014, 886-891.

Demarecaux, P. , D. Chicot, and J. Lesage. 1996. Interface indentation test for the determination of adhesive properties of thermal sprayed coatings. *Journal of Materials Science Letters* 15 (16): 1377-1380.

Descurninges, L. L. , L. T. Mingault, V. Guipont, et al. 2011. Influence of powder particles oxida tion on properties of cold sprayed tantalum. In *Thermal spray 2011: Proceedings of the inter national thermal spray conference*, ed. J. Jerzembeck, 60−65. Düsseldorf: DVS.

DIN 503591. 1997. Universal hardness testing of metallic materials, test method.

Djordjevic, B. , and R. Maev. 2006. SIMATTM application for aerospace corrosion protection and structuralrepair. In *Thermal spray 2006: buildingon100 years of success*, eds. B. Marple, M. Hyland, Y. C. Lau, R. Lima, and J. Voyer. Seattle: ASMInternational.

Dosta, S. , M. Couto, and J. M. Guilemany. 2013. Cold spray deposition of aWC25Co cermet onto Al7075T6 and carbon steel substrates. *Acta Materialia*61:643-652.

Dupuis, P. , Y. Cormier, A. Farjam, B. Jodoin, andA. Corbeil. 2014. Performance evaluation of nearnet pyramidal shaped fin arrays. *International Journal of Heat and Mass Transfer* 69:34-43.

Dykhuizen, R. C. , M. F. Smith, D. L. Gilmore, et al. 1999. Impact of high velocity cold spray particles. *Journal of Thermal Spray Technology* 8:559-564.

Dzhurinskiy, D. , E. Maeva, E. Leshchinsky, and R. Maev. 2012. Corrosion protection of light alloys using low pressure cold spray. *Journal of Thermal Spray Technology* 21 (2):304-313.

Field, J. S. , and M. V. Swain. 1995. Determining the mechanical properties of small volumes of material from submicrometer spherical indentations. *Journal of Materials Research* 10 (1):101-112.

Fischer−Cripps, C. A. 1997. Elastic−plastic behaviour in materials loaded with a spherical indenter. *Journal of Materials Science* 32 (3): 727-736.

Fischer−Cripps, A. C. 2000. *Introduction to contact mechanics.* New York: Springer. FischerCripps, A. C. 2005. *The IBIS handbook of nanoindentation.* Forestville: FischerCrippsLaboratories Pty Ltd.

Fischer−Cripps, A. C. 2011. *Nanoindentation*, 3rd ed. New York: Springer.

Frankel, G. 2003. *Pitting corrosion, corrosion fundamentals, testing, and protection, ASM Hand book*, vol. 13A, 236-241. Materials Park: ASM International.

Fukanuma, H. , and R. Huang. 2009. Development of high temperature gas heater in the cold spray coating system. In Thermal spray 2009: Proceedings of the international thermal spray conference, 267-272.

Fukanuma, H. , and N. Ohno. 2004. A study of adhesive strength of cold spray coatings. In Proceedings of the international thermal spray conference. ASM International.

Gan, J. A. , and C. C. Berndt. 2014. Surface roughness of plasma sprayed coatings: a statistical approach. In International thermal spray conference, Barcelona, 21−23 May 2014, 599-604.

Ganesan, A. , J. Affi, M. Yamada, et al. 2012. Bonding behavior studies of cold sprayed copper coating on the PVC polymer substrate. *Surface and Coatings Technology* 207:262-269.

Gärtner, F. , T. Stoltenhoff, T. Schmidt, and H. Kreye. 2006. The cold spray process and itspotential for industrial applications. *Journal of Thermal Spray Technology* 15(2):223–232.

Ghelichi, R. , D. MacDonald, S. Bagherifard, H. Jahed, M. Guagliano, and B. Jodoin. 2012. Mi crostructure and mechanical behavior of cold spray coated Al5052. *Acta Materialia* 60:6555– 6561.

Ghelichi, R. , S. Bagherifard, D. Mac Donald, M. Brochu, H. Jahed, B. Jodoin, and M. Guagliano. 2014a. Fatigue strength of Al alloy cold sprayed with nanocrystalline powders. *International Journal of Fatigue* 65:51–57.

Ghelichi, R. ,S. Bagherifard, D. Mac Donald, M. Brochu, I. Fernandez Pariented, B. Jodoin, and M. Guagliano. 2014b. Experimental and numerical study of residual stress evolutionin cold spray coating. *Applied Surface Science* 288:26–33.

GiraudD. , F. Borit, V. Guipont, et al. 2012. Polymer met allization using cold spray: Application to aluminum coating of polyamide 66. In *International thermal spray conference ITSC* 2012, ed R. S. Lima, 265 – 270. Houston: ASM.

Giraud, D. , M. H. Berger, M. Jeandin, et al. 2015. TEM study of cold sprayed titanium particle bonding onto Ti–6Al–4V. *Surface and Coatings Technology* submitted for publication.

Goldbaum, D. , J. Ajajaa, R. R. Chromik, W. Wonga, S. Yue, E. Irissou, and J. G. Legoux. 2011. Mechanical behavior of Ti cold spray coatings determined by amultiscale indentation method. *Materials Science and Engineering A*530:253–265.

Goldbaum, D. ,J. M. Shockley, R. R. Chromik, et al. 2012. The effect of deposition conditions on adhesion strength of Ti and Ti6Al4V cold spray splats. *Journal of Thermal Spray Technology*21:288–303.

Grujicic, M. , C. L. Zhao, W. S. DeRosset, et al. 2004. Adiabatic shear instability based mechanism for particles/substrate bonding in the cold gas dynamic spray process. *Materials and Design*25:681–688.

Gu, S. 2013. Computational modelling to assist the development of advanced thermal spray tech nologies. Cold Spray Club meeting, Paris, 11 Oct 2013. http://www. mat. ensmp. fr/clubcoldspray. Accessed 4 Sept 2014.

Guetta, S. , M. H. Berger, F. Borit, et al. 2009. Influence of particle velocity on adhesion of cold sprayed splats. *Journal of Thermal Spray Technology* 18:331–342.

Guipont, V. , M. Jeandin, S. Bansard, et al. 2010. Bond strength determination of hydroxyapatite coatings on Ti–6Al–4V substrates using the laser shock adhesion test(LASAT). *Journal of Biomedical Materials Research Part A* 95:1096–1104.

Guo, X, G. Zhang, W. Y. Li, L. Dembinskia, Y. Gao, H. Liao, and C. Coddet. 2007 Microstructure, microhardness and dry friction behavior of coldsprayed tin bronze coatings. *Applied Surface Science* 254(5):1482–1488.

Guo, X. , G. Zhang, W. Li, Y. Gao, H. Liao, and C. Coddet. 2009. Investigation of the microstruc ture and tribological behavior of coldsprayed tinbronzebased composite coatings. *Applied Surface Science* 255:3822–3828.

Guo, X. ,J. Chen, H. Yu, H. Liao, and C. Coddet. 2014. A study on the microstructure and tribological behavior of coldsprayed metal matrix composites reinforced by particulate quasicrystal. *Surface and Coatings Technology*268:94–98.

Gupta, V. 1995. System and method for measuring the interface tensile strength of planar inter faces, US Patent 5,438,402,1 Aug.

Halterman, T. 2013. General electric developing cold spray 3D painting technology. http://www. 3dprinterworld. com/article/generalelectricdevelopingcoldspray3dpaintingtechnology. Accessed 4 Sept 2014.

Heimann, R. B. , J. I. Kleiman, E. Litovski, S. Marx, R. Ng, S. Petrov, M. Shagalov, R. N. S. Sodhi, and

198

A. Tang. 2014. Highpressure cold gas dynamic(CGD) sprayed aluminareinforced alu minum coatings for potential application as space construction material. *Surface and Coatings Technology*252:113-119.

Hoell,H. ,and P. Richter. 2008. KINETIKS® 4000—New perspective with cold spraying. In *Thermal spray 2008: thermal spray crossing borders*,ed. E. Lugscheider,479-480. Maastricht:DVS.

Hryha,E. ,et al. 2009. An application of universal hardness test to metal powder particles. *Journal of Materials Processing Technology* 209(5):2377-2385.

Huang,R. ,and H. Fukanuma. 2012. Study of theinfluence of particle velocity on adhesive strength of cold spray deposits. *Journal of Thermal Spray Technology* 21 (3-4):541-549.

Huang,X. ,Z. Liu,and H. Xie. 2013. Recent progress in residual stress measurement techniques. *Acta Mechanica Solida Sinica* 26(6):570-583.

Huber,N. ,D. Munz,and C. Tsakmakis. 1997. Determination of Young's modulus by spherical indentation. *Journal of Materials Research* 12(9):2459-2469.

Hussain,T. 2013. Cold spraying of titanium:Areview of bonding mechanisms,microstructure and properties. *Key Engineering Materials*533:53-90.

Hussain,T. ,D. G. McCartney,P. H. Shipway,and T. Marrocco. 2011. Corrosion behavior of cold sprayed titanium coatings and free standing deposits. *Journal of Thermal Spray Technology* 20(1-2):260-274.

Hutchings,M. T. ,P. J. Withers,T. M. Holden,and T. Lorentzen. 2005. *Introduction to the charac terization of residual stress by neutron diffraction*. New York:CRC Press.

Ichikawa,Y. ,Y. Watanabe,I. Nonaka,et al. 2014. Microscale interface strength evaluation of cold sprayed deposit. In International thermal spray conference,Barcelona,21-23 May 2014,707-710.

Irissou,E. ,and B. Arsenault. 2007. Corrosion study of cold sprayed aluminum coatings onto Al 7075 alloy. In *Thermal Spray 2007: Global coating solutions*, eds. Basil R. Marple, MargaretM. Hyland, YukChiu Lau, ChangJiu Li,Rogerio S. Lima,and Ghislain Montavon,vol. 6,549-554. Materials Park:ASM International.

Irissou, E. , J. G. Legoux, B. Arsenault, andC. Moreau. 2007. InvestigationofAl-Al$_2$O$_3$coldspray coating formation and properties. *Journal of Thermal Spray Technology* 16(5-6):661-668.

Itoh,Y. ,and S. Suyama. 2007. Microstructure,thermal and electrical properties of aluminium coatings produced by cold spray. *Journal of the Society of Materials Science* 56(11):1022-1027(inJapanese).

Jeandin,M. 2011. A Socratic approach to surface modification:the example of thermal spray. In *SMT 24,24th international conference on surface modification technologies*,ed. E. Beyer,3-20. Dresden:Valardocs.

Jeandin,M. ,G. Rolland,L. L. Descurninges,et al. 2014. Which powders for cold spray? *Surface Engineering* 30:291-298.

Jenkins,W. D. ,T. G. Digges,C. R. Johnson. 1957. Tensile properties of copper,nickel,and70per centcopper30-percentnickel and 30-percent-copper-70-percent-nickel alloys at high temperatures.

Journal of Research of the National Bureau of Standards 58(4). ResearchPaper2753.

Jodoin,B. , L. Ajdelsztajn, E. Sansoucy, A. Zúñiga, P. Richer, and E. J. Lavernia. 2006. Effect of particle size, morphology,and hardness on cold gas dynamic sprayed aluminum alloy coatings. *Surface and Coatings Technology* 201:3422-3429.

Jones,D. 1996. *Principles and prevention of corrosion*. Upper Saddle River:PrenticeHall. Jones,R. ,N. Matthews, C. A. Rodopoulos,et al. 2011. On the use of supersonic particledeposition to restore the structural integrity of damaged aircraft strcutures. *International Journal of Fatigue* 33:1257-1267.

Jones,R. , L. Molent, S. A. Barter, N. Matthews, and D. Z. Tamboli. 2014. Supersonic particle deposition as a

199

means for enhancing the structural integrity of aircraft structures. *International Journal of Fatigue* [P] 68:260 −268. Elsevier, London.

Karthikeyan, J. , T. Laha, A. Agarwal, and N. Munroe. 2004. Microstructural and electrochemical characterization of coldsprayed 1100 aluminum coating. In *Thermal spray 2004: Advancesin technology and application*. Osaka: ASMInternational.

Kelly, R. 2003. *Crevice corrosion, corrosion fundamentals, testing, and protection, ASM hand book*, vol. 13A, 242− 247. Materials Park: ASM International.

Kikuchi, S. , S. Yoshino, M. Yamada, M. Fukumoto, and K. Okamoto. 2013. Microstructure and thermal properties of cold sprayed Cu−Cr composite coatings. *Journal of Thermal Spray Technology* 22(6):926−931.

Kim, H. J. , C. H. Lee, and S. Y. Hwang. 2005. Fabrication of WC−Co coatings by cold spray de position. *Surface and Coatings Technology* 191:335−340.

Kim, K. H. , M. Watanabe, J. Karakita, and S. Kuroda. 2008. Grain refinement in a single titanium powder particle impacted at high velocity. *Scripta Materialia* 59:768−771.

Kim, B. M. , C. J. Lee, and J. M. Lee. 2010. Estimation of work hardening exponents of engineered metals using residual indentation profiles of nanoindentation. *Journal of Mechanical Science and Technology* 24:73−76.

Kim, D. Y. , J. J. Park, J. G. Lee, et al. 2013. Cold spray deposition of copper electrodes on silicon and glass substrates. *Journal of Thermal Spray Technology* 22:1092−1102.

Ko, K. H. , J. O. Choi, and H. Lee. 2014. Pretreatment effect of Cu feedstock on cold−sprayed coatings. *Journal of Materials Processing Technology* 214:1530−1535.

Koivuluoto, H. , and P. Vuoristo. 2009. Effect of ceramic particles on properties of coldsprayed Ni−20Cr + Al_2O_3 coatings. *Journal of Thermal Spray Technology* 18(4):555−562.

Koivuluoto, H. , and P. Vuoristo. 2010a. Structural analysis of coldsprayed nickelbased metallicand metallicceramic coatings. *Journal of Thermal Spray Technology* 19(5):975−989.

Koivuluoto, H. , and P. Vuoristo. 2010b. Effect of powder type and composition on structure and mechanical properties of Cu + Al_2O_3 coatings prepared by using lowpressure cold spray process. *Journal of Thermal Spray Technology* 19(5):1081−1092.

Koivuluoto, H. , and P. Vuoristo. 2014. Structure and corrosion properties of cold sprayed coatings: a review. *Surface Engineering* 30:404−414.

Koivuluoto, H. , J. Lagerbom, and P. Vuoristo. 2007. Microstructural studies of cold sprayed cop per, nickel, and nickel−30% copper coatings. *Journal of Thermal Spray Technology* 16(4):488−497.

Koivuluoto, H. , J. Lagerbom, M. Kylmälahti, and P. Vuoristo. 2008a. Microstructure and mechanical properties of low−pressure cold−sprayed coatings. *Journal of Thermal Spray Technology* 17(5−6):721−727.

Koivuluoto, H. , M. Kulmala, and P. Vuoristo. 2008b. Structural properties of high−pressure cold sprayed and low-pressure coldsprayed coatings. In *Surface modification technologies* 22, eds. T. Sudarshan and P. Nylen, 65− 72. Sweden: Trollhättan.

Koivuluoto, H. , J. Näkki, and P. Vuoristo. 2009. Corrosion properties of coldsprayed tantalum coatings. *Journal of Thermal Spray Technology* 18(1):75−82.

Koivuluoto, H. , G. Bolelli, L. Lusvarghi, F. Casadei, and P. Vuoristo. 2010a. Corrosion resistance of coldsprayed Ta coatings in very aggressive conditions. *Surface Coatings and Technology* 205(4):1103−1107.

Koivuluoto, H. , M. Honkanen, and P. Vuoristo. 2010b. Cold − sprayed copper and tantalum coatings—Detailed FESEM and TEM analysis. *Surface and Coatings Technology* 204(15):2353− 2361.

200

Koivuluoto, H. , A. Coleman, K. Murray, M. Kearns, and P. Vuoristo. 2012. High pressure cold sprayed (HPCS) coatings prepared from OFHC Cu feedstock: overview from powder charac teristics to coating properties. *Journal of Thermal Spray Technology* 21(5):1065-1075.

Koivuluoto, H. , et al. 2013. Coating performance and durability of Znbased composite materi als prepared by using low pressure cold spraying. In Thermal Spray 2013:Proceedings of the international thermal spray conference, May 2013,252-257. ASM International.

Koivuluoto, H. , G. Bolelli, A. Milanti, L. Lusvarghi, and P. Vuoristo. 2015. Microstructuralanaly sis of highpressure coldsprayed Ni, NiCu and NiCu + Al_2O_3 coatings. *Surface and Coatings Technology*,268:224-229.

Kõo, J. , and J. Valgur. 2010. Seventh International DAAAM Baltic conference "INDUSTRIAL ENGINEERING" 22-24 April 2010, Tallinn, Estonia.

Kroemmer, W. , and P. Heinrich. 2006. Coldspraying—Potential and new application ideas. In *Thermal spray 2006:building on 100 years of success*, eds. B. Marple, M. Hyland, Y. C. Lau, R. Lima, and J. Voyer. Seattle: ASM International.

Kuhn, H. , and D. Medlin. 2004. *ASM Metals handbook, mechanical testing and evaluation*, vol. 8. Materials Park: ASM International.

Lee, H. Y. , S. H. Jung, S. Y. Lee, Y. H. You, and K. H. Ko. 2005. Correlation between Al_2O_3 particles and interface of Al-Al_2O_3 coatings by cold spray. *Applied Surface Science* 252(5):1891-1898.

Lee, H. Y. , H. Shin, S. Y. Lee, and K. H. Ko. 2008. Effect of gas pressure on Al coatings by cold gas dynamic spray. *Materials Letters* 62:1579.

Levasseur, D. , S. Yue, and M. Brochu. 2012. Pressureless sintering of coldsprayed Inconel718 deposit. *Materials Science and Engineering A* 556:343-350.

Li, ChangJiu, and WenYa Li. 2003. Deposition characteristics of titanium coating in cold spraying. *Surface and coating Technology* 167(2-3):278-283.

Li, C. J. , and G. J. Yang. 2013. Relationships between feedstock structure, particle parameter, coating deposition, microstructure and properties for thermally sprayed conventional and nano structured WCCo. *International Journal of Refractory Metals and Hard Materials*39:2-17.

Li, W. Y. , C. Zhang, X. P. Guo, G. Zhang, H. L. Liao, C. J. Li, C. Coddet. 2006. Effect of standoff distance on coating deposition characteristics in cold spraying. *Materials and Design* 29:297- 304.

Li, W. Y. , C. Zhang, X. P. Guo, G. Zhang, H. L. Liao, C. J. Li, and C. Coddet. 2007a. Deposition characteristics of Al-12Si alloy coating fabricated by cold spraying with relatively large pow der particles. *Applied Surface Science* 253(17):7124-7130.

Li, W. Y. , C. Zhang, X. P. Guo, G. Zhang, H. L. Liao, C. J. Li, and C. Coddet. 2007b. Study on impact fusion at particle interfaces and its effect on coating microstructure in cold spraying. *Applied Surface Science* 254(2):517-526.

Li, W. Y. , C. J. Li, and G. J. Yang. 2010. Effect of impact induced melting on interface microstructure and bonding of cold sprayed zinc coating. *Applied Surface Science* 257:1516-1523.

Li, C. J. , H. T. Wang, G. J. Yang, and C. G. Bao. 2011. Characterization of high-temperature abrasive wear of cold sprayed FeAl intermetallic compound coating. *Journal of Thermal Spray Technology* 20(1-2):227-233.

Li, W. , C. Huang, M. Yu, and H. Liao. 2013. Investigation on mechanical property of annealed copper particles and cold sprayed copper coating by a micro-indentation testing. *Materials and Design* 46:219-226.

Liang, Y. , et al. 2011. Microstructure and nanomechanical property of cold spray Cobase refrac tory alloy coat-

ing. Acta Metallurgica Sinica(English Letters) 24(3):190-194.

Lin, C. K. , and C. C. Berndt. 1994. Measurement and analysis of adhesion strength for thermally sprayed coatings. *Journal of Thermal Spray Technology* 3(1):75-104.

Litovski, E. , J. I. Kleiman, M. Shagalov, and R. B. Heimann. 2014. Measurement of the thermal conductivity of cold gas dynamically sprayed aluminareinforced aluminium coatings between-150℃ and +200℃. New test methodand experimentalresults. *Surface and Coatings Technology* 242:141-145.

Liu, J. , Zhou, X. , Zheng, X. , Cui, H. , and J. Zhang. 2012. Tribological behavior of coldsprayed nanocrystalline and conventional copper coatings. *Applied Surface Science* 258:7490-7496.

Luo, X. T. , C. X. Lia, F. L. Shangb, G. J. Yanga, Y. Y. Wanga, and C. J. Lia. 2014a. Highvelocity impact induced microstructure evolution during deposition of cold spray coatings:A review. *Surface and Coatings Technology*254:11-20.

Luo, X. T. , E. J. Yang, F. L. Shang, G. J. Yang, C. X. Li, and C. J. Li. 2014b. Microstructure, mechanical properties, and twobody abrasive wear behavior of coldsprayed 20 vol. % cubic BNNiCrAl nanocomposite coating. *Journal of Thermal Spray Technology*, 23 (7): 1181 - 1190. Lupoi, R. , and W. O' Neill. 2011. Powder stream characteristics in cold spray nozzles. *Surface and Coatings Technology* 206:1069 -1076.

Luzin, V. , K. Spencer, and M. X. Zhang. 2011. Residual stress and thermomechanical properties of cold spray metal coatings. *Acta Materialia* 59:1259-1270.

Lynden Bell, R. M. 1995. A simulation study of induced disorder, failure and fracture of perfect metal crystals under uniaxial tension. *Journal of Physics Condensed Matter* 7:4603-4624.

Ma, C. , X. Liu, and C. Zhou. 2014. Coldsprayed Al coating for corrosion protection of sintered NdFeB. *Journal of Thermal Spray Technology* 23(3):456-462.

Maev, R. , and V. Leshchynsky. 2006. Air gas dynamic spraying of powder mixtures: theory and application. *Journal of Thermal Spray Technology* 15(2):198-205.

Marot, G. , et al. 2006. Interfacial indentation and shear tests to determine the adhesion of thermal spray coatings. *Surface and Coatings Technology* 201(5):2080-2085.

Marrocco, T. , et al. 2006. Production of titanium deposits by coldgas dynamic spray:Numerical modeling and experimental characterization. *Journal of Thermal Spray Technology* 15(2):263-272.

Marrocco, T. , T. Hussain, D. G. McCartney, and P. H. Shipway. 2011. Corrosion performance of laser posttreated cold sprayed titanium coatings. *Journal of Thermal Spray Technology* 20(4):909-917.

Marx, S. , A. Paul, A. Köhler, and G. Hüttl. 2005. Coldspraying—Innovative layers for new applications. In *Thermal spray 2005:Explore its surfacing potential*! , ed. E. Lugscheider 209-215. Basel:ASMInternational.

Masters, C. B. , and N. J. Salamon. 1993. Geometrically nonlinear stressdeflection relations for thin film/substrate systems. *International Journal of Engineering Science* 31:915-925.

Matejicek, J. , and S. Sampath. 2001. Intrinsic residual stress in single splats produced by thermal spray processes. *Acta Materialia* 49:1993-1999.

Mc Cune, R. C. , W. T. Donlon, O. O. Popoola, et al. 2000. Characterization of copper layers pro duced by cold gas dynamic spraying. *Journal of Thermal Spray Technology* 9:73-82.

Melendez, N. , Narulkar, V. , Fisher, G. , and A. McDonald. 2013. Effect of reinforcing particleson on the wear rate of lowpressure coldsprayed WCbased MMC coatings. *Wear* 306:185-195.

Meng, X. , J. Zhang, J. Zhao, Y. Liang, and Y. Zhang. 2011a. Influence of gas temperature on microstructure and properties of cold spray 304SS coating. *Journal of Material Science and Technology* 27(9):809–815.

Meng,X. ,J. Zhang,W. Han,J. Zhao,and Y. Liang. 2011b. Influence of annealing treatment on the microstructure and mechanical properties of cold sprayed 304 stainless steel coating. *Applied Surface Science* 258:700–704.

Meyers,M. A. 1994. *Dynamic behavior of materials*. New York:Wiley.

Mittal,K. L. 1978. Adhesion measurement: Recent progress, unsolved problems, andprospects. In *Adhesion measurement of thin films,thick films,and bulk coatings,STP 640*, ed. K. L. Mittal,5–17. Philadelphia:ASTM.

Moridi,A. ,S. M. HassaniGangaraj,M. Guagliano,et al. 2014a. Cold spray coating:review of material systems and future perspectives. *Surface Engineering* 30:369–395.

Moridi,A. ,S. M. H. Gangaraj,S. Vezzu,and M. Guagliano. 2014b. Number of passes and thickness effect on mechanical characteristics of cold spray coating. *Procedia Engineering*74:449–459.

Morris,M. A. ,E. Sauvain,and D. G. Morris. 1987. Post compaction heat treatment response of dynamically compacted Inconel 718 powder. *Journal of Material Science* 22:1509–1516.

Nayebi,A. ,et al. 2001. New method to determine the mechanical properties of heat treated steels. *International Journal of Mechanical Sciences* 43(11):2679–2697.

Nayebi,A. ,et al. 2002. New procedure to determine steel mechanical parameters from the spheri cal indentation technique. *Mechanics of Materials* 34:243–254.

Ogawa,K. , K. Ito, Y. Ichimura, Y. Ichikawa, S. Ohno, and N. Onda. 2008. Characterizationoflow pressure cold sprayed aluminium coatings. *Journal of Thermal Spray Technology* 17(5–6):728–735.

Oliver,W. C. ,and G. M. Pharr. 1992. An improved technique for determining hardness and elastic modulus using load and displacement sensing indentation experiments. *Journal of Materials Research* 7(6):1564–1583.

Oliver,W. C. ,and G. M. Pharr. 2004. Measurement of hardness and elastic modulus by instru mented indentation: advances in understanding and refinements to methodology. *Journal of Materials Research* 19:3–20.

Ortner, H. M. , P. Ettmayer, and H. Kolaska. 2014. The history of the technological progress of hardmetals. *International Journal of Refractory Metals and Hard Materials* 44:148–159.

Papyrin, A. , Kosarev, V. , Klinkov, S. , Alkimov, A. , and V. Fomin. 2007. *Coldspraytechnology*, 1st ed. , 328. Amsterdam:Elsevier(printed in theNetherlands).

Pattison,J. ,S. Celotto,R. Morgan,et al. 2007. Cold gas dynamic manufacturIn a non thermal approach to freeform fabrication. *International Journal of Machine Tools and Manufacture*47:627–634.

Paul,H. ,J. H. Driver,and C. Maurice,et al. 2007. The role of shear banding on deformation texturein low stacking faultenergy metals as characterized on model Ag crystals. *Acta Materialia* 55:575–588.

Pawloski,L. 2008. *The science and engineering of thermal spray coatings*,2nd ed. Hoboken:Wiley.

Perton,M. ,S. Costil, W. Wong, D. Poirer, E. Irissou, J. G. Legoux, A. Blouin, and S. Yue. 2012. Effect of pulsed laser ablation on the adhesion and cohesion of cold sprayed Ti–6Al–4V coat ings. *Journal of Thermal Spray Technology* 21(6):1322–1332.

Pitchuka,S. ,B. Boesl,C. Zhang,D. Lahiri,A. Nieto,G. Sundararajan,and A. Agarwal. 2014. Dry sliding wear behavior of cold sprayed aluminum amorphous/nanocrystalline alloy coatings. *Surface and Coatings Technology*238:118–125.

Poza,P. , C. J. Múnez, M. A. GarridoManeiro, S. Vezzù, S. Rech, and A. Trentin. 2014. Mechanical properties of Inconel 625 cold–sprayed coatings after laser remelting. Depth sensing indentation analysis. *Surface and Coatings Technology* 243:51–57.

Price,T. S. ,P. H. Shipway,and D. G. McCartney. 2006. Effect of cold spray deposition of a tita nium coating on fatigue behaviour of a titanium alloy. *Journal of Thermal Spray Technology* 15(4) :507–512.

Rech,S. ,A. Trentin,S. Vezzu,J. G. Legoux,E. Irissou,C. Moreau,and M. Guagliano. 2009. Characterization of residual stresses in Al and Al/Al$_2$O$_3$ cold sprayed coatings. *Proceedings of ITSC* 2009:1012–1017.

Rech,S. ,A. Trentin, S. Vezzu, J. G. Legoux, E. Irissou, and M. Guagliano. 2011. Influence of preheated Al 6061 substrate temperature on the residual stresses of multipass Al coatings de posited by cold spray. *Journal of Thermal Spray Technology* 20(1–2) :243–251.

Rech,S. , A. Trentin, S. Vezzu, E. Vedelago, J. G. Legoux, and E. Irissou. 2014. Different cold spray deposition strategies:single and multilayers to repair aluminium alloy components. *Journal of Thermal Spray Technology* 23(8) :1237–1250.

Revankar,G. 2000. *ASM Handbook:Mechanical testing and evaluation,hardness testing*,vol. 8,416–614. Materials Park:ASM International.

Rickerby,D. S. 1986. Internal stress and adherence of titanium nitride coatings. *Journal of Vacuum Science and Technology A* 4:2809–2814.

Rickerby,D. 1996. Measurement of coating adhesion. In *Metallurgical and ceramic protective coatings*,ed. K. Stern, 306–333. Amsterdam:Springer.

Rickerby,D. S. ,and P. J. Burnett. 1988. Correlation of process and system parameters with struc ture and properties of physically vapour–deposited hard coatings. *Thin Solid Films* 157:195–223.

Rolland,G. ,F. Borit,V. Guipont,et al. 2008. Three dimensional analysis of cold sprayed coat ings using microtomography. In *International thermal spray conference*,ed. E. Lugscheider,607–610. Düsseldorf:DVS.

Rolland,G. , Y. Zeralli, V. Guipont, et al. 2012. Lifetimeofcoldsprayedelectricalcontacts. In26th international conference on electrical contacts(ICECICREPEC 2012) ,338–345. 14–17 May 2012,Beijing.

Rösler,J. ,H. Harders,and M. Bäker. 2007. *Mechanical behaviour of engineered materials*. New York:Springer.

Saleh,M. ,V. Luzin, and K. Spencer. 2014. Analysis of the residual stress and bonding mechanism in the cold spray technique using experimental and numerical methods. *Surface and Coatings Technology* 252:15–28.

Sansoucy,E. ,G. E. Kim,A. L. Moran,and B. Jodoin. 2007. Mechanical characteristics of Al– Co–Ce coatings produced by the cold spray process. *Journal of Thermal Spray Technology* 16(5–6) :651–660.

Sansoucy, E. , P. Marcoux, L. Ajdelsztajn, and B. Jodoin. 2008. Properties of SiC reinforced aluminum alloy coatings produced by the cold gas dynamic spraying process. *Surface andCoatings Technology* 202(16) : 3988–3996.

Schajer,G. S. 2013. *Practical residual stress measurement methods*. Chichester: Wiley. Schijve, J. 2001. Fatigue of structures and materials. Boston:Kluwer.

Schmidt,T. ,T. Gartner,H. Assadi,and H. Kreye. 2006a. Development of a generalized parameter window for cold spray deposition. *Acta Materialia* 54:729 –742.

Schmidt, T. , T. Gartner, and H. Kreye. 2006b. New developments in cold spray based on highergas and particle temperatures. *Journal of Thermal Spray Technology* 15(4) :488–494.

Schmidt,T. , H. Assadi, F. Gartner, et al. 2009. From particle acceleration to impact and bonding in cold spraying. *Journal of Thermal Spray Technology* 18:794–808.

Schweitzer,P. A. ,ed. 1996. *Corrosion engineering handbook*. New York:Marcel Dekker.

Seo,D. , K. Ogawa,K. Sakaguchi,N. Miyamoto,and Y. Tsuzuki. 2012a. Parameter study in fluencing thermal conductivity of annealed pure copper coatings deposited by selective cold spray process. *Surface and Coating Techonology* 206:2316–2324.

Seo, D. , K. Ogawa, K. Sakaguchi, N. Miyamoto, and Y. Tsuzuki. 2012b. Influence of crystallite size and lattice spacing on thermal conduction of polycrystalline copper deposited by solid particle impingment: contribution of electron and phonon conduction. *Surface and Coatings Technology* 207: 233–239.

Seo, D. , M. Sayar, and K. Ogawa. 2012c. SiO_2 and $MoSi_2$ formation on Inconel 625 surface via SiC coating deposited by cold spray. *Surface and Coatings Technology* 206(11–12): 2851–2858.

Sevillano, F. , P. Poza, C. J. Múnez, S. Vezzù, S. Rech, and A. Trentin. 2013. Coldsprayed Ni– Al2O3 coatings for applications in power generation industry. *Journal of Thermal Spray Technology* 22: 772–782.

Shabel, B. , and R. Young. 1987. A new procedure for the rapid determination of yield and tensile strength from hardness tests. In *Nondestructive characterization of materials II*, eds. J. Bus sière, et al. , 335–343. Boston: Springer.

Shayegan, G. , H. Mahmoudi, R. Ghelichi, J. Villafuerte, J. Wang, M. Guagliano, and H. Jahed. 2014. Residual stress induced by cold spray coating of magnesium AZ31B extrusion. *Materi als and Design* 60: 72–84.

Shockley, J. , H. Strauss, R. Chromik, N. Brodusch, R. Gauvin, E. Irissou, and J. G. Legoux. 2013. In situ tribometry of coldsprayed $Al–Al_2O_3$ composite coatings. *Surface and Coatings Technology* 215: 350–356.

Shockley, J. , S. Descartes, E. Irissou, J. G. Legoux, and R. Chromik. 2014. Third body behavior during dry sliding of cold–sprayed $Al–Al_2O_3$ composites: In situ tribometry and microanalysis. *Tribology Letters* 54: 191–206.

A. B. Shorey, S. D. Jacobs, W. I. Kordonski, and R. F. Gans , 2001. Experiments and observations regarding the mechanisms of glass removal in magnetorheological finishing. Applied Optics 40(1) 20–33.

Smurov, I. , V. Ulianitsky, S. Zlobin, and A. Sova. 2010. Comparison of cold spray and detonation coatings properties. Proceedings of Thermal Spray: Global Solutions for Future Application, Singapore, May 2010.

Sova, A. , S. Grigoriev, A. Okunkova, et al. 2013a. Potential of cold gas dynamic spray as addi tive manufacturing technology. *International Journal of Advanced Manufacturing Technology* 69: 2269–2278.

Sova, A. , et al. 2013b. Cold spray deposition of 316 L stainless steel coatings on aluminium surface with following laser posttreatment. *Surface and Coatings Technology* 235: 283–289.

Spencer, K. , and Zhang, M. X. 2011. Optimisation of stainless steel cold spray coatings using mixed particle size distributions. *Surface and Coatings Technology* 205: 5153–5140.

Spencer, K. , D. M. Fabijanic, and M. X. Zhang. 2009. The use of $Al–Al_2O_3$ cold spray coatings to improve the surface properties of magnesium alloys. *Surface and Coatings Technology* 204: 336–344.

Spencer, K. , D. M. Fabijanic, and M. X. Zhang. 2012a. The influence of Al_2O_3 reinforcement on the properties of stainless steel cold spray coatings. *Surface and Coatings Technology* 206(14): 3275–3282.

Spencer, K. , V. Luzin, N. Matthews, and M. X. Zhang. 2012b. Residual stresses in cold spray Al coatings: the effect of alloying and of process parameters. *Surface and Coatings Technology* 206: 4249–4255.

Stark, L. , I. Smid, A. Segall, T. Eden, and J. Potter. 2012. Selflubricating coldsprayed coatings utilizing microscale nickelencapsulated hexagonal boron nitride. *Tribology Transactions* 55: 624–630.

Stoltenhoff, T. , and F. Zimmermann. 2009. Cold spray coatings for aluminum aerospace com ponents exposed to high dynamic stresses. Proceedings of 8th HVOF Kolloquim Erding 5–6 November 2009, 135–143.

Stoltenhoff, T. , H. Kreye, and H. J. Richter. 2001. An analysis of the cold spray process and its coatings. *Journal of Thermal Spray Technology* 11: 542–550.

Stoltenhoff, T. , C. Borchers, F. Gärtner, and H. Kreye. 2006. Microstructures and key properties of coldsprayed and thermally sprayed copper coatings. *Surface and Coatings Technology* 200(16–17): 4947–4960.

Stoney, G. 1909. The Tension of Metallic Films Deposited by Electrolysis. Proceedings of the Royal Society of Lon-

205

don. Series A, Containing Papers of a Mathematical and Physical Char acter (19051934). 19090506. 82 (553):172-175.

Sudharshan, P. P. , V. Vishnukanthan, and G. Sundararajan. 2007. Effect of heat treatment on properties of cold sprayed nanocrystalline copper alumina coatings. *Acta Materialia* 55:4741-4751.

Suhonen, T. , A. Varis, S. Dosta, M. Torrell, and J. M. Guilemany. 2013. Residual stress development in cold sprayed Al, Cu and Ti coatings. *Acta Materialia* 61:6329-6337.

Sun, J. , Y. Han, and K. Cui. 2008. Innovative fabrication of porous titanium coating on titaniumby cold spraying and vacuum sintering. *Materials Letters* 62:3623-3625.

Sundararajan, G. , P. P. Sudharshan, A. Jyothirmayi, A. Ravi, and C. Gundakaram. 2009. Theinfluence of heat treatment on the microstructural, mechanical and corrosion behaviour of cold sprayed SS 316 L coatings. *Journal of Materials Science* 44(9):2320-2326.

Suo, X. K. , M. Yu, W. Y. Li, M. P. Planche, and H. L. Liao. 2012. Effect of substrate preheating on bonding strength of coldsprayed Mg coatings. *Journal of Thermal Spray Technology* 21(5):1091-1098.

Tabor, D. 1951. *The hardness of metals*. Oxford: Clarendon Press.

Talbot, D. and J. Talbot. 1998. *Corrosion science and technology*. Boca Raton: CRC Press LLC.

Taljat, B. , T. Zacharia, and F. Kosel. 1998. New analytical procedure to determine stressstrain curve from spherical indentation data. *International Journal of Solids and Structures* 35(33):4411-4426.

Tao, Y. , et al. 2009. Effect of $\alpha - Al_2O_3$ on the properties of cold sprayed $Al/\alpha - Al_2O_3$ composite coatings on AZ91D magnesium alloy. *Applied Surface Science* 256(1):261-266.

Tao, Y. , T. Xiong, C. Sun, L. Kong, X. Cui, T. Li, andG. L. Song. 2010. Microstructure and corrosion performance of a cold sprayed aluminium coating on AZ91D magnesium alloy. *Corrosion Science* 52:3191-3197.

Taylor, K. , B. Jodoin, andJ. Karov. 2006. Particle loading effect in cold spray. *Journal of Thermal Spray Technology* 15(2):273-279.

Tjong, S. C. , and H. Chen. 2004. Nanocrystalline materials and coatings. *Materials Science and Engineering R* 45:1 -88.

Tran-Cong, S. , M. Gay, and E. E. Michaelides. 2004. Drag coefficients of irregularly shaped par ticles. *Powder Technology* 139:21-32.

Tsui, Y. C. , and T. W. Clyne. 1997. An analytical model for predicting residual stresses in progres sively deposited coatings Part1: Planar geometry. *Thin Solid Films* 306:23-33.

Valente, T. , C. Bartuli, M. Sebastiani, and A. Loreto. 2005. Implementation and development of the incremental hole drilling method for the measurement of residual stress in thermal spray coatings. *Journal of Thermal Spray Technology* 14(4):462-470.

VanSteenkiste, T. H. , J. R. Smith, and R. E. Teets. 2002. Aluminum coatings via kinetic spray with relatively large powder particles. *Surface and Coatings Technology* 154:237-252.

Venkatesh, L. , N. M. Chavan, and G. Sundararajan. 2011. The influence of powder particle velocity and microstructure on the properties of cold sprayed copper coatings. *Journal of Thermal Spray Technology* 20(5): 1009-1021.

Vezzu, S. , S. Rech, E. Vedelago, G. P. Zanon, G. Alfeo, A. Scialpi, and R. Huang. 2014. On deposition of Waspaloy coatings by cold spray. *Surface Engineering* 30:342-351.

Vezzu, S. , C. Cavallini, S. Rech, E. Vedelago, and A. Giorgetti. 2015. Development of high strength, high thermal conductivity cold sprayed coatings to improve thermal management in hybrid motorcycles. *SAE International*

Journal of Materials Manufacturing 8(1):180–186. doi:10. 4271/2014320044

Vijgen, R. O. E. , and J. H. Dautzenberg. 1995. Mechanical measurement of the residual stress in thin PVD films. *Thin Solid Films* 270:264–269.

Villa, M. , S. Dosta, and J. M. Guilemany. 2013. Optimization of 316 L stainless steel coatings on light alloys using cold gas spray. *Surface and Coatings Technology* 235:220–225.

Villafuerte, J. , D. Dzhurinskiy, R. Ramirez, E. Maeva, V. Leshchynsky, and R. Maev. 2009. Corrosion behavior and microstructure of the Al–Al$_2$O$_3$ coatings produced by low pressure cold spraying. In *Thermal spray 2009: expanding thermal spray performance to new markets and applications*, eds. B. Marple, M. Hyland, Y. C. Lau, C. J. Li, R. Lima, and G. Montavon, 908–913. Las Vegas: ASM International.

Vreijling, M. 1998. Electrochemical characterization of metallic thermally sprayed coatings, Doc toral Thesis, printed in the Netherlands, 143.

Wang, A. P. , T. Zhang, and J. Q. Wang. 2006. Ni–based fully amorphous metallic coating with high corrosion resistance. *Philosophical Magazine Letters* 86(1):5–11.

Wang, H. R. , B. R. Hou, J. Wang, W. Y. Li. 2008. Effect of process conditions on microstructure and corrosion resistance of cold sprayed Ti coatings. *Journal of Thermal Spray Technology* 17(5–6):736–741.

Wang, Q. , et al. 2010a. The influence of ceramic particles on bond strength of cold spray composite coatings on AZ91 alloy substrate. *Surface and Coatings Technology* 205(1):50–56.

Wang, T. G. , S. S. Zhao, W. G. Hua, J. B. Li, J. Gong, and C. Sun. 2010b. Estimation of residual stress and its effects on the mechanical properties of detonation gun sprayed WCCocoatings. *Material Science and Engineering* A527:454–461.

Wang, Q. , et al. 2013. Microstructure characterization and nanomechanics of cold sprayed pure Al and Al–Al$_2$O$_3$ composite coatings. *Surface and Coatings Technology* 232:216–223.

Withers, P. J. , and H. K. D. H. Bhadeshia. 2001. Residual stress. Part 1 – measurement techniques. *Materials Science and Technology* 17:355–365.

Wolfe, D. E. , T. J. Eden, J. K. Potter, and A. P. Jaroh. 2006. Investigation and characterization of Cr3C2based wearresistant coatings applied by the cold spray process. *Journal of Thermal Spray Technology* 15(3):400–412.

Wong, W, A. Rezaeian, E. Irissou, J. G. Legoux, and S. Yue. 2010. Cold spray characteristics of commercially pure Ti and Ti–6Al–4V. *Advanced Materials Research* 89–91:639–644.

Wong, W. , E. Irissou, P. Vo, M. Sone, F. Bernier, J. G. Legoux, H. Fukanuma, and S. Yue. 2012. Cold spray forming of inconel 718. *Journal of Thermal Spray Technology* 22(23):413–421.

Wong, W. , P. Vo, E. Irissou, A. N. Ryabinin, J. G. Legoux, and S. Yue. 2013. Effect of particle morphology and size distribution on coldsprayed pure titanium coatings. *Journal of Thermal Spray Technology* 22(7):1140–1153.

Wu, J. , J. Yang, H. Fang, S. Yoon, and C. Lee. 2006. The bond strength of Al–Si coating on mild steel by kinetic spraying deposition. *Applied Surface Science* 252(22):7809–7814.

Xie, J. , D. Nelias, H. WalterLe Berre, et al. 2013. Numerical modeling for cold sprayed particle deposition. In 40th LeedsLyon symposium on tribology & tribochemistry forum, 4–6 Sept 2013, Lyon.

Xiong, Y. , and M. X. Zhang. 2014. The effect of cold sprayed coatings on the mechanical proper ties of AZ91D magnesium alloy. *Surface and Coatings Technology* 253:89–95.

Xiong, T. , Y. Tao, C. Sun, H. Jin, H. Du, and T. Li. 2009. Study on corrosion behavior of cold sprayed Al/α –

Al$_2$O$_3$ depositon AZ91D alloy. In *Thermal spray 2009: expanding thermal spray performance to new markets and applications*, eds. B. Marple, M. Hyland, Y. C. Lau, C. J. Li, R. Lima, and G. Montavon, 669-672. Las Vegas: ASM International.

Xiong, Y. , X. Xiong, S. Yoon, et al. 2011. Dependence of bonding mechanisms of cold sprayed coatings on strain rate induced non equilibrium phase transformation. *Journal of Thermal Spray Technology* 20:860-865.

Yamada, M. , Y. Kandori, S. Kazumori, et al. 2009. Fabrication of titanium dioxide photocatalyst coatings by cold spray. *Journal of Solid Mechanics and Materials Engineering* 3:210-216.

Yan, W. , C. Lun Pun, and G. P. Simon. 2012. Conditions of applying Oliver-Pharr method to thenanoindentation of particles in composites. *Composites Science and Technology* 72:1147-1152.

Yandouzi, M. , P. Richer, and B. Jodoin. 2009. SiC particulate reinforced Al - 12Si alloy composite coatings produced by the pulsed gas dynamic spray process: microstructure and properties. *Surface and Coatings Technology* 203(20-21):3260-3270.

Yang, G. J. , H. T. Wang, C. J. Li, and C. X. Li. 2011. Effect of annealing on the microstructure and erosion performance of coldsprayed FeAl intermetallic coatings. *Surface and Coatings Technology* 205(23-24):5502-5509.

Yin, Shuo, Xiao Fang Wang, Wenya Li, Hanlin Liao, and Hongen Jie. 2012. Deformation behav ior of the oxide film on the surface of cold sprayed powder particle. *Applied Surface Science* 259:294-300.

Yin, S. , P. He, H. Lia, et al. 2014. Deposition features of Ti coating using irregular powders in cold spray. *Journal of Thermal Spray Technology* 23:984-990.

Yu, Min, WenYa Li, Chao Zhang, and HanlinLiao. 2011. Effect of vacuum heat treatment on tensile strength and fracture performance of coldsprayed Cu4Cr2Nb coatings. *Applied Surface Science* 257(14):5972-5976.

Zeralli, Y. , G. Rolland, M. Jeandin, et al. 2014. Novel insitu gradient heat treatment during cold spray. In International thermal spray conference, Barcelona, 21-23 May 2014, 923-928.

Zhou, X. , and P. Mohanty. 2012. Electrochemical behavior of cold sprayed hydroxyapatite/tita nium composite in Hanks solution. *Electrochimica Acta* 65:134-140.

Ziemann, C. W. , M. M. Sharma, B. D. Bouffard, T. Nissley, and T. J. Eden. 2014. Effect of substrate roughnening and cold spray coating on the fatigue life of AA2024 specimens. *Materials and Design* 54:212-221.

Zou, Y. , W. Qin, E. Irissou, et al. 2009. Dynamic recrystallization in the particle/particle in terfacial region of cold sprayed nickel coating: electron backscatter diffraction characterization. *Scripta Materialia* 61:899-902.

Zou, Y. , et al. 2010. Microstructure and nanohardness of coldsprayed coatings: electronbackscattered diffraction and nanoindentation studies. *Scripta Materialia* 62(6):395-398.

第5章　冷喷涂涂层的残余应力与疲劳寿命

H. Jahed, R. Ghelichi

5.1　引言

残余应力指的是在没有外部机械或热载荷作用的情况下残留在结构中的应力。预紧螺栓中的应力,大多数情况下是由于弹性变形产生的应力(例如,在移除预加载时将完全释放),也称为残余应力。然而,对残余应力的更准确的说法是在没有外来作用的结构内,共存的弹性区与塑性区相互的作用力。这样的应力产生于存在应力梯度且应力大于弹性极限的物体内。移除外力后,为了保持由应力集中引起的永久变形,结构中的内力(残余应力)便会形成自平衡系统。因此,残余应力通常是局部的(紧邻应力集中的位置),且限定于较大的弹性区域。大多数制造工艺都会产生残余应力,如焊接、机械加工和成型等,有些工艺如喷丸和自增强处理等还会产生残余应力。

由于制造和/或连接工艺,超负荷以及材料缺陷而引起的残余应力通常是不希望存在的。拉伸残余应力使材料的初始缺陷开裂,加速裂纹的萌生和扩展,导致组件的寿命大大降低。这种残余应力对结构是不利的,设计者通常试图使残余应力最小化或完全去除。组件制造完成后,经常采用诸如热应力释放等特定工艺来消除残余应力。

另一方面,残余压应力是有益的。这类型的应力阻碍 I 型裂纹的萌生并延迟裂纹的形成和扩展。在大多数情况下,残余压应力的存在可使材料能承受更大的外加载荷和获得更长的使用寿命。通常可有意地施加残余压应力来提高材料的疲劳寿命。已建立的工业流程如航空航天和汽车零部件的喷丸强化以及压力容器的自增强是创造有益的残余压应力的常见例子。

几乎所有的机械、化学和热处理工艺都会产生残余应力,包括涂层技术。冷喷涂使用高的粒子速度和冲击能量使材料能够在相对较低的温度下涂覆在基底上。冷喷涂的副作用是产生残余应力,这是由颗粒与基材碰撞产生的喷丸效应所引起的。颗粒较高的冲击速度导致较大的局部应力,这导致颗粒-基体界面附近的基底发生塑性变形。图5.1示意地描绘了这种塑性区的形成。由于碰撞的局部效应,塑性区域被较大的弹性区域包围,导致局部残余应力的形成。由颗粒撞击产生的凹痕造成的表面张力,卸载时(颗粒黏附到表面)在表面附近产生残余压应力(图5.1)。这种应力有利于增加涂覆部件的疲劳寿命。由于残余应力的自平衡特性(即零净内力)与表面处及其附近的残余压应力相关,因此在整个深度存在残余拉应力以平衡残余力。单个颗粒与基体碰撞引起的残余应力分布的示意图如图5.1所示。

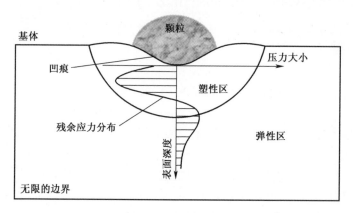

图5.1 颗粒在冷喷涂过程中与基体碰撞,形成有益的残余应力的示意图。
还显示出了在表面和表面附近的典型残余应力分布(Shayegan 等,2014)

关于冷喷涂引起的残余应力的研究很多,这里简要回顾最近的文献。McCune 等(2000)测量了铜涂层的残余应力,Bagherifard 等(2010a)对铝涂层中引起的应力进行了 X 射线衍射(XRD)测量。Ghelichi 等(2012)测量了不同铝合金涂层样品的残余应力,并研究了它们对疲劳行为的影响。所有研究中一个有趣的共同结果是在涂层和基体界面处的残余压应力的松弛,相反,主要的区别是 McCune 等(2000)报道的基底中的应力接近于零,而在其他研究中,相对于沉积材料而言,基底中则有较大应力(Bagherifard 等,2010a;Ghelichi 等,2012)。Price 等(2006)通过冷喷涂,用纯钛涂覆 Ti6Al4V 合金研究了钛在钛合金上的沉积效应,分别在原样和喷砂(GB)样品上进行喷涂。结果发现在涂覆前后样品的旋转弯曲疲劳完全反转,原样的疲劳耐力极限降低15%,而在 GB 基体上未观察到显著的降低。疲劳耐力极限的降低归因于喷涂引起的残余应力。但是,在 Cizek 等(2013 年)研究的钛在 Ti6Al4V 基体上的冷喷涂中,冷喷涂样品的平均疲劳寿命比未涂覆的原样短 9%。Luzin 等(2011)通过中子粉末衍射的应力测量研究了铜和铝涂层样品的残余应力。他们使用了 Tsui 和 Clyne 的渐进模型(Tsui 和 Clyne,1997)来解释他们的实证结果,该模型最初是开发模拟热喷涂涂层中的残余应力积累的。Luzin 等(2011)得出结论:残余应力几乎完全是由颗粒的高速撞击引起喷涂材料的塑性变形过程决定的,而热效应在改变残余应力的分布方面没有起到明显的作用。Spencer 等(2012)也使用了 Tsui 和 Clyne 的渐进模型(Tsui 和 Clyne,1997)并采用了相同的方法,来研究在镁基体上冷喷涂铝和铝合金所引起的残余应力。并通过使用具有高空间分辨率的中子衍射来测量残余应力的分布。他们得出的结论认为残余应力分布更依赖于合金成分,即对塑性变形的内在阻力,而不是喷涂加工条件。Sansoucy 等(2007)研究了Al-13Co-26Ce 合金颗粒在 AA2024-T3 基材上的冷喷涂。他们报道了 Al-Co-Ce 涂层的疲劳和结合强度。结果表明,与未喷涂的试样相比,Al-Co-Ce 涂层改善了 AA2024-T3 试样的疲劳性能。他们将疲劳性能的增加归因于涂层中引起的残余压应力。Jeong 和 Ha(2008)研究了将铝合金 A356 粉末冷喷涂在由相同材料制成的基材上的效果。结果表明涂层样品的疲劳强度显著提高了 200%。Ghelichi 等(2012 年)研究了纯铝和 Al7075 粉末的冷喷涂对 Al5052 基材的显微组织、残余应力分布和疲劳寿命的影响。他们报道在完全反向的悬臂弯曲测试下,涂层样品的疲劳寿命比原样增加了 30%,并说明疲劳寿命的增加是因为冷喷涂后残余应力的存在。他们对残余应力的测量显示了涂层在基材上的喷丸效应,并验证了残余压应力对部件疲劳寿命的重要性。Moridi 等(2014)研究了Al6082 的冷喷涂对同种材料疲劳寿命的影响。结果表明涂层样品的疲劳强度增加了 15%。Ghelichi 等(2014b)通过实验测量和使用有限元数值模拟的方法研究了铝样品中残余应力诱发的物理现象。结果表明加工温度具有退火效果;也就是说,气体温度可以释放由粒子撞击引起的残余应力。考虑气体温度退火效应的数值模拟与实验测量结果相吻合。Shayegan 等通过实验和模拟研究了铝粉对 AZ31 的影响。在数值模拟中,Ghelichi 等(2014b)和 Shayegan 等(2014)都考虑了影响的随机性。Shayegan 等(2014)报道,喷涂 Al1100 后,AZ31B 挤压件的耐疲劳性提高了 10%,低周疲劳寿命最高提高了 40%。

影响冷喷涂涂层的残余应力水平的因素很多,包括冲击速度、粒度和硬度、颗粒温度、喷涂材料在高冷却速率下的淬火效应以及涂层和基材之间的热失配。最近关于冷喷涂引起的残余应力的研究可分为:①残余应力的实验测量以量化这些应力的水平和深度;②冲击和残余应力的数值模拟;③冷喷涂对疲劳寿命的影响。以下部分将简要回顾这三个方面的实验测量方法和细节以及数值模型。

5.2 冷喷涂涂层中残余应力的实验测量

颗粒对基体和涂层区域的持续轰击是导致残余应力增加的主要特征。冷喷涂工艺与其他类型的热喷涂工艺原则上的不同点在于,其工艺温度较低和颗粒冲击速度较高,这两者直接影响产生的残余应力分布。冷喷涂涂层中残余应力的定量研究因测量方法(层去除、X 射线衍射或中子衍射)或基体/颗粒材料(Al、Ti、Cu 或 Mg)的不同而有所不同。

McCune 等(2000)使用 Greving 等(1994)开发的涂层去除技术测量了铜粉冷喷涂涂层样品的残余应力。以样品外表面的残余应力为基准,测量了各涂层样品不同深度的残余应力分布。为了计算由于去除层而释放的残余应变的残余应力,需要测量材料的弹性模量。杨氏模量的测量使用 Rybicki 等(1995)发明的复合悬臂法进行。与预期的一样,他们发现在表面处和表面附近是残余压应力,而在远离表面处是残余拉应力。他们首次进一步注意到了喷涂加工温度对粉末冲击引起的残余应力的退火作用;即通过提高涂层温度可以降低残余应力。图 5.2 显示了由 McCune 等提供的铜涂层样品的残余应力测量结果。

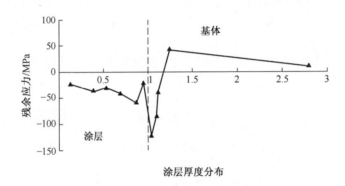

图 5.2　铜涂层样品残余应力的实验测量(McCune 等,2000; Ghelichi,2012)

Ghelichi 等(2012,2014a,b)对涂层残余应力测量进行了一系列研究。为了研究冷喷涂前后残余应力的深度分布,采用了 XRD 方法对表面层进行分析。辐射穿透深度大约为 5μm。通过使用电抛光装置逐步去除非常薄的材料层(0.01mm/ 0.02mm)来进行深度残余应力的测量,以获得残余应力的深度分布。他们在三个旋转角度(0°、45°和 90°)测量了不同铝颗粒在不同铝合金基体上引起的残余应力。涂层样品包括涂覆 Al7075 颗粒的 Al5052 和涂覆纯铝颗粒(尺寸范围为 10~40μm)的 Al5052。图 5.3 所示为用 Al7075 和纯铝喷涂的 Al5052 样品的残余应力测量值。

Ghelichi 等(2014b)对涂层样品中的退火现象进行了具体的实验验证。喷涂 Al7075 的样品的喷涂温度和时间分别为 500℃和 420s,而喷涂纯铝的样品的喷涂温度和时间分别为 350℃和 90s。GB 样品也分别在完全相同的温度和压力

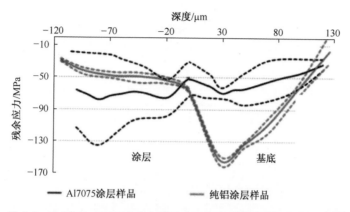

图 5.3　分别用 Al7075 和纯铝喷涂的 Al5052 样品的残余应力测量；
虚线表示测量值的下限和上限,实线表示平均值(Ghelichi 等,2014a)

条件下,但不用粉末进行喷涂加工,结果显示虽然喷砂会导致样品残余应力,但更长时间或更高温度可大程度减小样品中的残余应力。最终结果如图 5.4 所示。通过这组数据,Ghelichi 等(2014a)估算出了退火常数。

　　Shayegan 等(2014)采用相同的 XRD 技术测量了铝粉涂覆的镁合金基体的残余应力。使用空冷的 AZ31B 挤出件作为基材。首先采用 1989 年美国金属学会(ASM)推荐的 260℃ 热处理 15min 的方法来消除挤压过程中的残余应力,然后以平均粒度为 25μm 的市售纯铝(Al> 99.7%)粉末涂覆基材。对样品表面进行喷砂处理后,再用氧化铝冷喷涂。使用以下的喷涂条件:350℃ 的温度,1.724MPa 的压力和 12mm 的喷射距离。该涂层的黏合强度为 22MPa,硬度为

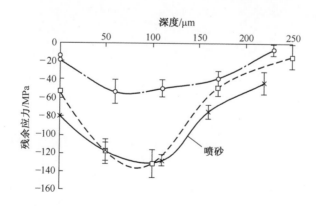

(a)

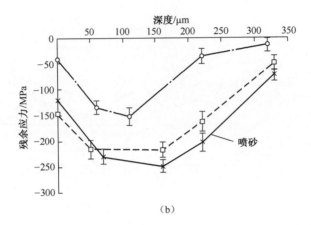

（b）

图 5.4　涂层温度对样品残余应力释放的影响（Ghelichi 等,2014b）
（a）Al5052；（b）Al6061。

34~37HB,密度大于 99.5%。通过 XRD 方法测量沿挤出方向上名义深度为 10μm、20μm、70μm、160μm、60μm 和 400μm 处的残余应力,实验测量值如图 5.5 所示。

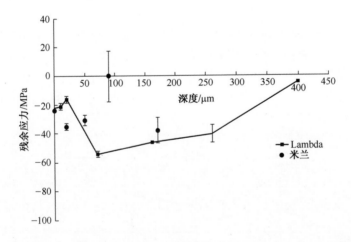

图 5.5　Al 涂覆 AZ31 挤出件残余应力沿挤出方向的深度分布（Shayegan 等,2014）；
这两组数据的测量均在 Lambda Technologies 和意大利米兰理工大学进行

　　这些测量的共同之处可以归纳为几点。①所有不同的测量结果都表明,残余压应力产生于基材表面,这种应力水平取决于材料和涂层参数。②在表面以下的残余应力为残余压应力,超过一定深度后转变为残余拉应力。③最大残余压应力比最大深度残余拉应力的数量级高,残余应力在基底的几百微米之外消

214

失。④结果还表明残余应力将在基底上得到释放;也就是说,与基底和涂层相比,沉积材料和基材的界面的残余压应力较小。这可能是由界面的局部塑性变形较大和局部晶粒尺寸细化(Ghelichi,2012)造成的。⑤由于退火效应,增加喷涂温度将降低残余应力。

为了更好地了解这种复杂的物理现象,采用了数值模拟的数学建模方法。在下一节中,将详细介绍两种不同的模型。

5.3 冷喷涂过程的数值模拟

数值模拟用于更好地理解不同的物理现象,并可作为灵敏度和参数分析的工具。通过适当的拟合,可以定性或定量地监测工艺过程的不同方面。当观测的尺度很小,变形发生在很短的瞬间,实验测量无法获得每一个具体的细节时,尤其需要数值模拟。通过提供一些关于参数变化对最终结果的影响的深入信息的方式,模拟还可以使实验的实验次数最小,从而降低生产成本。

在冷喷涂中,微粒的高速撞击引起局部高度塑性变形,进而引起涂层样品表面和表面附近的残余压应力。由于颗粒的撞击速度和流量很高,使基材发生非常复杂的与速率有关的塑性变形,包括材料行为中的软化和局部化(Champagne,2007)。

研究人员在模拟冷喷涂过程中做了大量工作。这些工作中的大部分都致力于研究喷涂过程中单颗粒的冲击。这些研究主要集中在高速率冲击导致的局部大变形对金属基体塑性行为的影响。Assadi 等(2003)和 Grujicic 等(2004a)用 Johnson-Cook 塑性变形模型,研究了单粒子的撞击行为。结果表明,应力 - 应变曲率的局部化可能是将颗粒结合在基底上的主要原因。这一理论后来在 Ghelichi 等(2011)的实验观察中得到了支持。Kumar 等(2009)、Li 等(2006)和 Ghelichi 等(2011)延续并改进了他们的研究。这些研究旨在找出更加接近“临界速度”的值,即保证颗粒与表面黏结所需的最小速度,同时,很好地揭示了单粒子撞击中粒子的行为。对多个粒子撞击引起的基底响应的研究则较少。这些研究表明,颗粒的大小和速度是影响喷涂结果的主要因素。在实际生产和实际喷涂过程中,通常粒径分布范围较广,不同颗粒的速度也会不同,这可以在模拟中发现。

以下将更详细地讨论 Ghelichi 等(2014b)和 Shayegan 等(2014)的研究工作。这两项研究考虑了颗粒尺寸影响的随机性和影响塑性变形以及由其引起的加工残余应力的不同物理参数。

5.3.1 铝基材冷喷涂产生的残余应力

由于冷喷涂涂层与喷丸强化存在内在相似性,Ghelichi 等(2014b)使用 Bagherifard 等(2010b)提出的喷丸强化模拟模型研究了两种涂有 Al7075 涂层的铝合金(Al5052 和 Al6061)的残余应力。

冷喷涂模拟的主要组成之一是粒度分布。为了引入粒度的随机性,采用了常用于估算颗粒分布的 Rosin-Rammler 模型(RosIn,1933;Ramakrishnan 2000;式(5.1))(Allen,2003;Li 等,2006)。在式(5.1)的累积密度函数(CDF)中,D_p 是粒径,D_{rr} 和 Q 是 Rosin-Rammler 系数。通过扫描电子显微镜(SEM)图像获得实验中使用的粉末的实际颗粒形态,然后用于找出 Rosin-Rammler 模型的拟合参数。图 5.6 为一个代表性的 SEM 图像,用于获取颗粒分布直方图(图 5.6(b)),通过拟合得到了 Rosin-Rammler 模型参数。

$$R(\text{CDF}) = \left\{ 1 - \exp\left[\left(\frac{\ln(D_p)}{\ln(D_{rr})}\right)^{Q}\right] \right\} \times 100\% \qquad (5.1)$$

图 5.6　(a)Al7075 颗粒形态和尺寸分布的 SEM 图像,(b)直方图和基于 Rosin-Rammler
($D_{rr} = 45.95, Q = 21.46$)模型的粒度分布 CDF(Ghelichi 等,2014b)

如图 5.7 中大圆圈所示,假设颗粒在撞击位置是均匀分布的,可以通过涂层样品的厚度和颗粒平均粒度计算颗粒的数量。

冷喷涂模拟的另一个主要参数是颗粒速度。在具有特定压力和温度的冷喷涂过程中,颗粒速度是其直径的函数。为了获得不同尺寸颗粒的撞击速度的估算值,可采用 Grujicic 等(2004b)和 Ghelichi 等(2011)基于 Dykuizen 和 Smith 模型(Grujicic 等,2003)提出的关系式(式(5.2))获得。

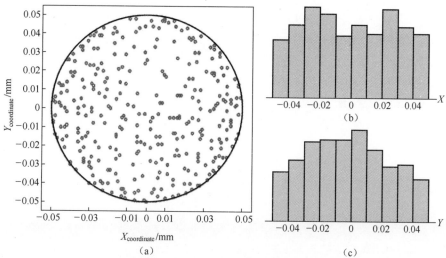

图5.7　(a)相对于撞击区域边界(大圆圈)的模型中的颗粒中心(小圆点),
(b)和(c)为颗粒在 x 和 y 轴方向的分布直方图(Ghelichi 等,2014b)

$$\begin{cases} v_{impact} = v_p e^{-\rho_{st} * L_{st}/(4\rho_p D_p)} \\ \rho_{st} = Re(-1.04 + 2.27M - 0.21M^2) \\ L_{st} = Re(0.97 - 0.02M) \end{cases} \quad (5.2)$$

式中: v_{impact} 为颗粒撞击基体表面时的速度; Re 是雷诺数。冷喷涂喷嘴末端的马赫数(M)和颗粒速度(v_p)可以分别通过式(5.3)和式(5.4)计算:

$$\begin{cases} M = \left[\kappa_1 \dfrac{A}{A^*} + (1 - \kappa_1) \right]^{k_2} \\ \kappa_1 = 218.0629 - 243.5764\gamma + 71.7925\gamma^2 \\ \kappa_2 = -0.122450 + 0.28130\gamma \end{cases} \quad (5.3)$$

喷嘴出口处的气体速度(v_e)和气体的密度(ρ_0)可以分别用式(5.5)和式(5.6)计算。气体黏度(μ)可用 Sutherland 公式(Robert,1984;Dykhuizen 和 Smith,1998)进行估算。

$$\begin{cases} \dfrac{v_p}{v_e} = 0.5 \left(\dfrac{v_p}{v_e} \right)_{18} + 0.5 \left(\dfrac{v_p}{v_e} \right)_{20} \\ \left(\dfrac{v_p}{v_e} \right)_{20} = -e^{\frac{-9\mu x}{\rho_p D_p^2 V}} + 1 \\ \left(\dfrac{v_p}{v_e} \right)_{18} = -e^{-\sqrt{\frac{3\rho_0 C_D x}{\rho_p D_p}}} + 1 \end{cases} \quad (5.4)$$

217

$$\begin{cases} \rho_e = \dfrac{\rho_0}{\left(1 + \dfrac{\gamma - 1}{2}M^2\right)^{1/\gamma - 1}} \\[4mm] v_e = M\sqrt{\gamma R T_e} \\[3mm] T_e = \dfrac{T_0}{1 + \dfrac{1 - \gamma}{2}M^2} \end{cases} \tag{5.5}$$

$$\begin{cases} \rho_0 = \dfrac{p_0}{R T_0} \\[4mm] \mu = \mu_0 \left(\dfrac{a}{b}\right) \left(\dfrac{T_e}{T_0}\right)^{3/2} \end{cases} \tag{5.6}$$

式中: $a = 0.555 T_0 + C$; $b = 0.555 T + C$。

式中:模拟冷喷涂颗粒撞击的另一个主要参数是颗粒温度。Papyrin 等 (2006)提出了用于分析接触表面颗粒温度的公式:

$$\begin{cases} T_p = T_0 + C \exp\left(\dfrac{N_u \dfrac{6k}{d_p^2} x}{\rho_p \vartheta_p c_p}\right) \Big|_{x = \text{impact dist}} \\[4mm] N_u = 2a + 0.459 b Re^{0.55} Pr^{0.33} \end{cases} \tag{5.7}$$

式中: $a = \exp(-M)\left(1 + \dfrac{17M}{Re}\right)^{-1}$; $b = 0.666 + 0.333\exp\left(-\dfrac{17M}{Re}\right)$;

k 为热导率; Re 是颗粒的雷诺数; c_p 代表颗粒的比热容; $Pr = c_p\mu/k$ 是普朗克常量,其中 c_p 为比热容, μ 是从式(5.6)获得的动态黏度。

模拟的另一个重要组成部分是基材和颗粒的材料模型。考虑到可塑性与高应变速率(冲击)有关,需要采用适当的塑性模型来模拟变形的特征。在这项研究中,选择了一个结合了各向同性和随动强化的模型(Lemaitre 等,1990)作为基底模型,采用式(5.8)中的约翰逊-库克模型(Johnson 等,1983)作为粉末模型。表 5.1 列出了 Al 颗粒的力学性能和材料常数。

表 5.1　Al 颗粒的力学性能和材料常数(Johnson 等,1983)

材料	硬度 (洛氏硬度)	密度 /(kg/m³)	比热容 /(J/(kg·K))	熔点/K	B_1 /MPa	B_2 /MPa	n	C	M
Al7075-T6	87	2800	960	910	546	674	0.72	0.059	1.56

$$\sigma_{eq} = \left[B_1 + B_2(\varepsilon_p)^n \right]\left[1 + Cln(\dot{\varepsilon}_p/\dot{\varepsilon}_{p0}) \right] \times \left[1 - \left(\frac{T - T_{init}}{T_{melt} - T_{init}} \right)^m \right]$$

$$(5.8)$$

最后,需要模拟单个颗粒和基底碰撞后的退火过程。由于涂覆过程中产生的高温(接近退火温度)的影响,可能发生与退火非常相似的现象,从而释放基底中的应力(Totten,2002)。时间是影响退火过程的主要因素,其对残余应力松弛的影响可以采用 Zener-Wert-Avrami 函数(Fine,1964)来模拟:

$$\delta^{rs}/\sigma_0^{rs} = \exp\left[-(St_a)^m \right] \qquad (5.9)$$

其中 m 是取决于松弛机制的数值参数。基于式(5.9),在具有相同几何形状、体积和材料的样品中,当退火参数(包括时间和温度)都相同时,$\sigma^{rs}/\sigma_0^{rs}$ 的分数保持恒定。这个常数已经作为退火效应数值模拟结果用于估计残余应力的最终分布。

5.3.1.1 数值模型类型

使用商业有限元软件 Abaqus/Explicit 6.12-1(2012)创建基底和颗粒的有限元(FE)模型来研究多颗粒撞击效应。目标网格由 C3D8R 8 节点线性砖块元素设置,从而减少了聚集和沙漏控制。由于尺寸非常小的颗粒和较大的基底的不匹配以及撞击的局部效应,基底(目标)的底面由半无限元网格化,这些半无限元通过使反射到兴趣区的膨胀波和应力波最小化来提供平静边界。

图 5.8(a)、(b)显示了有限元模型的不同视图。在图中,红色区域代表撞击区域,呈现了颗粒的排放和粒度分布。在颗粒撞击之前,实验测量的未经喷涂的 GB 样品的深度残余应力已被视为有限元模型中预定义的应力场。以 Al7075 粉末为喷涂材料,Al5052 和 Al6061 作为基底对数值模型进行了调整。

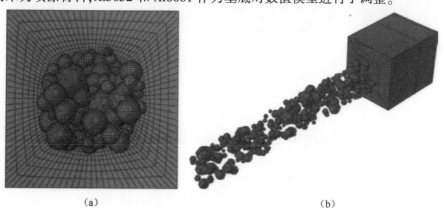

(a)   (b)

图 5.8 为计算残余应力而开发的有限元模型(红色区域代表冲击区域)的
顶视图(a)和等轴视图(b)(Ghelichi 等,2014b)

考虑温度的退火效应前后的数值模拟结果如图 5.9 所示。可以看到,当考虑加工温度对释放压力的影响时,结果得到明显改善。数值模拟和实验测量证实,在冷喷涂过程中,颗粒的持续轰击会在基底中产生残余应力。尽管加工气体温度低于所涉及材料的熔点,但它对由先前的喷砂和颗粒撞击引起的有利的压缩残余应力产生不利的退火效应。通过对样品进行喷砂处理,然后在不使用粉

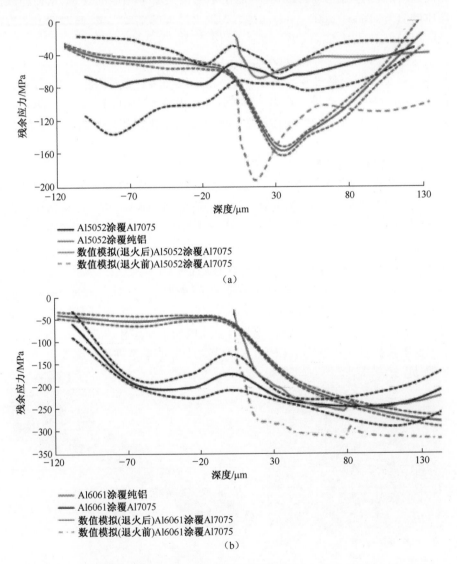

图 5.9　Al7075 和纯铝的涂覆样品的残余应力测量与数值模拟结果的对比
(a)Al5052;(b)Al6061。(Ghelichi 等,2014b)

220

末的条件下进行冷喷涂的实验方式,可以清楚地看到这种效果。实验测量结果表明加工温度对促进残余应力松弛具有较大的影响。

为了获得基底中的最终残余应力状态,开发了两步法来更逼真地模拟冷喷涂过程。它考虑了喷砂引起的残余应力、颗粒尺寸分布、随机冲击位置以及颗粒相应的速度和温度与其尺寸的关系。第一步基于有限元/显式模拟,并考虑与现象匹配的不同材料模型。即使对实际过程做了一些近似考虑(例如,在建模中没有考虑颗粒与基底的结合),数值模型也可以研究颗粒的喷丸效应。有限元模拟的结果没有考虑退火的影响。为此,在第二步的分析中,用 Zener-Wert-Avrami 方法(Fine,1964),在未喷涂样品上进行实验测量,引入退火效应对数值结果的影响。

5.3.2 镁基材冷喷涂产生的残余应力

Shayegan 等(2014)介绍了最新的数值模型。他们使用 LS-DYNA(LS-DY-NA3D 1999)软件模拟在镁(AZ31)挤出件基材上的铝颗粒涂层。他们研究的重点是喷涂的喷丸效应和产生的残余应力。

镁挤出件具有两个主要的机械特性:屈服不对称性和方向各向异性。由于六方密堆积(HCP)镁中的滑移系有限,当沿 c 轴(基轴)延伸时,孪生是主要的变形机制。这导致拉伸和压缩中会产生不同的变形机制,称为屈服不对称。LS-DYNA(LS-DYNA3D 1999)材料库提供 MAT-124 来获得两条独立的拉伸和压缩应力-应变曲线,从而得到屈服不对称。Shayegan 等(2014)注意到屈服不对称是主要的变形因素,忽略了基底的方向各向异性,将 MAT-124 与 Cowper-Symonds(式(5.11))应变速率模型相结合。

$$\frac{\sigma}{\sigma_0} = 1 + \left(\frac{\dot{\varepsilon}}{D}\right)^{\frac{1}{p}} \tag{5.10}$$

式中: $\dot{\varepsilon} = \sqrt{\dot{\varepsilon}_{ij}\dot{\varepsilon}_{ij}}$ 为应变速率; σ 为冯米塞斯应力; σ_0 为半静态屈服应力; $D = 24,124$ 和 $p = 3.09$(Najafi 和 Rais-Rohani,2011)为应变率参数。

模拟使用了图 5.10 所示的 AZ31B 的拉伸和压缩曲线以及包括密度(1770kg/m³)、杨氏模量(45GPa)和泊松比(0.35)在内的其他参数。

Ghelichi 等(2011)使用同样的 Johnson-Cook 材料模型(LS-DYNA MAT-15),用于铝颗粒的处理,该模型适用于由于绝热温度升高导致材料适当软化从而引起的高应变速率问题(表5.2)。

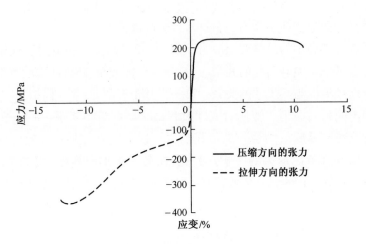

图 5.10 AZ31B 的应力-应变曲线(Albinmousa 等,2011)

表 5.2 用于铝 1100-O 的 Johnson-Cook 参数(Benck,1976;Pierazzo 等,2008)

参数	数值
A/MPa	49
B/MPa	157
n	0.167
c	0.016
m	1.7
T_{room}/K	293
T_{melt}/K	933

对于由于颗粒与工件高速碰撞引起的应力波传播,使用下列 Gruneisen(Albinmousa 等,2011)公式:

$$p = \frac{\rho_0 c_0^2 \mu \left[1 + \left(1 - \frac{\gamma_0}{2} \right) \mu - \frac{a}{2} \mu^2 \right]}{\left[1 - (S_1 - 1)\mu - S_2 \frac{\mu^2}{\mu + 1} - S_3 \frac{\mu^3}{(\mu + 1)^2} \right]^2} + (\gamma_0 + d\mu) E, \mu = \frac{\rho}{\rho_0} - 1$$

(5.11)

式中:c_0 为声速;ρ_0 为初始密度;ρ 为电流密度;S_1、S_2 和 S_3 为 U_s-U_p 曲线的斜

222

率,U_s 为冲击波速度,U_p 为粒子速度;γ_0 为参考状态值;d 为 γ_0 的每一体积的一阶校正系数;E 为每单位参考体积的内部能量。适用于 Al 1100-O 的 Gruneisen 方程的参数已由 Group GMX-6,Los Alamos(1969)(表 5.3)发表。

表 5.3　适用于 A1 1100-O 的 Gruneisen 状态方程的参数

参数	数值
$c/(\text{m}/\text{s})$	5328
S_1	1.338
S_2	0
S_3	0
γ_0	2
A	0

所使用的 Al 1100-O 颗粒的其他材料常数有密度(2710kg/m³)、杨氏模量(70GPa)、泊松比(0.33)、剪切模量(26GPa)和比热容(890J/(kg·K))(图5.11)。

在这项研究中,考虑了粒子大小和形状的随机性。根据喷涂过程中粉末形态获得的颗粒的平均尺寸选择合适的分布,并使颗粒具有不同的形状。数值模型的最终结果显示了基体表面和表面附近的残余应力分布,如图 5.12 所示。图中还示出了使用 XRD 对两组喷涂样品进行残余应力测量的结果。考虑到测量值的变异性,模拟结果与测量结果相当,尤其是基材表面的结果。

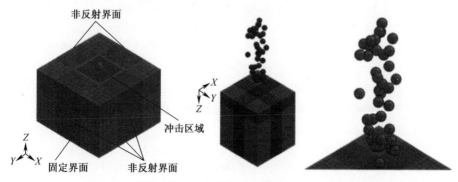

图 5.11　网格配置和开发的有限元模型(Shayegan 等,2014)

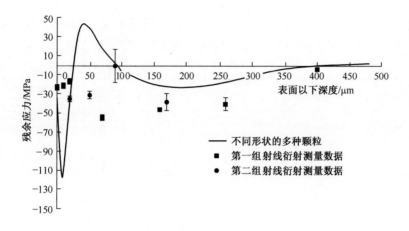

图 5.12　Shayegan 等(2014)的模型的数值结果与实验结果的比较

5.4　冷喷涂涂层的延寿

　　表面上的残余压应力会延缓裂纹的萌生和扩展,并可增加金属部件的疲劳寿命。由于初始压应力的存在,在循环载荷下,最大拉应力非常小,在某些情况下甚至为零。因此,初始表面裂纹不受裂纹扩展方式的影响。所以,有益的残余压应力的存在延长了使用寿命,或允许施加更高的外部载荷。前面的章节中详细讨论了冷喷涂的喷丸效应引起的残余压应力的形成,下面主要介绍冷喷涂的延寿作用。

　　Ghelichi 等(2012)使用不同粉末和处理方法研究了冷喷涂对铝合金的影响。使用如图 5.13 所示 ASTM-B593(2009)推荐的试样样式,进行疲劳试验。采用 ASTM B593(2009)建议的试样进行载荷控制纯弯曲疲劳试验。该标准建议使用一种固定悬臂恒定偏转式机器。根据图 5.13(a)所示的标准建议的方法,设计样品用于弯曲测试,设计好的样品如图 5.13(b)所示。使用负载控制的纯弯曲疲劳机器对样品进行测试。在标准频率为 90Hz,温度为室温的条件下,对原样、喷砂和其他一系列涂层试样进行弯曲疲劳试验(应力比 $R=-1$)。通过1000 万个波动的循环样本,使用 Dixon 和 Massey(1969)提出的简易阶梯法进行应力为 10MPa 的试验,并用 Hodge-Rosenblatt(Dixon 和 Massey,1969)法计算与10MPa 对应的疲劳寿命。根据 ASTM E739-91(2010)对疲劳试验数据进行处理得到 S-N 图,以进行不同的应用。

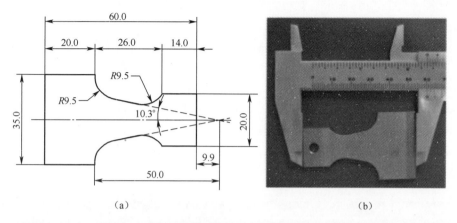

(a)   (b)

图 5.13　由 ASTM B593—96(2009)建议的试样,其在弯曲下具有均匀的应力分布
(a)样品的详细设计(所有单位均以毫米为单位);(b)准备好的试样的视图。(Ghelichi 等,2012)

使用两种不同类型的铝粉,在喷砂和 Al5052 上进行低压冷喷涂(Cadney 等,2008;Maev 等,2008),以研究这些处理对基体耐疲劳性的影响。对样品进行纯弯曲疲劳试验。通过 XRD、显微硬度测试和断裂表面的 SEM 观察测量样品的残余应力。结果如图 5.14 所示,表明疲劳寿命的提高取决于粉末。结果证明,由喷砂引起的残余应力能提高粉末和基材的耐疲劳性,并且通过选择合适的粉末还可以获得额外的好处。

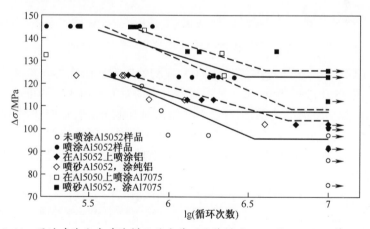

图 5.14　通过喷涂和未喷涂样品的疲劳测试获得的 S-N 图(Ghelichi 等,2012)

寿命提高的两个主要原因为颗粒的硬度以及沉积材料在基体上的结合。显微硬度测试显示相对于基材 Al7075 的硬度有了很大提高。另外,样品的喷砂处理也有助于延长疲劳寿命;这种改进主要是由于基体产生了额外的残余压应力。

225

SEM 图像(图 5.15)显示具有较高疲劳耐久性的样品其基体和沉积材料之间具有较强的结合。

Mahmoudi 等(2012)和 Kalatehmollaei 等(2014)研究了用铝合金对镁基体进行冷喷涂以提高其疲劳性能。为此,使用 AZ31B 挤压的圆柱沙漏形样品。通过旋转弯曲机(RBM)对三组样品进行了测试,包括原样、应力消除样品和应力消除/涂层样品,并测得了每组样品的 $S-N$ 曲线。比较 $S-N$ 曲线可以估计冷喷涂对 AZ31B 的疲劳强度的影响。所有测试均在实验室标准条件下进行。试验频率在低周的 50Hz 到高周的 100Hz 之间。图 5.16 所示为用于测试的样品。试样的总长度为 70mm,颈部直径为 7mm。

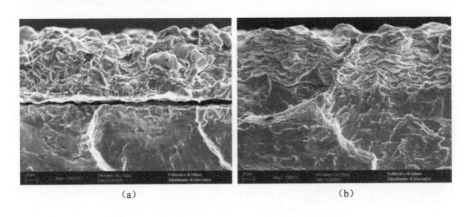

(a)   (b)

图 5.15 断裂试样中基体与沉积界面的 SEM 图片

(a)纯 Al 喷涂的样品;(b)由 Al7075 喷涂的样品。

由于 AZ31B 的挤压过程,在原样中存在初始压缩残余应力。在圆柱形试样的沙漏区用 XRD 进行测量,显示该压缩应力为 43MPa。由于原样可以反映初始残余应力与疲劳寿命的关系,因此能够将结果与其他组进行比较。使用 ASM 推荐的 260℃处理 15min 对第二组 AZ31B 试样进行应力消除处理,目的是评估没有任何残余应力时的疲劳强度。在对应力消除后圆柱形样品的沙漏区域的 XRD 测量证实表面应力已被去除。选择该组进行疲劳试验的目的是评估冷喷涂引起的残余应力及其对 AZ31B 疲劳寿命的影响。应力释放试样喷涂的条件:颗粒速度为 400m/s,颗粒平均直径为 40μm,颗粒材料为铝合金 1100 系列冷喷涂之前要进行喷砂处理以及且仅对沙漏区域进行喷涂,涂层厚度为 0.1mm。图 5.17 显示了三组样本的 $S-N$ 曲线。

图 5.18 显示了在公称应力为 188MPa 下进行测试的应力消除/涂层试样的断裂表面。如图 5.18(a)所示,裂纹萌生区域从图像的中间右侧延伸到中间底

部。除裂纹萌生点(如图 5.18(a)中心所示)外,在试样断裂表面周围未观察到涂层分层,证明了涂层颗粒与试样表面之间结合牢固。图 5.18(c)显示了涂层和断裂表面。

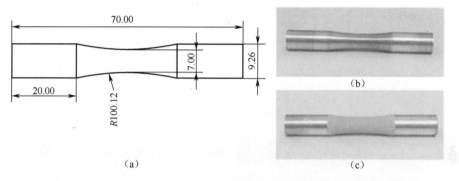

图 5.16　用于测量 AZ31B 的 *S-N* 曲线的试样(Kalatehmollaei 等,2014)
(a)样品尺寸图;(b)未涂样品;(c)涂层样品。

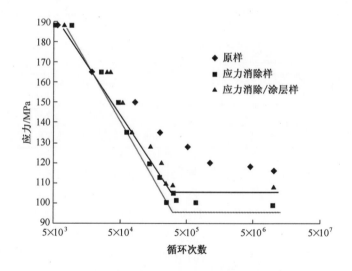

图 5.17　AZ31B 制备态、应力消除和应力消除/
涂层试样的 *S-N* 曲线(Kalatehmollaei 等,2014)

　　正如预期的那样,表面残余应力与疲劳强度之间存在相关性。表 5.4 显示了 XRD 测量的表面残余应力值和三组试样的疲劳极限。

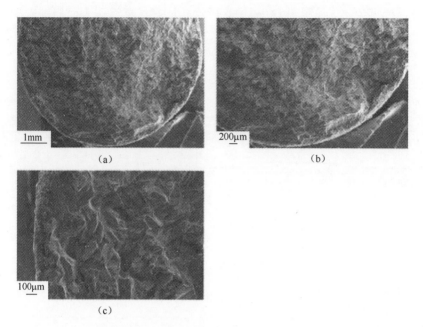

图 5.18　在公称应力为 188MPa 下进行的应力消除/涂层试样的断裂表面
(a)、(b) 裂纹萌生区域；(c) 涂层。(Mahmoudi,2012)

表 5.4　圆柱形试样的 XRD 测量结果(Cadney 等,2008)

组别	表面残余应力/MPa	疲劳极限/MPa	观察区
原样	−43	116	在沙漏区测量
应力消除样	约 0	99	在沙漏区测量
应力消除/涂层样	−22	108	在涂层样本区测量

　　在低周疲劳中,由于残余压应力损失较大,应力释放后的疲劳寿命下降相当大。冷喷涂工艺略微提高了疲劳强度。这意味着由冷喷涂引起的残余应力远低于初始挤出过程形成原样所引起的残余应力。原样在三组样品中显示出更好的疲劳强度。该组的 S-N 曲线平稳过渡到疲劳极限,而应力释放和应力释放/涂层试样的 S-N 曲线向疲劳极限过渡时有明显的转变。应力释放过程将原始试样的疲劳极限从 116MPa 降低到 99MPa,相当于降低了 14.6%。喷涂工艺提高了应力消除试件的疲劳强度,并将疲劳极限从 99MPa 提高到 108MPa,提高了 9%。

　　在另一项研究中,Cizek 等(2013)对四组不同的样本进行了疲劳测试,同样得到了关于喷砂可以提高样品的疲劳极限的结论。将 4mm 厚的 Ti6Al4V 片加工成如图 5.19 所示的尺寸。进行化学脱脂以去除基材表面上的任何油或污染物,并对样品进行 SiC 和 Al_2O_3 颗粒的喷砂处理。

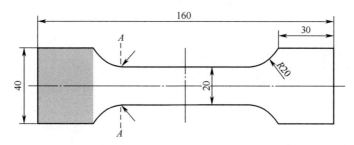

图 5.19　用于冷喷涂的 Ti6Al4V 样品(Cizek 等,2013)

　　通过 Kovářík 等(2008)的方法,使用从疲劳实验测量的共振频率,获得了涂层的弹性模量。图 5.20 显示了不同组样品表面的形态。喷砂过程产生了粗糙表面(与 $Ra = 0.82\mu m$ 的原样品相比,Ra 约为 $3\mu m$),并将角磨石 Al_2O_3 和 SiC 颗粒引入到 Ti6Al4V 材料中。

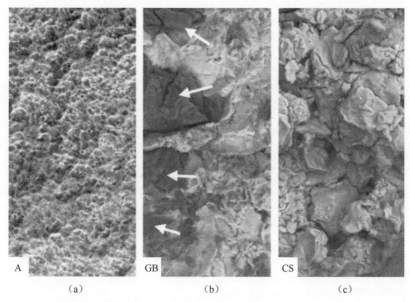

图 5.20　(a)未喷涂样品(A)、(b)喷砂(GB)和(c)冷喷涂(CS)样品的表面形貌

　　最终结果表明,Ti 层的冷喷涂沉积降低了疲劳寿命,且为测试组中的最低值(未喷涂组的91%)。他们认为寿命的降低可能是由于涂层垂直开裂,随后裂纹转移到基体中,并通过基体中拉应力感应来补偿涂层中残余的喷丸应力。如

图 5.21 所示,沉积物的断层分析能够区分经历循环开启/闭合的断裂面与最终断裂区域;这些区域的特征是断裂表面接触磨损,导致初始结构的消失;由于初始结构的消失,涂层中的裂纹萌生点和传播方向无法准确识别。

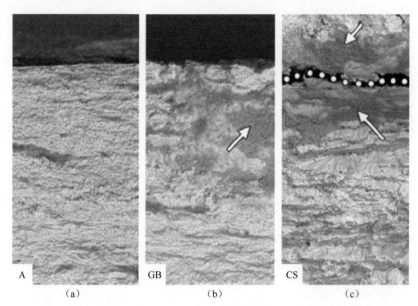

图 5.21 (a)未喷涂样品(A)、(b)喷砂(GB)和(c)冷喷涂(CS)样品距样品
边缘约 3mm 处的疲劳裂纹形貌。GB 和 CS 基体的断裂形态被
基底表面附近的碎磨粒磨损(接触磨损状态,箭头所示)

Price 等(2006)研究了钛涂层的冷喷涂沉积对 Ti6Al4V 涂层样品疲劳寿命的影响。通过试验研究涂层前后的原材料和喷砂材料的疲劳寿命。在基材上喷涂涂层后观察到疲劳耐久性降低 15%,但在喷砂基材上没有明显的降低。冷喷涂钛涂层的残余压应力太低,不足以防止疲劳裂纹形成和扩展。Price 等(2006)报道了在沉积材料和涂层样品上残余压应力是可忽略的。SEM 观察也显示了疲劳试验后沉积材料的层脱,这表示沉积材料对疲劳试验没有或只有少量贡献。

另一方面,Sansoucy 等(2007)特别研究了 Al-Co-Ce 涂层的弯曲疲劳和结合强度。结果表明,与未喷涂样品相比,Al-Co-Ce 涂层改善了 Al-2024-T3 试样的疲劳性能。

5.5 结论摘要

讨论了冷喷涂过程中残余应力的形成机理。介绍了量化这些应力大小的方法,并以铝和镁为例,介绍了它们的试验测量过程。详细研究了模拟颗粒与基体碰撞的理论基础,并对两种方法进行了深入的分析。最后,研究了冷喷涂引起的残余应力对增强基体疲劳寿命的益处。综上所述,可以得出以下一般性结论:

(1) 由于涂层颗粒与基体的高冲击能量引起的弹性包围的局部塑性,形成了残余压应力。

(2) 诸如冲击速度、颗粒尺寸、颗粒和基体的材料性质、加工温度、间隔距离、原始样品的初始残余应力和颗粒形状等参数是冷喷涂产生的残余应力的主要影响因素。

(3) 冷喷涂引起的残余应力大小主要取决于基体和涂层粉末的选择。较硬的铝颗粒涂层在铝基体上产生了大的残余应力,使得疲劳寿命显著增强,但钛涂层却表现出相反的情况。

(4) 在颗粒黏附到表面并冷却到常温的过程,喷涂温度可引发退火过程。该退火过程导致残余应力的松弛。本章提出了一种模拟退火后的校正计算方法,与实测相比,其结果更好。

参 考 文 献

Abaqus 6. 12−1. 2012. Analysis user's manual, simulia. http://asm. matweb. com/search/SpecificMaterial. asp? bassnum=MA7075T6. Accessed 1 June 2015.

ASM. 1989. *ASM Metal Handbooks*. Properties and Selection: Nonferrous Alloys and Special Purpose Materials, vol. 2.

ASTM standard B593−96. 2009. Standard test method for bending fatigue testing for copperalloy spring materials.

ASTM standard E739−10. 2010. Standard practice for statistical analysis of linear or linearized stress life(S−N) and strain life(e−N) fatigue data.

Albinmousa, J. , H. Jahed, and S. Lambert. 2011. Cyclic axial and cyclic torsional behaviour of extruded AZ31B magnesium alloy. *International Journal of Fatigue* 33(11):1403−1416.

Allen, T. 2003. *Powder sampling and particle size determination*. 1st ed. Elsevier Science. ISBN:044451564X.

Assadi, H. , F. Gärtner, T. Stoltenhoff, and H. Kreye. 2003. Bonding mechanism in cold gas spraying. *Acta Materialia* 51(15):4379−4394.

Bagherifard, S. , I. Fernàndez Parienete, R. Ghelichi, M. Guagliano, and S. Vezzù. 2010a. Effect of shot peening on residual stresses and surface workhardening in cold sprayed coatings. *Key Engineering Materials* 417:397−400.

Bagherifard, S. , R. Ghelichi, and M. Guagliano. 2010b. A numerical model of severe shot peening(SSP) to predict the generation of a nanostructured surface layer of material. *Surface and Coatings Technology* 204(24):4081

-4090.

Benck, R. F. 1976. Quasistatic tensile stress strain curves-II, rolled homogeneous armor, DTIC Document.

Brar, N. S. , V. S. Joshi, B. W. Harris, M. Elert, M. D. Furnish, W. W. Anderson, W. G. Proud, and W. T. Butler. 2009. *Constitutive model constants for Al7075T651 and Al7075T6*. Aip conference proceedings.

Cadney, S. , M. Brochu, P. Richer, and B. Jodoin. 2008. Cold gas dynamic spraying as a methodfor freeforming and joining materials. *Surface and Coatings Technology* 202(12):2801-2806.

Champagne, V. K. 2007. *The cold spray materials deposition process: Fundamentals and applications.* 1st e-d. Cambridge: Woodhead Publishing Limited. ISBN:9781845691813.

Cizek, J. , O. Kovarik, J. Siegl, K. A. Khor, and I. Dlouhy. 2013. Influence of plasma and cold spray deposited Ti Layers on high-cycle fatigue properties of Ti6Al4 Vsubstrates. *Surface and coatings technology* 217:23-33.

Dixon, W. J. , and F. J. Massey. 1969. *Introduction to statistical analysis*. New York: McGraw-Hill.

Dykhuizen, R. C. , and M. F. Smith. 1998. Gas dynamic principles of cold spray. *Journal of Thermal Spray Technology* 7(2):205-212.

Fine, M. E. 1964. *Introduction to phase transformations in condensed systems. Macmillan Materials Science Series.* New York: Macmillan Comp.

Ghelichi, R. 2012. Cold spray coating aimed nanocrystallization: Process characterization and fatigue strength assessment, PhD Thesis, Polytechnic University of Milan.

Ghelichi, R. , S. Bagherifard, M. Guagliano, and M. Verani. 2011. Numerical simulation of cold spray coating. *Surface and Coatings Technology* 205(23):5294-5301.

Ghelichi, R. , D. MacDonald, S. Bagherifard, H. Jahed, M. Guagliano, and B. Jodoin. 2012. Microstructure and fatigue behavior of cold spray coated Al5052. *Acta Materialia* 60(19):6555-6561.

Ghelichi, R. , S. Bagherifard, D. Mac Donald, M. Brochu, H. Jahed, B. Jodoin, and M. Guagliano. 2014a. Fatigue strength of Al alloy cold sprayed with nanocrystalline powders. *International Journal of Fatigue* 65:51-57.

Ghelichi, R. , S. Bagherifard, D. MacDonald, I. Fernandez Pariente, B. Jodoin, and M. Guagliano.

2014b. Experimental and numerical study of residual stress evolution in cold spray coating. *Applied Surface Science* 288:26-33.

Greving, D. J. , E. F. Rybicki, and J. R. Shadley. 1994. Through-thickness residual stress evaluations for several industrial thermal spray coatings using a modified layerremoval method. *Journal of thermal spray technology* 3 (4):379-388.

Grujicic, M. , C. Tong, W. S. DeRosset, and D. Helfritch. 2003. Flow analysis and nozzleshape optimization for the coldgas dynamicspray process. *Proceedings of the Institution of Mechanical Engineers, Part B: Journal of Engineering Manufacture* 217(11):1603-1613.

Grujicic, M. , C. L. Zhao, W. S. DeRosset, and D. Helfritch. 2004a. Adiabatic shear instability based mechanism for particles/substrate bonding in the coldgas dynamicspray process. *Materials & design* 25(8):681-688.

Grujicic, M. , C. L. Zhao, C. Tong, W. S. DeRosset, and D. Helfritch. 2004b. Analysisoftheimpact velocity of powder particles in the coldgas dynamicspray process. *Materials Science and Engineering: A* 368(1):222-230.

Jeong, C. Y. , and S. Ha. 2008. Fatigue properties of Al-Si casting alloy with cold sprayed Al/SiC coating. *International Journal of Cast Metals Research* 21(1-4):235-238.

Johnson, G. R. , and W. H. Cook. 1983. *A constitutive model and data for metals subjected to large strains, high strain rates and high temperatures.* Proceedings of the 7th international symposium on ballistics.

Kalatehmollaei, E. , H. MahmoudiAsl, and H. Jahed. 2014. Anasymmetricelastic-plasticanalysis of the loadcontrolled rotating bending test and its application in the fatigue life estimation ofwrought magnesium AZ31B. *International Journal of Fatigue*64:33-41.

Kovářík,O. ,J. Siegl,and Z. Procházka. 2008. Fatigue behavior of bodies with thermally sprayedmetallic and ceramic deposits. *Journal of thermal spray technology* 17(4):525-532.

Kumar,S. ,G. Bae, K. Kang, S. Yoon, and C. Lee. 2009. Effect of powder state on the deposition behaviour and coating development in kinetic spray process. *Journal of Physics D:Applied Physics* 42(7):075305.

Lemaitre,J. ,and J. L. Chaboche. 1990. *Mechanics of solid materials*. New York:Cambridge University Press.

Li,C. J. ,W. Y. Li,and H. Liao. 2006. Examination of the critical velocity for deposition of particles in cold spraying. *Journal of Thermal Spray Technology* 15(2):212-222.

LSDYNA3D. 1999. User's manual. Ver. 950. Livermore software technology corporation,Livermore,California.

Los Alamos. 1969. "Selected Hugoniots",Group GMX6,Los Alamos Scientific Lab. ,LA 4167-MS.

Luzin,V. , K. Spencer, and M. X. Zhang. 2011. Residual stress and thermomechanical properties of cold spray metal coatings. *Acta Materialia* 59(3):1259-1270.

Maev, R. G. , and V. Leshchinsky. 2008. *Introduction to low pressure gas dynamic spray: Physics& technology*. WileyVCH Verlag GmbH.

Mahmoudi,H. 2012. MSc. thesis. Mechanical and Mechatronics Engineering Department,University of Waterloo.

Mahmoudi,H. ,H. Jahed,and J. Villafuerte. 2012. The effect of cold spray coating on fatigue life of AZ31B. 9th International conference on magnesium alloys and their applications,Vancouver,BC.

McCune, R. C. , W. T. Donlon, O. O. Popoola, and E. L. Cartwright. 2000. Characterization of copper layers produced by cold gasdynamic spraying. *Journal of Thermal Spray Technology*9(1):73-82.

Moridi, A. , S. M. HassaniGangaraj, M. Guagliano, and S. Vezzu. 2014. Effect of cold spray deposition of similar material on fatigue behavior of Al 6082 alloy. *Fracture and Fatigue*7:51-57(Springer).

Najafi,A. , and M. Rais - Rohani. 2011. Mechanics of axial plastic collapse in multicell, multi corner crush tubes. *Thin-Walled Structures* 49(1):1-12.

Papyrin, A. , V. Kosarev, K. V. Klinkov, A. Alkhimov, and V. M. Fomin. 2006. *Cold spray technology*. (A. Papyrin. ed.). Elsever.

Pierazzo, E. , N. Artemieva, E. Asphaug, E. C. Baldwin, J. Cazamias, R. Coker, G. S. Collins, D. A. Crawford, T. Davison,D. Elbeshausen,K. A. Holsapple,K. R. Housen,D. G. Korycansky,and K. WÜNnemann. 2008. Validation of numerical codes for impact and explosion cratering:Impacts on strengthless and metal targets. *Meteoritics & Planetary Science* 43(12):1917-1938.

Price ,T. S. ,P. H. Shipway,and D. G. McCartney. 2006. Effect of cold spray deposition of atitanium coating on fatigue behavior of a titanium alloy. *Journal of Thermal Spray Technology*15(4):507-512.

Ramakrishnan,K. N. 2000. Modified Rosin Rammler equation for describing particle size distribution of milled powders. *Journal of Materials Science Letters* 19(21):1903-1906.

Robert,C. 1984. *CRC handbook of chemistry and physics*. Boca Raton:CRC Press.

RosIn,P. 1933. The laws governing the fineness of powdered coal. *Journal of the Institute of Fuel*7:29-36.

Rybicki,E. F. ,J. R. Shadley,Y. Xiong,and D. J. Greving. 1995. A cantilever beam method for evaluating Young's modulus and Poisson's ratio of thermal spray coatings. *Journal of Thermal Spray Technology* 4(4):377-383.

Sansoucy,E. , G. E. Kim, A. L. Moran, and B. Jodoin. 2007. Mechanical characteristics of Al CoCe coatings produced by the cold spray process. *Journal of Thermal Spray Technology* 16(5-6):651-660.

233

Shayegan, G. , H. Mahmoudi, R. Ghelichi, J. Villafuerte, J. Wang, M. Guagliano, and H. Jahed. 2014. Residual
    stress induced by cold spray coating of magnesium AZ31B extrusion. *Materials& Design*60:72-84.

Spencer, K. , V. Luzin, N. Matthews, and M. X. Zhang. 2012. Residual stresses in cold spray Al coatings:The effect
    of alloying and of process parameters. *Surface and Coatings Technology*206(19-20) :4249-4255.

Totten, G. E. 2002. *Handbook of residual stress and deformation of steel*. Ohio:ASM International, MaterialsPark.

Tsui, Y. C. , and T. W. Clyne. 1997. An analytical model for predicting residual stresses in progressively deposited
    coatings part 1:Planar geometry. *Thin Solid Films* 306(1):23-33.

Weast R. C. , and D. R. Lide. 1984. *CRC handbook of chemistry and physics. University of Rhode Island. Coastal
    Resources Center*. Cleveland:CRC Press.

234

第6章　商业化冷喷涂设备及其自动化

J. Villafuerte，W. Birtch，J. Wang

6.1　商业化的冷喷涂设备

6.1.1　冷喷涂喷嘴

喷嘴是冷喷枪中的重要设计部件。它在将高焓、高压和低速气体转化为颗粒加速所需的低焓、低压和高速气体射流方面,起着至关重要的作用。冷喷嘴的最终目的是在喷嘴出口处产生有利的气流条件,使颗粒在与基板撞击时有效固结的能力最大化。第2章已很好地解释了该物理过程。通常,在喷嘴出口处采用拉瓦尔喷嘴来产生超声速气流。超声速气流的动能和热能是喷嘴几何形状和气体参数(气体类型、压力和温度)的函数。实际转移到颗粒上的能量(热和动能)很大程度取决于粉末的物理特性(例如,密度、形状、尺寸分布等)、颗粒注入到气流的位置和方式,以及粉末与气体的质量比。第3章已解释了冷喷涂粉末材料的主要特性及其在该过程中的作用。

喷嘴几何形状的重要参数(图6.1)包括发散比(D/d)、发散形状和发散部分的长度。这些几何特征决定了喷嘴出口内和喷嘴出口处的气流特性。在优化喷嘴几何形状将气体喷射速度最大化时,设计人员通常使用计算流体动力学(CFD)模拟软件。当气体射流离开喷嘴时,弓形冲击波和压缩层很大程度上会影响颗粒对基底的冲击条件。实际上,圆形喷嘴出口直径范围为2~12mm,而喉部直径范围为1.0~3.0mm。通常使用道次重叠的方法来实现较大面积的喷涂,重叠的步长通常为单道次宽度的25%。由于粉末由反弹到形成涂层的粒子速度差距显著,形成过量喷涂的涂层宽度比较小,因而,每一道次喷涂轨迹的边缘都很清晰尖锐,涂层宽度接近喷嘴出口直径。

喷嘴反复使用可能最终导致喷嘴堵塞和/或内部腐蚀磨损。堵塞易发生在锡、铝、镍和铟等纯金属喷涂中。喷嘴堵塞机理尚不完全清楚,但很明显的是与喷涂表面粗糙度、表面温度和表面化学状态相关。为了最大限度地减少或避免喷嘴堵塞,制造商采用两种方法:①耐高温聚合物具有无堵塞特性可用来制造喷

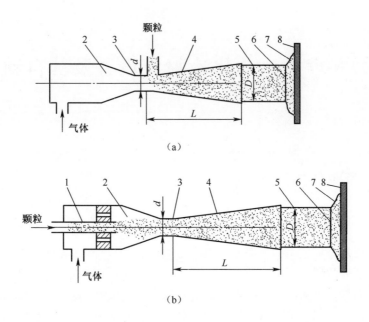

图 6.1　下游和上游喷嘴参数(Papyrin 等,2007;Papyrin,2001)
1—粒子注入管;2—预燃室;3—喷嘴喉管(d 为直径);4—发散超声速部分;
5—自由射流;6—弓形冲击波;7—压缩层;8—基材。

嘴;②用金属制造喷嘴,但增加连续水冷却,并使其内表面高度抛光。在前一种
方法中,制造商注意到聚合物通常显示出约 400℃ 的最高使用温度。因此,喷嘴
设计为喷嘴的收敛部分由金属制成,同时尽可能地将喷嘴的聚合物部分限制在
与喷嘴喉部尽可能远的发散部分(冷却器)。外部喷嘴用水冷却也可有效避免
堵塞;然而,这增加了设计的复杂性,可行性受到了限制,同时增加了喷枪的制作
和操作的成本。

6.1.2　下游注入设备

在下游注入时,空气或氮气在低至中等压力(0.4~3.4MPa)下预热至
550℃。然后使这种高熔气体通过拉瓦尔喷嘴,将气体快速膨胀到超声速状态
(通常为 300~900m/s),使熔转化为动能。在能量转换过程中,气体在整个发散
的喷嘴内加速,其温度则明显下降。该系列设备的独特之处在于将粉末原料从
下游引入喷嘴的发散部分(图 6.2)。

下游注入方法的一个优点是,当气体压力在低于 900kPa 的压力下操作时,
能够在不需要高压给粉机的情况下操作。这是因为在低压条件下,在喷嘴的发

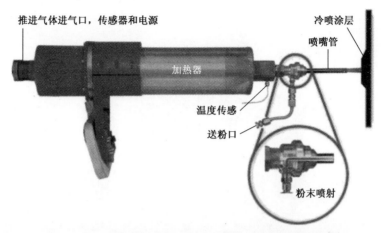

图 6.2　下游注入设备的工作原理示意图(Villafuerte,2010)

散侧可产生足够的负压(低于大气压)将喷射粉末吸入喷射流中。

　　另一个优点是,只有喷嘴的发散部分受到喷射粉末直接冲击的侵蚀。因此,设计者经常将喷嘴分成两个不同的部件:喷嘴座和喷嘴管。喷嘴座包含收敛部分加上喷嘴喉部或孔口,喷嘴管是喷嘴的发散部分。由于喷嘴座只能接触到清洁气体,因此该部件的使用寿命几乎是无限的。而喷嘴管易受到喷雾粉末的侵蚀,在使用期间需要定期更换。该组件的寿命与管的材质以及喷雾粉末的性质有关。

　　当该设计用于低气压和低温条件时,下游注入系统的优点是小型、便携且具有经济性。然而,在低气压和低温下,可达到的最大颗粒速度使可喷涂材料的范围限制于低熔点韧性金属,例如纯铝、锌和锡。幸运的是,通过在粉末混合物中添加硬质颗粒(通常为陶瓷),可以在低气压和低温下显著提高这些材料的喷涂能力。混合物中的陶瓷颗粒产生微冲击效应,不仅有助于压实下层,而且还可以不断清洁(激活)表面并增加表面粗糙度,以获得更好的附着力(Maev 和 Leshchynsky,2008)。这些冲击颗粒的一部分最终作为分散体嵌入完全变形的金属基质中,从而产生复合涂层。根据应用的不同,这种复合微结构可能是有利的,也可能是不利的;例如,在一些情况下,由弥散强化带来的力学性能改善是有利的,而在另一些情况下,当处在极端腐蚀性环境中时,机械嵌合的陶瓷-金属界面不利于耐蚀。

　　早期的下游注入商业系统之一是由 Obninsk 粉末喷涂中心(OCPS)在俄罗斯开发的商品名为 DYMET(Dymet Corporation 2014)的系统(图 6.3)。该系统使用压缩速率为 400L/min 的压缩空气(0.5~0.8MPa),在喷枪中可加热至最高 600℃。

图 6.3　便携式下游注入设备(3.5kW/8bar/600℃)
(由 DYMET 公司提供)

　　喷枪包括一个 3.5kW 的轻型空气加热器和一个可更换的喷嘴管。当粉末进料速率约为 0.5g/s 时,喷嘴寿命约为 1h。由于所需的压力低,该下游喷射系统使用简单的重力送粉器。该系统已在俄罗斯和其他国家广泛使用,主要用于现场维修,包括腐蚀修复和尺寸修复,尺寸修复使用商用纯铝、铜、锌、镍、锡和铅与适量陶瓷颗粒(氧化铝)混合,以最大化沉积效率。对于这些材料,典型的沉积效率为 20%~30%,沉积速率为 3~10g/min。

　　随着技术的进步,下游注入设备的最大工作压力已经增加,从而提高了沉积效率,并将可喷涂材料的范围扩展到其他材料,如不锈钢、钛和镍基合金。2006年,CenterLine(Windsor)Limited 从 OCPS 获得了将该技术在北美市场商业化的专有权(CenterLine(Windsor)Limited,2015)。CenterLine 的 SST^{TM}工业单位准备好了生产与 Dymet 机器原理相同的(Kashirin 等,2002)下游注入设备,但在使用空气、氮气或氦气时可以在更宽范围的气体压力(0.4~3.4MPa)下运行,并可将气体加热到 550℃的不同型号设备功耗为 3.8kW、4.2kW 和 15kW。这些系统(图 6.4 和图 6.5(a))的设计和制造符合所有北美工业标准。该设备在商业上用于腐蚀修复、尺寸恢复、金属化以及其他现场或约束环境下的手动或全自动操作。为了提高生产效率,超声速喷涂技术(SST)模块化喷嘴组件配有卡口式扭锁,可快速更换管道,可适应各种喷嘴配置(直线或 90°)和喷嘴管,包括防堵塞喷嘴和耐磨喷嘴(图 6.5(b))。

图 6.4　集成了机柜、通风和用于机械操作的辅助系统的下游式
注入设备(图片由 CenterLine(Windsor)公司提供)

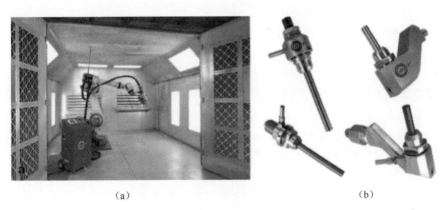

(a)　　　　　　　　　　　　　　　　　　　(b)

图 6.5　(a)下游注入系统(15kW/3.4MPa/550℃),集成了喷涂室、通风和机器人
操作的辅助系统,(b)适用于多种应用的模块化直线式和直角式下游
喷射喷嘴(图片由 CenterLine(Windsor)公司提供)

6.1.3　上游注入设备

在上游注入冷喷涂中,氦气或氮气在高压(高达 70 bar)下预热(最高
1100℃)。类似于下游注入,高熔气体通过拉瓦尔喷嘴,快速膨胀到超声速状态
(通常约 1000m/s),使焓转化为动能。在这种类型的设备中,高压送粉器将粉末
原料轴向地注入喷嘴喉部的气流上游部分(图 6.6)。

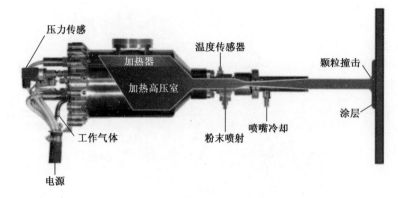

压力传感　　　　　　　　温度传感器　　　　　　颗粒撞击

加热器

加热高压室

工作气体　　　　粉末喷射　喷嘴冷却　　　涂层

电源

图 6.6　上游注射设备的工作原理(由 Impact Innovations 公司提供)

这种方法的一个主要优点是,由于较高的气体压力和较早的注入点,喷涂颗粒可以获得比下游注入系统更高的速度,主要原因是颗粒与气体射流之间的相互作用时间更长。另一个优点是起到粉末预热的效果,原料颗粒有可能在喷嘴的高压部分一侧被预热,使颗粒温度比下游注入设备更高,因此对材料的临界速度具有有利的影响。如第 2 章所述,这些组合使上游注入设备适合于沉积熔点更高的材料,例如镍基和钽合金,尤其是当载气为氦气时。这些材料通常很难用下游注入设备喷涂。

另一方面,氦气的高成本和有限可用性对需要这种气体的上游注入设备的应用经济性和长期规划产生不利影响。尽管氦气回收系统在一定程度上缓解了这些局限性并且通过将氦气加湿加压至高温高压状态,可以弥补氦气密度低的不足。这使得氦气已成为大多数需要上游注入冷喷涂设备应用的首选气体。上游注入的另一个挑战是颗粒在被热气体推动时喷嘴喉部有被侵蚀的趋势。所以,喷嘴喉部最终受到磨损,因此,应该由高耐磨材料制成。另外,由于喷嘴较高的工作温度,必须通过喷嘴管的水冷来严格控制喷嘴不被堵塞。

在相对高的气体流量下加热加压气体需要特别注意气体加热器的工程设计。由于加热器具有一定的尺寸,通常,上游喷射系统中的气体加热器在喷枪外部或与安装在喷枪内部的辅助加热器一起工作。远程外部加热器的设计挑战是将热的加压气体输送到喷枪所需的柔性导管;气体可能在 7MPa 和 1000℃内,但转移过程中会发生热量和压力的损失。因此,在这些参数下,具有合理尺寸加热器的分体式喷枪加热器系统似乎是最佳选择。喷枪中有一个大型加热器使得喷枪即使是机器人也难以操纵。这也限制了喷枪进入结构复杂空间的能力。特殊的喷嘴配置设计用于进入内径较小等位置。Impact Innovations(2014)、Plasma Giken(2014)、Oerlikon Metco(2014)和 VRC Metal Systems(VRC 2014)均制造了具有不同特性和容量的商用上游注入系统。这些系统的工作压力高达7MPa,气体温度高达1100℃,功耗为34~70kW。

上游注入设备的可移动性通常低于下游注射设备,这是因为上游设备更加复杂,如在较高压力和温度下操作所需的喷枪的尺寸。因此,传统上将上游注入设备用作固定工具,以喷射需要高冲击速度进行黏合的特殊材料。最近,一些制造商通过降低设计压力(2MPa)和温度(400℃)开发了便携式上游冷喷涂系统,不过也限制了可喷涂材料的范围。另一些制造商则通过使气体加热器从枪体上完全移除,开发出具有较轻的喷枪上游喷射系统。图6.7、图6.8和图6.9为各种市售的上游注入系统的实例。

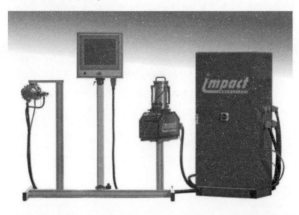

图6.7 上游注入冷喷涂系统(40kW/5MPa/1100℃),显示了控制单元、粉末进料器和水冷喷枪,配有40kW的喷枪式燃气加热器(图片由 Impact Innovations 公司提供,2014)

图6.8 上游注入系统(70kW/5MPa/1000℃),显示了水冷式喷枪,配有70kW的喷枪式气体加热器(图片由 Plasma Giken 公司提供)

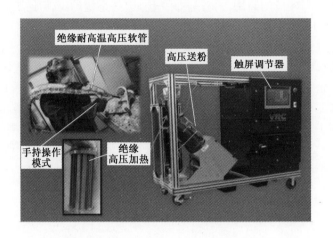

图 6.9　上游注入系统(15~45kW/7MPa/900℃)，可连接到远程气体加热器的喷枪，可用于机器人和手持操作(图片由 VRC Metal Systems 公司提供)

6.2　冷喷涂工艺的自动化

6.2.1　工业自动化

工业自动化是指在无人工操作或在操作人员控制下使用机械装置来完成的可重复的制造任务。多年以来，自从第一个计算机系统在制造业中应用以来，工业自动化已经稳步成为当今制造工艺的基本组成部分。这种趋势的一个强有力的推动因素是驱动机械设备的计算机或可编程逻辑控制器(PLC)能够比人类操作员更快更有效地执行重复任务，从而提高生产率和产品的一致性。

自动化可采用多种形式，从简单的单轴线性驱动器到复杂的多轴计算机数控(CNC)加工中心。在本节中，我们还将提及专用自动化和柔性自动化。专用自动化通常设计用于执行单个或多个任务，目的是按照特定模式执行特定过程。另一方面，柔性自动化具有重新编程的能力，以完成许多与其原始任务完全不同的其他功能。

自动化的主要优点是：

(1)通过消除生产对操作员的熟练程度和情绪状态的依赖性来提高生产效率。

(2)通过消除人为错误因素来提高质量。

(3)通过使自动化设备更一致地执行重复动作或加工，提高工艺和产品的一致性。

（4）减少直接人工费用。

自动化的主要缺点是：

（1）自动化系统的智能水平有局限性，因此更容易在其直接知识范围之外发生错误。

（2）不可预测的开发成本。

（3）与产品的单位成本相比，新产品或工厂的自动化成本通常需要非常大的初始投资，尽管自动化成本可能随时间的推移和产品增多而降低。

（4）增加了间接劳动力以维护更高的自动化程度。

在制造业中，自动化的目的已经转移到比生产力、成本和时间更广泛的问题上。它已经转向专注于质量，即工艺的一致性和可重复性。因此，用户对自动化供应商施加压力，要求其制造更准确和一致的自动化组件。这种趋势也反映在冷喷涂的情况下，因为该技术的使用者越来越多地要求生产更一致和更高质量的冷喷涂沉积物。这只能通过更严格地控制冷喷涂工艺参数和原材料的特性来实现，下面将进一步阐述。

6.2.2　冷喷涂工艺自动化的控制

通过监测和控制诸如气体压力、气体温度、原料进料速率和喷枪行进速度之类的工艺参数，可以实现对自动冷喷涂工艺的控制。商业冷喷涂系统使用固定直径的含拉瓦尔喷孔的喷枪。该节流孔在气体阻塞状态仍能继续工作。

载气的实际质量流量由气体密度、气体压力和气体温度决定。因此，为了控制给定气体的气体质量流量，必须将压力和温度控制在一定的公差范围内。这一般通过使用气体回路中的压力传感器和热电偶形成闭环控制来实现。其他替代方案包括使用质量流量控制器和热电偶实现闭环控制。

原料速率的控制可通过喷涂粉末的进料体积或重量来实现。粉末体积进料是最常用的技术，因为它更经济。然而，进料体积通常不易控制，根据粉末特性，监测的流速变化可以高达 10%。控制进料速率的更好方法是称重技术，该技术使用负载传感器监测进料速率，然后控制原料输送速率以保持更恒定的进料速率。其他方法还有依据粒子在系统内的分布的控制粒子数法。

使沉积层表面光滑、厚度一致，需要监测和控制喷枪行进速度和光栅步长。喷枪行进速度与粉末进料速率一起决定了单次沉积时的厚度。通常希望每经过一次沉积，其厚度在 0.13～0.5mm 之内。喷枪的移动需要从自动驱动器生成，该自动驱动器可以通过闭环反馈控制。

光栅步进对于控制每个枪栅格的厚度变化非常重要。根据所需的表面光滑度,光栅步进通常设定为喷嘴出口直径的6%~50%(图6.10)。

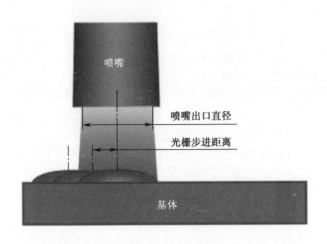

图 6.10 通过光栅步进法用冷喷涂获得光滑表面的示意图

6.2.3 喷枪操纵器

冷喷涂工艺自动化有许多可能的组合。以下是一些最常见的组合:

(1)喷枪的单线性驱动与基体或其他部件的线性运动;

(2)喷枪的单线性驱动与基体或其他部件的旋转运动;

(3)喷枪或基体的多轴机器操纵与固定的基体或其他部件;

(4)喷枪的多轴机器操纵与基体的辅助轴操纵。

为了在圆柱形基体上得到光滑一致的涂层,最经济且效果最好的方法是对喷枪使用变速线性驱动器和对基体使用变速旋转驱动器。该方法仅在涂层厚度允许较大的可变性公差时可用。然而,当厚度变化处于较窄的公差范围时,则需要同时对喷枪和基体使用双轴伺服驱动系统以及粉末重量给料系统。

对于具有表面轮廓的基材,倾斜行进和栅格移动都需要多轴机器对枪进行操作(图6.11)。如果涂层厚度变化是关键,则需要使用失重粉末给料系统。

更复杂的自动化水平包括安装在多轴机械臂上的喷枪与安装在单轴或双轴机械臂上的基材或部件,由机器人控制器控制协调轴。通常,基材的机械臂具有旋转轴和倾斜轴。旋转轴可以连续旋转或在旋转的位置工作。倾斜轴作为与机器人控制器协调的轴(图6.12),通常具有从垂直到水平定位的90°的自由度。这种情况也需要使用体积或失重反馈的粉末给料系统。

244

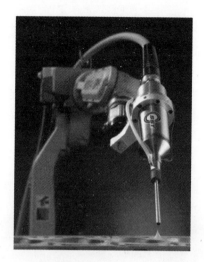

图 6.11　安装在商用多轴操纵器中的机器人冷喷枪
（由 CenterLine(Windsor) 公司提供）

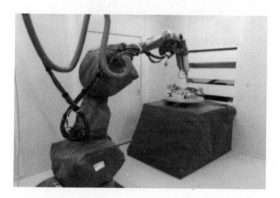

图 6.12　冷喷枪安装在多轴机械手上,基体或零件安装在双轴
机械手上(由 Able Engineering 公司提供)

6.2.4　自动化安全

6.2.4.1　互锁

　　操作人员的安全是任何手动或全自动冷喷涂系统运行时需要考虑的一个重要因素。因此,对任何在有限区域内运行的冷喷涂系统,都需要安装互锁装置以保证操作者的安全。在实践中,手动和自动冷喷涂系统通常与集尘系统互锁;在这种配置中,除非集尘系统正常运行,否则冷喷涂系统将不会运行。这可以通过

多种方式实现,但最受认可的方式是监测过滤系统上游一侧的压差。这可以通过使用合适的差压传感器监测集尘器和环境压力之间的压差来实现。如果压差高于或低于某个阈值,则冷喷涂系统不会工作。

对于任何类型的自动化,对于电池运行的区域总是有强制性的安全规定,这限制了对电池的直接人为干预。因此可以通过适当安装物理或电子/光屏障,包括物理门、栅栏和/或光电器件(光幕)来保护移动机械附近的人员,以达到我们的目的。所有形式的外壳门和开口必须与已得到认可的安全装置互锁。这些设备,通常是安全开关,必须与自动化的"E"停止电路互锁(图 6.13)。

图 6.13　安全开关用于保护人员进入有源自动化机械

粉末给料系统需要与冷喷涂控制系统互锁,以确保可以充分控制启动/停止操作顺序。启动操作顺序包括启动气流,然后使气体加热。当气体达到工作温度时,可以开始进粉。如果不遵守这个顺序,则有可能使粉末回流到气体加热器中,使系统受到严重损坏。关机顺序应与启动顺序相反。

最后,集尘系统需要与冷喷涂控制装置互锁。在集尘系统启动并运行到指定的性能水平之前,冷喷涂控制器不得运行。这是通过使用差压开关/压力表来监测集尘器上游部分的压差来实现的。大多数集尘器在 1~1.7kPa 中有效运行。如果压差超出此范围,则冷喷涂系统应停止运行。

6.2.4.2　安全和法规

6.2.4.2.1　与金属粉尘相关的爆炸危险

在受限环境中,任何可燃物质与正常大气中存在的氧气之间突然爆发的化学反应都可能导致爆炸。悬浮在空气中的有机和/或无机可燃粉尘由于氧化表面积的最大化容易发生火灾或爆炸。除贵金属外,大多数金属都倾向于与空气中的氧气发生不同程度的反应。因此,如果满足以下三个基本条件,悬浮在大气中的金属粉尘可能会有引起火灾或爆炸的危险。

(1)易燃物质的局部浓度必须足够高,以产生可燃混合物;

(2)在可燃物质周围区域内的氧气量必须足够才能引发火灾;

(3)必须存在由暴露的火焰、火花或高温引起的点火源。

此外,要发生爆炸,还需要以下附加要素:

(1)金属粉尘密度足够高;

(2)粉尘云必须存在于受限区域。

这五个要素的存在构成了爆炸五边形的边。如果缺少五个要素中的任何一个,就不会发生爆炸,即五个要素必须同时存在才能发生爆炸(图6.14)。

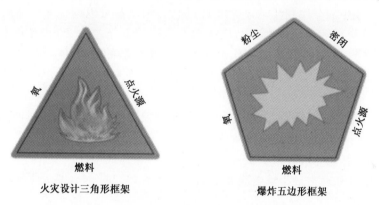

火灾设计三角形框架   爆炸五边形框架

图 6.14　发生火灾或爆炸的基本因素

冷喷涂过程是在低于喷涂材料熔点的温度下,往载气中输送金属粉末。载气可以是氦气、氮气或空气。不过粉末通常在空气气氛中喷涂。除贵金属外,所有金属粉末都是可燃的,这意味着它们可以与氧气反应,并可在某种程度上维持燃烧。如果喷涂区域周围的逸散粉尘云密度高于临界值(最小爆炸浓度,MEC),周围大气中有足够的氧气,密闭,有点火源,则混合物就有可能爆炸。

按照各种安全规范,具有爆炸可能性的冷喷工作区域归类为危险区域。在北美,这些区域被指定为第2类1区E组。在正常的操作环境中,气体、蒸汽或雾气预计会长期存在。在这种环境中工作的电气设备必须经过特别设计和测试,以确保它不会因点火源或表面温度过高而引发爆炸。

为了消除火灾或爆炸的风险,冷喷涂使用者可以遵循国家消防协会(NFPA)的指导方针,该协会是一个拥有来自100个国家的75000名成员的国际非营利组织。以下指南适用于冷喷涂操作:NFPA 654《可燃颗粒固体的制造、加工和处理中防止火灾和粉尘爆炸的标准》;NFPA 484—2015《可燃金属标准》;

NFPA 33—2011,使用易燃或可燃材料的喷涂应用的标准；NFPA 69《防爆系统标准》；NFPA 70《国家电气规范®》。还有其他组织发布了消防与安全的法规和指南，包括职业安全和健康管理局（OSHA）、统一消防规范和美国国家标准协会。但是，对安装冷喷涂系统的地区，当地的消防和安全监管机构对于必须遵循哪些具体的预防措施、准则或设计规范具有最终的发言权，保证冷喷涂设备能够安全运行。在欧盟，任何冷喷涂设备的安装和运作都必须遵守 ATEX 94/9/EC 指令。

一个安全和成功的冷喷涂装置的首要条件之一是至少消除可能导致潜在爆炸的因素。一种方法是将危险区域中金属粉尘的浓度水平降低到远低于其最小爆炸浓度（MEC）水平。这可以通过使用足够的通风设备和适当的集尘措施来减小危险区域中的金属粉尘浓度来实现；例如，积分器可以调整除尘器的抽取量，产生的安全系数至少是喷涂粉末的 MEC 水平的十分之一。在设计集尘系统时另一个要考虑的相关因素是工作表面和通往集尘器的管道的空气流动速度。管道中的风速必须足够大，使粉尘颗粒保持在空气中悬浮而不会沉降在工作管道中。

另一个建议是消除点火源，特别是在含有开关的电气设备中，通过使用内在屏蔽来减免触点形成或断开时产生火花的可能性。

以下建议来自 NFPA 484-15：

A.9.4.10.2 通常最小输送速度范围为 1078～1372m/min，取决于所输送的材料（ACGIH 2013）。

A.9.4.10.3 美国矿业局，RI 6516，"金属粉末的爆炸性"，报告了对 89 种不同等级和尺寸的金属粉末样品进行的测试结果。粉尘云的最小点火能量（MIE）可达 15mJ，而粉尘层的 MIE 在 15mJ 以上。点火温度在 320℃ 以上。MEC 在 40g/m³ 以上。最大爆炸压力可超过 620kPa 的表压。

工作表面的最小速度确定为 46m/min，但安全设计的做法是争取使其为 76.2m/min。在危险区域使用密封或加压控制柜可以减免金属粉末进入其内部电气元件的可能性。应使用压差开关/压力表监控加压控制柜和喷枪中的压力水平（图 6.15）。最小压差阈值应为 2.54cm（1 英寸）水（0.2kPa）。低于此水平，应关闭冷喷涂控制系统。

最后，冷喷涂系统的制造商和安装人员应在适当的区域，特别是在关键区域中，将所有组件接地（如果适用），使静电荷的累积尽量减少。例如，所有非金属粉末进料管必须由正确接地的静电消除管制成。工件和工作面也应接地。从工作表面到集尘器的所有气动输送部件也必须接地。

粉尘收集：

在第9章中,详细描述了粉末回收和过滤方法,那些方法适用于大多数热喷涂工艺。与大多数热喷涂工艺不同,冷喷涂工艺不依靠燃烧或电弧操作。因此,加工过程中不存在烟、蒸汽或气味。因此,除了常规的空气过滤型集尘器之外,冷喷涂还可以利用湿式除尘器。湿式收集的一个优点是使用水作为逸散粒子的收集器可以进一步降低爆炸的可能性。这通常意味着湿式除尘器可以放置在工作区域,与工作表面的接触少,从而不需要控制管道连接到外部的纸筒或袋式集尘器。用于冷喷涂的湿式收集可以消除对输送系统中的隔离阀,附加控制器和灭火器的需要。而且,不需要空气补给系统,因为在大多数情况下,从除尘器过滤出的空气不需要排出室外。此外,根据排气的空气质量测试,出口处不需要高效微粒空气(HEPA)过滤器。

图 6.15　用于监控压差,确保冷喷涂系统安全运行的压差开关/压力表

噪声消除:

在冷喷涂系统的操作期间,特别是当使用高压和高温来最大限度地提高射流速度时,可能需要特别注意消除噪声。在低压(0.6~1MPa)下操作可产生100~105dB 的声级,而在高压(3.4~5MPa)下操作可产生 120~130dB 的声级。这两种情况都建议喷枪在隔声罩内操作。否则,操作员必须佩戴听力保护装置,其降噪量(NRR)至少为 34dB(高压操作)或至少 20dB(低压操作)。

6.2.5　工作站和外壳

密闭空间内的冷喷涂必须在隔间、围板或机壳内进行。对于手动和/或自动喷涂,市场上有多种选择,包括:

(1)各种尺寸的手套箱;

(2)各种尺寸的三面下吸式或后吸式外壳;

(3)全封闭喷涂室。

手套箱的方法与传统的喷砂柜非常相似。它们的结构使得外壳和工作区域都显示出具有良好接地的防火花特性。接触手套必须由抗静电材料制成。如"与金属粉尘相关的爆炸危险"一节所述,机柜内的任何照明设施必须避开危险场所工作。检修门必须与冷喷涂系统互锁,以便在门打开时系统不会运行。为确保安全,必须对观察玻璃进行相应评级。机柜可以制成任何尺寸,以满足操作员的工作舒适度(图6.16)。

图 6.16　设计用于手持和机械喷涂零件的双手套箱

　　三面下吸式或后吸式外壳使手持式喷涂器对于冷喷涂部件的形状和尺寸(图6.17)具有更大的灵活性。同样,通过这种装置,工作表面和外壳都由防火花材料制成,并且外壳的所有导电部件都接地。为了辅助手动操作并减少操作员疲劳,可将枪安装在工具平衡器上。

图 6.17　用于手持操作的三面下吸式外壳的示例
(由 CenterLine(Windsor)公司提供)

建议将全封闭隔音罩或喷涂隔间用于专用机器人操作的冷喷涂工艺,特别是当喷涂参数包括高气压和高温时(图6.18)。外壳及其检修门的设计和配置通常是根据最终用户的要求定制的。大多数为热喷涂应用设计的隔音罩具有降噪量(NRR)为35dB的外壳,这也可以保护操作者免受自动化带来的危险。外壳的通路与所有关键的自动控制装置都是互锁的,以确保操作员的安全。

图6.18　用于机器人冷喷涂的全封闭隔音喷涂室
(由 AbleEngineering 公司提供)

全封闭喷涂室中的自动化可以以多种不同方式配置;最通用的方法是双轴分度转盘与六轴机器臂协调工作。通过机器人控制器可以实现对转盘的倾斜和旋转的控制,机器人控制器通常还具有用于辅助控制附加装置的第七轴和第八轴。机器臂可以固定在外壳的底部、顶部或侧壁上,取决于对工作区域的最佳利用。机器人电动机和变速箱以及分度转盘都需要防止金属粉尘。后者通常通过使用加压防护服来实现,如图6.12所示。外壳内的所有电气设备必须按照"与金属粉尘相关的爆炸危险"一节中的说明,对危险场所进行评级。

6.3　结论摘要

在热喷涂系列工艺中,冷喷涂是一种很有发展前途的技术,在过去的10年中,已经看到了下游和上游注入设备的快速发展。每种设备配置都有自己的优点和局限,选择正确的冷喷涂设备应基于具体的应用考虑,包括:是否为现场应用或具有一定的通用性,喷涂材料的要求,所需涂层的性能,可行性,设备可靠性以及所需工序的经济性。由于存在易逸散的金属粉尘,冷喷涂操作必须辅以安全辅助设备,如机柜、喷涂室和集尘设备等。通过使用各种可用的自动化设备组合,冷喷涂工艺可以完全实现自动化。全自动冷喷涂操作遵循与热喷涂非常相似的行业标准安全操作规程。

参 考 文 献

ACGIH. 2013. *Industrial ventilation:A manual of recommended practice for design*. American Conference of Governmental Industrial Hygienists(ACGIH). Oxford:Elsevier.

CenterLine(Windsor) Limited. 2015. http://www. supersonicspray. com/. Accessed 23 Jan 2015.

Dymet Corporation. 2014. http://dymet. info/indexe. html. Accessed 7 July 2014.

Impact Innovations. 2014. http://www. impactinnovations. com/en/coldgas/cg _ index _ en. html. Accessed 29 July 2014.

Kashirin,A. I. ,O. F. Klyuev,and T. V. Buzdygar. 2002. Apparatus for gasdynamic coating. US Patent 6,402,050, June 11.

Maev, R. , and V. Leshchynsky. 2008. *Introduction to low pressure gas dynamic spray: Physics & technology*. Weinheim:Wiley.

Oerlikon Metco. 2014. http://www. oerlikon. com/metco/en/productsservices/coatingequipment/thermalspray/ systems/coldspray/. Accessed 29 July 2014.

Papyrin,A. 2001. Cold spray technology. *Advanced Materials & processes* 159(9):49-51.

Papyrin,A. ,V. Kosarev,S. Klinkov, A. Alkimov,and V. Fomin. 2007. *Cold spray technology*. Oxford:Elsevier.

Plasma Giken. 2015. http://www. plasmagiken. com/products/coldspray. html. Accessed 6 Jan 2014.

Villafuerte,J. 2010. Current and future applications of cold spray technology. *Metal Finishing* 108(1):37-39.

VRC. 2014. http://www. vrcmetalsystems. com/products. html. Accessed 2 Aug 2014.

第 7 章　激光辅助冷喷涂技术

D. Christoulis, C. Sarafoglou

7.1　技术发展水平

在热喷涂技术中,涂层的附着力是一个主要的关注特性,因为在各种严苛条件下,涂层附着特性在涂层系统整个设计寿命起至关重要的作用。冷喷涂涂层同样要求高的喷涂附着力。为了获得附着力高的先进涂层,需正确制备基材。应遵循基材的特定制备步骤;否则,涂层可能完全失效(Davis,2004)。

基材的清洁和粗化是热喷涂涂层前处理的主要步骤。同时可以使用有机溶剂(甲醇或丙酮)清除基材表面,如需去除大块脱脂可再使用热压水或水蒸气进行(Pawlowski,2008)。在表面脱脂之后,再进行基材的粗化,这可以促进涂层与基材机械结合。增加基材粗糙度的最常用方法是干砂喷砂法(Wigren,1998;Rosales 和 Camargo,2009;Sen 等,2010;Bahbou 等,2004)。基材的喷砂处理可以改善热喷涂涂层的粘附强度,并且提高它们的抗疲劳性。采用喷砂处理提高基体粗糙度后,热喷涂涂层的粘附强度(Vilemova 等,2011;Makinen 等,2007;Paredes 等,2006)和抗疲劳性(Jiang 等,2006;Multigneetalr 等,2009a,b)均得到增强。然而,喷砂处理可能导致砂粒夹杂物污染基板,这对于某些应用来说可能是灾难性的。确切地说,在汽车行业(Barbezat 2005,2006),生产带热喷涂涂层汽缸发动机缸体,应使用其他技术来处理基材,因为砂粒会留在发动机缸体内部的通道内。在制动过程中砂粒会松动,导致发动机故障(Schlaefer 等,2008)。此外,粘附强度与砂砾夹杂物的含量有关(Maruyama 等,2007),并且研究表明大范围的喷砂处理会降低热喷涂涂层的粘附强度(Yang 等,2006;Ichikawa 等,2007)。在基材喷砂后,热喷涂涂层的抗疲劳性也会降低(Leinenbach 和 Eifler,2006;Multigner 等,2009a,b)。

此外,应该注意的是,喷砂处理对环境不利,且有损喷砂设备的操作者健康,因为砂粒与矽肺病、铝中毒、肺瘢痕、尘肺或肺气肿等严重疾病有关(Petavratzi 等,2005)。

由于上述原因,其他常规技术也被开发用于制备热喷涂工艺的基材。这些技术有水射流技术,化学蚀刻技术(Pawlowksi,2008)和宏观粗化技术(Davis,2004)。水射流预处理已用于在镍基高温合金上涂覆等离子喷涂的 MCrAlY 涂层(如:Inconel 718、Rene 80 和 Mar-M 509;Pawlowski,2008)。通过水射流技术使基材表面粗化,其效果比喷砂的好(Pawlowski,2008)。

热喷涂技术与激光加工均使用高能量,可以通过热喷涂和激光加工相结合的方式生产先进的热喷涂涂层,它们(或多或少)使用高能源,因此具有许多共同特征(Jeandin 等,2010)。激光和热喷涂技术的成功结合,衍生出了激光热喷涂工艺。目前已经将各种类型的激光与热喷涂工艺的喷枪结合在一起。将激光加工与热喷涂相结合,主要在三个方向改进了热喷涂技术,即预处理(Garcia Alonso 等,2011;Zieris 等,2003,2004;Costil 等,2004a,b;Danlos 等,2011)、后处理(Garcia-Alonso 等,2011;Zieris 等,2003,2004;Pokhmurska 等,2008;Li 等,2010;Wang 等,2010;Jeandin 等,2003)和热力学与动力学现象的模拟(Barradas 等,2007;Guetta 等,2009;Guipont 等,2010;Fabre 等,2011;Bégué 等,2013)。

激光辅助冷喷涂(LACS)技术结合了冷喷涂和激光技术的优点,可制备先进的涂层。"激光辅助冷喷涂"技术是指在冷喷涂涂层形成之前对基材进行激光预处理(烧蚀和表面结构化)(Bray 等,2009;Christoulis 等,2009;Olakanmi 和 Doyoyo,2014)。同时,激光技术也应用于对冷喷涂涂层后处理(Sova 等,2013;Marrocco 等,2011)。本章主要介绍基材的激光预处理情况。

7.2　表面预处理(热喷涂)

涂层在基材或先沉积层上的粘附对于实现涂层的良好粘结是至关重要的(Danlos 等,2008)。基材表面的处理是影响涂层性能的关键因素。不当的表面预处理可能导致涂层完全失效。因此,表面处理被认为是最经济最实用的因素及功能因素(Davis,2004)。此外,在热喷涂之前需要对基材进行表面预处理,以提高其附着性和材料性能。预处理的目的是去除表面的油脂和其他污染物,并改变材料的物理化学性质及表面形貌。

7.2.1　传统的预处理技术

表面处理分几个步骤,每个步骤都以改变表面形貌,从而得出高质量的涂层(Pawlowski,2008)。清洁、表面活化、粗化和预热是喷涂之前最重要的步骤。在传统技术中,大多采用脱脂和喷砂处理。脱脂剂引起表面化学改性,而喷砂通过产生均匀的粗糙度来改变表面形态,从而为喷向基底的颗粒提供机械锚固作用(Lamraoui 等,2010)。下面描述的是在热喷涂之前用于实施这些步骤的最常用技术,介绍传统的和最先进、最新的方法。

清洁是表面接触质量的关键参数,取决于吸附在表面或底层的污染物液滴的润湿性和解吸性(Danlos 等,2008)。通过使用有机溶剂(甲醇,丙酮)或蒸汽或湿砂喷砂处理来获得脱脂基材。

表面活化是热喷涂之前表面处理最重要的步骤。没有活化,涂层就不会与基底表面粘附。通过喷砂处理(即粗化)的活化仍然是目前最常用的工艺(Pawlowski,2008)。表面粗化是为了增加表面积并产生涂层与基材机械互锁,提高涂层粘附力的结构。原则上,有许多可用于活化表面的方法,例如喷砂处理、水射流处理、化学侵蚀和机械加工或微粗化。

7.2.1.1 喷砂处理

干砂喷砂是最常用的表面粗化技术。使用喷砂工艺进行表面粗化作为提高粘附性的方法,目前,研究人员存在争论。有几项研究都表明,经过喷砂预处理,热喷涂涂层与表面的粘结强度明显更高。例如,Gonzalez-Hermosilla 等(2010)通过高速氧燃料(HVOF)热喷涂技术使 WC-10Co-4Cr 金属陶瓷涂覆于 SAE 1045 钢基材上研究了基材表面粗糙度对疲劳性能的影响。他们的结果表明,细磨会破坏涂层的机械粘合,最大交变应力升高时使涂层与基材产生分层。Mohammadi 等(2007)用等离子喷涂羟基磷灰石(HA)于 Ti-6Al-4V 合金上研究了喷砂参数对表面粗糙度的影响。研究结果表明,基材表面形貌显著影响界面处涂层的结合性能。Staia 等(2000)通过改变喷砂压力改变粗糙度,结果表明,WC-Co 热喷涂涂层的粘合性能随粗糙度的增加而提高。

7.2.1.2 水射流处理

水射流处理是保持活化表面清洁的另一种方法(Pawlowski,2008)。该技术用于活化经过等离子喷涂(SPS)MCrAlY 涂层的高温合金(Ni 718、Rene 80 和 Mar-M 509)。超过 172kPa 的超高压水射流能够从钢表面去除高含量的可溶性盐,引起了广泛的关注。而且,它还具有不产生废磨料,不会产生磨料处理成本的优点。在较高压力下,需要较少量的水,因此与传统的水封爆破方法相比,处理成本较低。超高压水射流留下温热的表面,残留的水很容易干燥,但不会产生热量,从而不会导致钢表面产生热应力。超高压水射流是一种非常通用且有效的用于去除钢表面上的油漆和金属涂层,可溶性盐和其他污染物的方法。同时,它是环保的预处理方法,尽管目前比传统的喷砂清理方法更昂贵。

7.2.1.3 机械活化(加工)

在无法通过喷砂清理的情况下,用手动或电动工具的处理表面是唯一可接受的替代方法。通常通过在要喷涂的表面加工凹槽或螺纹来实现宏观粗化。一般情况,粗加工表面在喷涂之前也进行喷砂处理。这种粗糙度的表面通常用于厚涂层,以限制收缩应力并破坏颗粒沉积的层状结构,从而释放平行于基材表面的剪切应力(Davis,2004)。

7.2.2 激光预处理技术

传统的预处理方法存在明显缺点(Danlos 等,2008)。清洁过程产生的化学废物需要小心处理,否则其对环境的害处很大,而喷砂处理会导致材料的疲劳强度恶化,并且表面还存在砂砾夹杂物粘附的问题。具体来说,表面脱脂通常使用诸如氟利昂或三氯乙烯溶剂。它们的使用会导致环境,回收和操作员健康保护问题。而且,喷砂处理难以高精度地控制,还可能损坏基材,导致涂层性能失效。实际上,当喷砂气压和入射角不准确时,由于缺口效应或砂垢的影响,会导致铝和钛等延性材料表面机械性能的改变,抗疲劳性降低。残留物还残留在基材中;基材的延展性越大,包埋的砂粒数量越多。最后,传统的喷砂处理会使非常薄的基底变得容易变形(Wigren,1998;Coddet 等,1999;Costil 等,2005)。

因此,开发了其他清洁工艺来克服这些缺点并代替传统技术。高功率激光与热喷涂的耦合是开发用于在喷涂之前对基材预处理的技术(Jeandin 等,2010)。

脉冲激光清洗技术是在 20 世纪 70 年代早期出现的一种具有吸引力的表面处理技术,它有望取代被广泛使用的化学溶剂清洗的传统方法(Tam 等,1998)。它已经有效地应用在微电场中去除半导体中的小颗粒。该工艺最主要的优点包括:

(1) 与传统工艺相比,处理工艺安静,环保;

(2) 采用改进后的激光传输系统,灵活性高;

(3) 易于监控和自动化。

在工业应用的最新发展中,短脉冲模式(~ ns)操作的激光器可以提供更高的效率,因此得到较好的应用。激光预处理技术可清洁各种表面污染物(油脂、油、颗粒污染物、夹杂物等),并在沉积阶段阻止表面再污染(Li 等,2006)。

7.2.2.1 激光烧蚀

表面激光烧蚀也有利于液滴在基材上扩散,基材上的液滴表现出非常好的润湿性,这是热喷涂期间最重要的基本过程之一。由于所有涂层性质都与这些过程相关,因此对溅射液滴形态分析以及颗粒对基材撞击的机制的研究引起了很广泛关注。颗粒撞击及凝固取决于颗粒特性(动能,黏度),以及基底特性(温度,导热系数,表面质量)(Costil 等,2005)。此外,在 Danlos 等(2011)的研究中,他们在冷喷涂铝涂层之前,对基材(铝合金 2017)进行了传统处理(脱脂和喷砂)和激光处理。测量不同的处理方法得到的涂层粘附性,发现激光处理提高了涂层与基底的结合强度。激光烧蚀清洁表面,促进了涂层和基底之间的紧密结合。该方法还改变了基材表面结构并产生了适合于冷喷涂颗粒的具体特性的形态。添加加热激光改善了基材表面形貌并显著改善涂层附着力。由于该工艺的灵活性和快速性,激光可以高效地处理表面。激光处理也可以根据材料特性,产生特定的表面改性。该技术可用于基材表面织物化和表面形貌的优化以提高涂层附着力(Danlos 等,2011)。

7.2.2.2 激光清洁和加热

激光表面清洁已成为一种非常合适替代湿式清洁技术的工艺。激光清洁原理基于特定的相互作用模式。清洁效率在改性时起着重要作用,它可以使污染物消除与保持基体完整性达到一个平衡状态。Verdiera 等(2003)在研究中阐明了不同的初始表面粗糙度和激光束能量密度,激光与物质的相互作用机制及对金属材料的影响。他们研究了表面形态和能量改变,粗糙度演变和润湿性条件。结果表明,增加激光束能量密度会导致粗糙表面平滑化,并形成凹坑,这是由于热效应导致的表面夹杂物的去除。同时指出了直接蒸发和流体动力溅射在此过程的作用。然而,平滑化或凹坑形成对表面粗糙度没有任何明显的影响。固着液滴技术可改变实验条件,从而在热喷涂领域探索 PROTAL® 工艺所需的最佳润湿条件(Verdiera 等,2003)。

7.2.2.3 激光辅助热喷涂

在 1993,CODDET 和 Marchione 提出了一种同时用于热喷涂工艺的处理方法,称为 PATALL®(Quantel Lannion,France)原生工艺(法国的缩写为"Turmith-Tymik Audi-Par 激光")。这个过程将喷涂操作和表面预处理结合在一起(图7.1)。

采用激光照射是为了除去基材表面的污染膜和氧化层,以形成均匀的表面,并增强沉积物的粘附性,同时抑制冷凝蒸汽对沉积层的再污染。PROTAL® 原生工艺是一种允许表面处理和喷涂操作同时进行的技术。这是通过将任何种类喷枪与特定激光枪相结合而得到的。激光枪位于喷枪的前面,两把枪的辐射范围可交叠,可使熔融颗粒撞击在没有氧化物和污染物的表面上。消除表面污染层和涂层沉积同时进行,不仅使涂层和基底之间可以形成物理结合,而且还减少了喷涂部件所需的总处理次数,从而提高了工艺效率(Coddet,2006)。

PROTAL® 原生工艺早期的一些研究可知激光可诱导表面形态和表面能的改变,之后集中研究了表面形貌改变与沉积物粘附的相关性。结果表明,激光预处理后,表面粗糙度的变化很小,平均算术粗糙度(Ra)的变化幅度小于 1μm,但

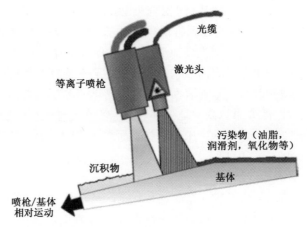

图 7.1 PORTAL® 工艺的示意图(Coddet,2006)

对沉积物附着力有相当大的影响,因此,有人认为,这种激光照射不仅可以有效地去除表面污染物,还可以促进界面物理化学键合。然而,这方面机理仍不清楚,激光诱导修饰的机制尚未得到很好的解释(Li 等,2006)。此外,纳秒脉冲激光辐射效应与基材的性质和表面条件密切相关。对于钛基材,表面改性主要从以下两方面进行:①激光优先对表面缺陷烧蚀而形成凹坑;②由表面过热引起的表面快速熔化和冷却。后者主要是与铝合金比较而得的,由于铝合金的高反射率和高导热性,其表面温度较低,不易发生表面氧化(Li 等,2006)。

7.3　激光辅助冷喷涂

激光辅助(LACS)工艺关联了基底预处理(Bray 等,2009;Chraculi 等,2012;Olakanmi 和 Doyoo,2014)和涂层构建,使它们在同一个步骤进行,用于生产具有高附着强度的先进保护涂层。

LACS 工艺发展的同时也开发了激光辅助低压冷喷涂(LALPCS)(Kulmala 和 Vuoristo,2008)。由于本章主要讨论 LACS,因此首先在第 7.3.1 章节中简要地介绍 LALPCS。

7.3.1　激光辅助低压冷喷涂

在激光辅助低压冷喷涂工艺中,可以将陶瓷粉末(例如氧化铝)与金属粉末混合来构建涂层。陶瓷粉末可以活化喷涂表面并通过喷丸冲击基底/喷涂层(Hussain,2013)。芬兰坦佩雷大学激光应用实验室开发的顺流喷射系统如图 7.2 所示(Kulmala 和 Vuoristo,2008)。DYMET 403K(Licenceintorg,俄罗斯)

顺流喷射冷喷涂系统与大功率二极管激光器(Rofin DL 060 H2 6kW 连续波激光器,德国汉堡)相结合。激光激发喷涂颗粒的同时也引起了基底的加热。激光束为矩形(5.8mm×23.5mm),而冷喷涂点为直径 5mm 的圆形。LALPS 的参数以及 Kulmala 和 Vuoristo(2008)使用的喷涂材料见表 7.1。如表 7.1 所列,进行了仅使用常规的低温冷喷涂系统喷涂,而没有同时使用激光照射喷涂的颗粒和基材。

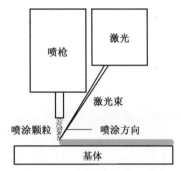

图 7.2　由芬兰坦佩雷大学开发的激光辅助冷喷涂顺流喷射(Kulmala 和 Vuoristo,2008)

表 7.1　LALPCS 的材料和喷涂参数(Kulmala 和 Vuoristo,2008)

喷涂材料	Cu+Al$_2$O$_3$	Cu+Al$_2$O$_3$	Ni+Al$_2$O$_3$	Ni+Al$_2$O$_3$
气体	空气	空气	空气	空气
气体压力/MPa	0.6	0.6	0.6	0.6
气体温度/℃	445	445	600	600
喷涂距离/mm	30	30	30	30
喷枪移速/(mm/s)	40	40	40	40
喷涂遍数	2,5,10	2,5,10	2,5,10	2,5,10
喷涂温度/℃	0	650~800	0	650~800
激光类型	半导体激光器 (6kW)	半导体激光器 (6kW)	半导体激光器 (6kW)	半导体激光器 (6kW)
激光功率/kW	0	1.8~2.4	0	1.8~2.4
LALPCS—激光辅助低压冷喷涂。				

　　需要指出的是,在喷涂期间,高温计控制的激光功率测量沉积层的表面温度。一旦涂层温度升高到 650℃ 以上,激光功率就会从 2.4kW 降到1.8~2.0kW。

对所有试验中,Cu + Al₂O₃和Ni + Al₂O₃涂层都进行2遍,5遍或10遍的喷枪扫描次数。结果发现,与传统的LPCS相比,使用先进的LALPCS可以提高涂层的沉积速率。沉积速率越高使形成的涂层越厚。

而且,与传统的低压冷喷涂涂层相比,喷涂的Cu + Al₂O₃涂层更致密。开孔率实验(通过在室温下将涂层暴露于3.5%(质量分数)NaCl溶液11天进行开孔电位测量)证明激光辅助顺流喷射的铜涂层没有显示开孔,但没有激光辅助的铜涂层完全被腐蚀(Kulmala和Vuoristo,2008)。

7.3.2 激光辅助冷喷涂工艺

LACS工艺是采用激光头进行激发,可以:

(1) 加热基材(第7.3.2.1节);

(2) 烧蚀基材(第7.3.2.2节);

(3) 使用多个激光头同时加热和烧蚀基体(第7.3.2.3节)。

基材的预处理类型可以根据待辐射的材料类型和激光束特性而变化(Garcia-Alonso等,2011)。Garcia-Alonso等证明激光处理对金属基体的影响是功率密度和相互作用时间的函数(图7.3)。

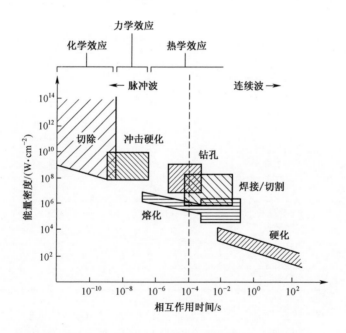

图7.3 金属基体上的激光功率密度与相互作用时间的关系(GarciaAlonso等,2011)

7.3.2.1 激光加热

第一个 LACS 系统于 2009 年问世。它是一个使用了二极管激光器的 LACS 装置,由 Bray 等(2009)演示。通过该 LACS 系统制备了高密度的无氧化物钛涂层。

使用氮气输送的冷喷涂系统将细钛粉(粒度<45μm)喷涂到低碳钢基材上,其参数列于表 7.2 中。

表 7.2   LACS 的材料和喷涂参数(Bray 等,2009)

喷涂材料	Ti
气体	Ni
气压/MPa	3.0
气体温度/℃	未加热(环境温度)
喷涂距离/mm	50
移枪速度/(mm/s)	500
遍数	1
激光类型	二极管(波长 890nm)
激光能量/kW	≤1

将冷喷枪与波长为 980nm 的激光二极管(图 7.4)耦合,这种结构激光可以同时照射喷涂颗粒和基体的部分区域。激光二极管对基体以及喷涂的颗粒均有加热效果,这有利于钛涂层的形成。更确切地说,加热引起喷涂颗粒和基体强度的降低,使大量的颗粒变形,从而发生粘合(Bray 等,2009)。然而,应该指出,钛颗粒仅沉积在基体的激光处理过的区域。激光的光斑直径为 4mm,而粉末光束直径为 8mm,钛冷喷涂的颗粒仅沉积在经激光照射的基体区域内。

使用高速红外高温计(图 7.4)来控制涂层形成期间沉积的温度。通过高温计的测量实时改变二极管激光器的功率,使基体温度保持在 550℃以上。

实验还观察到,高温计在 450℃以下测量基体温度时,仅有少量冷喷涂颗粒沉积在基体上,没有形成涂层。而当激光功率增加到 650~1000W 时,基体温度从约 550℃升高到 900℃,形成致密的钛涂层。

将 LACS 工艺生产的钛涂层与通过常规冷喷涂设备生产的钛涂层进行比较,两者使用类似的材料和设备。结果发现,与传统的冷喷涂钛涂层相比,LACS 喷涂涂层具有更好的性能(表 7.3)。

此外,根据 Bray 等(2009)的研究,冷喷涂颗粒的沉积机理不同于 LACS 颗粒的沉积机理。常规的高密度冷喷涂涂层中,呈现层状结构,其中颗粒具有伸长的水平形态,并伴有随机的颗粒压痕,表明温度梯度很小或没有。另一方面,在

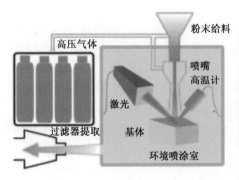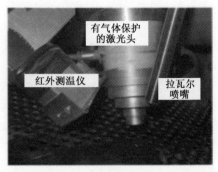

图 7.4　Bray 等(2009)在英国剑桥大学开发的激光辅助冷喷雾

LACS 的情况下,喷涂的颗粒的顶部有凹痕,表明是相对较冷的硬颗粒撞击了相对较热的颗粒。

表 7.3　钛涂层的特性(Bray 等,2009)

涂层	送粉率/(g/min)	孔隙率/%	氧含量/%
LACS 制备的钛涂层	<45	<1	<0.6
冷喷涂制备的钛涂层	<25	<5	<0.6

　　Lupoi 等(2011)使用相同的 LACS 装置(图 7.4)在钢圆棒上制备钛涂层。为了在圆棒上形成涂层,冷喷枪、二极管激光头和高温计固定在一个支架上,同时使用 CNC X-Y 系统移动圆棒。在碳钢管上沉积的钛涂层厚 4mm。沉积后,在车床上加工涂层,使涂层厚度减小到 3mm。在车床操作期间没有观察到涂层的开裂或脱落,说明 LACS 涂层具有可加工性和延展性。值得一提的是,LACS 喷涂的钛涂层粘附强度(拉脱试验,约 77MPa)几乎是常规冷喷涂钛涂层粘附强度的 4 倍。

7.3.2.2　激光烧蚀

　　LACS 系统与激光头组合还可以用于基底的烧蚀。根据 Garcia-Alonso 等(2011)的研究,激光波长和脉冲持续时间是烧蚀机制的关键参数。烧蚀主要是由红外低能光子的热效应或紫外高能光子的光子效应引起的(Garcia-Alonso 等,2011)。激光表面清洁和激光烧蚀指污染物(氧化物,油等)或物质分别通过从固态到分散相转变而去除(Garcia-Alonso 等,2011)。

　　1. 铝基涂层

2009 年,脉冲 Nd-YAG 激光器(PROTAL®,Quantel Lannion,France)与冷喷涂枪配合使用,使激光束在冷喷涂射流前几毫秒通过进行沉积,(Christoulis 等,2009,2010)。脉冲 Nd-YAG 激光器仅在第一次通过期间工作以清洁基底表面。

通过使用图7.5的实验装置,将铝喷涂到铝基合金(AISI 2017)上。表面处理和喷涂实验在加拿大国家研究委员会工业材料研究所的McGill航空材料与合金开发中心(MAMADC)冷喷涂实验室进行。

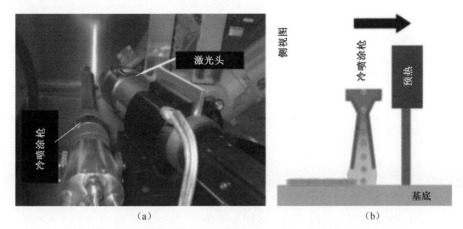

（a）　　　　　　　　　　　　　　（b）

图7.5　(a)实验装置,(b)实验装置的侧视图(Christoulis等,2009)

2013 年,Olakanmi 等 (2013) 将 Nd – YAG (ROFIN DY 044, Hamburg, Germany)与冷喷涂枪联用,将 Al-12Si 粉末喷涂到经喷砂处理的不锈钢(304L)基材上。该 LACS 设备位于南非比勒陀利亚的国家激光中心/科学与工业研究理事会(NLC/CSIR)。

两种装置的主要区别在于,图7.5的 Nd-YAG 激光器以脉冲模式工作,而Olakanmi 装置的 Nd-YAG 激光器以连续模式工作。

表7.4列出了 Al 和 Al-12Si 粉末的实验条件。

表7.4　Al 和 Al-12Si 粉末的实验条件

	Christoulis 装置(2009)	Olakanmi 装置(2013)
材料		
粉末	Al	Al–12Si
粉末粒径	17~35μm	45~90μm
基体	AISI 2017	AISI 304 L
喷涂条件		
气体压力/MPa	3.0	1.25
气体温度/℃	350	环境温度
喷距/mm	20	50

	Christoulis 装置（2009）	Olakanmi 装置（2013）
移枪速度/（mm/s）	100	10
喷嘴特性		
喷嘴型号	PBI-33	DLV-180
喷嘴直径/mm	10	6
喉部直径	2.7	2.0
膨胀率	13.7	9.0
总厚度/mm	220	210
激光条件		
模式	脉冲模式	连续模式
波长/μm	1.064	1.06
脉冲频率/Hz	18.75,37.5,150	—

由图 7.5 的装置中可见,喷涂条件是通过测量不同间距下颗粒的平均速度来选择。粒子速度通过 ColdSprayMeter® 传感器测量（Tecnar Automation Inc.，St-Bruno,QC,Canada）（Christoulis 等,2009；Jeandin 等,2010）。在这种情况下,铝涂层形成于:

· Nd-YAG 激光预处理基材；
· 原始基材；
· 喷砂基材；
· 镜面抛光基材。

Nd-YAG 激光器与冷喷涂枪上联动。所有基底（常规制备和激光辐照基底）的扫描都以特定的方式（图 7.6）实现,实验表明,加热的推进气体会使联动喷涂期间基底温度升高（IrSoul 等,2008）。

使用了两种不同的激光能量密度:1.0J·cm^{-2} 和 2.2J·cm^{-2},通过激光能量密度的变化,改变激光光斑的大小（图 7.6（b））。

通过激光频率、光斑的大小和枪的运动参数（表 7.4）来计算重叠百分比。不同激光能量和频率的两个连续激光脉冲的重叠区域如图 7.7 所示。在激光频率较低（18.75Hz）的情况下,在基底上产生不均匀（处理和未处理）区域（图 7.7）。

对于所有试验中,厚涂层均沉积在基体上。通过图像分析软件（由美国国家心理卫生研究所研究员 Wayne Rasband 编的 ImageJ Version 1.38x 版本）测定

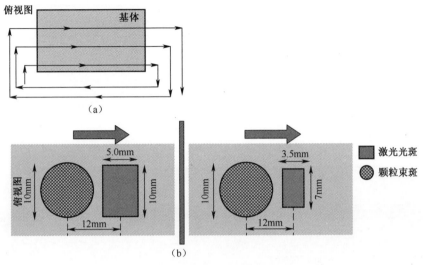

图 7.6 （a）耦合冷喷枪-激光头的运动几何结构，
（b）冷喷涂粒子束斑和激光光斑图案的俯视图

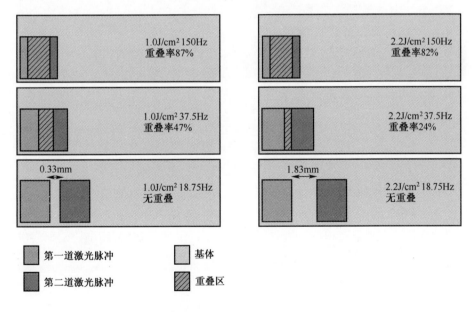

图 7.7 重叠的两个连续的 Nd-YAG 激光脉冲

平均厚度和裂纹的含量。结果如表 7.5 所列, 涂层横截面的图像如图 7.8 所示。

表 7.5　铝涂层平均厚度

基体预处理	平均厚度	平均偏差
原始态	340	±17
抛光	305	±19
喷砂处理	324	±6
Nd-YAG 激光(1.0J·cm⁻²,18.75Hz)	300	±17
Nd-YAG 激光(1.0J·cm⁻²,37.5Hz)	310	±17
Nd-YAG 激光(1.0J·cm⁻²,150Hz)	323	±16
Nd-YAG 激光(2.2J·cm⁻²,18.75Hz)	304	±4
Nd-YAG 激光(2.2J·cm⁻²,37.5Hz)	393	±10
Nd-YAG 激光(2.2J·cm⁻²,150Hz)	410	±13

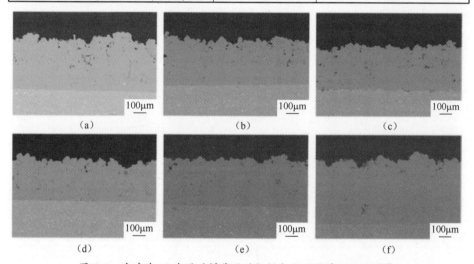

图 7.8　冷喷涂 Al 涂层的横截面的扫描电子显微镜(SEM)图像
(a)原始基体;(b)镜面抛光基体;(c)喷砂基体;(d)激光照
射基体(1.0J·cm⁻²,37.5Hz);(e)激光照射的基体(2.2J·cm⁻²,
37.5Hz);(f)激光照射基体(2.2J·cm⁻²,150Hz)。

对于常规方法制备的基体和低能量(1.0J·cm⁻²)照射的基体,涂层的平均
厚度几乎相同(表 7.5)。当激光能量密度从 1.0J·cm⁻²增加到 2.2J·cm⁻²时,
涂层的平均厚度也显著以微米级别增加。Olakanmi 等(2013)使用连续模式Nd-
YAG 激光器也观察到了类似的行为。发现随着激光功率从 1.0kW 增加到
3.5kW,LACS 喷涂的 Al-12S 的平均涂层厚度从 48μm(图 7.9)增加到 847μm
(图 7.9)。

对于脉冲模式激光器(Christoulis 等,2009;Jeandin 等,2010)和连续模式激
光器(Olakanmi 等,2013),Nd-YAG 激光烧蚀也促使得到更好的界面,界面裂缝
更少。对于连续的 Nd-YAG 激光器,在最高激光功率下,涂层与基体的界面处

粘合紧密,不存在裂缝和孔隙。此外,使用脉冲 Nd-YAG 激光器,在最高激光能量密度(2.2J·cm^{-2})和最高频率(150 Hz)的条件下,没有观察到裂纹(图 7.10;Jeandin 等,2010)。

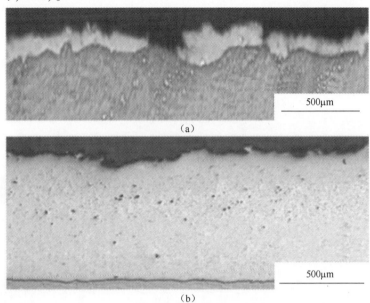

(a)

(b)

图 7.9　LACS 喷涂的 Al-12Si 涂层的横截面

激光功率为(a)1.0kW,(b)3.5kW。(Olakanmi 等,2013)

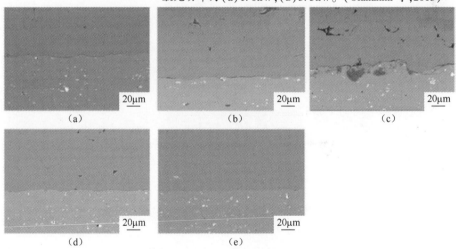

(a)　　　　　　　　　(b)　　　　　　　　　(c)

(d)　　　　　　　　　(e)

图 7.10　冷喷涂 Al 涂层的横截面的扫描电子显微镜(SEM)图像
(a)在原样基体上;(b)镜面抛光基体;(c)喷砂基体;
(d)激光照射基体(1.0J·cm^{-2},150Hz);(e)激光照
射基体(2.2J·cm^{-2},150Hz)。

267

还通过透射电子显微镜观察评估了脉冲 Nd-YAG 激光烧蚀的有利影响。在冷喷涂的"原样"Al 2017 中的涂层-基体界面处可以观察到厚度约为 100nm 的典型氧化物层(图 7.11)。能量色散 X 射线成像(EDX)表明该氧化物层实际上被分成两个具有不同 Al/O 比的区域(图 7.11(b)中的灰色)。基体侧的氧化层具有氧化铝的化学计量,表明它是原生氧化物,而涂层侧的另一氧化层氧含量较高(约 35%(质量分数) Al,65%(质量分数)O)。

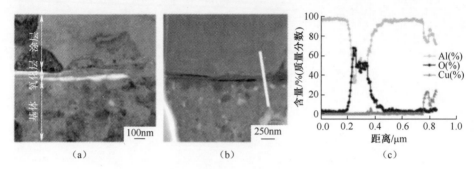

图 7.11   在原始 AISI 2017 基体上冷喷涂 Al 的 TEM 照片
(a)明场(BF)图像;(b)HAADF(高角度环形暗场)图像;(c)沿白线的 EDX 剖面。

相比之下,对于激光加工的 Al 2017,无论是扫描透射电子显微镜(STEM)图像还是 EDX 剖面,在界面上都没有检测到氧元素(图 7.12)。该剖面使用的探针尺寸为 1nm(在薄膜出口侧放大至 3nm),连续分辨率为 10nm,氧的检出限为 1%(质量分数)。可以推断,原生层是通过激光处理除去的,如果在颗粒到达基底之前形成较薄的氧化物层,则该层的厚度不会超过几纳米。

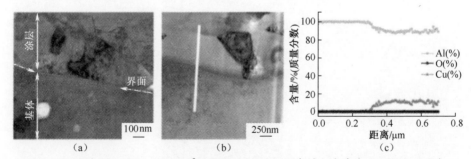

图 7.12   激光预处理(2.2J · cm^{-2},150 Hz)AISI 2017 基材上冷喷涂 Al 的 TEM 照片
(a)明场(BF)图像;(b)HAADF(高角度环形暗场)图像;(c)沿白线的 EDX 剖面。

最后,应该注意的是,对于喷砂基体,一方面,与其他常规预处理相比,喷砂处理有助于增加涂层的平均厚度,另一方面,喷砂增加了界面开裂的可能性,并且还可观测到氧化铝颗粒包埋在基体里(图 7.10(c))。

2. 镍基涂层

通过图 7.6 的装置(Jeandin 等,2010)将粒子尺寸为 20～53μm 的球形 Ni-20Cr(Höganäs,1616-09/PS)粉末喷涂到镍基合金 718 基体上。基底的类型有:

- Nd-YAG 激光预处理基体;
- 原始基体;
- 喷砂基体;
- 镜面抛光基体。

用 KINETICS 3000-M 系统(CGT-GmbH,Ampfing,Germany)喷涂 Ni-20Cr 粉末,使用氮气为输送气体。根据颗粒的飞行速度选择喷涂条件如表 7.6 所示。使用 CGT-GmbH"MOC"(特征方法)的圆形标准喷嘴进行喷涂实验。喷嘴 MOC 的内径为 6.6mm,膨胀比为 6.0,总长度为 175mm。实验在加拿大国家研究委员会的工业材料研究所(魁北克省布谢维尔)进行。

激光条件和激光运动与 LACS 喷涂铝粉的情况相同(表 7.4 和图 7.6)。

表 7.6 Ni-20Cr 喷涂条件

所用气体	$100\%N_2$
气压/MPa	3.0
气体温度/℃	660
喷距/mm	40
喷嘴移动速度/(mm/s)	100
喷嘴步进距离/mm	2
遍数	2

利用涂层的横截面来计算涂层的平均厚度。通过在标准放大倍数×200 下观察 12 个扫描电子显微镜(SEM)图像(图 7.13)并使用图像分析软件(Image J Version 1.38x)计算了涂层的平均厚度。不同方法预处理基材的涂层的平均厚度如表 7.7 所列。根据这些测量,推测 LACS 喷涂 Ni-20Cr 涂层的最佳烧蚀条件是:激光能量为 $2.2J \cdot cm^{-2}$,激光频率为 37.5 Hz。在这些激光条件下,他们还发现(Jeandin 等,2010),与原始基体或常规预处理基材(喷砂基材和镜面抛光基材)相比,涂层-基体界面呈现出更少的界面裂纹。图 7.14 显示了 Ni-20Cr 和镍基合金 718 基体之间的几个界面,很明显,对于喷砂基体的情况(图 7.14(c)),氧化铝颗粒导致了镍基合金 718 基体的污染。

269

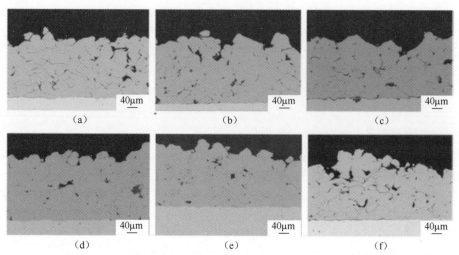

图 7.13　Ni-20Cr 冷喷涂涂层横截面的扫描电子显微镜(SEM)图像

(a)原始基体;(b)镜面抛光基体;(c)喷砂基体;(d)激光照射基体(1.0J·cm^{-2},37.5Hz);
(e)激光照射的基体(2.2J·cm^{-2},37.5Hz);(f)激光照射的基体(2.2J·cm^{-2},150Hz)。

表 7.7　铝涂层平均厚度

基体预处理	平均厚度/μm	平均偏差/μm
原始态	225	±25
抛光	210	±10
喷砂处理	196	±26
Nd-YAG 激光(1.0J·cm^{-2},18.75Hz)	228	±18
Nd-YAG 激光(1.0J·cm^{-2},37.5Hz)	227	±21
Nd-YAG 激光(1.0J·cm^{-2},150Hz)	196	±26
Nd-YAG 激光(2.2J·cm^{-2},18.75Hz)	218	±21
Nd-YAG 激光(2.2J·cm^{-2},37.5Hz)	230	±21
Nd-YAG 激光(2.2J·cm^{-2},150Hz)	195	±22

　　对于在最高激光能量(2.2J·cm^{-2})的条件下,激光频率进一步增加至150Hz时,涂层平均厚度减小,界面裂纹显著增加(Jeandin 等,2010)。推测是激光频率的增加引起基材的大面积熔化,使喷涂颗粒和基材之间的相互作用的变化,从而导致孔隙和裂纹的增加(Christoulis 等,2012)。

7.3.2.3　激光加热和烧蚀的结合

　　在 2010 年,Danlos 等(2011)将 KINETICS® 3000 系统(CGT-GmbH,

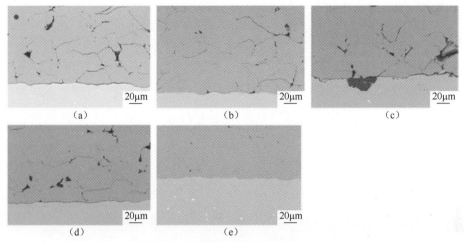

图 7.14 冷喷涂醇化物横截面的扫描电子显微镜(SEM)图像

(a)原始基体;(b)镜面抛光基体;(c)喷砂基体;(d)激光照射基体(1.0J·cm^{-2},18.75Hz);
(e)激光照射基体(2.2J·cm^{-2},37.5Hz)。

Ampfing,德国)的冷喷涂枪与两种类型的激光器相结合:一个是用于消除吸附污染物分子的烧蚀激光器;另一个是用于预热基体,改善基体和喷涂颗粒之间的接合的加热激光器。

更确切地说,使用了带有矩形(6.5mm×3.6mm)Q 开关的 Nd-YAG 激光器(波长 1064nm,脉冲持续时间 10ns)来烧蚀基体。该激光的能量密度为 2.3J·cm^{-2}。另一方面,通过第二脉冲 Nd-YAG 激光器(Cheval,Pirey,France;Danlos 等,2011)实现基体的加热。加热激光器是波长为 1064nm 的毫秒激光。激光束具有圆形形状(直径 10mm),能量分布符合高斯分布。脉冲持续时间为 2ms,能量密度为 29.7J·cm^{-2}。

应当注意,对于这两种激光器,脉冲重复频率都设定为 60Hz,使两个激光器同步,从而控制激光处理。不过,两个激光器的两个脉冲之间的重叠是不同的。对于烧蚀激光,获得 75%的重叠率,而对于加热激光,获得 85%的重叠率。重叠率的不同是因为激光光斑的尺寸不同。

通过使用这种装置,Danlos 等(2011)将 Al 6061 粉末(18.5~74.7μm)喷涂到四种不同的预处理 AISI 2017 铝基体上:

(1)脱脂处理基体。

(2)喷砂基体。

(3)激光烧蚀基体,仅操作烧蚀激光器。

(4)两种激光预处理的基体:加热激光和烧蚀激光。

铝粉的喷涂条件见表7.8。

预处理方法对涂层的厚度没有影响。对于所有情况,涂层的平均厚度都为450μm。然而,预处理方法对涂层的粘附性具有显著影响。粘附力是根据ASTM C633-79方法测量的。实验测得涂层在脱脂基材上的粘附力为28.09MPa,而在喷砂基体的粘附力增加至36.1MPa。激光预处理后,涂层的粘附性进一步提高。在激光烧蚀的基体上(仅操作 Nd-YAG 烧蚀激光器)测得的涂层的粘附力为51.2MPa,而对于使用两种激光预处理的基体,涂层的粘附力增加到64.99MPa。

表 7.8 Danlos 等和 Perton 等使用的 LACS 装置的喷涂条件

	铝粉(Danlos 等,2011)	Ti6Al4V 粉末(Perton 等,2012)
工艺气体	100%空气	100%N$_2$
气压/MPa	2.8	4.0
气温/℃	350	800
喷距/mm	20	40
移枪速度/(mm/s)	100	330
步进距离/mm	2	2
遍数	2	3

除了粘合性的改善之外,当用激光预处理基体时,涂层-基材界面被切开后里面是干净的,而在喷砂基体的情况下,可能会观察到对涂层有害的砂砾夹杂物。

Prton 等(2012)也将两种激光器结合了冷喷涂技术。Prton 等(2012)的设置如图 7.15 所示,它由脉冲 Nd-YAG 烧蚀激光器(Prural$^®$)和 Nd-YAG 连续加热激光器(CW 020,来自德国汉堡的 Rofin Sinar)组成。DANLOS 等(2011)和 Pelton 等(2012)的 LACS 系统的主要区别是使用的加热激光器分别为脉冲模式激光器和连续模式的加热激光器。

加热激光器的激光束形状为圆形(直径 10mm),并使用 750W 和 1650W 两种激光功率。通过使用红外摄像机发现,当激光功率为 750W 时,基材的表面温度约为 95℃。一旦激光功率增加到 1650 W,基体温度也会随之升高至 175℃。

采用位于两个激光头之间并带有四个 Q 开关的 Nd-YAG 激光器对基材进行烧蚀。烧蚀激光的激光束形状为矩形($4×13.5mm^2$)。激光束的脉冲持续时间为 10ns,频率设定为 150Hz。使用两种脉冲能量:$1.3J \cdot cm^{-2}$ 和 $2.2J \cdot cm^{-2}$。

通过使用图 7.15 的 LACS 系统喷涂 Ti6Al4V 粉末(平均粒径为 30μm),喷涂参数列于表 7.8 中,并且注意到激光烧蚀在整个涂层形成的三次扫描过程中均保持不变。

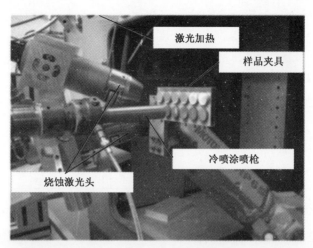

图 7.15　LACS 装置由金质喷枪、加热激光器和两个烧蚀激光头组成(Perton 等,2012)

冷喷枪的喷嘴具有圆形出口直径为 5.3mm,膨胀比为 3.94mm 和发散部分为 120mm。在 Perton 的装置中,带有激光头的冷喷枪是固定的,基体是可移动的。LACS 基体的相对运动在与图 7.6 相同的几何图形中完成。

在 Ti6Al4V 基体上喷涂 Ti6Al4V 涂层。如表 7.9 所列,基体是用 6 种不同的方式制备的,因此平均算术粗糙度 Ra 的水平不同。

通过使用激光冲击粘附力测试(LASAT)测量 Ti6Al4V 涂层的粘附强度。结果如表 7.9 所列。LASAT 是用激光照射基体的后表面以产生冲击波。该冲击波在材料中传播并反射成穿过卸载波的释放波,从而产生拉伸应力。LASAT 方法的原理在好几篇文章中都有详细的描述(Barradas 等,2005;Boustie 等,2000;Bolis 等,2007)。

当基体不进行激光预处理(既不用加热激光也不用烧蚀激光)而喷涂 Ti6Al4V 时,涂层在镜面抛光的基体上具有更高的粘合强度(表 7.9)。对于镜面抛光的基材,通过烧蚀激光对基体进行激光预处理,可引起粘合强度的轻微增加。

使用经 SiC 砂纸(400 粒度)研磨的 Ti6Al4V 研究两种激光(加热和烧蚀)对基材处理的效果。在这种情况下,当加热激光器在 1650W 下操作并且烧蚀激光器的激光能量密度设定在 1.3J·cm^{-2}时,粘合强度最高(约 910MPa,表 7.9)。

7.4　结论摘要

LACS 工艺可以显著提高冷喷涂层的性能,从而扩大冷喷涂层的应用范围。

实验研究证明,与传统冷喷涂涂层相比,LACS 喷涂涂层具有更好的性能。主要改进粘合强度以及涂层的内聚强度。

为了提高常规冷喷涂的粘合强度,在喷涂涂层之前可以进行几种预处理方法:喷砂处理;高压水射流;机械加工等。在这些方法中,最常见的方法是喷砂处理。不过,喷砂过程会导致在涂层和基底之间的界面处携带细小的砂砾颗粒。当疲劳特性很重要时,这会限制它的使用。此外,如前所述,喷砂处理会产生废物并且可能对操作者有害。

表 7.9 使用激光冲击粘附力测试(LASAT)得到的
Ti6Al4V 涂层的结合强度(Perton 等,2012)

		镜面抛光	用 800 目砂纸研磨	用 400 目砂纸研磨	机械加工	用氧化铝喷砂(10 目)	用氧化铝喷砂(24 目)
$Ra/\mu m$		0.05	0.12	0.22	2.56	3.21	5.53
结合强度/MPa							
无激光预处理		900	613	约 420~600	70	242	371
只加烧蚀激光	$1.3J \cdot cm^{-2}$			约 500			
	$2.2J \cdot cm^{-2}$	约 920		约 300	脱附		
只加热激光	750W			约 425			
	1650W			约 590			
烧蚀激光+热激光	$1.3J \cdot cm^{-2}$ + 750W			约 750			
	$1.3J \cdot cm^{-2}$ + 1650W			约 910			
	$1.3J \cdot cm^{-2}$ + 750W			约 425			
	$1.3J \cdot cm^{-2}$ + 750W			约 825			

在冷喷涂涂层中,应采用加热的后处理方法来提高其内聚强度。这增加了保护性或功能性涂层生产的一个步骤,但更重要的是,在某些情况下,这种方法会减弱冷喷涂工艺的一个优点,即保持粉末的结构特征(如纳米结构,相,等)。

因此,用于改善冷喷涂涂层的粘附力和内聚强度的技术是一个两步、三步或甚至四步的过程。

另一方面,LACS 工艺可以在仅仅一个步骤中产生具有高粘附力和内聚强度的致密涂层。此外,实验表明涂层的其他性能(孔隙率,硬度等)也得到改善。最后,与常规的冷喷涂工艺相比,LACS 工艺具有更高的沉积效率。

参 考 文 献

Bahbou, M. F. , et al. 2004. Effect of grit blasting and spraying angle on the adhesion strength ofa plasmasprayed coating. *Journal of Thermal Spray Technology* 6(2) :508-514.

Barbezat, G. 2005. Advanced thermal spray technology and coating for lightweight engine blocks for the automotive industry. *Surface and Coatings Technology* 200:1990-1993.

Barbezat, G. 2006. Application of thermal spraying in the automobile industry. *Surface and Coatings Technology* 201:2028-2031.

Barradas, S. , et al. 2005. Application of laser shock adhesion testing to the study of the interlamellar strength and coating-substrate adhesion in coldsprayed copper coating of aluminum. *Surface and Coatings Technology* 197:18-27.

Barradas, S. , et al. (2007) Laser shock flier impact simulation of particlesubstrate interactions in cold spray. *Journal of Thermal Spray Technology* 16(4) :548-556.

Bégué, G. , et al. 2013. LAser Shock Adhesion Test(LASAT) of EB-PVD TBCs : towards an industrial application. *Surface and Coatings Technology* 237:305-312.

Bolis, C. , et al. 2007. Physical approach to adhesion testing using laser-driven shock waves. *Journal of Physics D : Applied Physics* 40:3155-3163.

Boustie, M. , E. Auroux, and J. P. Romain. 2000. Application of the lasers pallation technique to the measurement of the adhesion strength of tungsten carbide coatings on superalloy substrates. *The European Physical Journal Applied Physics* 12:47-53.

Bray, M. , et al. 2009. The laserassisted cold spray process and deposit characterization. *Surface and Coatings Technology* 203:2851-2857.

Christoulis, D. K. , et al. 2009. *Cold spraying combined to laser surface pretreatment using PROTAL®* . Thermal Spray 2009: Proceedings of the International Thermal Spray Conference, ed. R. Marple et al. , pp. 1151-1156.

Christoulis, D. K. , et al. 2010. Coldspraying coupled to nanopulsed NdYaG laser surface pre treatment. *Journal of Thermal Spray Technology* 19(5) :1062-1073.

Christoulis, D. K. , et al. 2012. Laserassisted cold spray(LACS). In *Nd YAG laser*, ed. Dr. DanDumitras, InTechEurope, Croatia, ISBN:978-95351-01055, InTech. doi:10. 5772/36104. http://www. intechopen. com/books/NdYAGlaser/laserassistedcoldspraylacs.

Coddet, C. 2006. On the use of auxiliary systems during thermal spraying. *Surface and Coatings Technology* 201: 1969-1974.

Coddet, C. , et al. 1999. Surface preparation and thermal spray in a single step:The PROTAL process—example of application for an aluminumbase substrate. *Journal of Thermal Spray Technology* 8(2) :235-242.

Costil, S. , et al. 2004a. Role of laser surface activation during plasma spray coating of metallic materials. Proceedings of 18th International Conference on Surface Modification Technolo gies, ISBN 0871708337, Dijon, France, November 2004.

275

Costil, S. , et al. 2004b. New developments in the PROTAL® process. Proceedings of Thermal Spray 2004: Advances in Technology and Application, ISBN 0871708094, Osaka, Japan, May 2004.

Costil, S. , et al. 2005. Influence of surface laser cleaning combined with substrate preheating on the splat morphology. *Journal of Thermal Spray Technology* 14(1):31-38.

Danlos, Y. , et al. 2008. Combining effects of ablation laser and laser preheating on metallic sub strates before thermal spraying. *Surface and Coatings Technology* 202(18):4531-4537.

Danlos, Y. , et al. 2011. Influence of Ti6Al4V and Al 2017 substrate morphology on Ni-Al coating adhesion—impacts of laser treatments. *Surface and Coatings Technology* 205(8/9):2702-2708.

Davis, J. 2004. *Handbook of thermal spraytechnology*. Materials Park: ASM International(ISBN0871707950).

Ernst, P. , and B. Distler. 2012. Optimizing the cylinder running surface/piston system of inter nal combustion engines towards lower emissions. SAE Technical Paper 2012320092. doi:10. 4271/2012-320092.

Fabre, G. , et al. 2011. Laser shock adhesion test(LASAT) of electron beam physical vapor depos ited thermal barrier coatings(EBPVD TBCs). *Advanced Materials Research* 278:509-514.

Garcia-Alonso, D. , et al. 2011. Pre/during/postlaser processes to enhance the adhesion and me chanical properties of thermal-sprayed coatings with a reduced environmental impact. *Journal of Thermal Spray Technology* 20(11):719-735.

Gonzalez-Hermosilla, W. A. , et al. 2010. Effect of substrate roughness on the fatigue behavior of a SAE 1045 steel coated with a WC10Co4Cr cermet, deposited by HVOF thermal spray. *Materials Science and Engineering* A527:6551-6561.

Guetta, S. , et al. 2009. Influence of particle velocity on adhesion of cold-sprayed splats. *Journal of thermal spray technology* 18(3):331-342.

Guipont, V. , et al. 2010. Bond strength determination of hydroxyapatite coatings on Ti6Al4V substrates using the LAser Shock Adhesion Test(LASAT). *Journal of Biomedical Materials Research Part A* 95(4):1096-1104.

Hussain, T. 2013. Cold spraying of titanium: A review of bonding mechanisms, microstructure and properties. *Key Engineering Materials* 33:53-90.

Ichikawa, Y. , et al. 2007. Evaluation of adhesive strength of thermalsprayed hydroxyapatite coating using the LAser Shock Adhesion Test(LASAT). *Materials Transactions* 48(4):793-798.

Irissou, E. , et al. 2008. How cold is cold spray? An experimental study of the heat transfer to the substrate in cold gas dynamic spraying. Proceedings of Thermal Spray 2008: Thermal SprayCrossing Borders, Maastricht, The Netherlands, June 2008. ISBN:978387155-9792.

Jeandin, M. , et al. 2003. Thermal spray and lasers. Proceeding of the 2nd International Conferenceon Materials Processing for Properties and Performance(MP3), Yokohama, Japan, October2003.

Jeandin, M. , et al. 2010. Lasers and thermalspray. *Materials Science Forum* 638-642:171-184. Jiang, X. P. , et al. 2006. Enhancement of fatigue and corrosion properties of pure Ti by sandblasting. *Materials Science and Engineering:A* 429(1/2):30-35.

Kulmala, M. , and P. Vuoristo. 2008. Influence of process conditions in laser-assisted low pressure cold spraying. *Surface and Coatings Technology* 202:4503-4508.

Lamraoui, A. , et al. 2010. Laser surface texturing LST treatment before thermal spraying—a new process to improve the substratecoating adherence. *Surface and Coatings Technology* 205:S164-S167.

Leinenbach, C. , and D. Eifler. 2006. Fatigue and cyclic deformation behaviour of surface-modified titanium alloys in simulated physiological media. *Biomaterials* 27(8):1200-1208.

276

Li, H. , et al. 2006. Surface modifications induced by nanosecond pulsed NdYAG laser irradiation of metallic substrates. *Surface and Coatings Technology* 201:1383-1392.

Li, C. , et al. 2010. Laser surface remelting of plasma-sprayed nanostructured $Al_2O_3 - 13wt\% TiO_2$, coatings on magnesium alloy. *Journal of Alloys and Compound* 503:127-132.

Lupoi, R. , et al. 2011. High speed titanium coatings by supersonic laser deposition. *Materials Let ters* 65:3205 -3207.

Makinen, H. , et al. 2007. Adhesion of cold sprayed coatings: Effect of powder, substrate and heat treatment. Proceedings of Thermal Spray 2007: Global Coating Solutions, ISBN 0 - 87170809 - 4, Beijing, China, May2007.

Marrocco, T. , et al. 2011. Corrosion performance of laser posttreated cold sprayed titanium coatings. *Journal of Thermal Spray Technology* 20(4):909-917.

Maruyama, T. , etal. 2007. Effect of the blasting angle on the amount of the residual grit on blasted substrates. In *Thermalspray2007:globalcoatingsolutions*, eds. B. R. Marple, M. M. Hyland, Y. C. Lau, C. J. Li, R. S. Lima, and G. Montavon. Materials Park: ASM International® (Copy right 2007).

Mohammadi, Z. , et al. 2007. Grit blasting of Ti6Al4 V alloy_Optimization and its effect on adhesion strength of plasmasprayed hydroxyapatite coatings. *Journal of Materials Processing Technology* 194:15-23.

Multigner, M. , et al. 2009a. Influence of the sandblasting on the subsurface microstructure of 316LVM stainless steel: Implications on the magnetic and mechanical properties. *Materials Science and Engineering: C* 29(4): 1357-1360.

Multigner, M. , et al. 2009b. Interrogations on the subsurface strain hardening of grit blasted Ti6Al4 V alloy. *Surface and Coatings Technology* 203(14):2036-2040.

Olakanmi, E. , and M. Doyoyo. 2014. Laserassisted coldsprayed corrosion and wearresistant coatings: A review. *Journal of Thermal Spray Technology* 23(5):765-785.

Olakanmi, E. O. , et al. 2013. Deposition mechanism and microstructure of laserassisted cold sprayed(LACS) Al- 12 wt. %Si coatings: Effects of laser power. *Journal of Materials* 65(6):776-783.

Paredes, R. S. C. , et al. 2006. The effect of roughness and preheating of the substrate on the morphology of aluminium coatings deposited by thermal spraying. *Surface and Coatings Technol ogy* 200:3049-3055.

Pawlowski, L. 2008. *The science and engineering of thermal spray coatings.* 2nd ed. Hoboken: Wiley (ISBN: 9780471490494).

Perton, M. , et al. 2012. Effect of pulsed laser ablation and continuous laser heating on the adhesion and cohesion of cold sprayed Ti6Al4 V coatings. *Journal of Thermal Spray Technology* 21(6):1322-1333.

Petavratzi, E. , et al. 2005. Particulates from mining operations: A review of sources, effects and regulations. *Minerals Engineering* 18(12):1183-1199.

Pokhmurska, H. , et al. 2008. Posttreatment of thermal spray coatings on magnesium. *Surface and Coatings Technology* 202(18):4515-4524.

Rosales, M. , and F. Camargo. 2009. Characterization of boron carbide thermal sprayed coatings for high wear resistance performance. Thermal Spray 2009: Proceedings of the International Thermal Spray Conference, 1175 -1177.

Schlaefer, T. et al. 2008. Plasma transferred wire arc spraying of novel wire feedstock onto cyl inder bore walls of AlSi engine blocks. Proceedings of Thermal Spray 2008: thermal Spray Crossing Borders, Maastricht, The Netherlands, June 2008. ISBN:978387155-9792.

277

Sen, D. , et al. 2010, Influence of grit blasting on the roughness and the bond strength of detonation sprayed coating. *Journal of Thermal Spray Technology* 19(4) : 805-815.

Sova, A. , et al. 2013. Cold spray deposition of 316L stainless steel coatings on aluminium surface with following laser posttreatment. *Surface and Coatings Technology* 235: 283-289.

Staia, M. H. , et al. 2000. Effect of substrate roughness induced by grit blasting upon adhesion of WC-17 % Co thermal sprayed coatings. *Thin Solid Films* 377-378: 657-664.

Tam, A. C. , et al. 1998. Laser cleaning of surface contaminants. *Applied Surface Science* 127- 129: 721-725.

Verdiera, M. , etal. 2003. On the topographic and energetic surface modifications induced by laser treatment of metallic substrates before plasma spraying. *Applied Surface Science* 205(1-4) : 3-21.

Vilemova, M. , et al. 2011. Effect of the grit blasting exposure time on the adhesion of Al_2O_3 and 316 L coatings. International Thermal Spray Conference & Exposition 2011.

Wang, Y. , et al. 2010. Laser remelting of plasma sprayed nanostructured $Al_2O_3 TiO_2$ coatings at different laser power. *Surface and Coatings Technology* 204(21/22) : 3559-3566.

Wigren, J. 1998. Technical note: Grit blasting as surface preparation before plasma spraying. *Surface and Coatings Technology* 34(1) : 101-108.

Yang, H. , et al. 2006. Influence of substrate roughness on adhesive strength. *International Thermal Spray Conference(2006) : Building on 100 years of success.* Proceedings of the 2006 Inter national Thermal Spray Conference, eds. B. R. Marple, M. M. Hyland, Y. C. Lau, R. S. Lima, and J. Voyer. , Pub. ASM International, Materials Park, OH, USA, 15-18 May 2006, Seattle, Washington, CDRom. ISBN0871708094.

Zieris, R. , et al. 2003. Characterization of coatings deposited by laser – assisted atmospheric plasma spraying. Proceedings of Thermal Spray 2003: Advancing the Science & Applying the Tech nology, ISBN 0871707853, Orlando, United States of America, May 2003.

Zieris, R. , et al. 2004. Investigation of AlSi coatings prepared by laserassisted atmospheric plasma spraying of internal surfaces of tubes. Proceedings of Thermal Spray 2004: Advancesin Technology and Application, ISBN 0871708094, Osaka, Japan, May 2004.

第 8 章 冷喷涂涂层质量保证

L. Pouliot

8.1 引言

正如本书的几章包括第 2 章所强调的,人们普遍认为,在冷喷涂工艺中,颗粒速度是控制沉积过程的关键参数。该参数尤其与喷射颗粒在撞击基体材料时的速度有关。许多文章和书籍(Schmidt 等,2009;Karthikeyan 和 Kay,2003;Tucker Jr. ,2013;Champagne,2007;Karimi 等,2013;Irissou 等,2011)都有这方面的讨论。实际上,每种材料都有一个依赖于温度的临界速度,超过这个速度,材料就会粘附在基体上并形成涂层。低于临界速度时,喷射粉末粒子最有可能反弹,成为逸散状态,并作为废弃物被收集到排气系统中。

尽管粒子速度是冷喷涂中最关键的参数,但其他因素也会影响获得有效涂层的能力或沉积的能力,即冷喷性。其中一些其他因素包括:

(1) 基体表面处理方法(如脱脂,喷砂等);

(2) 喷涂过程中的基底温度(Legoux 等,2007);

(3) 飞行中的颗粒温度;

(4) 原料的尺寸分布;

(5) 颗粒的表面形状和材料种类;

(6) 不同粒径的颗粒在喷雾流中的空间分布(喷嘴出口后);

(7) 粒子流的相对流量/通量。

许多人强调检测工具的重要性,以确保冷喷涂生产过程的可靠性和可重复性。在其他可测量的工艺参数中,测量任何给定条件下的颗粒速度成为建立参考点或标准的工具。例如,加拿大国家研究委员会(NRC)的 Eric Irissou 博士解释说:

在冷喷涂过程中,颗粒速度是影响其效率和涂层性能最重要的变量。测量这个参数对于进行基础研究……速度和涂层之间的建立相关性,确定临界 V 和验证模型是非常重要的。当我们优化工艺参数以获得特定的涂层性能时,颗粒速度的测量也是起决定性作用的……它将我们需要的样品数量降至最低。我们也预见在生产中使用检测工具作为工艺控制的工具。我们在冷喷涂过程中遇到的大多数问题都会导致粒子速度的下降。因此，在喷涂零件前后测量颗粒速度可以快速确认整个喷涂工艺是否稳定。

同样，渥太华大学的 Bertrand Jodoin 教授解释说：

传感器……使我们能够验证数字模型（CFD），然后利用这些模型设计符合颗粒速度特定要求的冷喷涂喷嘴。此外，它们使我们能够更好地了解反应性材料粉末的喷射沉积窗口，以确保我们避免固结过程中的粉末反应，并最大限度地提高固结粉末的反应活性。颗粒速度表征还使我们能够更好地评估这些反应性材料的活化能，从而帮助我们设计新的反应性材料。

在本章中，我们将重点放在测量颗粒速度和粒径的实用方法上，包括这些方法面临的主要挑战。我们着重解释了颗粒形状和表面纹理的尺寸测量精度的影响。简要讨论不同粒径颗粒的空间分布的影响。最后，演示如何实现相对流量的测量。

8.2　喷涂颗粒的检测

检测冷喷涂颗粒的主要挑战之一是颗粒实际喷涂过程中是冷的，这对它们的检测提出了若干挑战。包括：

（1）任何低于1000℃的颗粒都不会发射足够的红外（IR）辐射，无法通过 Si 或 InGaAs 基的光探测器/照相机"看到"或检测到。

（2）在冷喷涂过程中，颗粒以非常高的速度（通常在 350m/s 和 1200m/s 之间）运动，因此可用于表征的时间非常短。

（3）颗粒可能具有差异很大的形状和表面纹理。

（4）一些颗粒非常细（在 5~15μm 的范围内）。

8.2.1　颗粒检测方法

能够"观察到"颗粒是表征颗粒的第一步。在冷喷涂中，颗粒离开喷嘴的温度在 20~750℃之间。不幸的是，在该温度范围内，颗粒不会发射足够的 IR 辐射以使用传统的光探测器来观察或检测。因此，照明系统必须具有足够的光照射到这些颗粒上。然后用光学系统收集散射光并通过光纤传输到检测模块。两种光学设置通常用于基于光散射的测量，即"正向"和"背向"散射方法，如图 8.1 所列。两种设置都有优点和缺点，如表 8.1 所列。在实践中，大多数时候都使用背散射方法，因为其更简单耐用。

表 8.1 背向散射与正向散射的优缺点

	优点	缺点
背向散射	设置简单,不复杂,混浊效果相当微小	较低的光收集率,对颗粒表面粗糙度的敏感性较高,导致直径测量的精度较低
正向散射	较高的聚光性(米散射理论);对表面纹理的依赖性更小,从而提高了直径测量的精度	更复杂的传感器头和设置;当颗粒密度变大时检测效率降低(混浊效应)

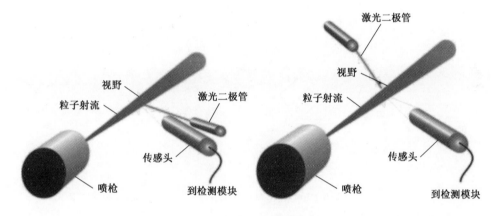

图 8.1 背散射与正向散射设置(由 TECNAR Automation 公司提供)

8.2.2 米散射理论

麦克斯韦方程组有一个著名的解,称为"米氏解"(Bohren 和 Huffman, 1983),是由德国科学家 Gustav Mie 解出的。它准确地描述了均匀球体对电磁平面波的散射。用 900nm 的单色光照射 30μm 的球形 Ni 颗粒,其米散射理论的极坐标如图 8.2 所示。图中清楚地表明,正向散射法(30°或更小)比背向散射法(150°和 180°之间)具有更高的聚光效果。

8.2.2.1 冷喷涂颗粒的米效应

在 20 世纪 90 年代后期,TECNAR 和加拿大国家研究委员会(NRC)共同进行了实验,以确认米散射理论对热喷涂和冷喷涂过程中的冷颗粒的适用性。用于这些测量的实验装置的详细情况见 8.3.3 节。使用如图 8.3 所示的高度球形、窄分布的 Mo 颗粒。详细的扫描电子显微镜(SEM)分析显示平均粒径为 36μm,标准偏差为±3μm。然后将实验装置组合在一起以便在 15°、90°和 165°处进行散射测量。对于每种设置,均测量平均光强度以及平均直径和标准偏差。结果总结在表 8.2 中。这些实验结果充分证实了米散射理论适用于我们的情况。实际上,正如米预测的那样(表8.2),正向散射产生的光比背向散射的多6倍,而且直径测量也更精确(标准偏差更低)。

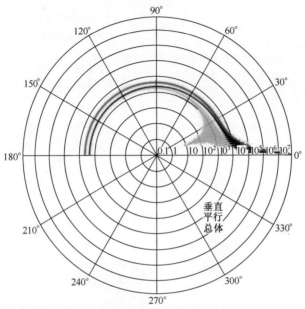

图 8.2　米散射极坐标图(30μm Ni 颗粒)(由 TECNAR Automation 公司提供)

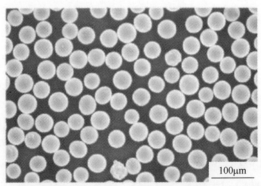

图 8.3　高度球形的 Mo 颗粒(由 TECNAR Automation 公司提供)

表 8.2　入射光角度的影响

入射光角度/(°)	平均直径/μm	标准偏差/μm	归一化光强度
165 背向散射	39	11	1
90	34	10	2
15 正向散射	36	3	6

8.2.3　颗粒形状和表面纹理的影响

为了量化颗粒形状和表面纹理对尺寸测量的影响,选择了三种不同的粉末,如图 8.4 所示。正如预期的那样,使用高度球形(和反射性)粉末测量得到非常精确的直径值(在 SEM 测量的参考直径的 3% 以内)。当我们改用含有聚集体的球形粉末时,直径测量的精度下降到 7%～10%,这很可能是因为聚集体的非球形形状的影响。最后,使用带有棱角的粉末,测量的直径精度非常差(25%～50%)。实际上,对于这种"米粒"类型的颗粒,散射光的强度将严重依赖在给定时刻颗粒的哪个面被照射。

图 8.4　(a)高度球形的颗粒,(b)具有聚集体的球形颗粒,
(c)带有棱角的颗粒(由 TECNAR Automation 公司提供)

8.3　颗粒速度和直径的测量

一旦能够"观察到"颗粒,就可能表征它们。在冷喷涂领域中,人们普遍认为速度是控制涂层形成和性质最关键的参数,但如前所述,其他一些参数也有影响。

8.3.1　颗粒图像测速技术

颗粒图像测速(PIV)已经使用了二十多年,表征飞行中的颗粒(或液滴),包括热的和冷的。PIV 有不同的实现方法,但基本原理如下:

(1)将激光片或点照射到液体或固体颗粒上。

(2)颗粒散射的光由配备有特定成像透镜的电耦合器件(CCD)相机传感器检测。

(3)在传统的 PIV 中,使用高速 CCD 相机将颗粒散射的光记录在两个独立的帧上。通过相关图像分析算法确定两帧内的颗粒的平均位移。然后,知道两帧之间的时间延迟和系统的光学放大率,就可以确定颗粒的速度。

(4)PIV 的另一种方法是测量单个视频帧内的颗粒条纹长度。知道相机快门速度和系统的光学放大率,也可以确定速度。用这种方法获得的结果如图8.5所示。

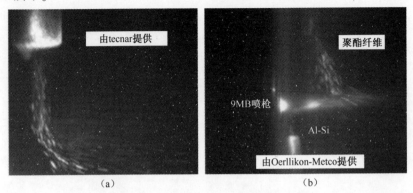

图 8.5 (a)室温 Cu 颗粒的 PIV,(b)Al–Si 和聚酯共注射的 PIV(等离子体工艺)

除了可以非常精确(通常 2%或更好)地测量速度外,PIV 还具有高度可视化的优势。然而,直径测量的精度受到像素分辨率的限制,这可能是冷喷涂中通常使用的尺寸削减的问题。而且,在颗粒密度较高时的测量更加困难,因为获得单个颗粒条纹变得非常困难。

8.3.2 单颗粒计数技术

该方法也需要使用光源(通常是激光)来照射冷颗粒。光学散射光收集系统的设计使得在给定时间点在测量体积中仅检测到一个颗粒,确保对单个颗粒的表征。

将称为双缝光罩(图 8.6)的光学器件放置在光收集系统的像平面中,使得穿过系统测量体积的颗粒自动生成高度对称且非常有特点的双峰信号。该信号(图 8.7)很容易与噪声或任何其他信号区分开来。由于光罩是通过光刻技术制造的,因此两个狭缝中心的距离 d 是精确知道的。使用高速,高精度数字化板,可以精确测量两个峰之间的飞行时间(TOF)。最后,知道系统的光学放大率(OM),使用以下式可以非常精确地计算颗粒的速度 v_p:

$$v_p = \left(\frac{d}{TOF}\right) * OM$$

使用该技术,速度的测量精度为 1%或更好。如果颗粒是球形的,也可以确定它们的直径(Bisson 和 Moreau,2003)。可以很容易证明,对于球形颗粒,直径 D_p 可以表示为

$$D_p = \sqrt{E/K}$$

其中:E 为测得的散射光的强度;K 为一个常数,取决于颗粒的复折射率,探测

284

角,探测立体角,传感器探测率等。K 需要通过实验确定。这种方法适用于照明光源的强度在测量体积中近似均匀的情况。

如果所用冷颗粒的形状近乎球形,则这种方法测量的直径可以非常精确(2%~3%或更好)。但是,如果原料含有许多团聚颗粒,或者它是由带棱角的颗粒组成的(图8.4(c)),则直径精度会迅速下降(约20%),最终结果可能会很差(50%或更差),如前面所述一样。图8.8为使用单颗粒计数装置获得的结果的示例。

图 8.6 双缝光罩(由 TECNAR Automation 公司提供)

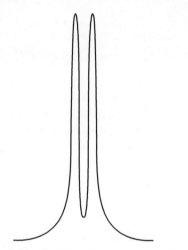

图 8.7 双峰(由 TECNAR Automation 公司提供)

8.3.3 激光多普勒测速技术

显然,人们所熟知的激光多普勒风速测量(LDA)技术也可用于获得冷喷涂

285

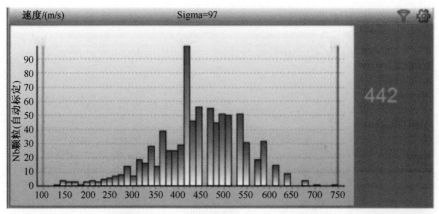

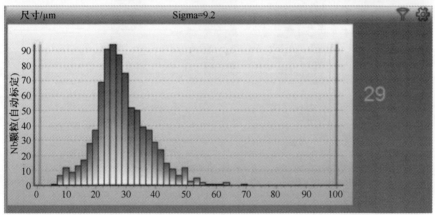

图 8.8 典型的速度和尺寸分布(由 TECNAR Automation 公司提供)

中体积平均速度的测量。然而,与前两种方法相比,这种方法成本更高,且使用起来更复杂。所以,它很少用于冷喷涂的表征(例如,参见 Assadi 等,2003),因此,我们不在本章中详细讨论它。

8.3.4 多尺度颗粒空间分布的影响

在热喷涂工艺中,理想的过程是喷涂单一尺寸的粉末以获得最佳的均匀性。不过,这将导致成本很高,没有任何商业意义。因此,在实际中,冷喷涂使用的是具有一定尺寸分布的粉末。一旦这些颗粒离开冷喷涂喷嘴,它们就会在空间上重新分布。有时,我们最终会得到各种粒径的颗粒不均匀的空间分布,从而产生不均匀的涂层。这很容易发生在冷喷涂系统中,因为粉末是径向注入主气流中的。

因此,在开发或优化冷喷涂工艺时,使用能够提供速度和尺寸测量的检测设备是很有用的,该设备应能检测颗粒在横截面(垂直于喷射方向的平面)中的位置,并提供相应的函数。

通过将传感器头安装在计算机控制的 X-Y 滑动组件上,可以很容易地实现这种喷射羽流映射功能,如图 8.9 所示。

图 8.10 是使用 X-Y 滑动组件通过计算机控制的横截面扫描获得的等高线图的例子。可以容易地将等速度曲线看作 X 和 Y 的函数。速度图不是轴对称的,可能是由于在该示例中使用的低压冷喷涂系统中的粉末是径向注入的。

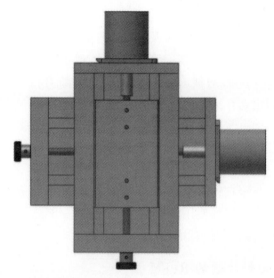

图 8.9　用于羽流映射的典型 X-Y 位移单元(由 TECNAR Automation 公司提供)

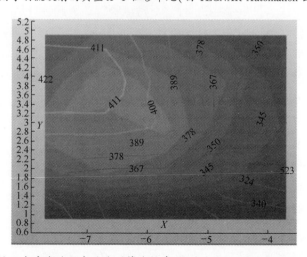

图 8.10　低压冷喷涂过程中的典型等速轮廓图(由 TECNAR Automation 公司提供)

287

8.4 相对颗粒流的测量

利用 PIV 和单颗粒计数技术,可以较好地实现相对颗粒流的测量(RPFM)。然而,这两种方法同样存在局限性。在本节中,我们将简要讨论这两种方法以及它们主要的局限性。

8.4.1 使用 PIV 的 RPFM

随着高分辨率,高速数码相机以及价格合理的快速计算机的出现,现在每秒很容易分析几个视频帧,以提供实时测量。此外,现在大多数数码相机都具有感兴趣区域(ROI)功能,可以对预选的像素区域进行详细分析。

一个合理的假设是在给定视频帧中,颗粒条纹的数量与平均粉末给料速率成比例。该假设已通过实验验证。然而,这种方法有一个基本限制:一旦视场充满颗粒条纹,系统就会对任何附加颗粒视而不见,无论它是在物体平面之外还是之后。换句话说,存在一个最大粉末给料速率(阈值),超过该速率,RPFM 就会饱和。该饱和阈值将根据粉末尺寸,特征光学系统(相机和镜头)和喷嘴几何形状而变化。考虑到生产现场使用的典型冷喷涂条件,PIV 方法在颗粒流测量方面的应用范围非常有限(很快就饱和)。

8.4.2 使用单颗粒计数的 RPFM

通过这种方法,可以在触发事件之后检测颗粒。因此,可以合理地认为每秒触发事件的数量与平均粉末给料速率成比例。同样,该假设也通过了实验验证(热喷涂和冷喷涂)。该方法的主要局限性与 PIV 具有同样的性质,即在达到某个饱和阈值之前,RFPM 具有良好的质量。在这种情况下,当系统的测量体积(横截面积×景深)完全充满颗粒时,产生饱和。经验表明,虽然对于某些当前的冷喷涂条件可以达到饱和,但是使用单颗粒计数方法可以表征的粉末给料速率范围远大于 PIV。

8.5 结论摘要

很明显,颗粒速度是控制冷喷涂涂层形成的关键因素。实验已经证明,可以使用各种技术有效地测量速度,测量方法均涉及使用激光源。还讨论了粒度和相对流量的测量以及其实现方法。最后,阐述了颗粒形状和表面纹理以及照射角度对测量精度的影响。市场上可以买到商用传感器系统(www. tecnar. com, www. Oseir. com)来测量冷喷涂过程的颗粒速度、尺寸和流速。预计使用这种系统将成为冷喷涂技术大多数应用的标准做法。图 8.11 展示了一种商用传感器: ColdSprayMeter(图 8. 12)。

图 8. 11　ColdSprayMeter 系统(由 TECNAR Automation 公司提供)

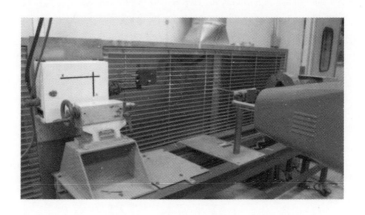

图 8. 12　正在运行的 TECNAR ColdSprayMeter 传感器头和
扫描仪(由加拿大国家研究委员会提供)

参 考 文 献

Assadi, H. , F. Gartner, T. Stoltenhoff, and H. Kreye. Bonding mechanism in cold gas spraying. *Acta Materialia* 51:
4379-4394.

Bisson, J. F. , and C. Moreau. 2003. Effect of direct-current plasma fluctuations on in-flight particle parameters:
Part II. *Journal of Thermal Spraying Technology* 12:258-264.

Bohren, C. F. , and D. R. Huffman. 1983. *Absorption and scattering of light by small particles*. New York: Wiley.

Champagne V. K. 2007. *The cold spray materials deposition process: Fundamentals and applica tions*. Cambridge:
CRCPress.

Irissou, E. , F. Ilinca, W. Wong, J. G. Legoux, and S. Yue. 2011. *Investigation on the effect of heliumtonitrogen ratio
as propellant gas mixture on the processing of titanium using cold gas dynamic spray*. Thermal Spray 2011: Pro-
ceedings of the International Thermal Spray Confer ence 2011, pp. 66-71.

Karimi, M. , G. W. Rankin, B. Jodoin, et al. 2013. *Shock wave induced spraying process: Effect of parameters on
coating performance*. Thermal Spray 2013: Innovative coating solutions for the global economy. Proceedings of
ITSC 2013, pp. 178-183.

Karthikeyan, J. , and C. M. Kay. 2003. *Cold spray technology: An industrial perspective*. Thermal Spray 2003: Ad-
vancing the science and applying the technology. Proceedings of ITSC 2003, pp. 117-121.

Legoux, J. G. , E. Irissou, and C. Moreau. 2007. Effect of substrate temperature on the formation mechanism of cold-
sprayed aluminum, zinc and tin coatings. *Journal of Thermal Spraying Technology* 16:619-626.

Schmidt, T. , H. Assadi, F. Gartner, H. Richter, T. Stoltenhoff, H. Kreye, and T. Klassen. 2009. From particle accel-
eration to impact and bonding in cold spraying. *Journal of Thermal Spray ing Technology* 18:794-807.

Tucker Jr. , R. C. 2013. Thermal spray technology. In *ASM handbook series*, vol. 5A, 54-59.

第 9 章　粉末回收方法

J. Abelson

9.1　基本过滤概念

流体中颗粒的过滤方法有很多,使用过滤网(或介质)进行机械过滤是收集热喷涂颗粒的首选方法,因为干过滤可以方便地处理捕获的颗粒。机械过滤受温度或湿度的影响较小,且随着时间的推移,过滤效率提高。机械过滤的过滤机制有如下几种(图 9.1):

(1) 筛分;

(2) 惯性冲击;

(3) 拦截;

(4) 扩散。

当颗粒太大而不能通过两根或更多根纤维之间的空隙,就会发生筛分。对于尺寸大于 $10\mu m$ 的较大颗粒,筛分是主要的过滤机制。筛分也是液体过滤的主要机制。

当收集较小的颗粒(尺寸小于 $10\mu m$)时,惯性冲击、拦截和扩散三种机制并存以提高整体过滤效率。这三种机制均利用范德华分子间吸引力,在接触纤维后将颗粒保持在纤维上的适当位置。力(分子间吸引力)与原子间空间的 7 次方成反比变化;因此,弱的吸引力确实将较小的颗粒保持在纤维上。这个机制取决于合理应用的气流速度和颗粒尺寸以便粘附到纤维上。在某些情况下,过高的介质速度将导致颗粒脱落,因为其克服了范德华力。在热喷涂粉末回收中应避免这种情况。

惯性冲击机制通常适用于收集微小的颗粒。当气流被介质纤维置换而尘埃粒子由于其质量和惯性而继续在其原始路径上时,就会发生惯性冲击。颗粒与纤维碰撞并被"粘住"。

拦截收集 $0.2\sim1\mu m$ 大小的颗粒。当气流使颗粒足够靠近纤维表面并且发生粘附时,就被收集了。

扩散是收集尺寸小于 $0.1\mu m$ 的颗粒的主要机制。因为颗粒很细,所以它们

291

过滤机制

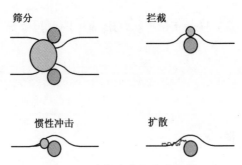

图 9.1　过滤过喷粉末的机制

受原子力的影响。粒子可以沿气流的一般方向上运动但是也能够独立于气流作布朗运动,由热喷涂操作产生的粉末中有高达 30% ~ 50% 的粒径在 0.02 ~ 0.1μm 范围内,因此为热喷涂工业应用生产的过滤介质应设计成能够收集这些非常细的粉末。

　　图 9.2 模拟了每种过滤机制的收集效率与颗粒尺寸的关系以及总过滤效率随着颗粒尺寸的变化关系。顶部蓝线是总效率曲线,而橙线表示扩散的贡献。可以看到当粒子非常小(小于 0.2μm)时,扩散的贡献很大(>50%)。黄线反映了惯性冲击的作用,当粒子大于 0.4μm 时,其贡献是最显著的。绿线表示拦截的贡献,当粒径大于 0.2μm 时,它是最重要的过滤机制。

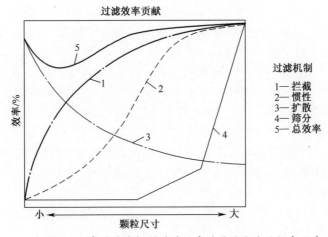

图 9.2　每种过滤机制对总效率的贡献取决于粉末尺寸

292

最后,棕色线表示筛分的贡献,其对亚微米颗粒没有明显的作用。

由于应用的不同和粉末特性的差异,无法通过一种过滤机制来为所有粉尘提供有效的过滤。我们需要一种能够适用所有过滤机制的过滤介质。

通过分解过滤介质的总效率,可显示某些过滤机制在特定粒度范围内占主导地位。如图9.3所示,通过过滤介质的部效率曲线,可以看到,扩散机制适用于粒径小于0.1μm颗粒;当颗粒粒径为0.1~0.5μm时,扩散和拦截是主要过滤机制,当颗粒粒径大于0.5μm时,拦截和惯性冲击是主要过滤机制。

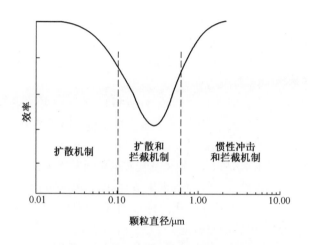

图9.3 过滤机制对不同尺度粉末的影响

每种机械过滤介质如人体肺部、熔炉过滤器、高效微粒空气(HEPA)过滤器,或袋式以及筒式过滤器,都同样符合这条一般总效率曲线。虽然每种机械过滤介质的效率会有所不同,但均存在效率最低的点,通常在0.1~0.4μm之间。因此美国的HEPA过滤器以在0.3μm时的效率为99.97%来评估它的性能。

热喷涂设备的使用环境是多种多样的,所使用的颗粒可能会有不同的特征,这有助于分辨使用的过滤介质的种类。应考虑的逸散的冷喷涂粉末的特性包括:

(1) 吸潮性;

(2) 磨蚀性;

(3) 腐蚀性;

(4) 毒性;

(5) 爆炸性;

（6）火灾危险。

吸潮性粉末容易吸收并保持水分,从而改变过滤介质上粉末层的物理特性。微吸湿性粉末与高吸湿性粉末的吸湿程度不同,微吸湿性粉末在较长的时间内缓慢吸收水分,高吸湿性粉末迅速吸收接触粉末表面空气中的水分。吸潮性粉末倾向于在过滤介质上形成粉尘层,这些粉尘层在结构上与介质锁定或在介质表面上变成坚硬的"饼",从而降低空气流过介质的能力,因此需要使用更多的能量来保证系统中拥有足够气流以继续在收集点处捕获过喷粉末。

磨蚀性是收集的过喷粉末的特征,其倾向于擦掉或磨损过滤介质。磨料粉末一般为钼、镍铬或其他镍合金,这些喷涂的粉末具有非常硬的锯齿状边缘。为了保护过滤介质免受磨损,通常需要特别注意控制收集器内部的入口速度和气流模式,以降低整体的磨损作用。

腐蚀性和有毒粉末会破坏与它们接触的材料。腐蚀性粉末通常也具有吸潮性,当暴露在潮湿环境中时,它们会更快地分解过滤介质(如果选择不当)。通常需要特殊涂层来保护收集器免受腐蚀(Abelson,2004)。

工艺过程会产生非常细的粉末,这些粉末飘浮到空气中,并沉淀在整个工厂的表面和缝隙中。这些粉末一方面会产生清理问题,另一方面,如果粉末是可燃的,在受到干扰时,还会产生潜在的爆炸性粉尘云。因此企业必须实施可燃粉尘控制策略,通过与防火和防爆专家对接,寻求解决方案。另外,由于可燃粉尘通常同时存在火灾和爆炸风险,因此对可燃粉尘的风险管理进行单独考虑可能效果更佳。

材料安全数据表(MSDS)通常是有关如何处理粉末(包括溢出或火灾)的信息来源。如果没有 MSDS 表,或者没有提供有关火灾或爆炸风险的信息来源,可以寻找专业的爆炸性测试服务。

集尘器厂商与集尘设备的选择和操作紧密相关,其可以在确定上述粉末的性质上提供帮助。表征的技术有扫描电子显微镜(SEM)分析和粒度分析等。

SEM 分析:
• 深入了解粉末的团聚性或磨蚀性。
• 显示颗粒形状,为粉末如何沉积在过滤介质上提供依据,从而有助于粉尘收集器的尺寸选择。

粒度分析:
• 阐明粉末尺寸。
• 阐明可吸入粉尘的大小。大多数可吸入颗粒的大小从亚微米到 50μm

不等。

• 深入了解粉末在过滤介质上的沉积密度。粉末尺寸的分布范围越小,沉积在过滤介质上的粉末饼的密度越大,过滤介质则需要更频繁地清洁以保持足够的气流容量。

• 帮助公司了解可燃粉末的危险程度。通常,颗粒尺寸越小,粉末的燃烧风险越大。

图 9.4 显示了铝-氧化铝粉末混合物在冷喷涂前以及使用下游送粉冷喷涂系统喷涂后粒径分布。喷涂时,使用 1.2MPa 和 350℃ 的气体温度。由图可知,喷涂前后粉末粒径均呈正态分布,在这种情况下,冷喷涂工艺对过喷粉的整体尺寸分布几乎没有影响。由于粒径分布足够宽,颗粒不会紧密地压实以阻挡气流,可在过滤介质上形成高透过性层,可允许空气自由流过,集尘器的尺寸根据粒度分以及预期粉末层的透过性而变化。

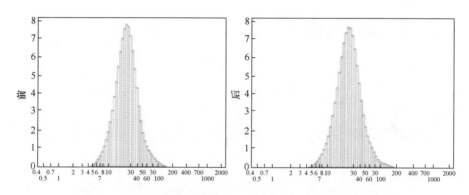

图 9.4　使用下游注入冷喷涂室喷涂粉末前后的粒度分布
(由 Centerline Windsor 公司提供)

粒度分析显示粉末的尺寸分布,而 SEM 图片显示了小颗粒接近过滤介质时的形状。然而在 SEM 图像上看到的非常微小的颗粒可能不会出现在粒径分布曲线上,因为它们的质量微乎其微。但从数量看,它们代表了大量通过过滤介质的颗粒。

图 9.5 为放大 1000 倍的冷喷涂铝-氧化铝混合粉末。此图中存在锯齿状的氧化铝和圆形的铝颗粒。锯齿状颗粒(氧化铝)的尖锐边缘会破坏介质,特别是当颗粒速度超过 20m/s 时,即使很短的时间也会使部件疲劳或磨损。颗粒的磨蚀特性可能会影响集尘器的尺寸,因此,需要为落尘区提供更大的开口区域(更大的占地面积),使颗粒尽可能地减速。

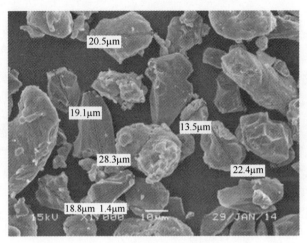

图 9.5　冷喷涂铝放大 1000 倍

9.2　过滤系统的构建

构建过滤系统时必须考虑以下几个因素：

（1）"需要过滤到什么程度？"例如，过滤后的空气是返回到原有空间，还是排放到大气中？

（2）是否有特定的效率，粉末装载量或压降要求？

（3）空气中的颗粒有哪些来源？颗粒由什么材料组成？颗粒本质上是否有毒害？

（4）它们的蒸汽或气体是否存在，是否有危险？

（5）工艺运行的频率如何？是持续运行（24/7）还是间歇（每天几小时）运行？

（6）收集器可用的空间有多大，如何分布？

（7）是否考虑了在风险评估中相关法规或标准？

（8）集尘设备的预算影响有什么？

（9）此过滤器将承受哪些环境条件？是热的还是冷的？会受潮吗？收集器是放在室内还是室外？

（10）过滤器报废后将如何处理？（Spengler 等，2001）

一旦了解了应用要求，过滤公司应检查现有的过滤介质，确定是否符合其应用要求。如果不匹配，则可能必须改进现有的介质或开发新的介质。

现有介质的改进可能涉及介质结构的变化，例如不同的纤维、介质树脂或化

296

学处理(例如,耐油涂层)。其他调整可包括添加表面加载技术,例如纳米纤维或聚四氟乙烯(PTFE)膜。为了有效地推进这些改进,可利用计算机建模。计算机建模可以模拟介质特征、气流和粒子,从而确定新介质设计是否能够满足要求。建模应考虑到粉末颗粒尺寸、空气速度和过滤介质上预期的粉末负荷等所有可能影响过滤机制的情况。假设计算机模拟的结果是可行的,就可以生产相应的介质样品来评估其物理性质。需测试的典型性质包括:

(1)厚度:这个参数非常重要,其决定了从零件以及整个过滤器的介质数量。厚介质也会增加空气通过所需的能量,从而对预期性能产生负面影响,同时,也会增加运行收集器的成本。

(2)孔径:过滤介质中孔的测量宽度。介质中孔越多,其阻力越小,空气越容易通过。同时也意味着其过滤的效率较低,因为大孔径允许更大的颗粒通过。根据应用的不同,大孔径可能是有利的或也可能是不利的。

(3)纤维的松紧度:纤维脱落是指用于形成过滤介质的纤维在使用期间由于通过介质的空气速度或者对过滤器的清洁作用而脱落。某些应用不允许在过滤过程中使用松散的纤维。如在食品工业中,某些过滤出的粉末可能需要重新利用,就不允许纤维脱落。

(4)拉伸试验:用于评估介质的拉伸强度和伸长性能。这些特性在装配过滤介质时尤其重要,因为过滤介质在清洁时可瞬间受到高达 13.79kPa 的脉冲式压力。

(5)SEM:从表面和截面观察纤维排列的形态,深入研究介质的结构。SEM提供的图像可为过滤器工程师提供有关纤维和介质树脂相互作用的信息,有助于介质工程师解决介质问题。

选择合适的过滤介质对于封装过滤器的整体有效性和效率非常重要。通常,用于冷喷涂的最佳过滤介质有以下两类:

(1)纤维素与纳米纤维;

(2)纤维素与纳米纤维和阻燃添加剂。

纤维素过滤介质通常由天然材料制成。所得到的介质类似于纸,是精心设计用于过滤的而不是用于印刷。如果需要,纤维素过滤介质还可以增加阻燃特性。需要明确的是阻燃介质并不防火,也不会改变沉积在其上的粉末的性质。阻燃介质通常是添加阻燃剂以降低介质自身助燃的能力。因此,如果热的火花击中没有吸附粉末的干净介质,当火花熄灭时,阻燃介质不会继续燃烧。如果阻燃介质被持续加热,可能会受损并燃烧。这意味着如果介质表面上的可燃粉末着火,则过滤器会燃烧。

纤维素过滤介质代表了一般介质普通的过滤效率。为了提高效率,一些供应商将纳米纤维素添加到介质中。纳米纤维素由耐用的合成纤维和聚合物组成,平均纤维直径为 0.2μm。它们通过加快纤维素介质表面上的尘饼层增厚速度来提高介质的效率。在本章的前面部分说明了所有过滤机制的使用促进了粉末的堆积,从而提高了过滤器的效率。因为多孔滤饼活性表面的增加增强了干燥粉尘收集的过滤机制。观察 10μm 大小的颗粒,可以看出纤维素介质上有无纳米纤维素时的差别,尺寸为 10μm 大颗粒通过纳米纤维是非常困难的(图9.6)。

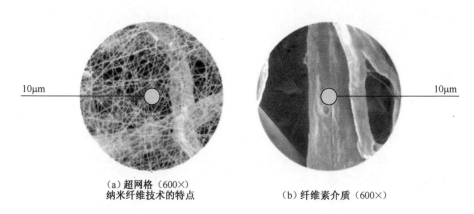

(a) 超网格(600×)
纳米纤维技术的特点

(b) 纤维素介质(600×)

图 9.6 带(a)和不带(b)纳米纤维的图像。可看到 10μm
大颗粒通过纳米纤维层非常困难(由 the Donaldson Company 公司提供,2011)

纳米纤维制备方法之一是电纺丝工艺,该工艺可生产直径为 0.2~0.3μm 的细小、连续的弹性纤维,然后将其应用到过滤介质基质材料上。纳米纤维在基质表面上形成具有非常细的间隙稳实纤维网。这个网在过滤器表面收集灰尘、粉尘和污染物;与使用纤维素、纤维素/合成纤维、纺粘纤维甚至熔喷纤维等商品过滤介质制造的传统过滤器相比,具有许多优点。

虽然为收集器购买具有纳米纤维优质性能的过滤器的初始成本可能高于商品介质过滤器,但含有纳米纤维层的过滤器具有以下优点:

(1)初始效率高,且持续时间长。收集器的主要功能是控制和减少制造过程的粉尘排放。与积有粉末的过滤器相比,清洁的新过滤器通常具有较低的效率(因此,具有更高的排放量)。过滤介质表面上具有纳米纤维层比没有纳米纤维层的过滤器能够更好地捕获粉末颗粒。这种性能是通过前面讨论过的过滤机制(包括拦截,扩散和冲击)实现的。

(2)潜在排放量更少。大多数工业收集器通过清洁过滤器来控制过滤器表面上粉末的积聚。每次清洁过滤器(通常通过压缩空气的反向脉冲),过滤介质上的粉末就会被破坏,从而产生额外排放。若含有纳米纤维层,收集的粉末会积聚在过滤介质的表面上而不是在介质结构内部,使用较低的脉冲便可清除,因此减少了额外粉尘的排放量。

(3)通过过滤介质的压降较低,节省能量。收集器依靠风扇将含有粉末的空气从污染源吸收到收集器并通过过滤介质。将空气移动到过滤系统所需的能量(静压)决定了所需的风扇尺寸和功率,从而决定了操作系统所需的有效能量。由过滤介质和颗粒产生的限制可显著增加系统总体的风扇能量需求。在商用介质过滤器中,过滤后的粉末可以深入到介质的孔隙中,无法清洁。当捕获的粉末无法从介质深处清除时,在介质上会产生更高的稳定压差,能量需求也会增加。由于纳米纤维介质将粉末捕获在表面上,因此它可以被彻底清洁,并且可以在整个介质上以较低的压差运行,从而降低能量需求。如果系统风扇配置了变频驱动(VFD)控制系统,则可以实现更大的节能效果。

(4)使用脉冲喷射除尘系统,消耗的压缩空气更少。如前所述,在过滤介质表面捕获粉末的过滤介质比利用内部结构捕获粉末的过滤介质在清洁时需要更低的压缩空气脉冲循环。较少的压缩空气脉冲循环使整体压缩空气消耗量降低,从而降低了压缩机的能量需求和压缩机运行成本(图9.7)。

清洁纳米纤维层过滤器   表面加载纳米纤维层过滤器

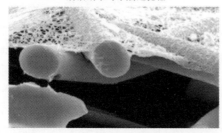 

图9.7 纳米纤维介质中装有 ISO 细尘。在基材保持清洁的同时,灰尘颗粒聚集在介质表面上并且容易清除。深度加载过滤器将允许灰尘颗粒深入渗透到基体中,在那里它们积聚并阻塞气流(由 the Donaldson Company 公司提供,2014)

(5)过滤器寿命更长。当介质完全深度加载,并且无法通过系统中设计的气流强度利用风扇进行清洁时,大多数过滤器达到"寿命终止",由于纳米纤维层特有的效率和表面负载,纳米纤维过滤器可以比传统的商品过滤介质拥有更长寿命。过滤器更长的寿命意味着不那么频繁地购买新的过滤器,从而更加省钱。此外,过滤器寿命减少昂贵的维护成本。

(6)过滤器配置灵活,适用范围广。纳米纤维性能层介质可以在各种基底材料和不同的过滤器配置中制备。在纤维素、合成物质或纺粘介质基体上施加纳米纤维层可改善这些介质中的性能。此外在保证获得纳米纤维性能层优点的同时,还可以选择具有抗静电、耐高温、防潮性能的基体。纳米纤维性能层多年来一直用于筒式过滤器,但制造商现在也将这些介质配置在百褶袋式和凹槽式过滤器中。

过滤器配置的扩展以及优质纳米纤维过滤层的推广,意味着收集器运营商可以将其应用转移至商品过滤器,从而减少排放,节约能源,并提高利润(Wool-ever,2013)。

9.3 粉尘收集工艺

在设计冷喷涂工艺中过喷收集器时,设计工程师应考虑以下三点:

(1) 管理收集器内的气流,以最大限度地降低运行成本。设计者应考虑每立方英尺空气移动时收集的过喷粉末的成本。

(2) 最大限度地减少粉末送到过滤器的负荷,从而降低压降并延长过滤器的寿命。

(3) 开发高效的过滤器清洁系统。

管理收集器中的气流非常重要,通常空气进入收集器有三种方式:从顶部,从侧面或从底部。

在三种入口配置中,空气从收集器顶部进入具有最好的效果。由美国环境保护局(EPA)赞助的研究也显示,向下流动的气流具有优异的性能。这种气流有助于协助重力将灰尘颗粒移向料斗(工业通风——一本实践设计的推荐手册,ACGIH,2013)减少了再沉积。如图9.8所示,向下气流可将灰尘引导到收集器下方的存储装置中处理。过喷粉末被收集起来后以相对较高的速度通过一个圆形管道。该管道连接到收集器顶部的脏空气入口,然后流过收集器。在这种设计中,大部分粉末直接进入料斗。其他从气流中流出的粉末将被引导到过滤器,在介质的外部被收集,然后清洁的空气通过出口排出。

侧入口通常作为顶部入口的替代方案。如果收集器配置有特殊包装的过滤器,则可以使空气从侧面进入。这种设计的一个优点是,重的灰尘可以直接落入料斗而无需通过过滤器。当空气进入收集器时,它会减慢颗粒的动量,使它们继续沿着原始方向从一般气流中分离。侧入口的另一个优点是收集器可以安装在需要低净空高度的狭窄空间中。例如公司在安装设备时需要协调高架起重机或其他设备。图9.9是侧入式收集器的示例。

收集器的另一个入口配置方式是底部。通常,底部进入发生在料斗中,其中会有许多设计甚至包括穿孔冲击板。在空气上升到过滤介质之前,该板应该将

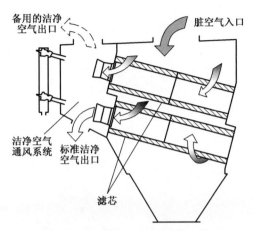

图9.8　显示空气如何流过集尘器的剖视图。空气从顶部进入，
从过滤器外部穿过中部，并通过洁净空气出口排出
（由 the Donaldson Company 公司提供，2014）

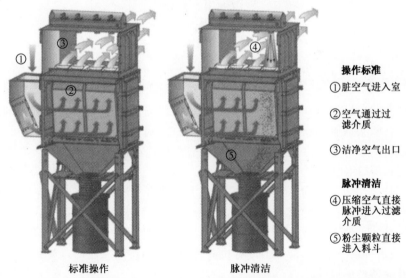

图9.9　侧入式收集器的剖视图。显示了空气如何流过收集器，还显示了当收集器用压缩空气脉冲清洁过滤器时会发生什么（由 the Donaldson Company 公司提供，2014）

重质材料阻挡，迫使空气掉落尽可能多的粉末。

　　在确定好空气入口之后需要考虑的另一个问题是将粉末载入过滤器，常用的一些措施包括：

（1）在除尘器前设置沉降箱；

（2）把沉降室作为收集器的一部分；

（3）在收集器前设置旋风分离器；

（4）通过改变过滤器形状或收集器尺寸来增加收集器内部的空间。

一个沉降箱（图9.10）是一个配制有入口和出口的盒子，其作用是迫使空气在盒子里面转动。每次空气转动时经常会减速，它都会使粉末有机会从空气流中掉出并收集。沉降盒的优点是它们的制造成本相对较低。然而如果盒子设计不当或者如果粉末没有正确地从盒子中排空，则盒子对减少粉末加载到收集器几乎没有帮助。

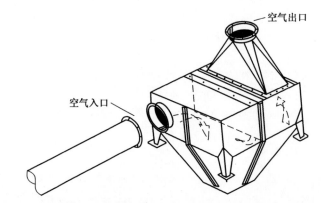

图9.10　一个简单的收集箱设计的例子（由 the Donaldson Company 公司提供，2014）

沉降箱可以内置在收集器侧面，也可以在没有过滤器时作为收集器的附加模块。在收集器侧面增加了一个沉降箱，为许多有空间限制的终端用户提供了一种紧凑的设计方法。此时空气通常从底部进入，经过具有曲折路径、焊接在内部的挡板，从而沉降尽可能多的粉末。另一种方式是在收集室中作为脏空气室的一部分或作为室内的单独螺栓设计，该方式通常在没有过滤器的情况下使用。这些腔室的优点在于其面积大于携带喷涂粉尘的管道面积，从而通过简单地打开该区域便可使空气减慢，颗粒可能直接流到收集装置甚至不会接触过滤器。此外，在每种情况下，如果其中没有过滤器，则不存在使过滤器受到高速冲蚀而损害其完整性的风险。

还可以考虑在收集器之前放置旋风器（图9.11）。空气从顶部附近进入，离心力和摩擦力导致颗粒在涡流底部脱落。旋风分离器的优点在于可以显著降低收集器的负载，因为颗粒通常是聚集的，粉末尺寸可以从窄的分布转变为正常的尺寸分布。颗粒尺寸分布的变化可以促使尘饼更具渗透性，使空气更容易通过。这样就可以使收集器具有更小的过滤面积，因为可以在没有显著压降增加的情况下形成较厚的粉末饼。旋风分离器的另一个优点是粉末在旋风分离器中停留时可同时冷却,从而使在进入收集器之前粉末已经处于冷却状态。而过滤器过滤冷粉要容易得多。最后,旋风分离器使外部火源在进入集尘器之前更容易熄灭,从而降低了集尘器发生火灾的可能性。

最后,设计师可以通过改变过滤器的形状减少过滤器粉末负荷。在保持盒子的尺寸不变的情况下,如果过滤器从圆形变为椭圆形,则过滤器之间的空间可以增加20%~25%。这使得空气具有更大的空间运行,从而减慢速度并使粉末更容易从空气流中分离出来。如果设计师选择改变形状并调整收集箱,则收集器有更多的空间以容纳脱落的粉末。

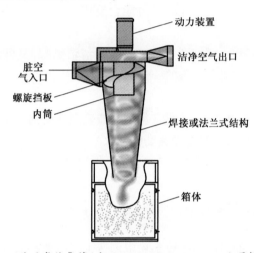

图 9.11　旋风式收集箱(由 the Donaldson Company 公司提供,2014)

表 9.1 比较了这些不同做法的优点和挑战。

表 9.1　减少颗粒负荷的不同做法的优点和挑战

策　略	优　点	挑　战
收集器前放置沉降箱	易于自己制作 作为附件易于安装	必须定期维护并可能增加风扇清洁空气需要的功率
旋风器	可能改变粉末尺寸,从而减少收集器尺寸减少外部点火源进入收集器的可能性	增加所需的风扇功率增加清洁空气 所需的能量
在收集器上放置沉降箱	节省空间的设计 易于维护	事后不能轻易添加
更改收集器中的空间	节省空间的设计 易于维护处理高负荷和磨蚀性粉尘	事后不能轻易添加

高效的清洁系统对收集器设计非常重要。清洁系统的性能决定了收集器可处理粉末的数量以及清洁空气时收集器消耗能量的大小。高效的清洁系统应满足以下条件：

（1）可正确地干扰过滤器脏污侧的粉末堆积。受干扰的粉末将离开过滤器，但有一些可能会返回过滤器表面，从而提高过滤效率。在过滤器上保持适当的粉饼的一个附带好处是能够确保在过喷产生位置的气流保持在所需的速率。

（2）可在整个过滤器均匀地分布脉冲能量。如果压力不均匀，粉末可能积聚在过滤器的一端，导致空气只在可获得更多脉冲能量的区域中通过，因为该区域的阻力最小。少量介质高速度通过可能会造成更多的排放量，导致过早地堵塞介质。

（3）压缩空气离开隔膜阀到达过滤介质的清洁侧时，尽可能少地转动。而当脉冲空气最终到达过滤介质脏的一侧时，需要使脉冲空气在每个方向上旋转，以消耗脉冲的部分能量。

（4）每次脉冲时可将沉积的粉末从过滤器表面移动到收集装置。粉末移向收集装置的速度越快，粉末的处理速度就越快。

（5）能通过在实验室和现场进行测试，证明其性能。

9.4　通风系统指南

热喷涂零件形状的多样性为收集粉末创造了许多独特的机会和挑战。根据零件的几何形状，通风系统的设计者必须考虑声音衰减需求、可能产生的气体种类以及其他的安全问题。首先需要考虑的就是热喷涂粉末的可燃性；"在各种工艺要求下消除可燃粉尘是不切实际的。不过，通过使用包括灰尘收集在内的有效的工业通风系统，仍然是有可能控制工厂内分散的灰尘数量。精心设计，维护和操作工业通风系统，包括良好的通风罩或通风亭，合适的风管尺寸和适当选择的收集设备，可以提供有效的粉末控制，从而有助于控制从粉末喷涂过程产生的分散粉末的存在"（集尘器和可燃粉尘控制策略 2011）。

设计师在考虑通风方法时，通常会选择局部排气罩或通风亭。

局部排气罩的方法通常是提供气流捕捉粉末，总空气量比通风亭少。当局部排气罩（例如图 9.12）随喷枪作为操作员或机器人喷涂的一部分时，可以起到较好的效果。当零件几何形状简单，和/或需要喷枪非常小的运动时，可以使用局部排气罩。使用简单的局部排气罩的典型应用是印刷工业的圆辊的喷涂。局部排气罩是按照圆辊的外形来构造的，通常具有 1~1.5m/s 的捕获速度，捕获速度低于 1.5m/s,以避免影响实际的喷涂过程。

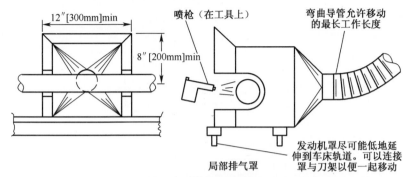

注意:在喷涂有毒金属时局部罩盖或许并不安全

$Q=1.0\,(am^3/s)/m^2$ 面部开口
最小管内速度=17.5m/s
$h_c=0.25VP_d$

图 9.12 局部排气罩的典型的罩盖装置,在被喷射的部件移动时保持静止
(经 ACGIH 许可使用,2013)

另一种常见通风方法是喷涂室。当粉末可能发生在许多不同方向时,难以找到较小的局部排气罩,这时需要使用喷涂室,它能处理复杂几何形状的零件。粉末被捕获在喷涂室中,然后被引入管道以输送到收集器,从而粉末与空气分离,随后过滤后的空气离开收集器。设计一个通风亭要考虑很多因素,如热喷涂工艺的噪声多大,是否需要隔音。调节通风亭的温度所需的空气量也是必须考虑的。太少的空气会提高腔室温度,这可能会影响涂层质量和喷涂设备,而太多的空气会浪费大量的能量,增加成本。为了导出并最大化收集粉末,通常建议在通风亭中的交叉通风速度为 0.4~1m/s。图 9.13 显示了从美国政府工业卫生学家会议(ACGIH)获得的类似的建议。图中特意注明了毒性粉末的特性,在使用潜在有毒的喷涂粉末时必须特别小心。

"应该从通风亭或排气罩开始设计合适的集尘系统。通常包括用于输送粉末的管道,用于从空气中去除粉末的过滤器,以及用于提供能量来产生气流的风扇。气流为 283m³/min 的排气扇可能需要 22.05~29.4kW 功率。气流流速通常是固定的,除非外壳重新设计,否则不应改变。通常认为,1.0668~1.219km/min 的速度最适合在图 9.14 所示的圆形管道 1 中输送粉末。空气缓慢流动将使粉末颗粒容易掉落并沉积在管道底部,增加产生火灾的危险并可能阻塞管道。而空气快速流动会浪费风扇能量并对管道造成不必要的磨损。例如,以 1.0668~1.219km/min 的速度移动 283m³ 空气,需要选择直径为 55.88cm 的圆形管道。当选择的管道横截面积为 0.245m² 时,产生的速度为 1.154km/min(Richard,2011;图 9.14)。

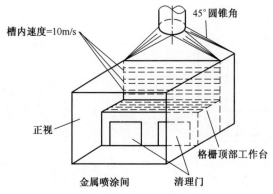

图 9.13 典型的金属通风亭布置,带有通风指南(经 ACGIH 许可使用,2013)

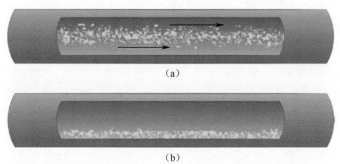

(a)

(b)

图 9.14 (a)当空气速度大于 1.0688km/min 时,灰尘颗粒会悬浮;
(b)当空气流速小于 1.0688km/min 时,颗粒会积聚

9.4.1 VFD 和气流控制系统

控制风扇和保持系统中恒定气流的一个更好方法是使用 VFD。VFD 是通过调节频率使风扇电机以特定转速运行。北美的普通三相电源通常以 60Hz 的频率运行,而 VFD 允许操作员选择特定频率来减慢或加速风扇转速。在理想的系统中,只有当脏过滤器的静压负载需要时,系统才会全速运行。其余时间,风扇将以较慢的速度运行,以准确的产生稳态需求量。这种操作方法可以节省成本。对于固定参数的操作系统,集尘系统总超速运行(以确保热喷涂室完全通风),相比之下,VFD 方法使用了一个智能系统,以精确的气流速度运行,更节省能源。

通以通过数学模型建立一些简单的假设和一些系统变量来证明 VFD 更节能。通常,升级到 VFD 后,气流控制系统可以在 2 年内收回成本。更重要的是,集尘系统能以正确的设计风量运行,这样可以减少系统的磨损,尤其是热喷涂所需的高端的表面负载过滤器。升级到 VFD 和气流控制系统可降低成本的因素包括以下几个方面:

(1)过滤成本;

(2)人工成本;

(3)清理成本;

(4)存储成本;

(5)运输成本(用于新过滤器和处理旧过滤器);

(6)质量管理成本;

(7)维护系统运行和气流稳定性的成本。

9.4.1.1 VFD 的控制

一旦决定使用 VFD,下一步就是确定操作输入的提供方式。目的是保持所需的风量,而不管系统静压的变化。管道系统中的气流测量装置可以向控制器发送信号,以在气流变化时调节风扇速度。这些仪器适用于具有洁净空气的环境,因此通常在空气过滤后的管道中,如风扇出口上的管道,其长度足以保证通过管道的总气流保持平稳、可靠的指示。

另一种方法是测量系统静压,而不是在空气进入集尘器之前测量管道系统中某点的实际气流。在设计气流时,所需的静压量是多种因素的函数,只要系统不发生机械上的改变,这些因素应保持不变。在使用过程中,过滤器会变脏并被脉冲清洁,但如果系统未经过修改且在设计气流下运行,则集尘器入口处的静态阻力应保持不变。控制器的静态维护是一种简单而有数的控制集尘系统中 VFD 的方法。当过滤器阻力增大时,风扇输送的气流下降,从而在收集器前面的管道中产生较低的静电阻,此时控制器将调节 VFD 速度以增加返回系统的气流,从而达到调节气流和静电阻的目的。相反,当过滤器处于脉冲清洁时,过滤器上的阻力下降,同时流过管道的气流流量随着系统静压的增加而增加。VFD 将降低功率并返回系统以调节流量,使水平静压保持在设计时的水平。最终结果是获得平稳一致的气流以及其他的相关益处,并节约成本。

9.4.1.2 注意事项

在某些特定情况下,VFD 气流控制系统的益处有限。例如当在多个热喷涂室系统中间歇地使用集尘器(和风扇)来同时维持一个或两个喷涂室时,由于管道系统不是机械稳定的,因此无法简单的利用系统的可变静压来有效地调节风扇的功率。事实上这是管道系统的限制,不是 VFD 的限制(Richard,2011)。

9.4.2 当污染物可能对健康有害时要考虑的除尘器组件

根据喷涂材料的不同,需要针对性的限制粉末的暴露时间。当粉末对身体有害时,操作员更换过滤器或清空收集箱时,应当小心。可采用适当的措施来减少操作员暴露于污染物以及一般污染物暴露在大气中的机会。

通过组合安装在过滤器通道盖周围的袋领,可以在安装和取出过滤器和收集粉末时,减少操作人员和环境暴露于污染物。随后取出滤芯并用密封袋更换(图9.15)。

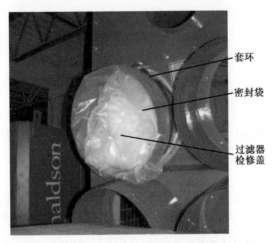

图9.15 用于过滤器移除的进出袋组件

进出袋也可用于料斗卸料。其特点是鼓状或桶状的弹性内袋固定在料斗适配器套环上。收集的灰尘被移除并放在密封袋中。组件装配的外形如图9.16所示。

上述组件显示了当污染物有害时可采取的措施。值得注意的是,当使用热喷涂工艺时,它会产生非常小的粉末颗粒,这些粉末很容易飘浮到空气中,最终沉淀在整个工厂各处的表面和缝隙中。这些颗粒不仅会造成清洁问题,如果它们是可燃的,在受到干扰时,它们还可能形成潜在的爆炸性粉尘云。

"企业领导必须了解可燃粉尘的风险,并合理控制设施中的可燃粉末。除尘器制造商可以通过与最终用户和防火防爆设备方面的专家合作交流,为工厂提供可用于可燃粉尘控制的除尘器。可燃粉尘通常具有火灾和爆炸风险,因此最终用户应分别考虑这两种风险"(除尘器和可燃性粉尘控制战略2011)。表9.2中列出了不同的集尘器降低风险的策略,便于企业领导进行风险分析。

308

图 9.16　用于料斗卸料的进出袋组件

　　通常通过详细的过程风险评估来确定事件的风险或后果。详细的过程评估应为最终用户分析可能带来风险的所有流程以及可能导致这些风险的条件。然后评估每个风险并决定是否应该消除或减少风险以及如何操作。如果无法消除风险，则可以制定应急方案，以便在事故发生时将危害降至最低。该过程危害分析需要定期进行审查，以及当过程或材料发生改变时也应重新审查。

表 9.2　可能有助于处理工厂中可燃粉尘的收集器选项
（该表由 Donaldson 公司于 2012 年提供）

			减轻的危险	
			爆炸	起火
防火				
		灭火器/灭火器与喷水器结合		√
		溢漏		√
		自动快速中止门		√
		实时减少火花		√
		火花监测和灭火系统		√
防爆				
	机械	防爆板	√	
	化学	化学抑制剂输送装置	√	
		抑制系统控制面板	√	
		探测器/传感器–化学或驱动系统装置	√	

（续）

		减轻的危险	
		爆炸	起火
除尘器隔离			
入口			
机械	驱动刀闸–入口	√	
	流量驱动的隔离阀–入口	√	
化学	化学隔离装置–入口	√	
	抑制系统控制面板	√	
	探测器/传感器–化学或驱动系统装置	√	
料斗			
	旋转阀/气闸	√	√
出口(如果空气返回建筑物)			
机械	驱动刀闸–出口	√	
	流量驱动的隔离阀–出口	√	
化学	化学隔离装置–出口	√	
	抑制系统控制面板	√	
	探测器/传感器–化学或驱动系统装置	√	

9.5 清理

当粉末从气流中分离并通过机械或脉冲式方法从过滤器中清除之后,颗粒应收集在特定的储存装置中,例如铁桶、方形容器和大型布袋。当存储装置装满时,公司必须决定如何处理这些废物。处理方式通常包括回收或丢弃,如填埋。在处理这些粉末之前,首先要评估粉末的性质和风险。一般来说,公司希望通过回收利用来减少送去垃圾填埋场的残余废物。通常,公司会因良好的回收表现而受到赞誉。如果决定回收粉末,公司要考虑的第一个问题是颗粒材料是由什么组成的。如果从冷喷涂工艺中收集的材料是锌或铝,回收商很有可能会带走这些废弃物。有些公司会将要回收的材料发在他们的网站上。通常做法是将样品发送给回收商使回收商了解他们将要接收的材料以确定材料价值。无论何时发送样品,都建议在样品旁边附上 MSDS 表。如果需要,将 MSDS 表应包含在发送文件中,托运人可以访问 MSDS 表。回收商关注的另一件事是产量。产量越大,废物的吸引力就越大。产量较低的公司倾向于选择存储这些材料,直到收集到足够的材料以节省运输成本。上述因素适用于收集废物、回收金属以供再利用并向公司支付材料费用的回收商。

可以咨询美国的 EPA 或其他国家的同等机构,决定如何处理收集材料。他们的网站定义了不同类型的废物和危险废物有关的法规。MSDS 表还可以显示处于运输状态的粉末是否具有危险。值得注意的是,除联邦法规外,美国的部分州还有自己的法规,虽然大多数州的危险废物法规都是基于联邦法规,但某些州制定了更严格的法规。

如果不能回收粉末,则可能需要进行弃置和填埋。此时需要联系熟悉相关规范要求的环境咨询公司,他们可能会要求提供与废物相关的信息,例如:

(1) 在此工艺中使用了哪些粉末?

(2) 此材料是否存在 MSDS 表?

(3) 产生这种废物的过程是怎样的?

(4) 每周/每月/每年产生多少废物?

咨询公司协同确定后续步骤并指导公司完成整个流程,包括符合当地法规的适当文件。然而这样的服务通常不是免费的。

最后,如果不找咨询公司帮忙,可以寻求当地废物管理公司提供帮助以确定后续步骤。

需要注意的是废物产生者有责任遵守所在国家(地区),州和地方废物处理的法规。

参 考 文 献

Abelson, J. 2004. Basic filtration concepts. *ITSA Spraytime* 11 (4): 2004.

ACGIH. 2013. *Industrial ventilation: A manual of recommended practice for design.* 28th ed. Cincinnati: Kemper Woods Center.

Donaldson Company, Inc. 2012. http://www2. donaldson. com/torit/enus/pages/technicalinformation/efficient-controlthermalspray. aspx. Accessed 30 Aug 2011.

Dust Collectors and Combustible Dust Strategies. 2012. http://www2. donaldson. com/torit/enus/technicaldocuments/dustcollectorsandcombustibleduststrategies. pdf. Accessed 26 Dec 2012.

Richard, P. 2011. Efficient control of thermal spray dust collectors. *ITSA Spraytime* 18 (2): 2011. Spengler, J. D., J. M. Samat, and J. F. McCarthy. 2001. *Indoor air quality handbook*. New York: McGrawHill.

Woolever, J. 2013. Top 5 reasons a nanofiber performance layer filter is worth it. Donaldson Company, Inc. 2013. http://www2. donaldson. com/torit/enus/pages/technicalinformation/top- 5 - reasonsan - a - nofiber - performance-laye-rfilter-is-worthit. aspx. Accessed 11 June 2013.

第 10 章　冷喷涂应用

V. K. Champagne, P. K. Koh, T. J. Eden, D. E. Wolfe,
J. Villafuerte, Dennis Helfritch

10.1　航空装备的维护与修复

10.1.1　引言

在采用新技术方面,航空航天业相当谨慎;其中一个主要原因是用于验证飞行安全关键部件的新工艺标准异常严格。如果一项新技术没有经过适当的测试和评估,就可能引发灾难性后果导致机毁人亡。一般来说,因为这个过程需要进行大量的测试和验证,所以需要 20 年以上的时间。涉及的众多部件必须进行重大投资,包括研究、工程、制造、质量控制、检验,物流和采购。该过程涉及对实验室样本以及局部或整体尺度的组件和/或部件进行大量测试和评估,其中一些要求飞行测试以确保飞行安全。从采用过程进展到可行性评估,然后进行演示和验证,最后才能应用于生产和/或现场使用。

本章节的目的是介绍由美国陆军研究实验室(ARL)研发的冷喷涂技术在航空航天工业的一些应用,并通过介绍几个案例,展示冷喷涂对这些应用的巨大影响,同时通过一些技术数据,证明工艺转换所带来的优势和好处。重点的应用涉及镁合金航空航天部件的修复,该过程的研究已经具有大量的数据,并成为冷喷涂技术应用于航空航天工业的起点。

正如前面的章节所解释的那样,冷喷涂在航空航天领域的独特之处是它能够进行部件尺寸修复,甚至在温度远低于应用粉末熔点的温度下使部件近净成形,从而避免或减少许多有害的高温反应。冷喷涂的特性使其成为非常具有吸引力的涂层或部件尺寸修复的方法,并且在修复的同时仍可保留其独特的材料特性。

10.1.2　开创性的工作

美国陆军研究实验室在过去 10 年中引领了冷喷涂技术的发展,研发了一种回收利用航空航天部件的工艺,尤其是那些用镁制造的航空航天部件,研究结果显示该工艺比现有方法有了显著提升。ARL已经证明和验证了一种以铝和/或铝合金为原料,成本效益好,环境上可接受的冷喷涂工艺,其可为各种用于陆军和海军直升机或高级固定翼飞机的镁、铝航空航天部件提供表面保护和修复/重建,已在全球范围内应用,不仅在美国国防部(DoD)中使用,在私营工业中也有应用。

最初,冷喷涂技术于2003年在ADL提出了对冷喷涂工艺沉积铝和铝合金的开发和认证,旨在为航空航天和汽车行业的镁合金部件提供尺寸恢复和保护。最初,ARL专注于开发一种"非结构性"修复工艺,该工艺比需要大量组件测试的"结构性"修复工艺更快且成本更低。

很快ARL建立和执行了数百万美元的项目,其中包括2005—2011年的环境安全技术认证计划(ESTCP)以及在北卡罗来纳州切里波因特的海军舰队准备中心(FRC-East)建立第一个冷喷涂专用修理设施。ESTCP与西科斯基飞机公司合作,最终获得在UH-60 Blackhawk上使用冷喷涂工艺的资格。该项目成为冷喷涂用于航空航天工业的国际标杆。现在,冷喷涂工艺被视为沉积镁合金的最佳方法,可为镁合金部件提供尺寸修复,显著提高性能并降低成本(对整个零部件的生命周期来说)。

其后,其他军事部门和私营企业也纷纷效仿,并开展了工作努力来开发类似的修理程序。国家认可的其他项目是国家制造科学中心(NCMS)的项目,其目标是利用冷喷涂来控制镁的腐蚀。项目参与者包括武装部队的所有分支机构:美国陆军研究实验室、海军、空军和海军陆战队,以及跨行业公司:波音公司、德尔福公司、福特汽车公司、CenterLine(温莎)有限公司和Solidica。从历史上看,热喷涂技术的进步一直是由航空航天工业需求所驱动的。1960—1990年期间,热喷涂行业的收入快速增长,而当时该技术在航空发动机的应用也在同时增长(图10.1)。这一增长的主要来源是等离子喷涂、爆炸喷涂(或D型喷枪)和高速氧燃料(HVOF)喷涂的商业发展,以及新的和改进的工艺控制设备和材料。所有这些增长与热喷涂应用于高级燃气涡轮发动机组件相一致,例如压缩机叶片、机壳、静子叶片、轴承箱和迷宫式密封。其中的许多应用在后来被其他行业所利用,如海洋、石油和天然气、医疗甚至核能。理所当然,冷喷涂在航空航天工业中的应用受到许多热喷涂从业人员的密切关注。

等离子喷涂和HVOF喷涂也用于沉积铝的研究,但由于涂层完整性不一致,结果普遍不理想。通常高废品率的原因是涂层的粘附性不好和分层。这两种工艺都涉及在涂层材料加速到基材表面之前使用高热能熔化或部分熔化涂层材料。在等离子喷涂中,轻微熔化或部分熔化的颗粒在与基材碰撞时迅速固化,

314

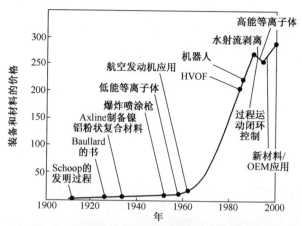

图 10.1 热喷涂行业发展过程中重要发展的时间表。
OEM—原始设备制造商。(热喷涂技术手册)

并在涂层中收缩形成残余拉应力。HVOF 工艺并不总是如此,因为颗粒以高速受压下形成涂层。总之,涂层失效是因为等离子喷涂和 HVOF 工艺会产生过多的热量,从而在镁上形成不利于粘附的氧化物。此外,热喷涂工作区间非常宽,难以将涂层覆盖到需要局部修复的区域。

10.1.3 镁合金航天零件的冷喷涂修复

直升机镁合金部件相关的许多腐蚀问题发生在插入件或配合部件之间的接触点处,该处同时存在黑色金属,从而形成电偶(Vlcek 等,2005)。另外,镁合金也非常容易受到由冲击造成的表面损伤,这在制造和/或大修和修理期间经常发生。不恰当的操作或标记所造成的划痕可能会成为优先腐蚀的部位。为了延长设备的使用寿命,美国国防部和航空航天工业局在过去 20 年中花费了大量精力来开发特定的表面处理方法,以防止腐蚀,同时提高表面硬度,并对抗镁合金的冲击损伤;然而,对发生深腐蚀的部件上进行大面积区域的尺寸修复仍然是一个挑战(Champagne 等,2008)。

美国 ARL(Champagne,2008)开展的工作使冷喷涂作为航空航天工业获取涂层的一种可能的选择。开展该项目的主要原因是将受损和腐蚀的镁合金部件恢复到旋翼机可用的状态,这样每年可节省数百万美元的成本。这个项目取得的进展显著拓展了冷喷涂在航空航天业内外的应用机会。

直升机传动齿轮箱通常由镁合金制成,因为它们具有优异的刚度和阻尼能力,低密度,热导性良好的机加工性和广泛的可用性。然而,镁合金是电化学活性最强的结构金属之一,易受电偶腐蚀。阳极与其他金属材料的反应很常见,特别是当它们在盐水环境中工作时。图 10.2 所示为主变速箱壳体上可能发生电蚀的位置(Champagne,2008)。图 10.3 所示为 H-53 尾部齿轮箱壳体的腐蚀损伤程度(Leyman 和 Champagne,2008)。

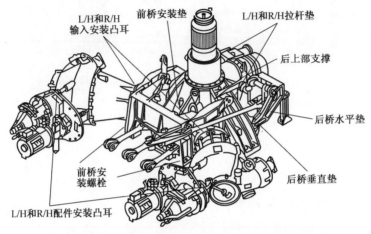

图 10.2 在 UH-60 主变速箱壳体中最容易腐蚀的区域。
L/H—左手,R/H—右手。(Champagne,2008)

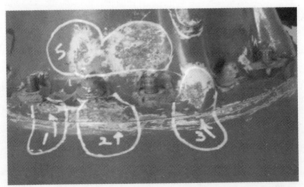

图 10.3 H-53 尾部齿轮箱外壳上的腐蚀部位(Leyman 和 Champagne,2008)

为了提高镁合金的耐腐蚀性,通常会使用表面预处理如硬质阳极氧化、铬酸盐或磷酸盐涂层和环氧涂料进行防护。但是,所有这些预处理过程都会造成严重的健康和环境问题。此外,尽管进行了这些表面处理,镁合金在服役期间仍然持续遭受严重的降解。一旦变速箱上的腐蚀变得太严重,整个变速箱就需要更换,导致更换成本增高,并且对操作准备状态产生重大影响。

探索商业纯(CP)铝或 6061 铝合金(Al-6061)的冷喷涂技术会作为替代修

复方法。通过冷喷涂沉积的铝和铝合金为提供尺寸修复和对镁合金组件提供一定程度的防腐保护现在正成一种公认的做法。已知,向镁添加铝比非合金镁能更好地促进钝化膜的形成。因此,将冷喷涂铝应用于镁和镁合金以抑制其在水性介质中腐蚀就不足为奇了。很多人都证实了冷喷涂纯铝对镁的保护能力(Zheng 等,2006；McCune 和 Ricketts,2004；Gärtner 等,2006；Balani 等,2005)。在任何情况下,冷喷涂镁试样的腐蚀电位都接近商业纯铝的腐蚀电位。这种极化行为是因为镁具有很强的热力学氧化潜力,但没有合理的电流保护方法。在电偶腐蚀中,只需要对不同界面周围的小区域进行保护,因此冷喷涂是代替使用垫圈和绝缘套管的创新方法。

　　冷喷涂铝修复镁基材的最终批准程序包括受影响区域的表面处理(清洁表面油污和碎屑,通过 Scotch-Brite 垫或砂轮除去氧化物),掩模,引入冷喷涂沉积物,最终加工,尺寸测量和目视检查,然后进行最终验收测试(无损检测和/或特殊要求)。

　　在该项目中成功修复了几种镁合金组件。例如,腐蚀严重的 UH-60 主旋翼变速器壳体采用冷喷涂进行了修复(图 10.4),损坏的直升机变速箱采用 CP 铝和6061 铝合金冷喷涂涂层进行了尺寸修复(图 10.5)(Champagne 和 Barnett,2012)。

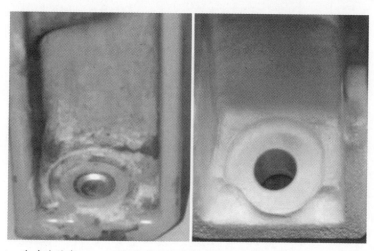

图 10.4　冷喷涂修复 UH-60 主旋翼变速箱壳体前后照片(Champagne 和 Barnett,2012)

　　图 10.6 所示的结果清楚地表明冷喷涂 6061Al 作为"结构"材料的潜力,可以考虑用于除 ZE41 A-T5 Mg(Champagne 和 Barnett,2012)以外的其他基材上。冷喷涂 6061AL 的极限抗拉强度(UTS)高达 344.75MPa,相应的屈服强度(YS)为 289.59MPa,延伸率(EL)为 3%。已经开发了 6061 铝粉原料的后处理程序,可以产生具有 310.275MPa 的最小 UTS,262.01MPa 的 YS 和高达 7%EL 的冷喷涂材料。这是实现冷喷涂用于"结构"材料修复和增材制造的一项主要成就。

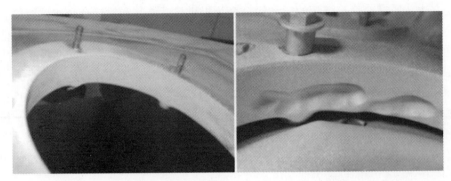

图 10.5　使用 CP 铝和 6061 铝合金粉末的冷喷涂来修复直升机镁变速箱
（Champagne 和 Barnett，2012）

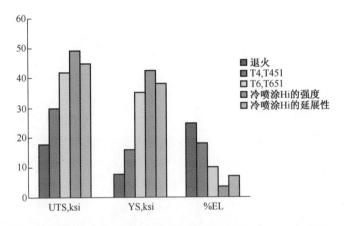

图 10.6　冷喷涂 6061 铝与变形铝相比的拉伸试验结果（Champagne 和 Barnett，2012）

10.1.4　实例探究

10.1.4.1　前设备舱面板

军用飞机的一个常见问题是在蒙皮上的紧固件孔周围摩擦而导致的磨损。这种磨损会导致蒙皮超过紧固件位置的配合公差。南达科他州矿业与技术学院（SDSM&T）修理翻新与返回服务（R3S）研究中心和美国陆军研究实验室冷喷涂研究中心与位于美国南卡罗来纳州埃尔斯沃思空军基地（AFB）的第28 炸弹联队；空军工程和技术服务中心（AFETS）；俄克拉何马城空中物流中心；H. F. 韦伯斯特工程服务公司针对 B1 轰炸机前方设备舱（FEB）左上后部面板合作开发了一种修复工艺，因为该面板对紧固件孔造成了摩擦损坏，导致面板超出了公差范围。这种类型的修理可以应用于其他飞机，并可作为冷喷

318

涂如何作为一种修复技术的实例。这些面板在 B-1 的位置如图 10.7 所示。该 FEB 面板用 100°锥形平头 TRIDAIR 紧固件固定在机身上(Widener 等,2013)。紧固件被设计成安装后与面板齐平,以便层流气流通过蒙皮表面。在服役过程中,倒角磨损会导致紧固件孔变长,使得面板无法使用(图 10.8)(Widener 等,2013)。变长的紧固件孔上的空气扰动会加速其损坏程度。摩擦磨损是由面板反复地打开和关闭引起的。钢紧固件用于固定铝窗格。面板由 2024-T6 铝制成。冷喷涂修复技术利用 VRC Gen III ARL 系统使 6061 铝粉正常喷涂到面板的倒角表面(Widener 等,2013)。通过载荷传递、疲劳和拉伸测试以及 3-lug 剪切测试和金相分析对修复结果进行表征。结果表明冷喷涂能够为此部件提供永久修复,恢复面板的全部功能。冷喷涂试样达到或超过此应用的母材和紧固件类型所需的轴承载荷。即使测试结果失败(大于 1.5 倍轴承屈服强度),冷喷涂材料也不会与面板分离(图 10.9)(Widener 等,2013)。疲劳试验结果显示,在 103.425MPa 的拉伸应力下(飞机蒙皮受到的典型上端载荷),试件可以持续约 500000 次循环(图 10.10;Widener 等,2013)。更换面板的成本高达 225000 美元。最近冷喷涂技术被批准作为一种低成本(和高投资回报)修复 FEB 面板的解决方案。2012 年 8 月首个冷喷涂修复面板安装在 B-1B 上进行飞行测试。如果这种维修技术被批准用于翻新其余前向设备舱,B-1 项目每年节省的费用估计为 960 万美元。该技术的进一步应用可应用于所有专业设计系列(MDS)飞机,同时新技术融入当前国防部维护过程,以减少维护成本,并且保持旧武器系统仍然可用。如果将其应用于国防部的其他 MDS,每年可节约 1 亿美元的成本(Widener 等,2013)。

图 10.7 B-1 上的 FEB 面板。每架飞机有 8 个面板,左右各有 4 个面板

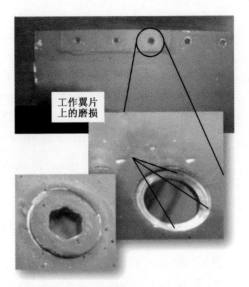

图 10.8　FEB 板紧固件下的磨损部位

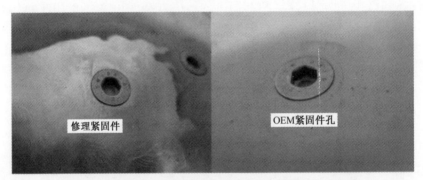

图 10.9　冷喷涂修复紧固件孔与新零件上的紧固孔对比图

10.1.4.2　液压管路修复

对于 B-1B 飞机而言由于振动和磨料作用导致钛(Ti)液压管 Haynes AMS 4944(Ti3Al2.5V)磨损是飞机维修时的主要问题(图 10.11 和图 10.12)(Leyman 等,2012)。降低液压管磨损频率的技术解决方案在整个国防部范围内具有广泛的适用性,并可用于类似商业部件。从经济和技术的角度来看,冷喷涂对液压管路的预防性维护已被证实是非常经济和有效的。2009 年完成的一项可行性研究,证明了冷喷涂工艺在防止液压管磨损方面的有效性,这种工艺是利用商业纯钛涂层在会出现摩擦问题的区域提供磨损表面来达到目的的。这种预防措施可以在程序维修保养(PDM)期间或在高速维修(HVM)过程中进行,以防止或

图 10.10　即使在5600磅(1磅=0.454kg)测试失败时,冷喷涂材料也没有分离

减少服役时液压油管发生的高损。特性研究结果表明 Ti 涂层可成功应用于 Ti 管材,从而提供额外的"牺牲"磨损表面(图 10.13;Leyman 等,2012)。研究表明,Ti 涂层具有良好的沉积效率(约 70%),结合强度(>83.82MPa),密度(约 99%)和硬度(93HRB)。另外,冷喷涂沉积物经受了大于 110.32MPa 的爆破测试并进行了完整的光学和电子显微镜观测(图 10.14),观察了其微观结构、粘结层的完整性和孔隙率(<1%)(Leyman 等,2012)。为验证初步可行性研究的结果,还进行了服役磨损试验。这次测试使用的是美国南达科他州 Ellsworth 空军基地的两架 B-1 飞机。它们有两条已确定的具有很高概率发生的摩擦的液压管线(每架飞机)。主起落架轮孔(后续门后)和机翼扰流板执行机构的液压管线用 CP Ti 进行了喷涂以防止损伤。

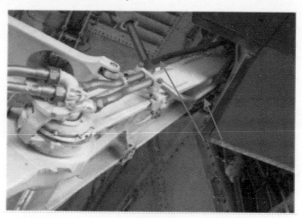

图 10.11　在飞行期间磨损的轮孔中的钛液压线

图 10.12　由冷喷涂工艺涂覆的 B-1 扰流板执行机构线路

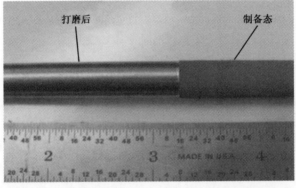

图 10.13　在右侧是制备态的 CP Ti,左侧是打磨加工后的

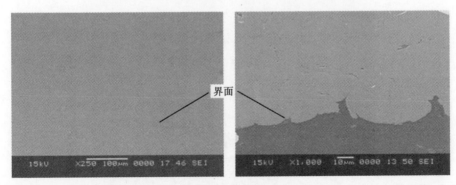

图 10.14　冷喷涂 CP Ti 涂层和 Ti3Al2.5V 液压管线之间的界面的扫描电子显微形貌,显示了涂层具有极高密度且界面结合方式为机械结合

安装了涂层线后,便进行了大约5个月的服役磨损测试。该测试包括每周进行冷喷涂涂层的尺寸测量以确定涂层的有效性,因为它与摩擦防护有关。该涂层还被喷涂到B-1前起落架(NLG)蓄能器液压管线(通常称为Q卷曲管线)上,该管线已经服役了4年,累计飞行了几千小时,没有发生过不良作用,也没有观察到超出极限的擦伤。

磨损测试结束后,提出了实施新工艺的想法和维护流程,包括根据磨损测试的结果研究和开发不同的涂层材料和参数。这是由于不同的涂层材料在不同的液压油管中发生磨损的磨损机制不同。最后,还需开发一个指示层或指示机制,以便维护人员可以识别消耗层何时会被磨穿。

10.1.4.3 AH-64阿帕奇桅杆支架修复

腐蚀和机械损伤导致许多AH-64桅杆支架无法在AH-64阿帕奇直升机上继续使用(图10.15)(Leyman和Champagne,2009)。美国ARL开发了一种便携式冷喷涂修复工具,该工具在进行的合格性测试中表现出优越的性能,价格低廉,可以与生产结合,改造后已被应用于现场修理维护,使其成为相对于其他技术的可行替代方案。这项工作的目标是通过掺混和机械加工受损区域来修复腐蚀和机械损伤,利用铝粉的冷喷涂完成掺混和机械加工,使材料恢复至原始尺寸(图10.16)(Leyman和Champagne,2009)。桅杆支架由7149铝合金制成,因此可以在冷喷涂后,在修复区域使用底漆和面漆等保护性涂层。尽管这样可以在不损失材料的情况下进行修复,但此类修复的次数是有限的。通过使用冷喷涂来重建损失的材料,可以根据需要多次修复组件,直至达到组件安全使用寿命。

图10.15 AH-64阿帕奇直升机桅杆支架

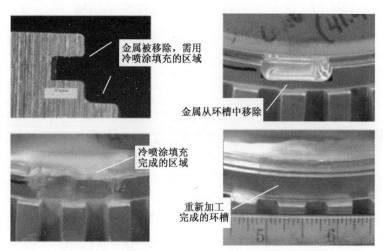

图 10.16　通过冷喷涂逐步修复 AH-64 的环形卡槽

10.1.4.4　铝制风机外壳的腐蚀修复

由于飞行后水的滞留,燃气涡轮发动机的风机外壳通常出现的腐蚀形式为点腐蚀。点腐蚀在四点和八点钟方向之间的区域表现得尤为明显,因为该区域通常是积水的地方(图 10.17)(Koh 等,2012)。现有的修复技术允许腐蚀坑腐蚀到一定的深度。但是,超过一定的深度后,风机外壳的壁厚低于结构可承受的范围,会导致风机无法使用。

图 10.17　燃气涡轮发动机风机外壳容易因水滞留而腐蚀的区域

目前可采用多种技术进行修复,例如用等离子喷涂、HVOF 或环氧树脂胶黏涂层等来修复这些铝制风机外壳的尺寸。然而,这些恢复技术在应用于受影响区域时不具有结构上的优势。虽然可能会在尺寸上得到恢复,但这些现有的修复方法还是没有用,因为底层结构仍然违反最小尺寸条件。熔焊工艺虽然能够产生结构修复,但由于风机外壳受到热应力,常常会导致不可接受的变形。另外,熔焊产生的高温对风机外壳的材料性能也有不利的影响。

由于以上修复技术的局限性,冷喷涂也被探究作为替代的修复手段(Koh 等,2012)。尺寸范围为 5~50μm 的球形 6061 铝合金(Al6061)粉末(图 10.18)(Koh 等,2012)成功地涂覆在 Al6061 基材上并进行了评估。

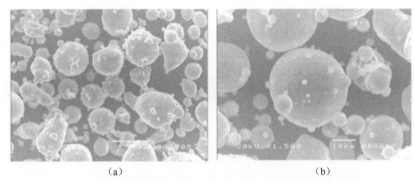

(a)   (b)

图 10.18   Al6061 粉末原料的扫描电子显微镜(SEM)图像
(a)放大 500 倍;(b)放大 1500 倍。

分析铝涂层的微观结构,并观察不同放大倍数下的 Al6061 涂层的扫描电子显微镜(SEM)照片,如图 10.19(Koh 等,2012)所示。涂层厚度在 500~600μm 之间。图像显示涂层中的孔隙率非常低,与使用低温冷喷涂工艺获得的典型涂层一致。这个结果再次证明了冷喷涂系统生产非氧化或低氧化高密度涂层的能力。涂层和基材之间清楚的界面也表明涂层与基材之间具有良好的粘合性。

显微硬度测量使用 100g 试验力(HV100g)和 15s 的保持时间的试验条件。显微硬度结果是 5 次测量的平均值。Al6061 涂层的平均显微硬度值为 104.7HV$_{100g}$。而 Al6061 基体材料获得的平均值为 103.8HV$_{100g}$。涂层的显微硬度增加可能是由于冷喷涂冲击粒子的不断重复冲击而使涂层逐渐被压实的结果。如图 10.19 所示(Koh 等,2012),从沉积材料的 SEM 图观察到的涂层底部的低孔隙率可以验证这一结论。

根据 ASTM C 633 标准测试涂层的黏结强度。在冷喷涂之前首先对直径为 25.4mm 和总长度为 38.1mm 的圆形测试栓钉进行喷砂处理。所有测试样品的平均涂层厚度约为 200μm。冷喷涂涂层在 34MPa±6MPa 下失效,部分在涂层-基材界面失效,另一部分在胶-拉断杆界面处失效。相比之下,在相同标准下进

（a） （b）

图 10.19　放大 100 倍和放大 500 倍的 Al6061 涂层横截面的 SEM 显微照片

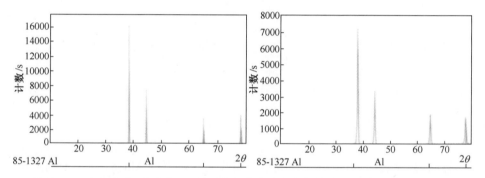

图 10.20　（a）Al6061 粉末和（b）使用氦气作为载气生产的 Al6061 涂层的 XRD 图谱

行的等离子喷涂涂层的平均粘合强度要低得多,为 20MPa,说明冷喷涂 Al6061
涂层的抗张粘合强度明显更强。

　　使用 Philips X′Pert X 射线发生器衍射仪进行 X 射线衍射（XRD）测试。图
10.20（Koh 等,2012）显示了 Al6061 粉末与使用氦气作为载气获得的涂层的
XRD 图谱。沉积的涂层厚度约为 0.5mm。结果显示初始粉末和涂层之间的差
异极小,这说明在喷涂过程中原料的微观结构并没有发生变化,从而证实冷喷涂
工艺保持涂层原料性质的能力。

　　冷喷涂技术作为一种新的方法在解决燃气涡轮风机外壳的腐蚀问题上展现
出了良好的前景。所获得的结果表明,冷喷涂的 Al-6061 涂层与原料粉末成分
几乎相同,无氧化现象,孔隙率非常低。它们还表现出优异的粘合强度和较高的
显微硬度性能。该研究验证了冷喷涂技术作为一种可行的替代修复方法的可
能性。

10.1.4.5　起落架

　　高强度镍合金（铬镍铁合金）因其优异的力学性能以及高度的化学稳定性和

耐热性而在航空工业中广泛使用。然而,镍合金部件在飞行过程中通常会受到很高的热应力和机械应力,导致部件磨损和损坏,使其失效。其中位于飞机前部的前轮转向执行器机筒,由于其位置原因,它会经常受到湿气和污垢的影响,当起落架啮合时,湿气和污垢会进入啮合处,从而导致其腐蚀。

图 10.21　冷喷涂前后的 B737 前轮转向执行器机筒照片(MOOG Aircraft Group,2012)

　　腐蚀的前轮转向执行器机筒可以使用冷喷涂镍合金涂层成功修复。该工艺首先要通过对机筒进行预加工去除腐蚀区域。然后通过冷喷镍金属粉末来修复该机筒。随后将零件加工成原来的尺寸。由于不需要购买替换零件,而且还提供了更好的防腐保护(图 10.21)(MOOG Aircraft Group,2012),所以节省了大量成本。

　　近年来,开始使用离子气相沉积(IVD)铝涂层代替高强度钢起落架的镀镉层。然而,IVD 铝涂层一旦在飞行过程中受到损坏,就很容易腐蚀。冷喷涂铝工艺可以作为解决腐蚀问题的一种修复程序。已经证实冷喷涂铝对高强度钢没有脆化作用,并且在满足 MIL-TL-83488 规格的腐蚀要求方面表现出色。其最大的优势之一是能够使用便携式冷喷涂系统在现场执行(图 10.22)(Birch 等,2008)。因此,与拆下起落架并送去维修相比,费用降到了最低。

图 10.22　使用便携式冷喷涂系统现场冷喷涂铝修复 IVD 铝涂层(Birch 等,2008)

10.2 抗菌铜涂层

10.2.1 引言

表面细菌生长可能增加细菌感染的风险,所以这是许多医疗行业关注的问题(Page等,2009)。医院表面(包括病房,护士站和厨房)的细菌污染已被广泛记录(Rutala等,1983;Bernard等,1999;White等,2007;White等2006)。在美国医院逗留期间,因此感染的人数比乳腺癌、车祸和艾滋病的总和还要多,每年为此花费的总费用为350亿~450亿美元(White,2006)。

10.2.2 抗菌铜

在过去的几十年中,研究人员研究了铜及其合金对食品加工和卫生保健领域出现的一系列威胁公众健康的微生物的抗菌特性(Faúndez等,2004;Grass等,2011)。铜和铜合金用于频繁接触的表面,如门和家具的金属制件、床栏杆、静脉输液杆、分配器、水龙头、电灯开关以及烹饪和食物准备用具等表面,其可以帮助减少医院和食物分配机构内致病微生物的数量。Michels等(2005)的研究结果表明,增加合金中铜的含量可提高抗耐甲氧西林金黄色葡萄球菌(MRSA)的抗菌效果,并且含铜合金比不锈钢明显更有效,见图10.23。

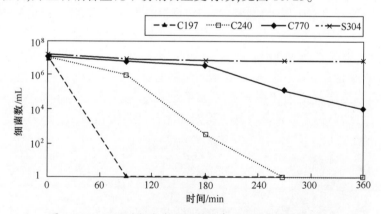

图 10.23　20℃时铜合金和不锈钢表面的 MRSA 的活力

美国环境保护局(EPA)在公共健康声明(热喷涂技术手册)中登记了 355 种铜合金。所有这些合金的最小标称铜浓度均为 60%。铜和某些铜合金(如黄铜和青铜)的登记意味着 EPA 认可这些固体材料的抗菌特性。使用 282 种已登记的合金中的任何一种制成的产品在法律上允许发表关于控制对人体健康构成威胁的生物体的公共健康声明。在 EPA 批准的协议下进行的实验研究证明,铜在接触时间的 2h 内能够杀死超过 99.9% 的下列致病细菌:金黄色葡萄球菌、产气肠杆菌、大肠杆菌 O157:H7、铜绿假单胞菌、耐万古霉素粪肠球菌(VRE)和 MRSA。

10.2.3 铜特性的影响

为了利用铜的抗菌能力,所以接触皮肤和食物的表面应该由纯铜或铜合金组成。这可以通过使用铜制造的相关设备或在设备表面涂覆铜来实现。通常,从成本考虑倾向于使用铜涂层,并且通过各种金属喷涂技术可在易于传播有害微生物的设备表面上沉积铜。

铜抑制细菌的方法尚不清楚,但大多数理论认为是铜离子(Santo 等,2011)具有破坏细胞壁和细胞膜来杀死细菌的能力。铜离子可以通过膜通道的开关而穿透细胞膜。从而改变了细胞膜的渗透性,导致细胞内离子和低分子量代谢物的渗漏。同时,进入细胞的铜离子易与细胞内氨基酸和蛋白酶结合,减弱其活性,最终导致蛋白质的变性。

虽然,有多种热喷涂技术都能够沉积铜涂层;不过,冷喷涂沉积物的特性非常独特,与其他热喷涂技术相比具有更显著的优势。冷喷涂不使用热能来熔化待沉积的颗粒,而是依赖于颗粒对基底的超声速冲击。铜的晶体结构不会因熔化而改变。高冲击力会产生致密、无孔的沉积层。由此产生的沉积层的电导率接近于锻造铜。而高电导率可产生高浓度的铜离子,从而产生优异的抗菌性能。

10.2.4 沉积方法比较

为了评估各种热喷涂技术的抗菌效率,将等离子喷涂、电弧喷涂和冷喷涂三种热喷涂工艺(Champagne 和 Helfritch,2013)分别在试样上制备铜涂层。在铝基材上制备大约 1mm 厚的涂层。涂层完全不透水密封地覆盖了金属基材。涂覆的试样接种 MRSA,然后将平板样品在室温下放置 2h,接着将残存的 MRSA 重新悬浮培养,并按照标准 EPA 方案"作为消毒剂的铜合金表面的功效测试方法"(http://epa.gov/oppad001/pdf_files/test_meth_residual_surfaces.pdf)进行测试。MRSA 与上述涂层接触 2h 后的存活率如图 10.24 所示。确定每种测试的喷涂方法、硬度和显微横截面。可见冷喷涂涂层的微生物存活率降低了 5 个数量级以上,而其他喷涂工艺的降低幅度小于两个数量级。说明冷喷涂涂层的材料特性具有高硬度和低孔隙率的特点。

结果表明等离子喷涂和电弧喷涂方法与冷喷涂方法之间的杀菌效率差异大于三个数量级。不同的铜喷涂沉积方法之间的抗菌效果的差异如此巨大,这就

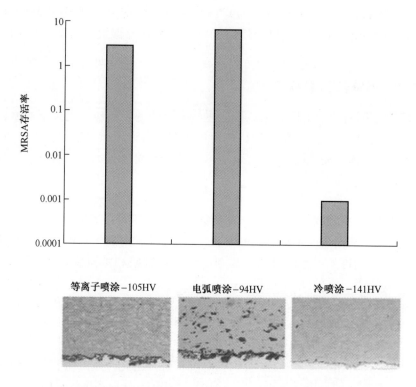

图 10.24　各种表面的杀菌性。MRSA—耐甲氧西林金黄色葡萄球菌。

需要研究沉积机制如何影响铜的性质。等离子喷涂和电弧喷涂均以相对较低的速度(<200m/s)沉积熔融颗粒。冷喷涂则以较高的速度(>600m/s)沉积固体颗粒。我们已知冷喷涂颗粒的高速冲击会导致极端的加工硬化和涂层内部相应的高位错密度,如第4章所述。还知道离子扩散是"管道扩散",因位错存在而增强,并且离子扩散途径主要通过这些位错。位错密度与维氏硬度的平方成正比,离子扩散系数与位移密度成正比。因此离子扩散率随硬度的平方而变化。所以,通过冷喷涂工艺产生的硬度增加可以显著增加铜离子的扩散,从而增强破坏微生物所需的铜离子的流动性。

　　不同喷涂工艺产生的涂层之间显著的微生物差异表明铜应用技术的重要性。冷喷涂方法显示出优异的抗菌效率,这是由于其喷涂颗粒冲击速度高,以及随之而导致的高位错密度和高离子扩散率。通过冷喷涂工艺可以很容易地将铜涂覆到接触表面上。图10.25是一个医院托盘及其金属支撑结构,它们的表面都由冷喷涂制备的纯铜涂层。

图 10.25　冷喷涂铜涂层的医院托盘

10.3　杀菌涂层

10.3.1　引言

　　传统上用作抗菌手段的是常规的有机试剂。但是,这些试剂通常含有对人体有害的有毒成分。Zhang 等(2007)研究了使用陶瓷粉末作为其替代品;某些陶瓷粉末在无光的情况下显示出优异的抗菌活性。而且,这些陶瓷含有对人体必需的矿物元素(Yamamoto 等,2001)。其中的一种材料是 ZnO,如 10.3.2 小节所述。

10.3.2　ZnO-Ti 复合抗菌涂层

　　当使用常规的热喷涂工艺时,ZnO-Ti 材料的可喷涂性有限;如其他章节所述,常规的热喷涂工艺容易改变沉积材料的化学性质。由于冷喷涂的低温特性,其看起来更为可行。然而,在没有加热的情况下,脆性陶瓷材料的喷涂比较困难。因此,为了克服这个障碍,陶瓷材料必须与延性材料如 Ti 复合,以复合材料的形式沉积。ZnO-Ti(Sanpo 等,2011)复合粉末的成功沉积证明了这一点。该研究制备了 ZnO 与 Ti 重量比为 20∶80、50∶50 和 80∶20 的三种不同的 ZnO-Ti 复合粉末,在 1.3~1.5MPa 的氦气,300~400℃ 的温度下将 ZnO-Ti 涂层沉积在 Al6061 基底上。涂层的 X 射线能谱(EDX)分析证实,涂层中 Ti 的组成比原料中的组成高(表 10.1)。在沉积物上进行的涂层组合物的定量分析结果似乎表明,当复合材料冲击到基材上时,延性材料与脆性材料结合在一起。

表 10.1　粉末和涂料中的 ZnO-Ti 含量(重量%)

粉末成分	粉末原料		涂层	
	ZnO	Ti	ZnO	Ti
ZnO 20/Ti 80	20	80	9.45	90.55
ZnO 50/Ti 50	50	50	33.41	66.59
ZnO 80/Ti 20	80	20	53.78	46.22

随后对涂层进行抗菌实验。通过将大肠杆菌倾倒在培养皿中的肉汤(LB)琼脂表面上来进行细菌定性测试。冷喷涂的样品垂直于培养皿的底部放置。结果如图 10.26 所示,所有冷喷涂样品对大肠杆菌均具有明显的杀灭作用。

观察到在 ZnO-Ti 涂覆的样品周围的区域中缺乏生长的大肠杆菌菌落,出现清除区。随着复合粉末原料和冷喷涂涂层中 ZnO 粉末浓度的增加,清除区面积增大,说明随着 ZnO 含量的增加,涂层对大肠杆菌的杀灭作用增强。

为了进行细菌定量测试,将大肠杆菌储存在 −80℃ 的微量离心管内。使用无菌线环,提取单个菌落并划线到另一个琼脂平板上。将平板下倒置在 37℃ 再培养 24h。使用无菌线环,将分离的菌落置于含有 10mL 肉汤的试管中,涡旋 60s。用扩散器将 100μL 溶液铺在琼脂培养皿上。将平板再次在 37℃ 倒置培养 24h。选择并计数含有 30~300 个菌落的平板中的菌落数。一个菌落代表一个菌落形成单位(CFU)。

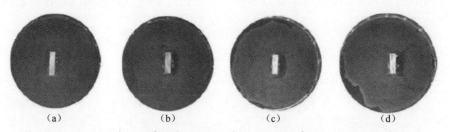

(a)　　　　　　(b)　　　　　　(c)　　　　　　(d)

图 10.26　ZnO-Ti 涂层抗菌性能的定性分析。与(a)没有涂层的 Al 6061 相比,在(b)、(c)、(d)样品上观察到包被样品周围的清除区(无大肠杆菌菌落),且(b)ZnO 20 / Ti 80,(c)ZnO 50 / Ti 50 和(d)ZnO 80 / Ti 20 样品的清除区面积呈递增趋势。

通过下式确定三个重复培养期对照和培养期处理的样品中大肠杆菌数量的几何平均值:

$$几何平均数 = (\log10X1 + \log10X2 + \log10X3)/3$$
式中:X 为从培养期对照(没有涂层的基底)或培养期处理的样品(具有涂层的基底)回收的有机体的数量。

使用下式来计算大肠杆菌减少的百分比:
$$大肠杆菌减少的百分比 = [(a - b) \times 100]/a$$
式中:a 和 b 分别为培养期对照和处理样品中大肠杆菌数量的几何平均数的反对数。

如图 10.27 所示,所有冷喷涂样品对大肠杆菌均表现出更显著的杀灭效果。在复合粉末原料和冷喷涂涂层中,随着 ZnO 粉末浓度的增加,杀灭率增加。

表 10.2 列出了当置于各种 ZnO-Ti 组合物涂层上时大肠杆菌减少的百分比。结果表明,ZnO 20/Ti 80,ZnO 50/Ti 50 和 ZnO 80/Ti 20 涂层的大肠杆菌减少量分别为 13.34%,25.38% 和 32.06%,表明 ZnO 的浓度与大肠杆菌减少的百分比成正比关系。

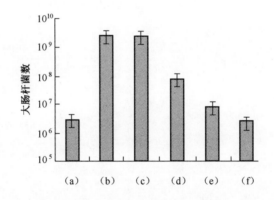

图 10.27 定量分析 ZnO-Ti 涂层的抗菌性能
(a)大肠杆菌的初始数量;(b)大肠杆菌在 24h 后的数量;(c)Al6061 基体;
(d)ZnO 20/Ti 80;(e)ZnO 50/Ti 50;(f)ZnO 80/Ti 20。

表 10.2 各种 ZnO-Ti 复合涂层的大肠杆菌减少量的统计

样品	计算	
	几何平均数(X)	大肠杆菌减少量/%
样品成分(无涂层)	9.132	—
ZnO 20/Ti 80	7.914	13.34
ZnO 50/Ti 50	6.814	25.38
ZnO 80/Ti 20	6.204	32.06

10.3.3　HA-Ag/PEEK 抗菌涂层

也有人研究掺杂了羟基磷灰石/聚醚醚酮（HA-Ag/PEEK）的冷喷涂银的涂层抗菌性能（Sanpo 等,2009）。这项研究建立在以前的工作上,先前研究证实了银掺杂羟基磷灰石涂层涂覆于植入体上具有抗菌作用（Feng 等,1998）。此外,将 Ag⁺离子加入微孔羟基磷灰石（HA）涂层是能够有效地缓解抗生素的生物活性递送的系统（Shirkhanzadeh 等,1995）。还考虑到 PEEK,因其优异的热稳定性、减摩性和耐磨性（Yin 等,2008）,并可能用于降低金属基材的摩擦和磨损（Liao 等,2001）。

在该研究中,将 HA-Ag 和 PEEK 纳米粉以 80∶20、60∶40、40∶60 和 20∶80(%（质量分数）)的比例混合,球磨 24h。添加 PEEK 作为脆性较高的 HA-Ag 陶瓷粉末的韧性黏合剂。随后使用 1.1~1.2MPa 的压缩空气,在 150℃和 160℃的预热温度下将复合纳米粉末冷喷涂到玻璃基材上（图 10.28）,并测试其对大肠杆菌的抑菌活性。所有涂层的平均厚度在 30~40μm 之间。

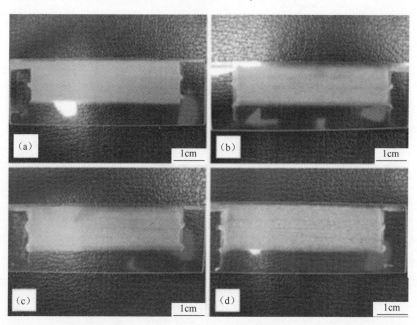

图 10.28　(a)HA-Ag 20/PEEK 80,(b)HA-Ag 40/PEEK 60,(c)HA-Ag 60/PEEK 40 和
(d)HA-Ag 80/PEEK 20 的冷喷涂涂层样品

涂层的 SEM 图像（图 10.29）显示,冷喷涂涂层的表面由 HA-Ag 粉末嵌入连续的 PEEK 基体中构成。EDX 分析验证了初始粉末和喷涂涂层中 HA-Ag/

334

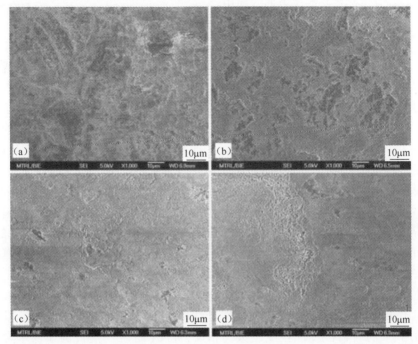

图 10.29　(a)HA-Ag 20/PEEK 80,(b)HA-Ag 40/PEEK 60,(c)HA-Ag 60/PEEK 40,
和(d)HA-Ag 80/PEEK 20 涂层的 SEM 图片

PEEK 含量相同,推断在沉积过程中粉末的相组成和比例保持不变。在细菌定量测试中,冷喷涂的 HA-Ag/PEEK 样品对大肠杆菌显示出明显的杀灭效果(图 10.30)。随着涂层中 HA-Ag/PEEK 纳米粉体浓度的增加,抗菌活性增加。这项研究证实了冷喷涂沉积陶瓷材料(HA-Ag),纳米相和复合粉末(HA-Ag/PEEK)的能力,且沉积复合粉末能获得与初始材料功能(抗菌)相似的涂层。

10.4　耐磨涂层

10.4.1　引言

金属部件的磨损是汽车、航空航天、模具、农业和造纸等许多不同行业的一个主要问题。目前已有几种技术和方法可以减轻磨损损害。其中最常见的是耐磨涂层。耐磨涂层的类型和喷涂方法由材料系统、工作环境(磨损类型,润滑,温度等)、成本和安全/可靠性要求决定。磨损涂层或使用方法选择不当会导致磨损增加,关键部件损坏甚至完全失效。设备、粉末和工艺的持续改进大大增加了冷喷涂在沉积耐磨涂层方面的使用。

10.4.2　磨损模式

磨损的三个主要方式是机械磨损、化学磨损和热磨损(Kato,2002;ASTM 1987)。机械磨损是磨损模式之一,冷喷涂技术可以有效解决这类磨损。机械磨损主要由材料的变形和断裂控制,可分为粘着(滑动)磨损、磨粒磨损、微动磨损、侵蚀(冲蚀)磨损等多种类型。第一个子类别是当两个物体滑动接触并且两个表面之间存在物质转移时发生的粘着磨损。材料转移会引起表面塑性变形和损坏。第二个子类是由于表面与一种或多种接触物质之间的相对运动而导致材料逐渐损失的磨粒磨损。第三个子类别是在两个固体之间存在非常小的振幅振动时发生的微动磨损,小振幅振动导致微焊点的形成和破坏且不断循环,从而导致裂纹的发生和材料的损失。由于固体颗粒撞击造成的侵蚀和冲蚀磨损的机制非常复杂,人们对其机理还知之甚少。没有单一涂层材料被硬质颗粒在大角度(60°~90°)以及小角度(20°~40°)冲击下均具有抗侵蚀性能。一般而言,高硬度(脆性)材料(碳化物,氮化物和硼化物)对冲击角度小于45°的颗粒具有良好的抗蚀性。然而,当硬质颗粒在较高角度,即90°冲击时,硬脆材料被侵蚀程度增大。相反,金属(韧性)材料,例如镍基合金,包括Stellite6和Nucalloy45,在较高角度(90°)冲击下表现出较强的抗侵蚀性,但在硬质颗粒冲击的倾斜角较低(20°~35°)时表现出较差的抗蚀性。因此,用于减轻侵蚀的中间涂层体系通常是 WC-Co、WC-Ni、Cr 或 NiCr-Cr$_3$C$_2$ 涂层,可以通过冷喷涂技术获得。这些涂层通常在各种硬质颗粒冲击角度下均有良好的抗侵蚀能力。

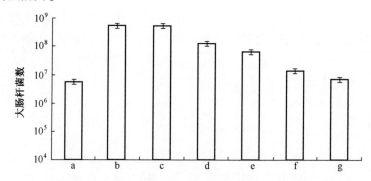

图 10.30　定量分析 HA-Ag/PEEK 涂层的抗菌性能
a—大肠杆菌 0h;b—大肠杆菌 24h;c—纯玻璃;d—HA-Ag;20/PEEK 80;
e—HA-Ag 40/PEEK 60;f—HA-Ag 60/PEEK 40;g—HA-Ag 80/PEEK 20。

10.4.3　耐磨涂层

可以通过增加磨损材料的表面硬度,减少表面之间的摩擦或两者的组合来减少磨损。耐磨涂层的选择取决于工作环境、基底材料、涂层材料以及冷喷涂设备和工艺参数。从 20 世纪 90 年代后期到 21 世纪初,有人多次尝试开发生产硬质面材料耐磨涂层的技术(Wolfe 等,2006)。也评估了各种用于热喷涂工业中的耐磨涂层的粉末系统对于冷喷涂沉积的适用性。如钴基碳化物(WC-Co),镍铬-铬碳化物(NiCr-Cr$_3$C$_2$)的金属陶瓷和 Stellites 合金等。试图将这些涂料涂覆到硬质表面,如轧辊和传动轴。事实证明,这些类型的应用对于冷喷涂沉积来说是具有挑战性的,因为它们需要使用高硬度粉末,即缺乏成功粘合和涂层形成所需的延展性。即使获得了涂层,也通常具有较差的粘合强度和大量的孔隙。因此,为了沉积较高硬度的陶瓷材料,需要添加额外的延性材料以增加粘合强度并降低孔隙率,但这又会导致硬度的降低,从而降低了耐磨性。最近,冷喷涂设备(更高的气体压力和温度)和粉末可用性的改进使得冷喷涂沉积更硬的材料成为可能。

10.4.3.1　Stellite 6 沉积在碳钢上

Stellite$^®$钴合金在 CoCr 基合金基体中具有复杂的碳化物,可以提高材料在高温下的耐磨损、耐腐蚀和耐摩擦性。Stellite$^®$钴合金可应用于阀门、阀座、主轴、轴和旋转部件等的硬面。Stellite 6 是 Stellite 合金中使用最多的一种,通常采用热喷涂方法沉积。高温沉积会产生较大的热应力并增大涂层在基材中的溶解,从而降低涂层的性能。

最近的一些研究表明,使用氮气作为载气的上游注射冷喷涂设备,在 800℃和 3.8MPa 的条件下(Cinca 和 Guilemany,2013)可以在低碳钢基底上成功沉积 Stellite 6。结果显示,涂层的孔隙率低,硬度高(600VHN)且根据 ASTM-G65-00 测量磨料磨损率非常低,与通过 HVOF 获得的涂层相同。冷喷涂工艺降低了残余应力并消除了涂层溶解问题。然而,在该工艺商用之前还需进行额外的工作来提高沉积效率并对涂层的结合力、耐腐蚀性和耐磨性进行表征。

10.4.3.2　WC-Co 沉积在碳钢上

WC-Co 涂层是一种非常普通的耐磨涂层,具有高硬度,优异的耐磨性和强度等特点,可以通过多种热喷涂工艺获得,如 HVOF、火焰喷涂和等离子喷涂等。WC-Co 涂层广泛应用于石油和天然气,石油化工和采矿等多个行业。

目前的研究表明,用冷喷涂工艺喷涂 WC-Co 是可行的。有研究人员发表了关于在钢和铝上沉积 WC-Co 涂层的文章(Dosta 等,2013;Kim 等,2005a,b;Couto 等,2013)。在使用 HVOF 等传统热喷涂方法沉积 WC-Co 时,固有的热循环和燃烧气体可导致相变、脱碳、多孔和氧化。冷喷涂则可以避免这些问题,该方法可以在保持原料良好品质的同时获得致密且粘合力和粘合强度高的涂层。在这种类型的应用中实施冷喷涂的一个障碍是冷喷涂在经济上与已成熟的HVOF竞争的能力,因为在许多工业领域,后者生产涂层的成本是可以接受的。回想一下,在冷喷涂过程中不会发生粉末熔化,因此可以保持独特的合金成分,并防止不需要的化学反应,特别是在可降低粘附的界面处,更不希望发生此类化学反应。其他重点方面是改变 Co 黏合剂的量以及 WC 粉末的尺寸,以改善沉积效率、硬度和涂层性能。或者,还可以将 WC-Co 颗粒与更易延展的材料(如镍,铝或铜)混合和/或封装,以生产复合材料,提高其可喷涂性(Wang 和 Villafuerte,2009)。

10.4.4　自润滑涂层

自润滑涂层材料在不同金属基材上的应用已被广泛研究(Segall 等,1998;Culliton 等,2013;Olakanmi 和 Doyoyo,2014;Manoj 和 Grossen,2011;Pitchuka 等,2014;Bakshi 等,2009;Smid 等,2012)。通常,薄的润滑膜可以显著提高基材的耐磨性且减少其表面摩擦,从而能够很大程度地保护基材免受损伤(Stark,2010;Walia,2006)。以下综述了使用冷喷涂将自润滑涂层应用于不同基材上的研究。

Walia(Hu 等,2009)研究了将二硫化钼(MoS_2)润滑膜应用于涡轮叶片燕尾榫结构上,以提高其耐磨性。鉴于 MoS_2 颗粒在高温下易变质,所以使用冷喷涂沉积。MoS_2 薄润滑膜增加了燕尾榫结构的耐磨性,并显著降低了涂层表面的摩擦系数。

在最近的一项研究中,Stark(Walia,2006)报道了涂覆于 Al6061 基材上的六方氮化硼(hBN)润滑涂层的性能。选择这种材料是因为其在高压和高温下的润滑性能。尽管具有良好的润滑性能,但由于其自身的性质,裸露的 hBN 颗粒不适合用于冷喷涂涂层,尤其是在冲击区域。为了实现所需的变形并在颗粒和基底之间形成结合,hBN 颗粒需要用镍或其他韧性材料包裹。包裹时用镍作为延性介质,可使颗粒和基底之间形成冶金结合,从形成涂层。总的来说,这项研究的结果表明,自润滑涂层材料具有与基体粘结强度高、摩擦系数小和耐磨性高的优点。为了研发用于摩擦学方面的新型多功能冷喷涂涂层,粉末的制备变得至关重要,确保设计的复合涂层在保持耐久性的同时具有更强的耐磨性和固体润滑性。例如,BN 涂层粉末的制备需要市售的 hBN 粉末在用镍包裹之前对形状和尺寸分布进行表征,以确保获得用于冷喷涂的最佳粒度和分布。根据粉末的尺寸和分布的不同,可能需要进一步的筛分以便在施加延性金属层之后获得期望的冷喷涂粉末尺寸和分布。其他常用的包裹方法包括电泳沉积、气相沉积、电镀和化学镀。胡等(Neshastehriz,2014)指出,化学镀比其他包裹方法可获得具有更高的耐腐蚀性和耐磨性的涂层,但还需要进一步研究。为了实现包封,催化金属沉积在金属盐溶液中的颗粒上。沉积的成功取决于不同的参数,例如电镀液组成、温度和pH值。例如,化学镀镍被用来包裹微米尺寸的hBN颗粒(大小约7μm,Stark等,2012)。简言之,将hBN粉末在硝酸溶液中清洗以改善镍与BN粉末的结合性。接着,先后用氯化锡($SnCl_2$)和氯化钯($PdCl_2$)溶液活化hBN颗粒的表面。在hBN颗粒表面上的锡离子和钯离子催化层为镍沉积提供了附着位点。然后镍沉积分两步完成:第一步,在Sn-Pd活化的hBN颗粒周围沉积镍薄层;第二步完成镍沉积,围绕hBN颗粒增加包裹层的厚度。

自润滑涂层的一个重要价值是在压缩机或涡轮叶片的燕尾榫,即叶片与圆盘配合处提供消光表面。自润滑涂层可以消除叶片中的微动疲劳。图10.31(Hager,2002)所示为叶片中被涂覆的区域。

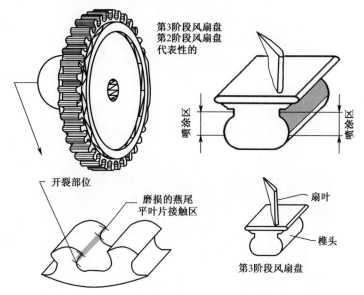

图10.31　叶片和齿轮盘的示意图,显示微动发生的地方(Hager,2002)

10.4.5　耐微动疲劳涂层

Hager(2002)在Ti合金基体上分别涂覆镍(Ni),钼(Mo),钴(Co),Amdry 9951($40Co-32Ni-20Cr_3C_2$),镍铬-铬碳化物($NiCr-Cr_3C_2$)涂层并评价了涂层抗微动疲劳的能力。磨损测试的示意图如图10.32所示。Amdry 9951和镍铬-铬碳化合物具有优异的耐磨损性,但对配合材料的磨损太大。Mo和Ni涂层在

339

模拟发动机试验中表现良好。在发动机测试之前,将固体润滑剂施加到涂层的表面。冷喷涂钼涂层经过 300 万次循环后的磨损轨迹如图 10.33 所示。

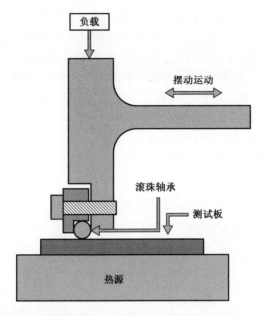

图 10.32　TE77 Plint 微动/往复式磨损测试仪,采用圆柱
体放置在平板上的配置(Hager,2002)

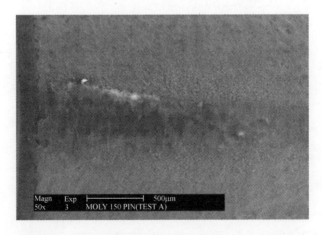

图 10.33　冷喷涂钼涂层经过 300 万次的往复磨损循
环后的磨损轨迹(Hager,2002)

340

10.4.6　摩擦学

Wolfe 等(2006)对在 4140 合金基材上涂覆耐磨涂层进行了系统的摩擦学研究。冷喷涂 Cr_3C_2-Ni 耐磨涂层和未喷涂的 4140 合金在干摩擦条件下与 100Cr6 钢(配合材料)进行了摩擦学试验,测试了涂层和配合材料的平均重量损失,各种冷喷涂涂层的摩擦系数。在干燥条件下测试的各种涂层的平均摩擦系数表明,聚砜(PSU)-共混涂层(定制的)具有最低的平均摩擦值。但是,一般来说,在干燥条件下测试的所有涂层的摩擦都会随着时间的延长而增大。作者试图用测量磨损分布的六轴复合加工中心(CMC)机器来测量材料的磨损量。为了获得样本的统计加权平均损失,至少进行了 4 次测量,每次间隔 90°。大多数冷喷涂 Cr_3C_2 基涂层样品不具有光滑均匀的表面粗糙度,很难准确确定涂层的磨损量。因此,摩擦学测试的磨损程度用高精度天平测量涂层的重量损失来表示。总体而言,与未涂覆的 4140 合金相比,碳化铬涂层的磨损率显著改善,但需要额外的测试以更好地了解磨损率和摩擦系数。另外,对配合材料(100Cr6 6mm 直径的球)进行了测量和计算以确定不同涂层对配合材料的磨损情况。此外,在 10N 的较高负荷和砂油润滑条件下也进行了系列实验。所使用的润滑剂类型是具有 20%(质量分数)伊拉克沙(更具侵蚀性的环境)的 DTE 液压油。摩擦学结果对哪种涂层在润滑条件下表现得更好没有明确的答案。由于将润滑剂结合到多孔涂层中,似乎使得一些涂层增加了重量。5N 和 10N 载荷的磨损结果的差异被认为是摩擦和涂层微结构局部变化的结果。然而,由于应用的不同,仅仅考虑涂层材料的磨损量是不够的。通常要同时考虑涂层和配合材料的磨损率。PSU 共混 2 号涂层显示出与 Cr_3C_2 基涂层和 100Cr6 配合材料类似的磨损结果。同样,TAFA 1375V 冷喷涂涂层的磨损量最少,但配合材料的重量损失增加。因此,重要的是要考虑每个测试的结果和材料预期的应用。为了他们的研究目的(Wolfe 等,2006),作者正在寻找一种涂层材料,该涂层材料对 100Cr6 硬化合金钢(1000VHN0.300)具有均匀的磨损。

10.4.7　结束语

总之,从铝和镁铸件的尺寸恢复以及其他铸件的尺寸恢复各种应用中已被证明具有多功能的实用性。它还具有低温沉积抗菌和杀菌剂材料以及多功能耐磨和自润滑涂层的巨大可能性。通过使用多功能定制冷喷涂沉积物,可以提高金属和非金属组件的表面性能,从而提高其使用性能和寿命。

参 考 文 献

ASTM. 1987. *Standard terminology relating to wear and Erosion*. 3. 2 vols. s. l: Annual Book of Standards.

Bakshi Srinivasa R. , Di Wang, Timothy Price, Deen Zhang, Anup K. Keshri, Yao Chen, D. Graham McCartney, Philip H. Shipway, and Arvind Agarwal. 2009. Microstructure and wear properties of aluminum/aluminum-silicon composite coatings prepared by cold spraying. *Surface and Coatings Technology* 204 (4) :503-510.

Balani, K. , T. Laha, A. Agarwal, J. Karthikeyan, and N. Munroe. 2005. Effect of carrier gases on microstructural and electrochemical behavior of cold sprayed 1100 aluminum coating. *Surface and Coatings Technology* 195 (2-3) :272-279.

Bernard, L. , A. Kereveur, D. Durand, J. Gonot, F. Goldstein, J. L. Mainardi, J. Acar, andJ. Carlet. 1999. Bacterial contamination of hospital physicians' stethoscopes. *Infection Control and Hospital Epidemiology* 20 (9): 626-628.

Birch, W. , G. Russell, and S. E. Hale. 2008. *Kinetic spray for corrosion protection and metal part restoration*. Baltimore: Commercial Technologies for Maintenance Activities (CTMA) Symposium.

Champagne, V. K. 2008. The repair of magnesium rotorcraft components by cold spray. *Journal of Failure Analysis and Prevention* 8(2) :164-175.

Champagne, V. K. , and B. Barnett. 2012. Cold spray technology for DOD applications, ASETS defense 2012: Workshop on sustainable surface engineering for aerospace and defense, San Diego, CA, Aug 27-30, 2012.

Champagne, V. K. , and D. Helfritch. 2013. A demonstration of the antimicrobial effectiveness of various copper surfaces. *Journal of Biological Engineering* 7:8.

Champagne, V. K. , P. F. Leyman, and D. J. Helfritch. 2008. *Magnesium Repair by Cold Spray*, ARL Technical Report ARLTR4438. 34.

Cinca, N. , and J. M. Guilemany. 2013. Cold gas sprayed stellite6 coatings and their wear re sistance. 2013. *Journal of Material Science & Engineering* 2 (2): 1000122. http://dx. doi. org/10. 4172/21690022. 1000122.

Couto M. , S. Dosta, M. Torrell, J. Fernández, and J. M. Guilemany. 2013. Cold spray deposition of WC-17 and 12Co cermets onto aluminum. *Surface and Coatings Technology* 235 (2013): 54-61.

Culliton, D. , Anthony Betts, Sandra Carvalho, and David Kennedy. 2013. Improving tribological properties of cast AlSi alloys through application of wearresistant thermal spray coatings. *Journal of thermal spray technology* 22 (4): 491-501.

Dosta, S. , M. Couto, and J. M. Guilemeny. 2013. Cold spray deposition of a WC-25Co cermet onto Al7075T6 and carbon steel substrates. *Acta Materialia*61:643-652.

EPA registers copper-containing alloy products. 2008. www. epa. gov/pesticides/factsheets/copper alloyproducts. htm.

Faúndez, G. , M. Troncoso, P. Navarrete, and G. Figueroa. 2004. Antimicrobial activity of copper surfaces a-

342

gainst suspensions of *Salmonella enterica and Campylobacter jejuni*. *BMC Micro biology* 4:19.

Feng Q. L. ,T. N. Kim, J. Wu, E. S. Park, J. O. Kim, D. Y. Lim, and F. Z. Cui. 1998. AgHap thin film on alumina substrate and its antibacterial effects. *Thin Solid Film* 335:214–219.

Gärtner,F. ,T. Stoltenhoff,T. Schmidt,and H. Kreye. 2006. The cold spray process and its potential for industrial applications. *Journal Thermal Spray Technology* 15 (2):223–232.

Grass, G. , C. Rensing, and M. Solioz. 2011. Metallic copper as an antimicrobial surface. *Applied and Environmental Microbiology* 77 (5): 1541–1547.

Hager, C. H. , Jr. 2002. Evaluation of coatings and coating processes for the fretting amelioration of titanium bladed disk assemblies found in the high temperature compressor of jet turbine engines. Master Thesis, The Pennsylvania State University.

Handbook of Thermal Spray Technology (#06994G), Introduction to Thermal Spray Processing, 2004 ASM International.

Hu, X. , P. Jiang, J. Wan, Y. Xu, and X. Sun. 2009. Study of corrosion and friction reduction of electroless NiP coating with molybdenum disulfide nanoparticles. *Journal of Coating Tech nology* 6:275–281.

Kato, K. Sendai. 2002. Classification of wear mechanisms/models. Proceedings of the Institution Mechanical Engineers 216.

Kim Hyung Jun, Chang Hee Lee, and SoonYoung Hwang. 2005a. Fabrication of WC–Co coat ings by cold spray deposition. *Surface and Coatings Technology* 191 (2): 335–340.

Kim Hyung Jun,ChangHeeLee,and SoonYoungHwang. 2005b. SuperhardnanoWC–12% Co coating by cold spray deposition. *Materials Science and Engineering*: A 391(1):243–248.

Koh,P. K. ,K. Loke,P. Cheang,and C. T. Lee. 2012. Cold spray repair of gas turbine engine fan cases. Singapore Aerospace Technology & Engineering Conference,Singapore,Feb13,2012.

Leyman,P. F. , and V. Champagne. 2008. Cold spray aluminium for magnesium gearbox repair. US Army Research Laboratory Weapons & Materials Research Directorate,Feb26–28,2008.

Leyman, P. F. , and V. K. Champagne. 2009. Cold spray process development for the reclamation of the apache helicopter mast support. ARLTR4922, August 2009.

Leyman,P. F. , V. K. Champagne, et al. 2012. *Titanium coatings using cold spray*. TMS 2012. Liao,H. , C. Coddet, andL. Simonin. 2001. Mechanical properties of thermal spray PEEK coatings, Thermals spray 2001: New surfaces for a new Millennium. In *ASM International*, ed. C. C Berndt, 315. Materials Park,OH.

Manoj,V. , and David,Grossen. 2011. Wear resistant thermal spray coatings for windturbine components. *Advanced Materials & Processes* 169 (11):59–62.

McCune, R. , and M. Ricketts. 2004. "*Selective galvanizing by cold spray processing*" in "*Cold Spray 2004*". Akron: ASM International—TSS.

Michels, H. , S. Wilks, J. Noyce, and C. Keevil. 2005. Copper alloys for human infectious disease control. Presented at Materials Science and Technology Conference, September 25–28, 2005, Pittsburgh, PA.

MOOG Aircraft Group. 2012. Advanced surface repair capabilities.

Neshastehriz, M. 2014. Influence of hardenability of Nickel encapsulated, Hexagonal boron nitride particles on coating bond strength via cold spray. MM. S. Thesis,The Pennsylvania State University, University Park,PA.

343

Olakanmi, E. O. , and M. Doyoyo. 2014. Laserassisted cold-sprayed corrosion - and - wearresistant coatings: Areview. *Journal of Thermal Spray Technology* 23 (5): 765-785.

Page, K. , M. Wilson, and I. Parkin. 2009. Antimicrobial surfaces and their potential in reducing the role of the inanimate environment in the incidence of hospital-acquired infections. *Journal of Materials Chemistry* 19: 3819-3831.

Pitchuka, Suresh Babu, Benjamin Boesl, Cheng Zhang, Debrupa Lahiri, Andy Nieto, G. Sundararajan, and Arvind Agarwal. 2014. Dry sliding wear behavior of cold sprayed aluminum amorphous/nanocrystalline alloy coatings. *Surface and Coatings Technology* 238:118-125.

Rutala, W. A. , E. B. S. Katz, R. J. Sherertz, and F. A. Sarubbi. 1983. Environmentalstudy of a methicillinresistant staphylococcus-aureus epidemic in a burn unit. *Journal of Clinical Mi crobiology* 18 (3): 683 -688.

SanpoN. , M. L. Tan, P. Cheang, and K. A. Khor. 2009. Antibacterial property of cold-sprayed HA Ag/PEEK coating. *Journal Thermal Spray Technology* 18 (1):10-15.

Sanpo, N. , H. Chen, K. Loke, P. K. Koh, P. Cheang, C. C. Berndt, and K. A. Khor. 2011. "Biocompatibility and Antibacterial property of Cold Sprayed ZnO/Titanium Composite Coating, Science and Technology Against Microbial Pathogens", 2011, p 140-144.

Santo, E. , E. W. Lam, C. G. Elowsky, D. Quaranta, D. W. Domaille, C. J. Chang, and G. Grass. 2011. Bacterial killing by dry metallic copper surfaces. *Applied and Environmental Microbiology* 77:794-802.

Segall A. E. , Anatoli N. Papyrin, Joseph C. Conway, and Daniel, Shapiro. 1998. A cold gas spray coating process for enhancing titanium. *JOM Journal of the Minerals, Metals and Materials Society* 50 (9):52-54.

Shirkhanzadeh, M. , M. Azadegan, and G. Q. Liu. 1995. Bioactive delivery systems for the slow release of antibiotics: Incorporation of Ag + Ions into microporous hydroxyapatite coatings. *Materials Letters* 24:7-12.

Smid, I. , A. E. Segall, P. Walia, G. Aggarwal, T. J. Eden, and J. K. Potter. 2012. Cold sprayed ni hbn selflubricating coatings. *Tribology Transactions* 55:599-605.

Stark, L. 2010. Engineered sel-flubricating coatings utilizing cold spray technology. M. S. Thesis, The Graduate School Engineering Science and Mechanics, Penn State University.

Stark, L. , I. Smid, A. Segall, T. Eden, and J. Potter. 2012. Selflubricating coldspray coatings utilizing microscale nick-elencapsulated hexagonal boron nitride. *Tribology Transactions* 55 (5): 624-630.

Vlcek, J. , L. Gimeno, H. Huber, and E. Lugscheider. 2005. A systematic approach to material eligibility for the cold spray process. *Journal of Thermal Spray Technology* 14:125-133.

Walia, P. 2006. Development of Ni-Based self-lubricating composite coatings for TI-6Al-4V dove tail Joints using the cold spray process. M. S. Thesis, The Pennsylvania State University, Uni versity Park, PA.

Wang, J. , and J. Villafuerte. 2009. Low pressure cold spraying of tungsten carbide composite coatings. *Advanced Materials and Processes ASM International* 167 (2):54-56.

White, D. 2006. New report sheds sobering light on hospital infections. *ABC News*, 12/1/2006. White, L. F. , S. J. Dancer, and C. Robertson. 2007. A microbiological evaluation of hospital cleaning methods. *International Journal of Environmental Health Research* 17 (4): 285-295.

Widener, C. , R. Hrabe, B. James, and V. Champagne. 2013. "B1 BomberFEB Panel Repair by ColdSpray",
344

Cold Spray Action Team(CSAT)Meeting 2013,Worcester Polytechnic Institute, MA, 18 June2013.

Wolfe D. E. , Timothy J. Eden, John K. Potter, and Adam P. Jaroh. 2006. Investigation and characterization of Cr_3C_2 based wearresistant coatings applied by the cold spray process. *Journalof Thermal Spray Technology* 15 (3):400-412.

Yamamoto, O. , K. Nakakoshi, T. Sasamoto, H. Nakagawa, and K. Miura. 2001. Absorption and growth inhibition of bacteria on carbon materials containing Zinc Oxide, *Carbon* 39:1643- 1651.

Yin,J. ,A. Zhang,K. Y. Liew, and L. Wu. 2008. Synthesisofpoly(EtherEtherKetone)assistedby Mirowaves irradiation and its characterization. *Polymer Bulletin*61:157-163.

Zhang, L. , Y. Jiang, Y. Ding, M. Povey, and D. York. 2007. Investigation into the antibacterial behaviour of suspensions of ZnO nanoparticles (ZnO Nanofluids). *Journal of Nanoparticle Research* 9:479-489.

Zheng, W. , C. Derushie, J. Lo, and E. Essadigi. 2006. Corrosion protection of joining areas in magnesium die cast and sheet products. *Materials Science Forum* 546-549:523-528.

345

第 11 章 冷喷涂经济性

D. Helfritch, O. Stier, J. Villafuerte

11.1 引言

冷喷涂已在多个领域得到广泛的应用,应用范围包括从薄金属涂层的制备到独立形状零件的生产等。不同应用的成本可能会有很大差异,但每种应用的成本取决于其本身的操作参数。一旦确定了这些参数,则可用来准确计算成品的成本,或预测潜在产品的成本。此处介绍的方法是假设尚未制造出完整的产品,并且成本估算是基于所需产品的特性。因此,这里所提出的方法可用于计算潜在客户的报价,例如,喷涂车间。

从原始设备制造商(OEM)的角度来看,基于冷喷涂工艺制造过程是预算下达的先决条件。在技术研究探索的准备阶段,在缺乏对最终制造过程了解的情况下,当冷喷涂被认为可以取代现代主流的热喷涂工艺时,两种工艺的成本比较是非常有必要的。对于完全不同的制造或维修方法(例如,电镀,铸造,铣削,拉深,烧结,挤压,钎焊,焊接或熔覆)成本的估算都有一个准则,冷喷涂总成本的估算包括消耗品、投资和劳动力等方面。成本的估算必须可靠,初期可以采用一种最小预估投入成本来测算冷喷涂的成本。

过去已有几种方法用来计算冷喷涂的成本(Papyrin,2002;Gabel,2004;Karthikeyan,2005;Pattison 等,2007;Champagne,2007;Helfritch 和 Trexler,2011),这包括从基本的估算到采用软件进行了全过程模拟,如 Kinetic Spray Solutions(KSS),德国 Buchholz 的网络软件(http://kinetic - spray - solutions. com/,2013)。这些研究的共同点是,他们为成本模拟假设了特定情况,或使用比实际成本预测所需的更多的工艺数据。因此,本章介绍了对冷喷涂的成本结构的一般分析,该分析倾向于从所需的最小投入来估算制造成本。它允许将冷喷涂与不同的制造工艺进行比较,并且已被证明,该方法可用于在技术上评估冷喷涂应用的经济可行性。

11.2 经济性的基本组成

冷喷涂加速悬浮在气体中的粉末颗粒,气体与粉末颗粒通过超声速喷嘴发生膨胀而加速,获得的高速粒子撞击基底从而发生沉积。由此可知,粉末和气体成本及其使用率是整体产品成本的主要因素。

制造成本可分为三个类别:

(1) 材料成本;

(2) 直接人工成本;

(3) 间接成本。

气体和粉末是材料成本。支付给直接从事制造特定产品的工人的工资是直接人工成本。水电费、折旧、维护等所有其他成本都是间接成本,这些成本是相互关联的,且受到任务难易程度的影响。下面详细讨论每个成本类别。

11.2.1 材料成本

材料成本可以根据喷涂产品尺寸和喷涂效率来确定。该产品含有已知体积的沉积粉末。假设已知密度且孔隙率可忽略不计,则该体积就给出了涂层的质量。因此,产品所需的粉末质量是沉积质量加上估计的过喷粉末质量,除以沉积效率。沉积效率可以从粉末的试喷获得,可以通过类似工艺和成本计算中估计,也可以通过迭代计算得到。一旦已知粉末质量,粉末加速所需的气体质量就可以通过将粉末质量除以粉末与气体的比率,通常为 0.05,来简单地计算。若已知粉末和气体的质量,材料的成本仅仅是质量乘以每份质量的成本,例如每千克多少美元。另外,单个部件制造所需的时间可以根据所需气体的质量、气体压力和温度以及喷嘴喉部直径来计算。虽然材料成本计算不需要这个时间,但人工成本需要这个时间。

11.2.2 直接人工成本

劳动力加工成本(每工时多少美元),其实是可以通过计算得出的,产品完成所需的时间由上述计算得知。必须添加时间以考虑初始规划和装配,包括一次初始夹具装配、机器人编程和操作参数确定。如果制造了多件产品,那么一次性成本是由每一件分摊的。虽然工人的工资可能不同,但通常假定为所有工人的平均工资。这里计算的直接劳动成本是假设工人在不操作冷喷涂系统时从事其他活动所需付出的劳动力成本。如果工人无论从事何种活动均能得到工资,那么这种人工成本必然包含固定间接费用的一部分,因此必须考虑利用率,如下所述。

11.2.3　间接成本

此成本可以进一步分为两个子类别：

可变开销，例如用于直接生产的水电费，随着生产的变化而变化；

固定开销，如管理、租赁、供暖和照明、维护和资本回收等，与生产无关。

冷喷涂直接使用电力来生产产品的成本可以通过计算容易地确定。电用于加热，有时也用于压缩所用的气体。可以根据气体的温度、压力和流速直接计算所使用电量。其他用途是用于机器人运动和控制系统，但与气体处理相比，这些可忽略不计。一旦确定用电功率，就可以通过乘以生产时间来计算电的总使用量。然后通过乘以购买的每千瓦时多少元的电费来计算成本。

固定开销根据特定工种相对于所有其他工种所需的时间量分配给各个工种，这就必须引入利用率的概念。利用率是冷喷涂系统使用的时间占可用总时间的百分比。利用率是衡量可用资源的使用效率的指标。因此，单个工种的固定开销等于(每年固定总成本/每年可用运行时间)×(总工作时间/利用率)。可以看出，利用率是一个主要的成本因素。

用于计算折旧的资本回收系数(CRF)计算方法考虑了设备成本的折回成本，以及如果购买款为贷款而需支付的利息损失成本。这与按揭付款类似，包括本金和利息。除非利率为零，否则此计算产生的固定成本高于直线折旧法。通过 CRF 方法计算的年折旧成本由下式给出：

$$年折旧成本 = CRF×(资本成本 - 回收费用)$$

$$CRF = \frac{i(1 + i)^n}{(1 + i)^n - 1} \tag{11.1}$$

式中：i 为利率，例如，5% = 0.05；n 是拥有年限。

每年维护费用通常估计为资本成本的百分比，例如 5%。其他固定间接费用，例如租金和管理费用很简单，应根据所用总建筑面积和用于冷喷涂的管理时间进行分摊。

11.2.4　综合成本

上述成本确定步骤易于在电子表格程序中列举并计算。典型的电子表格如图 11.1 所示。必须输入的值，例如用气量和人工费率，以斜体显示。其余的值，如流量和完成时间等由电子表格计算，按类别计算成本。饼图可以快速评估各种成本驱动因素的重要性。对于该电子表格，根据喷嘴喉部直径和喉部上游的气体条件来计算气体流量。确定大多数成本所需的完成时间可以简单地通过将使用的总粉末质量除以粉末进料速率来计算得出。所需的粉末质

348

量受部件体积、沉积效率和过喷率的影响。例如,完成单个部件所需的时间由下式给出

需要粉末质量 = [(部件体积)(金属密度)/(沉积效率)] × [1 + 过喷率]
完成时间 = 使用的粉末质量/粉末进料速率

通过将燃气加热器、气体压缩机和排气扇的单位时间的用量相加,然后乘以完成零件所需的时间来计算生产单个零件所需的电量。压缩机和加热器的用电量可以从已知的流速和常规功率方程计算。对于该电子表格,假设通风机功率为15kW。

输入数据		计算值	
氮气(0)氦气(1)	0		
喉部直径/mm	2.7	气流/(m³/h)	94.1
送粉率/(kg/h)	5.5	粉末到气体/kg	4.7
加热后气体温度/℃	500	每个工件所用粉末/kg	1.77
压缩气体气压/MPa	4	每个工件所用时间/h	0.32
沉积体积/cm	125	每个工件的选择/(kW·h)	11.9
工件数	100		
过喷量	10%	粉末成本/美元	17679
材料密度/(g/mL)	9	气体成本/美元	530
沉积效率	70%	人工成本/美元	4511
单位粉末成本/(美元/kg)	100		
单位氮气成本/(美元/kg)	0.14	粉末成本/美元	6014
单位氦气成本/(美元/kg)	30	水电租金/美元	4010
单位电力成本/(美元/(kW·h))	0.15	保养/美元	1804
预喷准备时间/h	8	折旧/美元	2015
每个工件制备时/h	0.2	电力成本/美元	179
每小时劳工成本/(美元/h)	75		
设备成本/美元	900000	每个工件的成本/美元	366
设备寿命/年	15		
救助成本/美元	300000	总工作成本/美元	36562
利率	3%		
系统利用率	75%		
保养费用	5%		
每年管理费/美元	150000		
每年租金水电费用/美元	100000		

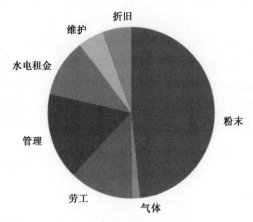

图 11.1 成本计算电子表格

左边一栏的所有单位成本、成本费率和固定成本是必须输入的。预喷涂准备时间是指在实际喷涂之前需要完成的任务所需的时间,包括粉末购买和机器人编程的项目。每件的准备时间是移除已完成的工件并为后续件准备新工序所需的时间。每小时人工成本仅包括直接支付给操作工的工资和附加福利。电子表格假定所有任务只有一名工作人员。每年的管理费用是指专用于冷喷涂系统运作的监督、销售、文书等的费用。如果冷喷涂系统仅占据建筑物的一部分而其他生产系统占用剩余部分,则年度租金也按比例分配。

将计算得出的工作成本,显示在中间列的下部。粉末和气体成本是基于使用量和已确定的单位成本计算的。人工成本就是人工费率乘以完成工作所需的所有时间总和,包括准备时间。单个作业的间接费用值根据完成作业所需的时间分数除以每年的可用时间(此处为 2000h)除以利用率(U)来按比例分配。例如,

$$管理比例=(年度管理时间 \times 总工作时间)/2000(U)$$

11.3 经济性的组成要素

以图 11.1 为基本情况,我们可以通过各参数变化来估计每个参数的相对重要性,通常在可以降低成本的参数值之间进行权衡。例如,更昂贵的粉末可能可以使用氮气代替氦气。下面讨论影响主要成本的参数。所做的所有计算都是基于图 11.1 给出的参数的变化。

11.3.1 气体

到目前为止,对最终成本的影响最大的是气体的使用成本。这可以从氮和氦

之间的单价差异推断出来。为获得更高的 DE 和更低的进料速率，当图 11.1 中使用的氮气转换为氦气时，成本从 36562 美元增加到 111329 美元。成本增加几乎完全是由于氮和氦之间的单位成本的增加引起的，从图 11.2 所示的成本分布的比较可以看出。初看起来，使用氦气似乎是不合理的；但是氦气的使用有质量优势，虽然并不明显，氦可以提高粘结强度和降低孔隙率。氮气有时无法产生足够高的颗粒速度以致于硬质难熔颗粒沉积。氦的系统回收利用可显著降低成本。

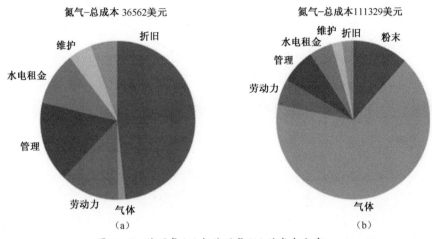

图 11.2　使用氮(a)与使用氦(b)的成本分布

11.3.2　粉末给料

试图使成本最小化时经常被忽视的工艺参数是粉末给料速度。在使用氦气时尤其如此。显然，提高粉末给料速度将缩短完成所需的时间，从而降低了总气体消耗、劳动力成本和按比例分摊的间接成本。对于上述使用氦气的例子，111329 美元的成本是根据 2.5kg/h 的给料速率计算的，即粉末流量等于气体质量流量的 5.3%。将给料速率提高到 5kg/h，而不做任何其他更改，可将成本降低至 66460 美元。粉末给料速率增加的限制是加速气体的承载能力，当加速粉末质量占气体质量 5% 时，气流相对不受影响。当粉末给料率超过 5% 时，气体和颗粒速度降低，从而对沉积效率和涂层质量产生不利影响。

11.3.3　粉末成本

虽然购买气体的单位成本在不同工作之间没有很大差别，但粉末成本可在 20 美元/kg 到 1000 美元/kg 之间变动。粉末成本通常包含雾化和/或研磨成本，因此成形过程"雾化/研磨−冷喷涂固化"增加了原材料价格。对于图 11.1 所述的情况，仅改变粉末单位成本的效果如图 11.3 所示。在粉末单位成本的许可范围内,总工作成本可以浮动10倍。这个结果表明应该尽量购买成本最低的粉末,但粉末的质量可以直接影响涂层的质量和具体操作的DE。必须通过冷喷涂运行测试来确定粉末的质量和沉积效率。一旦知道了测试运行的结果,就可以将DE和单位成本输入到成本电子表格中并计算作业成本。然后可以对成本-涂层质量权衡进行判断。

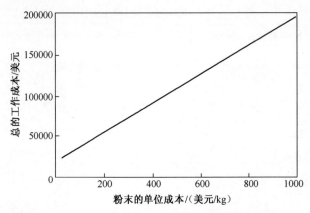

图 11.3　粉末成本对总成本的影响,以图 11.1 为例

11.3.4　沉积效率

如上所述,粉末特性直接影响沉积效率。对于给定的合金,颗粒形状和粒度分布是沉积效率的主要决定因素。当包含其他合金时,颗粒密度也很重要。除粉末特性外,气体压力和温度等工艺参数对沉积效率也有很大影响。以图 11.1 所描述的情况为例,沉积效率对工作成本的影响如图 11.4 所示。该图清楚地显示了沉积效率最大化的重要性。可以调节粉末特性和工艺参数以使沉积效率最大化。有时可用计算机模型预测沉积效率并确定一组最佳参数,但冷喷涂运行试验通常更准确和更可靠。

11.3.5　利用率

人工成本和按比例分配的间接成本在很大程度上取决于完成工作所需的时间。显然,人工费率、折旧成本、年度管理成本都直接影响到工作成本,但这最小值些服务于生产的特定工作的实际时间成本将按比例分配给对应的工作。与工作时间相关的第二个因素是利用率。利用率是设备在生产中花费的时间量除以可用的总时间,百分之百的利用率意味着系统全年都在充分利用,没有任何空闲时间。图 11.5 显示了在图 11.1 所描述的情况下,利用率如何影响成本。随着利用率的降低,每项工作必须承担更大比例的固定间接费用,在这种情况下,当

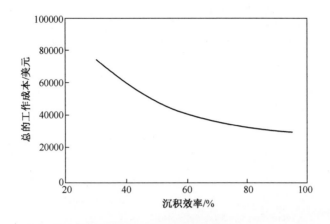

图 11.4　沉积效率的影响

利用率降低到 50%以下,工作成本几乎翻倍。

11.3.6　要生产的零件数量

　　给定一个恒定的,一次性的准备周期(机器人编程,购买等),由于该准备成本分担给多个工件,因此单件的成本明显降低。同样,考虑图 11.1 所描述的情况,批量生产的影响如图 11.6 所示。在本例中,使用 8h 的前期准备,只有生产数量少于 10 件时,单件的成本才会显著增加。低于 10 件,每件的成本显著增加,因为前期成本分担给较少的工件了。

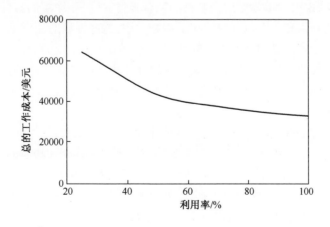

图 11.5　利用率的影响

353

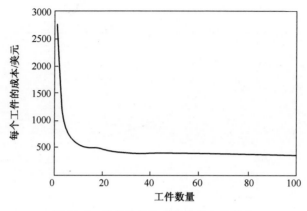

图 11.6　制成的件数对每件成本的影响

11.4　操作参数的确定

通常调节冷喷涂参数以获得最大粒子速度和沉积效率,从而获得最佳的沉积特性,但也会推高成本。可以利用成本电子表格平衡冷喷涂的成本和涂层质量。在改进沉积模型之前,沉积效率和涂层质量的表征最好通过试喷试验进行,变量可以是气体类型、压力、温度和进料速率。每次运行均测量沉积效率,沉积质量的测量可包括横断面检查、粘合强度、拉伸强度等,这取决于所需的具体特性。可以计算每次运行和相关沉积效率的成本。以这种方式生成的数据将产生可接受涂层质量的最低成本。

在工业应用中,冷喷涂涂层与基材的粘合强度、冷喷涂涂层的拉伸强度、孔隙率或延展性等均需在一定范围内。在工程数学中,这些性质对冷喷涂工艺的可行性范围进行了限定。必须满足规定的范围,超出范围没有什么好处。因此,这些性质通常不用作优化的质量函数。在满足涂层性能规范的约束条件的同时,为了使冷喷涂工艺的总成本(等于质量函数)最小化,应该对冷喷涂工艺进行优化。

决策实例:

一个成本效益控制的例子如下。需要用镍喷涂 20 根直径为 3cm,长度为 1m 的管子,涂层厚度为 500μm。这将产生 24cm³/管的涂层体积。相应的使用氦气的成本电子表格如图 11.7 所示。一旦测试运行确定沉积效率和孔隙率,并从电子表格计算成本,就可以生成表 11.1。图 11.8 显示了表 11.1 的两种气体的孔隙率和成本值。所需孔隙率为 0.2%或以下需要使用氦气,每单位成本为 400 美元。如果 0.4%的孔隙率是可以接受的,那么可以使用氮气,每单位的成本最多为 300 美元。

对于两种气体,随着孔隙率增加,成本增加,这似乎违反我们的认知,其实不然。尽管低孔隙率需要使用更高的压力和更多的气体,但是增加了沉积效率,使粉末用量减少。降低粉末成本不仅可以弥补燃气成本,还可以节省总成本。

输入数据		计算值	
氦气(0)氢气(1)	1		
喉部直径/(mm)	2.7	气流/(m³/h)	249.8
送粉率/(kg/h)	2.2	粉末到气体/kg	4.9
加热后气体温度/℃	600	每个工件所用粉末/kg	0.25
压缩气体气压/MPa	4	每个工件所用时间/h	0.11
沉积体积/cm³	24	选件/(kW·h)	6.3
工件数	20		
过喷量	10%	粉末成本/美元	404
材料密度/(kg/m³)	9	气体成本/美元	3065
沉积效率	94%	劳动成本/美元	1072
单位粉末成本/(美元/kg)	80		
单位氦气成本/(美元/kg)	0.14	管理费/美元	1430
单位氢气成本/(美元/kg)	30	水电和租金/美元	953
单位电力成本/(美元/(kW·h))	0.15	保养费/美元	429
预喷准备时间/h	8	折旧/美元	479
每个工件制备时/h	0.2	生产电力/美元	19
每小时劳工成本/(美元/h)	75		
设备成本/美元	900000	每个工件的成本/美元	392
设备寿命/年	15		
折旧费/美元	300000	总工作成本/美元	7833
利率	3%		
系统利用率	75%		
保养费用	5%		
每年管理费/美元	150000		
每年租金水电费用/美元	100000		

图 11.7 用镍喷涂管的例子。NCMH 为每小时正常立方米

表 11.1 操作变化引起的孔隙率和成本变化

气体	气压/MPa	沉积效率/%	孔隙率/%	单位成本/美元
He	2	80	0.39	447
He	3	90	0.23	407
He	4	94	0.16	392
N_2	2	13	1.08	541
N_2	3	24	0.58	339
N_2	4	34	0.41	280

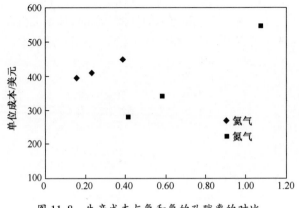

图 11.8 生产成本与氮和氦的孔隙率的对比

11.5 冷喷涂的成本模型

上面讨论的计算(和由图 11.1 中的电子表格执行的计算)可以组合成一个简洁的方程。方程的推导也解释了冷喷涂过程的物理特性。此公式包含的参数少于电子表格输入单元格,原因有三:

通过参考 1kg 的冷喷涂沉积单位质量来消除一个工件上的冷喷涂涂层质量以及工件数量。

准备时间的费用被忽略,因为它们与冷喷涂工艺参数无关。可以在使用等式后简单地添加。

图 11.1 中电子表格的最后九个输入参数有效地降低到一个等式明确使用的小时率。

为计算小时费率,折旧期分为生产时间和非生产时间,如图 11.9 所示。由于行程花费时间,移动式喷雾装置比车间内的固定式冷喷涂系统具有更少的生产时间。除折旧外,工厂还会产生管理、租赁和维护的运营成本。这四项费用的总和除以生产小时数,即设备小时费率加上人工小时费率。由此产生的总小时费率 U_{hr} 涵盖了可用设施的所有费用。在 KSS 软件的成本计算模块中,可以直接设置 2h 的设备和人工费率。此外,还有折旧期间的设备小时费率,容量利用率以及各种投资和租赁项目,预定系统组件各自的维护和修理小时费率的默认计算。

工艺消耗品(粉末,气体和电力)的成本均按每单位量的冷喷涂沉积材料(1kg)计算,而不是按时间单位(1h)计算。参考单元 1kg 便于估计未来的生产

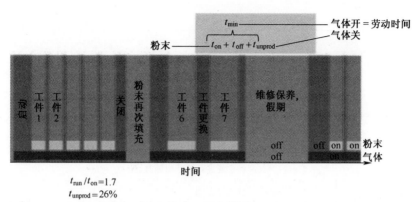

图 11.9 将折旧期划分为生产性和非生产性时间,并将 t_{on}、t_{off} 和 t_{run} 时间可视化

成本,因为每件产品的冷喷涂沉积材料的质量是已知的。设备和劳动力的成本按照 1kg 材料沉积期间喷涂和处理所需的时间 t_{run} 分配给参考单位 1kg,并应用小时费率 U_{hr}。如果系统部件被某些粉末系统地磨损(例如,不可逆的堵塞或喷嘴的喉部腐蚀),则可以将经常性更换费用分配给相应的粉末价格 U_{pwd},因为损坏程度与处理的粉末量相关。

通用成本函数:

在本节中,给出了 1kg 冷喷涂涂层的总成本 C_{tot} 的通用表达式。表 11.2 总结了所有模型参数及其单位。其中一些将在下面进行解释。

表 11.2 专业术语

a	声速/(m/s)
A_{thr}	喷嘴喉部区域/mm^3
c	He 质量分数
C_p	等压比热/(kJ/(kg·K))
C_{tot}	每千克沉积材料的费用/美元
F_{gas}	反气流量系数/(3600m/K s)
r	比热比
GL	几何损失因子
HL	热损失因子
M	马赫数
$\dot{m}_{gas}$	加热主气流的气体流速/(kg/h)
$\dot{m}_{pwd}$	喂料速度/(kg/h)

P	气体停滞压力/MPa
R	特定气体常数/(J/(kg·K))
ρ_1	喷嘴出口处气体密度/(kg/m³)
ρ_{gas}	喷嘴出口处气体密度/(kg/m³)
S_{anc}	除了燃气加热之外的总耗电量/kW
t_{off}	每千克沉积材料在没有粉末流动的气体时流动总持续时间/h
t_{on}	每千克沉积材料的粉末流动总持续时间/h
t_{run}	每千克沉积材料的总气体流动持续时/h
T	气体停滞时温度/K
T_{amb}	进气口温度/K
U_{elc}	电费/(美元/(kW·h))
U_{hr}	总小时费率/(美元/h)
U_{gas}	气体价格/(美元/kg)
U_{pwd}	粉末价格/(美元/kg)
v_1	喷嘴口气体速度/(m/s)
v_{gas}	气体速度/(m/s)
v_p	颗粒速度/(m/s)
w	粉末到气体的质量负荷比
Y_{DE}	沉积效率

生产时间定义为气体流动的时间。这样,粉末补充,维护等中断,不会增加设备运行时间,只是按小时费率 U_{hr} 计算。

在更换工件期间最好不关闭气流,以避免气体加热器关闭和重新启动导致的延迟。但是,在更换工件时应该停止送粉器,以节省昂贵的粉料。因此,生产 1kg 冷喷涂涂层所需的设备运行时间 t_{run},被分成粉末进料的部分 t_{on} 和仅有气体流动的粉末进料器空转部分 t_{off},见图 11.9:

$$t_{run} = t_{on} + t_{off} \qquad (11.2)$$

在喷涂轨道的转折点处,冷喷涂涂层往往堆积到超过所需的厚度。为了避免这种情况,轨道转向点通常放置在工件边缘之外,这会导致喷涂轨道长度的延长或工件表面区域的虚拟增大。工件的虚拟相对放大由过喷因子 1+GL 表示,其中 GL 表示"几何损失"。例如,在喷嘴运动速度恒定的情况下,GL 是在工件外面和上面的累积喷涂轨道长度的比率,见图 11.10。

使 $\dot{m}_{pwd}$ 为粉末进料速率,$\dot{m}_{gas}$ 为气体的流速。低压气体动力喷涂(LPGDS)系统使用环境温度下的大气将粉末喷射到拉瓦尔喷嘴的膨胀部分。对于 LPGDS 系统,$\dot{m}_{gas}$ 是指通过喷嘴收敛部分的加热的主气流量。粉末与气体的质量载荷比定义为

$$w = \frac{\dot{m}_{pwd}}{\dot{m}_{gas}} \tag{11.3}$$

在 1kg 材料沉积期间累积的粉末进料器空转时间 t_{off}(图 11.9),取决于具体的应用并且是独立的模型参数。

在 $T-T_{amb}$ 的显著温差下,由于周围空气的对流和热表面的辐射,气体加热单元产生热损失。这可以通过温度相关的"热损失"因子 HL 来考虑,使用氮气时,当 $T-T_{amb} \approx 1000K$,HL 可以达到 0.4。

S_{anc} 为气体加压和冷喷涂控制单元,氦气回收系统,除尘器风机和机器人等辅助设备的总功耗。

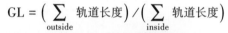

$$GL = \left(\sum_{outside} 轨道长度 \right) / \left(\sum_{inside} 轨道长度 \right)$$

图 11.10 在喷嘴运动速度恒定的情况下,过喷 GL("几何损失")
是工件外部和上部累计喷涂轨道长度的比值

通过冷喷涂沉积 1kg 材料的总成本由通用成本函数给出(Stier,2014):

$$C_{tot} = \frac{1 + GL}{Y_{DE}} \left[U_{pwd} + \frac{1}{w} \frac{t_{run}}{t_{on}} \left(U_{gas} + \frac{U_{hr}}{\dot{m}_{gas}} + \frac{1 + HL}{3600} c_p (T - T_{amb}) U_{elc} \right) \right] + S_{anc} t_{run} U_{elc}$$

$$(11.4)$$

式(11.4)适用于所有喷涂粉末,推进剂气体,任何"高压冷喷涂""低压冷喷涂",LPGDS(Maev 和 Leshchynsky,2008),"真空冷喷涂"(Fan 等,2006),气溶胶沉积(Akedo,2008),或动力金属喷涂系统(Gabel,2004),以及各种应用,如涂

359

层、修复、增材制造、近净成形。

工作示例 1：

通用成本函数式(11.4)用于计算图 11.1 中所示用例的单件成本。式 (11.4)计算的是沉积 1kg 材料的成本。在使用案例中，每个工件的沉积材料质量为 1.125kg，由沉积体积和材料密度计算得出，如图 11.1 所示。因此，根据式 (11.4)计算出的成本必须乘以 1.125。同理，以图 11.1 为例时，式(11.4)中出现的持续时间需要除以 1.125。因此，沉积 1kg 所需的时间是 $t_{run}=0.32h/1.125$ $=0.286h$。电子表格假定 $t_{on}=t_{run}$。注意，比率 t_{run}/t_{on} 与工件质量无关。

式(11.4)的进一步输入参数，可以直接从图 11.1 中读取：使用的气体是氮气，即 $c_p=1.13kJ/kg \cdot K$(来自文献)，$T=773.15K$，$U_{pwd}=100$ 美元/kg，$U_{gas}=0.14$ 美元/kg，$U_{elc}=0.15$ 美元/kW·h，$w=0.0467$，$Y_{DE}=0.7$，过喷 GL=0.1。气体流量是 $\dot{m}_{gas}=94.1m^3/h$(常态)(NCMH)$\times 1.25kg/m^3=117.6kg/h$，使用标准条件 273.15K 和 101325Pa 下的氮气密度。

对于通风和增压器，假设气体入口温度 $T_{amb}=293.15K$，HL=0.10，$S_{anc}=17.5kW$。

小时费率 U_{hr} 未在图 11.1 中明确给出，但可以从上所述的数字计算：考虑到每年的可用时间(2000h)和系统利用率(0.75)，冷喷涂用水电每年运行 2000h× 75%=1500h。年度折旧成本通过 CRF 方法计算得出。根据式(11.1)，CRF=0.0838，为 50260 美元。管理、租赁和维护(=资本的 5%)的年度费用分别为 150000 美元、100000 美元和 45000 美元。四项费用总额(345260 美元)除以年生产时间(1500h)即设备每小时费率，230 美元/h。在此基础上，增加每小时人工费率(75 美元/h)，使 $U_{hr}=305$ 美元/h。有了这些数字，由式(11.4)计算的 $C_{tot}=251$ 美元/kg。再乘以 1.125，则单纯的冷喷涂工艺制造的每件工件成本为 282 美元。

此价格涵盖与实际喷涂相关的所有费用，但不包括准备费用。显然，准备成本不能从冷喷涂工艺参数中导出，因此不能通过通用成本函数来计算。图 11.1 中的电子表格明确考虑了这些额外成本：每件工件平均花费 8/100+0.2=0.28h 用于预喷涂准备和工件更换。乘以 U_{hr}，又要花费 85 美元，因此每件的总成本为 367 美元。这笔费用包含 1.79 美元的电费，即 0.5%。

对于昂贵的粉末或昂贵的气体，可以忽略电费，如上述例子所示。这样可以大大简化式(11.4)：

$$C_{tot} \approx \frac{1+GL}{Y_{DE}}\left[U_{pwd}+\frac{1}{w}\frac{t_{run}}{t_{on}}\left(U_{gas}+\frac{1}{\dot{m}_{gas}}U_{hr}\right)\right] \qquad (11.5)$$

式(11.5)适用于昂贵的喷涂粉末(价格 $U_{pwd} \geqslant 100$ 美元/kg)或昂贵的气体

（氮含量较高），但其他情况通常也有效。有违认知的是，每千克沉积材料的气体成本不依赖于气体流速 $\dot{m}_{gas}$，而是取决于设备和人工成本。这是由于上面已解释的工艺持续时间效应。使用式（11.3）、式（11.5）中的气体流速可以用粉末进料速率代替：

$$C_{tot} \approx \frac{1 + GL}{Y_{DE}} \left[U_{pwd} + \frac{t_{run}}{t_{on}} \left(\frac{U_{gas}}{w} + \frac{U_{hr}}{\dot{m}_{pwd}} \right) \right] \tag{11.6}$$

式（11.5）和式（11.6）可以明确冷喷涂的主要成本因素并找到使冷喷涂成本最小化的方法。

冷喷涂、动力金属化和气溶胶沉积系统在压力下操作足以在喷嘴喉部中产生超声速气流，即，喷嘴喉部会阻塞气体流动。因此，气体流速 $\dot{m}_{gas}$ 等于通过喷嘴的临界质量流速。已知临界质量流速取决于喷嘴喉部横截面积 A_{thr} 和气滞特性系数 P 和 T，其方式如下：

$$\frac{1}{\dot{m}_{gas}} = F_{gas} \frac{\sqrt{T}}{A_{thr} P} \tag{11.7}$$

此处

$$F_{gas} = \frac{\sqrt{R/\gamma}}{3600} \left(\frac{2}{\gamma + 1} \right)^{(\gamma+1)/2(1-\gamma)} \tag{11.8}$$

是逆流因子，取决于气体的种类。F_{gas} 的单位是 $3600 m/\sqrt{K} s$（因子 3600 是从 s 到 h 的单位转换）。R 是比气体常数，γ 是推进剂气体的等熵指数。式（11.7）将冷喷涂成本与主要工艺参数 P 和 T 联系起来：将式（11.2）和式（11.7）代入式（11.5）中得

$$C_{tot} \approx \frac{1 + GL}{Y_{DE}} \left[U_{pwd} + \frac{1}{w} \left(1 + \frac{t_{off}}{t_{on}} \right) \left(U_{gas} + F_{gas} \frac{\sqrt{T}}{A_{thr} P} U_{hr} \right) \right] \tag{11.9}$$

此处，通过假设粉末或气体为昂贵的粉末或气体来忽略电力成本。对于容量规划，可以根据式（11.2）结合以下三个替代表达式之一计算工艺持续时间：

$$t_{on} = \frac{1 + GL}{\dot{m}_{pwd} Y_{DE}} = \frac{1 + GL}{\dot{m}_{gas} w Y_{DE}} = \frac{1 + GL}{w Y_{DE}} F_{gas} \frac{\sqrt{T}}{A_{thr} P} \tag{11.10}$$

成本函数式（11.9）的一个优点是它涉及的变量对于预期的冷喷涂应用而言比较容易预先估计：GL 可能是未知值的比率，它比这些数值本身更容易估计。t_{off} 更多地取决于所生产的产品而不是任何最终的冷喷涂工艺参数。

工作示例 2：

将式（11.9）应用于图 11.1 中的用例。若使用氮气，则 $F_{gas} = 0.0071$，单

位为 $3600m/\sqrt{K}s$。$P=4MPa$，$A_{thr}=5.73mm^2$（圆形截面）。其他输入参数与例 1 的相同，$t_{off}=0$。使用这些数字，通过式（11.9）计算得 $C_{tot}\approx249$ 美元/kg，或单纯的冷喷涂工艺制造的单个工件为 280 美元。增加准备时间 85 美元，每件总成本为 366 美元。被忽略的电费为每件工件 1.79 美元，占 0.5%。根据方程式（11.2）和式（11.10），沉积 1kg 的工艺持续时间为 $t_{run}=0.286h$，则每件耗时 0.322h。

对于 P、T 和 w，可以假设为典型值。如上所述，Y_{DE} 可以通过廉价实验确定。系数 A_{thr}、F_{gas}、U_{gas}、U_{pwd} 和 U_{hr} 是已知的。

11.6 冷喷涂的气体

对冷喷涂推进剂气体的要求是它们具有高声速 a，并且不易燃，不易爆炸，无毒，也不过于昂贵。此外，在许多应用中一般选择非氧化性气体。因此，氦气（He）、氮气（N_2）、空气及其混合物，以及过热蒸汽是冷喷涂的可用推进剂气体。作为冷喷涂推进剂气体的过热蒸汽的技术性质介于 N_2 和 He 之间，而空气具有与 N_2 类似的热力学性质。因此，N_2 和 He 的二元混合物可能会获得冷喷涂相关的所有推进剂气体的特征。

He 和 N_2 混合物中 He 质量分数与 He 体积（或摩尔）分数之间的关系是非线性的，如图 11.11 所示。与冷喷涂有关的 He-N_2 混合物的技术性和经济性更

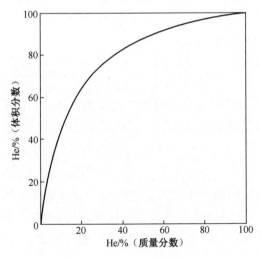

图 11.11 二元 He-N_2 混合物中 He 的质量分数 c 与体积或摩尔分数之间的关系

线性依赖于 He 的质量分数 c 而不是 He 的体积分数:气体流速 v_{gas} 与 c 比 v 与 He 体积分数的线性相关性具有更小的偏差,如图 11.12 所示。这同样适用于图 11.13 中所示的逆流因子 F_{gas}。此外,高成本相关参数 w 指的是质量流量(式 (11.3))。因此,为了进行成本分析,使用 He 质量分数 $c(0 \leqslant c \leqslant 1)$ 优于体积 (或摩尔)分数,使用每单位质量的气体成本优于每单位体积的成本。民营企业新购置的和回收的 He 的气体价格 $U_{gas}(c)$ 的粗略估计分别如图 11.14 所示。

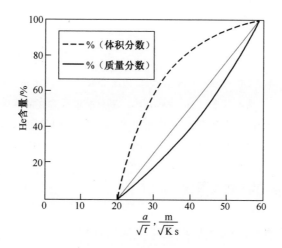

图 11.12　温度 t 下的声速 a 与二元 He-N$_2$ 混合物的 He 含量之间的关系 (灰色直线为一种假设的线性关系)

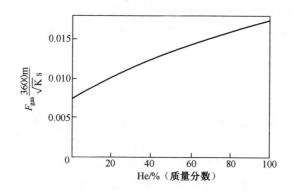

图 11.13　对于二元 He-N$_2$ 混合物,逆流因子 F_{gas} 对 He 质量分数 c 的依赖性。 对于 N$_2$,F_{gas} 的数值为 0.0071,对于 He,F_{gas} 的数值为 0.0174

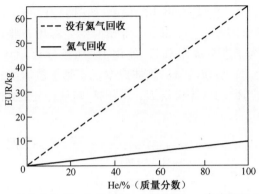

图 11.14　气体价格 U_{gas} 依赖于 He 质量分数 c。实线是指具有 85% 捕集效率的 He 回收系统。N_2 价格涉及具有增压系统(例如，Linde PRESUS)的液态 N_2 供应。来自汽缸散装包装的 N_2 大约要贵 10 倍,但与 He 成本相比仍然很小

11.7　冷喷涂的成本要素

　　给定粉末价格和每小时费率,每千克涂层材料的成本取决于具体应用的工艺参数 GL 和 t_{off};气流参数 P,T 和 w;推进剂气体特性 F_{gas} 和 U_{gas};颗粒粘结特性 Y_{DE};设备(喷嘴)参数 A_{thr}。

　　显然,GL 和 t_{off} 必须尽可能小,因为它们代表了在没有材料沉积的情况下产生成本的运行模式。气流参数 P、T 和 w 应该更深入地探讨。首先,从式(11.9)看,为获得较低的工艺成本,Y_{DE} 和 w 都应该很大。其次,$U_{gas}(c)$ 的方差比 w 大一个数量级,因此成本分析需要考虑 U_{gas} 的影响,即 c 的影响。此外,Y_{DE} 和 w 呈负相关。因此,要获得最小成本应对粉末成本和气体成本进行折中。

　　工作实例 3:

　　在例 2 的使用情况中,使氦代替氮,即 U_{gas} = 30.00 美元/kg,F_{gas} = 0.0174 (以 $3600m/\sqrt{K}s$ 为单位)。根据式(11.3)和式(11.71)计算,以 2.5kg/h 的速度加入粉末获得的质量负荷比 w = 5.3%。假设氦气流速增大(图 11.12)则 DE 可从 0.7 增加到 Y_{DE} = 0.95。对于单纯的冷喷涂过程,由式(11.9)计算得 $C_{tot} \approx$ 914 美元/kg,或每件工件 1028 美元。因此,只使用氦气(c=1)代替氮气(c=0),冷喷涂工艺比工作实例 2 贵 3.7 倍。准备成本增加 85 美元,则每件总价格为 1113 美元。

364

11.7.1 气滞特性

为了分析 P 和 T 的作用,考虑它们对喷嘴出口附近的粒子速度和加速度的影响。粒子上的加速力正比于:

$$\rho_{gas}(v_{gas} - v_p) \mid v_{gas} - v_p \mid \qquad (11.11)$$

式中:v_p 为粒子速度;ρ_{gas} 为气体密度。假设 1D,气流充满喷嘴并在喷嘴中等熵膨胀(即,在足够的压力下),则喷嘴出口处的气体速度为

$$v_1 = M\sqrt{\gamma RT \bigg/ \left(1 + \frac{\gamma - 1}{2}M^2\right)} \qquad (11.12)$$

其中,M 为喷嘴马赫数。相应的气体密度为

$$\rho_1 = \frac{P}{RT}\left(1 + \frac{\gamma - 1}{2}M^2\right)^{1/(1-\gamma)} \qquad (11.13)$$

从式(11.11)~式(11.13),可以得出以下结论:

速度 v_{gas} 来自 T 并且与 P 无关。

粒子加速力与 P 成正比。

较高的 M 产生较高的 v_{gas} 和较低的 ρ_{gas}。由于这种矛盾,给定的气体和粉末存在最佳的喷嘴马赫数。

根据式(11.9),较高的 P 可使成本更低。因此,从技术和经济角度来看,较大的停滞压力 P 是有利的。所以,P 通常在满足技术要求上设置尽可能大的值。如果需要限制粉末进料速率,建议通过缩小喷嘴喉部而不是通过降低压力来减少气体流量。

从式(11.9)可以看出,较高的 T 会导致设备成本增加。这里不包括对小时率的潜在副作用,即在高温下频繁操作可能会缩短设备的使用寿命。另一方面,较高的 T 通常也会获得较大的 DE。因此,增加气体温度对工艺成本的总体影响是相对的。因此,应该选择可以获得足够的颗粒涂层和粘合强度所需的 T。

在大多数目前可用的冷喷涂系统中,T 是通过将冷的送粉气体(带有粉末)注入已加热到显示温度的热主气流中而获得的混合温度。这会导致获得较低的停滞温度和较高的气体流量(对于 LPGDS 系统除外,其中喷射发生在喷嘴喉部的下游)。送粉气体所需的流速与粉末给料速率有关,因此混合温度 T 最终取决于 w。如果送粉气体具有与主流气体不同的 He 含量,那么 c 也可能取决于 w。实际冷喷涂系统的有限电加热功率可能对 T、m_{gas} 和 c 的可能组合施加约束。当成本优化需详细探究时,可以考虑这种影响。

11.7.2 质量负载率

将粉末送入气体导致气流减速。这种颗粒负载对流速的影响在 w 上具有

上限,因为较低的颗粒冲击速度 v_p 会导致较低的 DE。在另一端,减小 w 可以控制成本,因为当 $w \to 0$,C_{tot} 与 $1/w$ 接近成比例,据报道,质量负载比一般为 1% 至 30%。因此,对于使用 N_2 的冷喷涂,$w \approx 3\% \sim 5\%$ 可认为是典型的,而对于 He 或 He 具有较高质量分数 c 的气体混合物,可以考虑更大的比率。

从成本的角度来看,在给定的粉末进料速率和 DE 下,U_{gas}/w 应该是最小的,从式(11.6)可以看出。根据全球范围的 N_2 供应形式和市场条件,1kg He 是 1kg N_2 的 75~500 倍,因此气体价格 $U_{gas}(c)$ 大致与 He 质量分数 c 成比例,见图 11.14。因此,对于在给定的 m_{pwd} 和 Y_{DE},C_{tot} 最小化时,c/w 应该是最小的。然而,c 对可承受的质量负载率和可实现的 DE 都有影响,因此通常不容易确定成本最佳时的 He 浓度。只有当使用纯氮可产生较高的 DE 和特定的沉积性质时,成本最佳的 He 浓度才是一定的($c=0$)。

工作实例 4:

在例 3 的使用情况下,粉末给料速率加倍(5kg/h),则 $w=10.6\%$。其他一切都保持不变,尤其是 DE(假设)。单纯考虑冷喷涂工艺产生的费用,则根据式(11.9),$C_{tot} \approx 515$ 美元/kg,相当于每件工件 579 美元。因此,加倍的质量负荷比可使成本降低 44%,考虑准备成本,单件价格为 665 美元。

冷喷涂工艺仍然比实例 2 的贵 2.7 倍。为使成本与例 2 的相等,则质量负荷比必须增加至 32%,同时保持 DE 为 95%。这是很难现实的。在这个例子中,使用氦气似乎没有起到应有的效果,因为使用氮气已经达到了相对较高的 DE(70%)。当使用氮气获得的涂层质量不够好,就必须使用氦气,而不管成本的增加。

11.8 冷喷涂的成本优化

通用成本函数在两个高成本区域之间具有低谷值:在低 c 和高 w 时,气体载有过量的粉末,导致流动减速并降低 DE。Y_{DE} 偏小会导致总成本过高,见式(11.6)。相反,在高 c 和低 w 下,气体的粉末加速能力没有耗尽,从而导致极高的气体成本,再次见式(11.6)。c 和 w 接近某个最佳比率时,总成本变得最小。此时,充分利用了气体的加速能力,同时避免由于气流减速造成较大的粉料损失。

如果使用氦气回收系统,由于更高的资本成本,U_{hr} 将增加,而 U_{gas} 将因回收而减少。通过回收氦气,尽管投资增加并且可能减少年生产时间,但成本函数的低谷区域可能变得更宽更深。这将使得在选择冷喷涂工艺参数时具有更高的灵活性。即使使用含氮量很高的混合气体,氦气回收系统也能在大批量生产中起到作用。这可以通过比较式(11.5)中圆括号中的两个加数看出。对于目前的商业高流速冷喷涂系统,$U_{hr}/\dot{m}_{gas}$通常假定低于 10 欧元/kg。此做法引起的U_{gas}减少将补偿由氦气回收系统引起的设备每小时费率的增加。鉴于氦气的价格U_{gas}约为 65 欧元/kg,这一做法看起来是可行的。支持氦气回收的另一个原因是,氦气是一个有限且不可再生的自然资源。

工作实例 5:

假设以例 3 的用例为例并为氦气回收系统的设备资本成本增加 1100000 美元,氦气回收系统的捕集效率为 70%。则,年折旧成本增加到 142403 美元(式(11.1))和维护成本 US 美元 2 M×5% = 100000 美元/年。因此,每小时总费率增加 98 美元,U_{hr} = 403 美元/h。由于气体回收,U_{gas} = 30.00×(1−0.7)= 9.00 美元/kg。综合这些条件,总的单件价格将为 675 美元。与示例 3 使用全新的氦气相比,回收最终节省了 39%的成本。在所给的例子中,用回收的氦气喷涂仍然比用氮气喷涂更昂贵。但是,如果用氮气获得的涂层质量不合格,则从经济上讲必须强制执行氦气回收。

11.9 结论

本章提出了冷喷涂成本估算的框架。成本估算具有一个简单的通用结构,适用于所有现有类型的冷喷涂系统及各类应用。这方便在不了解许多喷涂工艺细节时评估预期应用的经济可行性。

材料、人工和间接费用的主要成本类别经过定义并分解为独立的组成部分。同时描述了每个组成部分的成本贡献的确定方法。这些组成部分一同合并到电子表格中(图 11.1)。电子表格利用输入值,例如 DE,粉末成本、设备成本和涂层体积来计算完成的产品的成本。电子表格示例的计算很简单,可以通过手动计算或计算机(例如 Windows、Excel)由读者完成。此外,可以联系作者寻求帮助。

单个参数可能会对成本产生很大的影响,而这些参数的合理组合可以节省成本。由于氮气和氦气的气体购买价格存在两个数量级的差异,因此气体对成本的影响是极大的。氦气回收在大批量生产中可以降低成本。显然,氮气的使用可大幅节省成本,但有时必须使用氦气来获得所需的结果。使用氦−氮混合物从经济上看是合理的,通用成本函数(式(11.9))可用于确定给定应用时成本最佳的氦浓度。作为成本驱动因素的粉末给料速率经常被忽视,但必须仔细理解和控制,以便以最低成本获得预期效果。在冷喷涂中使用较高气滞压力通常是有利的。

有些相互竞争技术均可应用于大多数应用程序。随着冷喷涂应用的开发，能够评估应用的商业可行性是非常重要的。除质量外，相对成本的评估也至关重要。

免责声明 Dennis Helfritch 在本文件中报告的研究与美国陆军研究实验室的合同/仪器 W911QX-14-C-0016 有关。

本文件中包含的观点和结论来自于 TKC Global 和美国陆军研究实验室。引用制造商或商号名称并不构成对其使用的正式认可或批准。即使有任何版权说明，美国政府也有权为政府目的复制和发行重印本。

参 考 文 献

Akedo, J. 2008. Room temperature impact consolidation (RTIC) of fine ceramic powder by aerosol deposition method and applications to microdevices. *Journal of Thermal Spray Technology*17 (2): 181-198.

Champagne, V. K., ed. 2007. *The cold spray materials deposition process: fundamentals and ap plications*. Cambridge: Woodhead.

Fan, S. Q., C. J. Li, C. X. Li, G. J. Liu, L. Z. Zhang, and G. J. Yang. 2006. Primary study of performance of dyesensitized solar cell of nano TiO_2 coating by vacuum cold spraying. *Materials Transactions*47: 1703-1709.

Gabel, H. 2004. Kinetic metallization compared with HVOF. *Advanced Materials & Processes*162 (5): 47-48.

Helfritch, D., and M. Trexler. 2011. How operating parameters and powder characteristics affect cold spray costs. 1st North American cold spray conference, ed. A. McDonald, Oct 25-27. Windsor, ON, Canada, The Quebec Materials Network.

Karthikeyan, J. 2005. Cold spray technology. *Advanced Materials & Processes*, 163 (3): 33-35.

Maev, R. G., and V. Leshchynsky. 2008. *Introduction to low pressure gas dynamic spray: physics and technology*. Weinheim: WileyVCH.

Papyrin, A. N. 2002. Cold spray process for costsensitive applications. Proceedings of the TMS 2002 annual meeting, Feb 17-21, 137-149. Seattle: The Minerals, Metals & Materials Society.

Pattison, J., S. Celotto, R. Morgan, M. Bray, and W. O'Neill. 2007. Cold gas dynamic manufactur ing: a nonthermal approach to freeform fabrication. *International Journal of Machine Tools& Manufacture* 47: 627-634.

Stier, O. 2014. Fundamental cost analysis of coldspray. *Journal of Thermal Spray Technology* 23 (1-2): 131-139.

第 12 章 美国冷喷涂技术与工艺的专利

D. Goldbaum,D. Poirier,E. Irissou,J. -G. Legoux,C. Moreau

12.1 引言

在过去 10 年中,随着数百项新专利的发布,业界对冷喷涂工艺的关注大幅增加。多年来,冷喷涂工艺经历了多个发展阶段,从最初的概念到工艺效率以及可靠性和成本方面的优化。更好的工艺控制和更高的效率有助于将冷喷涂技术整合到高度管制的行业中,如航空航天零件修复(Jensen 等,2013; Calla 等,2012)或医疗植入设备(Kramer,2009)等。回顾相关专利的目的是概述冷喷涂技术最近的、关于其应用领域不断扩大的发展情况。2008 年初发表了一篇涵盖俄罗斯专利和美国专利及专利申请情况的关于冷喷涂技术知识产权的综述(Irissou 等,2008)。自此,美国发布的专利总数增加了一倍多。本章介绍了2007 年中期以后发布的美国专利的情况,对之前发表的综述进行了补充(Irissou 等,2008)。

12.1.1 历史的角度

尽管使冷喷涂成为可行的技术是在 21 世纪初才开始的,但由气流驱动使金属粉末沉积于基底的基本概念可以追溯到 20 世纪初。Thurston(1902)和Schoop(1915)首先分别提出了使用加压气体作为推进剂使固体金属颗粒沉积于金属材料的想法。大约 60 年后,罗什维尔(Rocheville,1963)提出了使用德拉瓦尔型喷嘴来增加推进气体速度的想法,以提高粉末颗粒的速度。早期的设计在粉末进料控制,气流饱和度和可达到的颗粒速度方面都存在严重的问题,使得难以获得可用涂层。直到 1980 年,新西伯利亚俄罗斯科学院理论与应用力学研究所的科学家才成功地通过在风洞中将金属粉末加速到超声速来制备冷喷涂金属沉积物(Papyrin 等,2006)。20 世纪 90 年代发布了关于可行性概念和设备的第一批专利。在之前的关于冷喷涂工艺的知识产权综述中对俄罗斯冷喷涂系统演变进行了详细的描述(Irissou 等,2008)。

12.1.2 搜索方法和概述

目前的综述仅涵盖美国的冷喷涂工艺的专利。为了便于综述,冷喷涂被定义为一种全固态涂层工艺,使用高速气体射流将粉末颗粒推向某一物品,使颗粒受冲击后发生塑性变形并固结。

符合该定义并且在文献中发现的其他工艺名称包括:冷气体动态喷涂(CGDS),动力喷涂(KS)、超声速颗粒沉积(SPD)、动态金属化(DYMET)或动力金属化(KM)。为简单起见,本综述专用冷喷涂这一名称指代与上述定义相一致的所有工艺。

美国专利检索是通过来自 Questel(巴黎,法国)的软件 ORBIT 使用上述关键词及其派生词进行的。该搜索准确地返回了与冷喷涂相关的 300 项授权发明。所有这些专利分为两类:第一类,为包含性专利,是指包括冷喷涂技术在内作为可用于本发明目的的许多涂层方法之一的专利。第二类,为专属性专利,是指仅保护使用冷喷涂作为本发明一部分的专利。

虽然下面的总体概述(第 12.2 节)涵盖了初始检索的 300 项专利,但以下的技术综述(第 12.3 节)包括 2007 年以后发布的美国专利,并且发现仅属于专属类别。

12.2 总体概述

从 Alkhimov(1994)等发布的第一个专利开始,美国专利发布的年份分布如图 12.1 所示。该数据包含了截至 2014 年前 4 个月的专利。该年度的数据不完整解释了 2014 年授予专利数目明显减少的原因。图 12.2 统计了 15 个主要的授让方/公司每年获得的专利数量。在适用的情况下,来自同一公司的不同部门或分支机构的授让人被归类到总公司。结果发现,共有 97 家公司或个人获得了至少一项与冷喷涂技术相关的美国专利。

从这些图表中,我们可以看到两个不同的时期。

第一个时期定义为 2000 年至 2007 年,其特点是在最初 Alkhimov 等发表的美国专利(Alkhimov 等,1994)之后,专利数量逐年增加并在 2004 年达到顶峰,随后下降。在此期间,授让方大致可分为三组公司。第一组是汽车行业公司,他们积极参与设备和应用的开发,共有 29 项专利,其中福特和通用汽车是这组公司中最大的授让方。

第二组来自航空航天领域,包括发电用燃气轮机、西门子、通用电气、联合技术和霍尼韦尔等是最活跃的授让方,共有 14 项专利。最后,第三组由热喷涂设

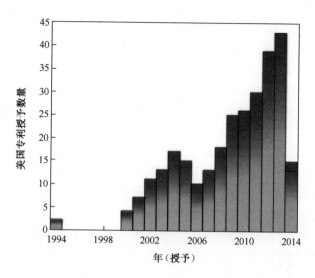

图 12.1　冷喷涂技术的美国专利数量按年份分布的情况

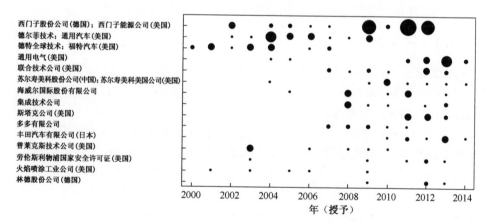

图 12.2　截至 2014 年 4 月的 15 个最活跃受让方各年发表的
美国专利数量(最大泡沫对应 8 项专利)

备制造商,粉末生产商和气体供应商组成,普莱克斯、苏尔寿美科、火焰喷涂和林德为最大受益方,共有六项专利。该组包含的公司数量最多;其中大部分未在图 12.2中显示,因为每个授让方只授予了少量专利。在所述时间范围内,绝大多数授让方均符合这三个类别中的一个。

　　第二阶段始于 2007 年,每年授予的专利数量不断增加,拥有超过 150 项专利,仅在过去 5 年就发表了专利总量的一半。在此期间,我们注意到第一阶段较

371

活跃的公司逐步减少,通用汽车和福特只有四项专利,而其他汽车公司,如丰田(8项专利)正在参与进来。

第二组,热喷涂设备、粉末和气体供应公司,有越来越多的新的授让方出现,如H. C. Starck为最大授让方,共有24项专利。同样,该组包含的公司很多,大多公司持有的专利太少,无法在图12.2中列出。

第三组是航空航天领域,最为活跃,共有53项专利。未在图12.2中列出的其他几家航空航天公司也在此期间获得了专利。与第一阶段相反,在第二阶段,有大量专利无法归类为这三组授让方之一。来自能源、化工、采矿、消费电子、医疗设备、电器、石油和天然气等不同领域的公司在此期间共同获得了大部分专利。大量工业部门对冷喷涂技术的广泛兴趣和采用使自2007年以来授予的美国专利大幅增加。

12.3 技术综述

本章重点介绍于2007年9月至2014年4月期间发布上述的冷喷涂专属的美国专利,并将所介绍的专利分为三类:设备和方法;前驱体;应用。

12.3.1 设备和方法

"设备和方法"部分分为四个小节:①喷枪和喷嘴设计;②复合系统;③系统控制;④生产设计和方法。

12.3.1.1 喷枪和喷嘴设计

典型的冷喷涂系统包含一个加压腔室,在腔室内气体被预热并加压。加压室需要绝缘内衬,但其厚度应较小以适应系统的重量和尺寸。传统设计限制了系统工作温度,直接影响粒子的速度上线。P. Heinrich等申请了两项专利(Heinrich等,2009;Heinrich等,2012a),采用了新的增压气体加热系统。气体加热器由绝缘钢制容器(图12.3)组成,其中气体被放置在容器壁附近的加热元件预热。为了优化加热效率,在气体流入区域中增设了流量分配元件。该系统设置了一个冷却系统,将容器的外部温度保持在可接受的限度内,同时使系统尺寸和质量最小化。

将粉末引入德拉瓦尔喷嘴内的预热和加压气体中,在那里它被加速到超声速。为了减少喷嘴磨损并提高对粒子流动力学和沉积过程的控制,研究设计了各种喷嘴和粉末入口的位置。Ko等(2009)获得的设计专利(图12.4)提出了一种可移动的粉末给料喷射器(12),其位于喷嘴的收敛部分,可用于控制颗粒速度。喷嘴的收敛部分之后还有一个缓冲室(30),它可减少颗粒与内表面的相互作用,防止堵塞喷枪。

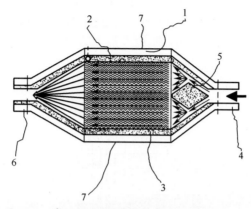

图 12.3   高压气体加热装置(Heinrich 等,2012a)

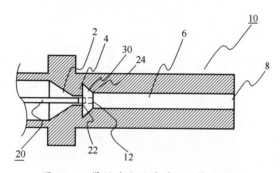

图 12.4   带缓冲室的喷嘴(Ko 等,2009)

为了确保颗粒速度和温度均匀分布,Muggli 等(2013)申请了一种轴向颗粒喷射器的专利,该喷射器喷嘴汇聚部分末端具有锯齿形尖端(图 12.5)。锯齿形尖端有助于超声速射流内的颗粒混合。

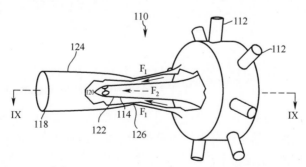

图 12.5   带有锯齿形尖端的轴向粉末喷射器(Muggli 等,2013)

Esfahani 和 Vanderzwet(2012)也获得了一项关于带有活动活塞的粉末喷射器的专利,该活塞可以根据其在德拉瓦尔喷嘴收敛部分的位置进行调整。配置如图 12.6 所示。可调节构件可在喷嘴的收敛部分的各种轴向位置引入原料粉末,从而提供多个喉部间隙配置(图 12.7)。Maev 等(2012)的专利中也提出了可变的粉末注入位置,这将在控制系统部分中进一步讨论。

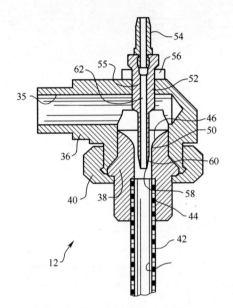

图 12.6 冷喷涂喷嘴组件(Esfahani 和 Vanderzwet,2012)

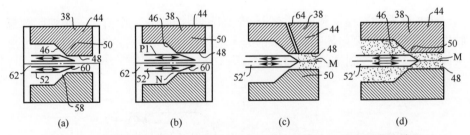

图 12.7 具有不同的轴向位置配置(a)的可移动活塞(b),其中粉末进料器
可位于调节构件的上游(c)和下游(d)(Esfahani 和 Vanderzwet,2012)

Jabado 等(2010)的另一种设计采用了双喷嘴结构,其中一个喷嘴布置在另一个较大的喷嘴内。粉末通过内部喷嘴供给,而气体通过外部喷嘴供给。气体包围原料粒子射流,使得粉末流动力学改善,颗粒偏转和堵塞减少。该设计可以沉积尺寸小于 5μm 的非常细小的颗粒(Jabado 等,2010)。

对于某些材料,防止粉末堵塞是一项重大挑战。堵塞通常发生在喷嘴的收敛/发散部分的连接处,在该处预热的颗粒会撞击器壁并阻挡气流。Kay 和 Karthikeyan(2012)通过在收敛/发散喷嘴(6)周围安装冷却夹套来改进喷枪设计(图12.8)。冷却夹套可以冷却喷嘴并防止颗粒粘附在喷嘴内壁。该设计包括一个支撑结构,可防止喷嘴在加热时变形。

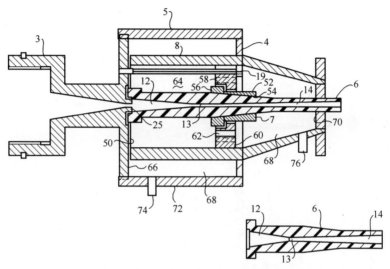

图 12.8 带有冷却套的可拆卸喷嘴(Kay 和 Karthikeyan,2012)

在一些应用中,需要较高的颗粒温度来提高粉末沉积效率,也可以通过增加颗粒与热的气体射流相互作用的时间来实现。为此,Arndt 等(2012)在喷嘴的汇聚部分设计了一个可调给粉器(图12.9)。在喷嘴的发散部分中较早地掺入原料粉末,这样原材料粉末通过停滞室需经过更长的路线并且具有更高的温度(Arndt 等,2012)。

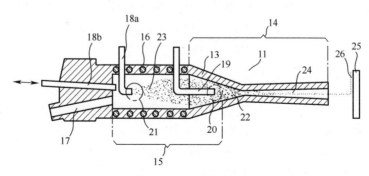

图 12.9 具有多个粉末入口位置的停滞室(Arndt 等,2012)

系统在现场的可移动性也是很重要的。Vanderzwet 等(2012)的专利提出了一种带有紧凑型手持式冷喷涂枪的便携式冷喷涂装置,如图 12.10 所示。喷枪通过线缆(22)连接到带有气体的给粉器的单独单元。通过线缆(32)供给的气体由加热组件(34)加热。粉末通过管线(80)从喷嘴(78)发散部分的下游引入。

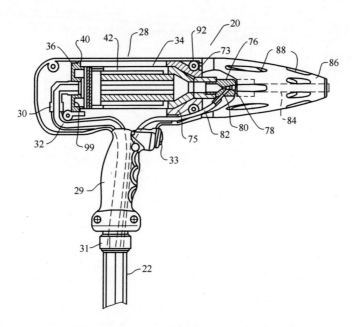

图 12.10　紧凑的手持式冷喷涂枪主要由枪壳(28)、加热器组件(34)、绝缘锥(75)、喷嘴(76)、喷嘴后面的管(84)和防止管(84)受损的护罩(86)组成(Vanderzwet 等,2012)

最后,Calla 和 Venkatachalapathy(2013)获得了一种多喷嘴配置的设计专利,允许同时或顺序沉积不同的粉末。该系统如图 12.11 所示,由多个平行排列的喷嘴组成。该喷嘴可以设计成具有收敛/发散部分的结构,并且可以用于调整每个小喷嘴内的气体和颗粒速度,以沉积复合涂层(Calla 和 Venkatachalapathy,2013)。

12.3.1.2　复合系统

为了优化冷喷涂沉积涂层的性质开发了许多复合系统。这些系统包含可与冷喷涂系统并联使用的激光装置。Calla 和 Jones(2011)申请了一种具有辅助热源装置的专利,如图 12.12 所示,其中激光器(202)用于预热基材或冷喷涂材料以增强涂层附着力或使材料退火以获得更好的机械性能。在生产设计和方法部分也详述了激光辅助冷喷涂沉积工艺(Jensen 等,2011)。

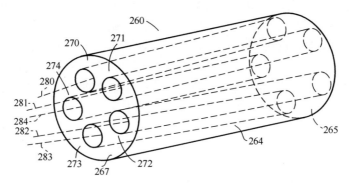

图 12.11 多喷嘴配置(Calla 和 Venkatachalapathy,2013)

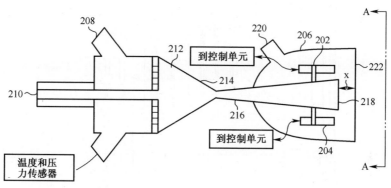

图 12.12 带激光元件的复合冷喷涂系统(Calla 和 Jones,2011)

对冷喷涂系统的其他改进包括使用可以控制沉积材料的氧化过程的气体保护罩(206)(Calla 和 Jones,2011)。Hertter 等(2014)提出将反应性气体射流与冷喷涂射流并入,以便在冷喷涂沉积期间诱导颗粒的部分氧化(Hertter 等,2014)。

Molz 等(2009)对系统进行大幅修改,他们重新设计了冷喷涂工艺,使用等离子喷枪加热和加速气体,而不使用大多数商用冷喷涂枪配置的电阻器。粉末颗粒在喷嘴的收敛位置后面注入(图 12.13)。

最后,Jodoin(2012)开发了一种喷涂系统,如图 12.14 所示,它利用冲击发生器诱导冲击波或压缩波,将粉末脉冲投射到基板材料上。据称该设计可减少气体消耗、并可使基材表面产生更少的热量。其他优点也包括可获得良好的涂层致密和均匀涂层。

12.3.1.3 系统控制

为了优化冷喷涂过程,在冷喷涂系统中引入了许多控制系统。Maev 等

（2012）在送粉器的出口处引入了粉末流速计。通过不断测量和调节粉末流速，控制沉积速率和沉积效率。为了更好地控制粉末流速，探究了各种粉末喷射器的位置。Jabado 等（2009a）提出了一种系统，如图 12.15 所示，用于调制气流温度、压力和颗粒密度、速度和温度的控制器。该控制器可以周期性或非周期性地改变系统参数，以产生具有所需特性的涂层。通过脉冲加热、阀控气流和送粉器、压电压力发生器、波耦合以及单独或同时操作的高压阀实现工艺参数的调整。该系统可使用亚微米颗粒，据称可生产出优质涂层（Jabado 等，2009a）。

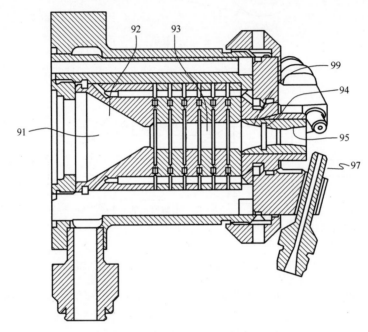

图 12.13　等离子/冷喷涂复合系统（Molz 等，2009）

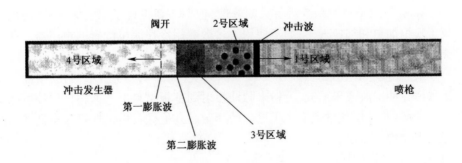

图 12.14　带冲击发生器的冷喷系统（Jodoin，2012）

378

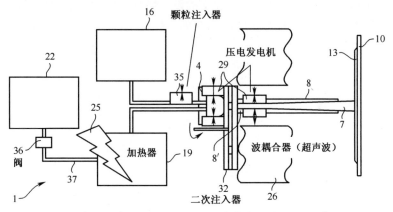

图 12.15 采用脉冲系统控制器调制的冷喷涂工艺(Jabado 等,2009a)

12.3.1.4 制造设计与方法

在所有喷涂工艺中,面临的挑战之一是能否喷涂内表面。为了解决这一挑战,可以修改喷嘴结构以满足应用需求。为了对具有小孔径零件进行喷涂,Payne(2011)开发了一种带弯头的喷嘴,见图 12.16。为了减轻磨损和堵塞问题,设计了颗粒流与喷嘴中的弯曲相适应的气体注入入口,还在弯曲喷嘴的内表面应用了耐磨和抗粘附涂层。

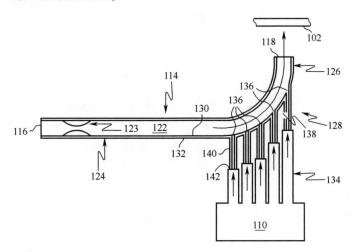

图 12.16 带弯头的喷嘴(Payne,2011)

Venkatachalapathy 等(2011)的专利则优化了枪的几何形状,使喷嘴的收敛/发散部分的长度减小到小于 200mm(图 12.17)。该设计结合了粉末喷射器(34),粉末喷射器(34)在喷嘴的收敛部分向喉部的上游供给粉末,并且可以相

379

对于主体轴向或径向的方向放置。紧凑的设计增加了喷嘴对诸如燃气轮机内壁等受限位置的可及性,并提高了整个系统的可操作性。

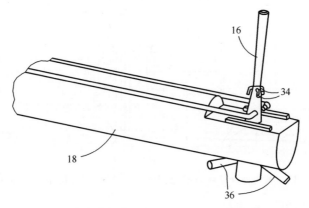

图 12.17　紧凑型喷嘴设计(Venkatachalapathy 等,2011)

为了提高沉积精度,也对冷喷涂工艺做了很多改进。Gambino 等(2007)申请了一项通过一个直径很小的孔径,沉积粉末直径小于 25μm 的专利,用于在绝缘表面上直接沉积金属导体图案,如图 12.18 所示。激光辅助的冷喷涂沉积工艺也用于精确沉积金属结构,如条带导线等(Jensen 等,2011)。

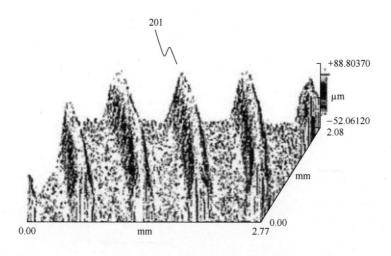

图 12.18　导线(Gambino 等,2007)

还可以通过对掩蔽装置和加热装置进行调整来控制冷喷涂涂层的沉积。Ikejiri(2013)在掩蔽夹具上申请了一个专利,如图 12.19(60)所示。掩蔽夹具包含一个孔,粉末可以通过该孔沉积。掩蔽夹具还配备了供电加热装置(50)的加热元件(61),该加热元件在与绝缘基板(10)接触时的加热开口附近。绝缘基板由三层构成,上层(12)和下层(13)为铝,中间层为氮化铝(11)。

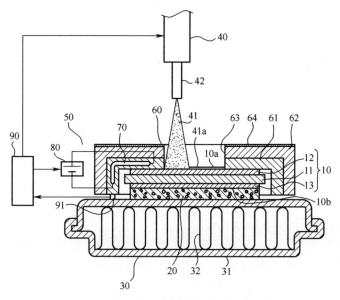

图 12.19　用加热元件制作夹具(Ikejiri,2013)

　　绝缘基板放置在冷却系统上,并且使用了层应力松弛层(20)用于减少绝缘基板上的热冲击。据报道,该加热系统成本较低,掩蔽夹具可能具有多个开口,但加热组件只需要一个。该专利表明喷涂铜涂层具有良好的沉积效率、涂层密度较高,且与绝缘基底的粘附性高。该专利也考虑了激光辅助沉积涂层的可能性(Ikejiri,2013)。

12.3.2　前驱体/原料

12.3.2.1　原料粉末

　　冷喷涂通常使用直径超过 5μm 的粉末颗粒以确保足够的质量惯性以抵消喷涂期间在基底表面附近形成的弓形冲激波。然而,某些应用希望构建呈现纳米特征的涂层。Jabado 及其团队申请的两项专利(Jabado 等,2009b,2014)提出了这方面的解决方案。建议将纳米颗粒包封在膜中,该膜将在图 12.20(a)(Jabado 等,2014)中所示的冲击下崩解或掺入涂层中,或者使用诸如聚合物的偶联分子将纳米颗粒结合在微米级颗粒的表面上,如图 12.20(b)所示(Jabado 等,2009b)。

　　另一项由 Calla 等申请的专利提出在喷涂之前冷冻冷喷涂原料以产生纳米

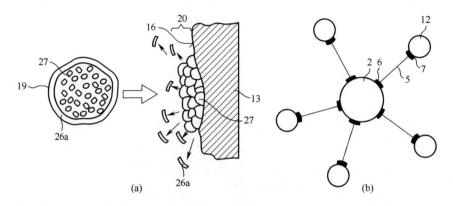

图 12.20　(a)封装的纳米颗粒(Jabado 等,2014);(b)纳米粒子与微粒结合
　　　　　(Jabado 等,2009b)

晶粒尺寸的粉末(Anand 等,2010)。

　　冷喷涂面临的挑战之一是原料粉末的适当进料,特别是对于易团聚的颗粒。
Dahl Jensen 建议通过液体或固体的供应线供给颗粒,当供应到输送气流时,该
供应线内的液体或固体材料将在供应线口处蒸发或升华,从而确保具有更均匀
的进料速率。同时,应选择合适的固体或液体添加剂,在载气的绝热膨胀引起温
度和压力降低时,它在载气流中呈气态(Jensen 等,2010)。最后,该专利
(Ajdelsztajn 等,2013)表明可以通过化学气相沉积(CVD)和物理气相沉积
(PVD)添加熔点较低和/或较软的外部颗粒层来改善镍和其他硬质和高温材料
(如不锈钢和钛合金)的可喷涂性。

12.3.2.2　新的冷喷涂材料系统

　　在过去的几年中,冷喷涂沉积的材料类型和组合方式有扩大的趋势。通过
聚合物陶瓷(也称为预陶瓷化聚合物)的前驱体以及填充材料的冷喷涂然后进
行适当的热处理,或者转化反应来制备聚合物陶瓷涂层,转化反应也可以通过在
喷涂期间适当调节输入气体射流的能量来进行(Krüger 和 Ullrich,2010)。也有
人建议采用一种涉及金属和陶瓷粉末的初始湿混合的方法来制备金属基复合冷
喷涂涂层(Debiccari 等,2011)。Ko 等提出将 1∶1 或 3∶1 的 SiC 或氧化铝混入
金属基质中以改善涂层的耐磨性(Ko 等,2013)。

　　另一项专利建议使用两种不同的粉末源并依次沉积第一种和第二种粉末以
获得按成分分级的涂层(Debiccari 和 Haynes,2013)。令人感兴趣的方法还有通
过在真空下冷喷涂电绝缘和导电粉末材料(Bohn,2009)来制造电线圈,尤其是
通过喷丸处理加固超导线圈涂层(Tapphorn 和 Gabel,2012)。

12.3.3 应用

近年来,冷喷涂工艺被广泛应用于电子系统的精密制造中的修复技术、增材制造、自由成型、焊接、钎接和表面保护、以及医疗器械和溅射靶材等方面。使用冷喷涂工艺的部门包括军事、汽车、航空航天以及医疗等行业。

12.3.3.1 增材制造,自由成型和维修

冷喷涂工艺的涂层具有优异的附着力,沉积速率高、效率高、密度高等优点。在近净成型生产技术和修复中具有广阔的应用前景。Slattery(2008)在专利中使用冷喷涂工艺在基材预制件上制造致密结构(如凸缘,脊和柱)的方法获得专利,如图12.21所示。为了改善组件最终的机械性能,他们在制造过程中使用了热等静压、热处理、时效、淬火、拉伸和退火等工艺。

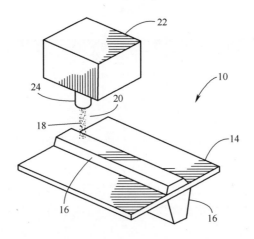

图 12.21　基底构件(14)加上结构构件(16)组成预成型件 10(Slattery,2008)

Heinrich 等(2012b)发明了一种利用冷喷涂工艺制造中空管的方法。中空管的沉积是通过将材料喷涂到低黏附性圆柱形基底上来实现。这种方法利用冷喷涂沉积涂层的低黏附性,以使预制件与沉积物分离。其中低黏附性可通过从0°~90°改变喷射角的方法来获得(Heinrich 等,2012b)。

Payne 和 Garland(2008)申请了一项使用冷喷涂工艺修复薄壁外壳的专利。该专利中修复了铝铸件和其他尺寸变小或内外表面磨损的材料,具体方法是对清洁过的表面用所选材料冷喷涂沉积并加工成所需尺寸后再进行热处理等其他步骤,以恢复机械性能,然后进行元件检查。而薄壁部件通常出现在航空航天和汽车行业中,因为在这些行业中重量起着重要作用。而薄壁外壳易受腐蚀、侵蚀(例如流体泵)和机械磨损。有些部件(例如铝铸件)可能非常昂贵,可以通过冷

喷涂修复部件来大幅节省成本。

最后,Ngo 等(2013)为一种修复具有损坏的内螺纹开口的部件的方法申请了专利。该工艺需加工损坏的胎面,包括内部凹口,以获得更好的涂层附着力,如图 12.22 所示。然后,通过冷喷涂将所选择的材料填充开口,使螺纹恢复到所需的尺寸(43)。该专利表明不需要对凹口进行完整的冷喷涂填充(Ngo 等,2013)。

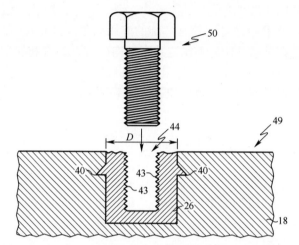

图 12.22　内螺纹开口损坏的部件的冷喷涂修复(Ngo 等,2013)

近年来,冷喷涂工艺已用于航空航天和汽车部件的维修和制造。Calla 等(2012)发表了一个涡轮转子制造和修复的专利。即利用冷喷涂工艺对芯轴顶部的转子结构进行近净成型或修复。该专利描述了许多加工步骤,如进行热处理以减轻内应力并引起冷喷涂的片层之间和涂层基底界面之间的扩散结合。最后再进行机械加工以恢复零件所需的尺寸。该专利中提到的材料是铬基和镍基合金,可用多种粉末混合物和各种不同合金浓度的材料沉积。

近期,Jensen 等(2013)申请了一个关于冷喷涂工艺修复涡轮叶片的专利。该方法包括修复明显可见的磨损、开裂(图 12.23(16))或随着关键元素耗减而导致的微观结构退化的涡轮叶片。这些元素可能是用于涡轮叶片和粘合涂层的 MCrAlY 合金中的铝(18)。而这个方法可以定向修复涂层的组成,以补偿金属基体内关键元素的消耗。

12.3.3.2　焊接和钎接

冷喷涂能够生产与基材紧密接触的金属涂层,且冷喷涂沉积材料的氧含量低,加工温度低,沉积速率高,加工速度快和出色的沉积控制能力使冷加工可应用于焊接和钎接。Schmid 和 Doesburg(2010)申请了一个使用冷喷涂工艺生产

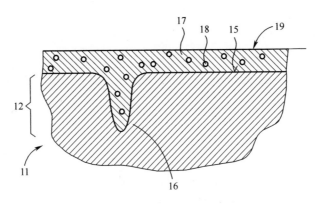

图 12.23　涡轮叶片的修复(Jensen 等,2013)

具有低熔点的复合焊料的专利,如 Sn-Ag-Cu,Sn Ni-Cu,Sn-Cu,Sn-Zn 等焊料。冷喷涂焊接可在较软的金属基质内引入导热和导电填料(如石墨中的碳,金刚石或碳纳米管)从而赋予焊料良好的导热、导电性能。

　　Miller 等发布了两项专利(Miller 等,2011,2012b)表明,可以应用冷喷涂工艺来连接复合结构。具体操作是在两个连接体之间喷涂覆层材料,以形成连续的接头。该冷喷涂工艺可用于各种连接结构,如图 12.24 所示。用钽焊接钢边缘可以产生耐腐蚀性好的接头(Miller 等,2011,2012b)。

　　冷喷涂工艺的应用也延伸到了半导体的密封。Ohno(2013)申请了一项专利,即使用冷喷涂工艺在两个半导体基底之间沉积由金属粉末(如 Cu 粉)制成的树脂粘合涂层。这种粘合涂层为树脂密封提供了锚点,相比与常规技术,该方法的粘结效果更好,成本更低。

　　与传统的焊接和钎接技术不同,冷喷涂工艺在低温加工条件下进行,限制了微观结构退化和有害的热影响区的形成。Schaeffer 等(2013)发表了通过冷喷涂沉积得到具有精细微结构的铝钛粉末的专利,应用于航空航天部件(如涡轮叶片和支架)的焊接和钎接。

12.3.3.3　防护涂层

　　许多发表的专利都是关于在金属部件上沉积耐腐蚀冷喷涂涂层的。Ajdelsztajn 等(2013)用冷喷涂将含钴和锰的金属合金的耐腐蚀涂层应用于由铁及其合金制成的部件上,例如立管张力部件。同样,Raybould 等申请了镁组件防腐蚀/侵蚀和修复方法的专利。专利包含的耐腐蚀冷喷涂涂层材料有铝、铝合金、钛及其合金以及硬质颗粒分散复合材料。防护涂层可以是分为不同层的,铝层用于防腐蚀,钛或硬颗粒复合材料层用于防侵蚀,置于涂层外部(Raybould 等,2008)。

　　Bunting 等(2013)开发了一种方法,通过该方法可以将腐蚀损坏的燃气轮机

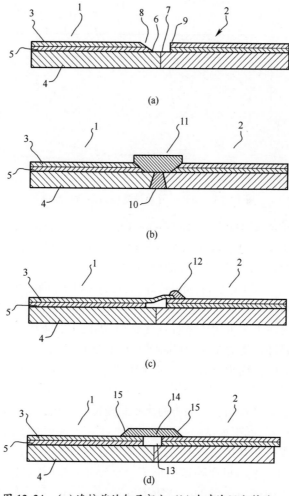

图 12.24 (a)连接前的包层部分;(b)冷喷涂沉积接头;
(c)冷喷搭接接头;(d)双搭接接头

部件恢复到原始尺寸,同时还可以降低部件的氧化速率。该方法是将具有优异的耐腐蚀性的材料通过冷喷涂沉积于基体材料上(所述材料包括铝,镁,硅及其混合物)。选择的冷喷涂工艺参数必须是可以减少材料氧化的,因此使用较低的沉积温度和非氧化性载气如氮气或氦气。

在 Miyamoto 和 Hirano 申请的专利中,将含有锡的铝基合金冷喷涂于轴承的滑动表面上,与热喷涂相比,该轴承性能有所提高,原因为不同相的分布较为均匀且氧化物含量较低(Miyamoto 和 Hirano,2011)。由冷喷涂工艺制备的低氧化物含量和高密度涂层证明在内燃机内部圆柱形块中的导热内衬中被证明是有优势的,Miyamoto 等(2010)申请了该项专利。通常,这种内衬是通过等离子喷涂工艺沉积的,容易导致熔融材料氧化,从而对沉积层的导热性产生负面影响。对于冷喷涂,沉积过程物质以固态进行,这限制了涂层氧化,使涂层具有优异的导热性,同时也具有良好的粘附性。

在另一种情况下,除了其他可能的方法之外,冷喷涂也被提出用于在含铁基材上沉积含锡的涂层,例如巴氏合金,以提供剥离表面。使用激光来使锡扩散并使涂层与基底材料形成冶金结合,最终形成一个包含 $FeSn_2$ 的薄(最大 $10\mu m$)粘合区(Roeingh 和 Keller,2009)。或者,也可以将含锡和富硅层冷喷涂在不含锡的铝合金上(Fujita 等,2008)。

12.3.3.4 航空航天应用

航空航天工业正在开发冷喷涂工艺的新应用。Haynes 等(2012)提出了一种在密封背板材料上喷涂可磨耗涂层的方法,可以在燃气轮机中的旋转和固定部件之间形成耐磨密封结构。原理是通过改变冷喷涂工艺参数可以控制孔隙率水平。在背板(由 Ti6Al4V 制成)上通过冷喷涂沉积不同孔隙率的钛或镍基合金,使涂层基底附近产生致密密封,结构刚性,且密封表面附近具有较高的孔隙率以增加涂层耐磨性。

冷喷涂工艺的另一个应用是在涡轮发动机部件上沉积粘合涂层。Schlichting 和 Freling(2012)提出了一个冷喷涂沉积高孔隙率黏结涂层的方法,如图 12.25 所示。主要原理是在涂层中嵌入一些载气,在随后的热处理中,嵌入的气体扩散形成更大的孔隙。所选材料包括 MCrAlY、铝、钛、钯和其他过渡金属。据称该方法可得到孔隙率为 25%~50% 的粘合涂层,从而提高涡轮发动机的工作温度。

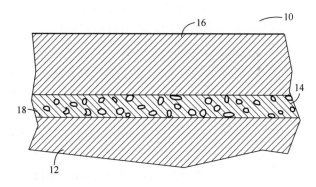

图 12.25　具有隔热层(16)的涡轮发动机部件(12)上的多孔粘合层(14)
(Schlichting 和 Freling,2012)

12. 3. 3. 5　制造业上的应用

冷喷涂材料的高密度和高纯度使冷喷涂工艺成为制造电极和溅射靶的理想选择。最近发布了三项通过冷喷涂工艺制造和修复溅射靶材的专利（Zimmermann 等,2011,Miller 等,2012a,2013）。专利提出了在背板上沉积高纯度耐火材料,如图 12.26,使用了铌、钽、钨、钼、钛、锆和其他金属及它们的混合物。

图 12.26　钽的管状预制件(Miller 等,2012a,2013)

与传统的热喷涂工艺技术不同,冷喷涂工艺的低沉积温度不会引起背板的屈曲,并降低耐火材料的气体污染,也不会使材料微观结构向有害方向转变。Barker 等(2011)申请了一个将高纯度电催化材料沉积在电极上的方法的专利。该专利表明所用冷喷涂工艺不会改变原料粉末材料的特性。

冷喷涂工艺可用于在金属部件上沉积碳、硅、金属和金属氧化物等的材料。Kalynushkin 等提出了在金属收集带上沉积足够厚度的材料生产电极的方法并申请了四项专利(Kalynushkin 和 Novak,2010,2011a,b,2012)。金属收集带与涂层结合使用(图 12.27),可用作所有类型电子设备中的金属陶瓷膜或燃料电池的阴(阳)极(Kalynushkin 和 Novak 2011a,2012)。由于冷喷涂可以防止金属粉末在沉积过程中氧化,因此具有高导热性的冷喷涂涂层也可以用于传热装置,例如功率模块,如 Miyamato 和 Tsuzuki(2011)以及 Tsuzuki 和 Miyamoto(2013)。

Kruger 和 Ullrich(2011)提出将太阳能电池材料如铜铟硒(CIS)或 YBaCuO

388

分层沉积在有纹理的基底上。使基底的结构化纹理转移到了涂层上,据称该做法提高了太阳能电池的效率。另一项 Doye 等(2012)申请的专利提出了一种在反应性气体辅助下增强材料光催化性能的方法。其基础是将冷喷涂二氧化钛与氮气掺杂,其中氮气用紫外光等辐射源激活,可生产具有不同孔隙率的涂层,从而增加了可用于催化的表面。

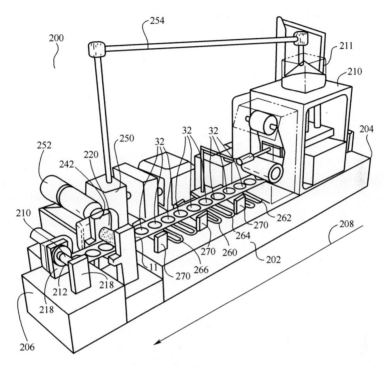

图 12.27　用于制造金属-陶瓷膜的金属收集器
(Kalynushkin 和 Novak,2011a, 2012)

12.3.3.6　医用

　　已经证实涂层孔隙率的控制技术在医疗设备方面的应用是有效的。Kramer(2009)的专利提出控制涂层孔隙率技术可用于医疗器械的管材、原料和基板的近净成型方法,如支架、吻合芯片、栓塞保护过滤器、移植物附件、环制品等。该方法的应用还包括在具有生物相容性的材料,如聚合物或陶瓷的医疗器械上冷喷涂沉积高孔隙率涂层以增加材料的生物相容性,从而作为药物的递送系统或用作治疗剂和用于自身清洗。多孔结构可通过喷涂多孔原料或优化喷涂参数来获得。该专利还提出了直接将药物冷喷涂沉积到多孔医疗器械上。

12.4　结论摘要

冷喷涂技术,最早有 Thurston 和 Schoop 提出,但 1984 年俄罗斯 Payyin 团队的发现才真正系统地阐述了这项技术。从它的早期发展开始,至今已经走了很长的路本章旨在综述 2008 年 1 月至 2014 年 4 月发布的美国专利。尽管我们已经努力进行了最广泛的查阅,但作者不能保证所有现有的冷喷涂专利都包括在内。

作者认为,对个别专利的有效性或可行性的判断超出了本次综述的范围。但是,从本章所综述的专利中可以推断,冷喷涂技术已经从一种专利质量参差不齐的新兴技术(Irissou 等,2008)成长为少有但更为系统和可控的成熟状态。随着越来越多的工业部门参与研发、申请的技术应用专利数量不断增加,提供更多针对特定目标的和挑战的精细化设备,这种技术向成熟的演变是必然的。冷喷涂工艺接下来面临的挑战之一是提高工艺的稳定性和对工艺过程的控制,可以预期的是,通过优化设计和传感器等技术的发展中将有助于提高工艺可靠性和生产一致性。

致谢　作者要感射 Pierre Dion 和 Dominique Charbonneau(CISTI)对书目搜索的支持。

参 考 文 献

Ajdelsztajn, L. 2013. Corrosion resistant riser tensioners, and methods for making. US Patent 8,535,755 B2, 17 Sept.

Ajdelsztajn, L. , J. A. Ruud, and T. Hanlon. 2013. Cold spray deposition method. US Patent 8591986 B1.

Alkhimov, A. P. , A. N. Papyrin, V. F. Kosarev, N. I. Nesterovich, and M. M. Shushpanov. 1994. Gasdynamic spraying method for applying a coating. US Patent 5302414, 12 April.

Anand, K. , E. Calla, R. Oruganti, S. K. Sondhi, and P. R. Subramanian. 2010. A method of cold spraying with cryomilled nanograined particles. European Patent 2 206 568 A2, 17 July.

Arndt, A. ,U. Pyritz, H. Schiewe, and R. Ullrich. 2012. Method and device for the cold-gas spraying of particles having different solidities and/or ductilities. US Patent 8197895 B2, 12June.

Barker, M. H. , O. Hyvärinen, and K. Osara. 2011. Electrode is sprayed with at least one of the oxides of the transition metals(manganesedioxide) in powder form as a catalytic coating, after which the electrode is ready for use without any separate heat treatments; anode used in the electrolytic recovery of metals. US Patent

7871504 B2, 18Jan.

Bohn, M. 2009. Method and device for cold gas spraying. US Patent 20090291851, 26 Nov.

Bunting, B. W. , A. DeBiccari, C. Vargas, M. D. Kinstler, and D. W. Anderson. 2013. Corrosion protective coating through cold spray. US Patent 8597724 B2, 3 Dec.

Calla, E. , and M. G. Jones. 2011. Apparatus, systems, and methods involving cold spray coating. US Patent 8,020,509, 20 Sept.

Calla, E. , and V. Venkatachalapathy. 2013. Multinozzle spray gun. US Patent 8544769, 1 Oct. Calla, E. , S. Pabla, and R. Goetze. 2012. Turbine rotor fabrication using cold spraying. US Patent8261444 B2, 11 Sept.

Debiccari, A. , and J. D. Haynes. 2013. Method for creating functionally graded materials using cold spray. European Patent 1712657 B1, 21Aug.

Debiccari, A. , J. D. Haynes, D. A. Hobbs, and J. Karthikeyan. 2011. Cold sprayed metal matrix composites. European Patent 1942209 B1, 3Aug.

Doye, C. , U. Krüger, and U. Pyritz. 2012. Method for producing a coating through cold gas spraying. US Patent 8241702 B2, 14 Aug.

Esfahani, M. K. , and D. P. Vanderzwet. 2012. Adjustable cold spray nozzle. US Patent 8282019 B2, 9 Oct.

Fujita, M. , E. Inoue, andS. Inami. 2008. Plain bearing and method of manufacturing the same. US Patent 20080206087 A1, 28Aug.

Gambino, R. , R. Greenlaw, S. Kubik, J. Longtin, J. Margolies, and S. Sampath. 2007. Producing a mixture of a metal powder having a flake morphology and gas; accelerating mixture in a subsonic carrier gas jet through a straightbore tube; directing the subsonic carrier gas jet onto the substrate; manipulating one of the subsonic carrier gas jet and the substrate for forming conductor. US Patent 7208193, 24April.

Haynes, J. D. , A. DeBiccari, and G. Shubert. 2012. Applying abradable material from nozzles onto seal backings, to form an abradable seal between rotating and stationary components of turbines; improving performance. US Patent 8192792 B2, 5 June.

Heinrich,P. , H. Kreye, T. Schmidt, and P. Richter. 2009. Cold gas spray gun. US Patent 7637441, 29 Dec.

Heinrich,P. , H. Kreye, and T. Schmidt. 2012a Highpressure gas heating device. US Patent 8249439 B2, 21Aug.

Heinrich,P. , P. Richter, H. Höll, and E. Bahr. 2012b. Method for producing a pipe. US Patent 8316916 B2, 27 Nov.

Hertter, M. , A. Jakimov, and S. Schneiderbanger. 2014. Gas dynamic cold spraying of oxide containing protective layers. US Patent 8697184, 15 April.

Ikejiri,T. 2013. Masking jig, substrate heating device, and coating method. US Patent 8414977, 9April.

Irissou, E. , J. G. Legoux, A. Ryabinin, B. Jodoin, and C. Moreau. 2008. Review on cold spray process and technology: Part I—Intellectual property. *Journal of Thermal Spray Technology*17 (4): 495–516. doi: 10.1007/s1166600892033.

Jabado, R. , J. D. Jensen, U. Krüger, D. Körtvelyessy, V. Lüthen, R. Reiche, M. Rindler, and R. Ullrich. 2009a. Cold spraying installation and cold spraying process with modulated gas stream. US Patent 7631816,

15 Dec.

Jabado, R. , J. D. Jensen, U. Krüger, D. Körtvelyessy, V. Lüthen, R. Reiche, M. Rindler, and R. Ullrich. 2009b. Powder for cold spraying processes. US Patent 20090306289, 10 Dec.

Jabado, R. , J. D. Jensen, U. Krüger, D. Körtvelyessy, V. Lüthen, R. Reiche, M. Rindler, and R. Ullrich. 2010. Nozzle arrangement and method for cold gas spraying. US Patent 7740905, 22 June.

Jabado, R. , J. D. Jensen, U. Krüger, D. Körtvelyessy, V. Lüthen, U. Pyritz, R. Reiche, and R. Ullrich. 2014. Cold gas spraying method. European Patent 1 926 841 B1, 20 Aug.

Jensen, J. D. , J. Klingemann, U. Krüger, D. Körtvelyessy, V. Lüthen, R. Reiche, and O. Stier. 2010. Method for feeding particles of a coating material into a thermal spraying process. US Patent 20100098845 A1, 22April.

Jensen, J. D. , U. Krüger, and R. Ullrich. 2011. Cold gas spraying method. US Patent 8021715, 20 Sept.

Jensen, J. D. , J. Klingemann, U. Krüger, D. Körtvelyessy, V. Lüthen, R. Reiche, and O. Stier. 2013. Method for repairing a component by coating. US Patent 8343573 B2, 1 Jan.

Jodoin, B. 2012. The use of shock or compression waves to project particles onto surface, for the preparation of coated surfaces that exhibit superior density and uniformity. US Patent 8298612, 30Oct.

Kalynushkin, Y. , and P. Novak. 2010. Electrode for energy storage device and method of forming the same. US Patent 7717968B2, 18 May.

Kalynushkin, Y. , and P. Novak. 2011a. Apparatus for forming structured material for energy storage device and method. US Patent 7,951,242 B2, 31 May.

Kalynushkin, Y. , and P. Novak. 2011b. Electrode for cell of energy storage device and method of forming the same. US Patent 7972731 B2, 17 Nov.

Kalynushkin, Y. , and P. Novak. 2012. Apparatus for forming structured material for energy storage device and method. US Patent 8142569, 27March.

Kay, A. , andJ. Karthikeyan. 2012. Spray nozzle assembly for gasdynamic cold spray and method of coating a substrate with a high temperature coating. US Patent 8192799 B2, 5June.

Ko, K. , H. Lee, J. Lee, J. Lee, and Y. Yu. 2009. Nozzle for cold spray and cold spray apparatus using same. US Patent 7621466, 24 Nov.

Ko, K. , H. Lee, J. H. Lee, J. Lee, and Y. Yu. 2013. Method of preparing wearresistant coating layer comprising metal matrix composite and coating layer prepared thereby. US Patent 8486496, 24 Nov.

Kramer, P. A. 2009. Coating a consolidated biocompatible medical device such as a stent by directing a supersonic jet of high pressure gas and particles to form a functionally graded coating to allow direct control of drug elution without an additional polymer topcoat; applying a drug to the coating. US Patent 7514122B2, 7April.

Krüger, U. , and R. Ullrich. 2010. Method for producing ceramic layers. European Patent 1899494 B1, 28 July.

Kruger, U. , and R. Ullrich. 2011. Cold gas spraying method. US Patent 8012601 B2, 6 Sept. Maev, R. G. , V. Leshchynsky, and E. E. Strumban. 2012. Gas dynamic spray gun. US Patent8132740, 13 March.

Miller, S. A. , L. N. Shekhter, and S. Zimmerman. 2011. Methods of joining protective metalclad structures. US Patent 8002169, 23 Aug.

Miller, S. A. , O. Schmidt Park, P. Kumar, R. Wu, S. Sun, and S. Zimmermann. 2012a. Methodsof forming sputtering targets. US Patent 8197894, 12June.

Miller, S. A., L. N Shekhter, and S. Zimmerman. 2012b. Protective metalclad structures. US Patent 8113413 B2, 14 Feb.

Miller, S. A., O. SchmidtPark, P. Kumar, R. Wu, S. Sun, and S. Zimmerman. 2013. Methods of rejuvenating sputtering targets. US Patent 8491959 B2, 23 July.

Miyamoto, N., and M. Hirano. 2011. Bearing material coated slide member and method for manufacturing the same. US Patent 7964239 B2, 21 June.

Miyamato, N., and Y. Tsuzuki. 2011. Method of forming a metal powder film a thermal conduction member, power module, vehicle inverter, and vehicle formed thereof. US Patent 8025921, 27 Sept.

Miyamoto, N., M. Hirano, T. Takami, K. Shibata, N. Yamashita, T. Mihara, G. Saito, M. Horigome, and T. Sato. 2010. Component for insert casting, cylinder block, and method for manufacturing cylinder liner. US Patent 7757652 B2, 20July.

Molz, R. J., D. Hawley, and R. McCullough. 2009. Hybrid plasmacold spray method and apparatus. US Patent 7582846, 1 Sept.

Muggli, F., M. Heggemann, and R. J. Molz. 2013. Two stage kinetic energy spray device. US Patent 8,590, 804 B2, 26 Nov.

Ngo, A. T., S. Yip, C. Macintyre, B. Almond, and C. L. Cahoon. 2013. Methods for structural repair of components having damaged internally threaded openings and components repaired using such methods. US Patent 8601663, 10 Dec. Ohno, H. 2013. Semiconductor device. US Patent 8,436,461 B2, 7 May.

Papyrin, A., V. Kosarev, S. Klinkov, A. Alkhimov, and V. M. Fomin. 2006. *Cold spray technology*. Oxford: Elsevier Science.

Payne, D. A. 2011. Apparatus for applying coldspray to small diameter bores. USP atent 7959093, 14June.

Payne, D. A., and P. E. Garland. 2008. Method of repair of thin wall housings. US Patent 7367488 B2, 6 May.

Raybould, D., M. N. Madhava, V. Chung, T. R. Duffy, and M. Floyd. 2008. Methods for coating a magnesium component. US Patent 7455881 B2, 25 Nov.

Rocheville, C. F. 1963. Device for treating the surface of a workpiece. US Patent 3,100, 724, 13 Aug.

Roeingh, K., and K. Keller. 2009. Plain bearing, method for production and use of a plain bearing of said type. US Patent 0232431 A1, 17 Sept.

Schaeffer, J. C., K. Anand, S. Amancherla, and E. Calla. 2013. Titanium aluminide application process and article with titanium aluminide surface. US Patent 8,475,882 B2, 2 July.

Schlichting, K. W., and M. Freling. 2012. Porous protective coating for turbine engine components. US Patent 8147982 B2, 3 April.

Schmid, R. K., and J. C. Doesburg. 2010. Material and method of manufacture of a solder joint with high thermal conductivity and high electrical conductivity. US Patent 7,758,916 B2, 20 June.

Schoop, M. U. 1915. Method of plating or coating with metallic coatings. US Patent 1128059 A, 9 Feb.

Slattery, K. T. 2008. Mixing hydrogen and particles to form stream with atemperature less than the material's melting temperature; depositing the stream on a base member to form thestructural member; and subjecting the member to subatmospheric pressure to release the hydrogen; removal from base member; forging; machining. US Patent 7,381,446 B2, 3June.

393

Tapphorn, R. M., and H. Gabel. 2012. Technique and process for controlling material properties during impact consolidation of powders. US Patent 8,113,025 B2, 14 Feb.

Thurston, S. H. 1902. Method of impacting one metal upon another. US Patent 706,701 A, 12 Aug.

Tsuzuki, Y., and N. Miyamoto. 2013. Method for manufacturing heat transfer member, power module, vehicle inverter, and vehicle. US 8499825, 6 Aug.

Vanderzwet, D., Z. Baran, and G. Mills. 2012. Gas dynamic cold spray unit. US 8,313,042 B2.

Venkatachalapathy, V., Y. C. Lau, and E. Calla. 2011. Apparatus and process for depositing coatings. US Patent 8,052, 074, 8 Nov.

Zimmermann, S., S. A. Miller, P. Kumar, and M. Gaydos. 2011. Low－energy method for fabrication of largearea sputtering targets. US Patent 7,910,051 B2, 22March.

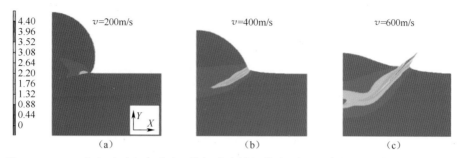

图 2.14　20μm 铜粒子对铜表面的二维轴对称模拟影响,使用了包括热传导的模型。初始冲击速度为(a)200m/s、(b)400m/s 和(c)600m/s(Lemiale 等,2011)(经 Springer 科学和商业媒体许可转载)

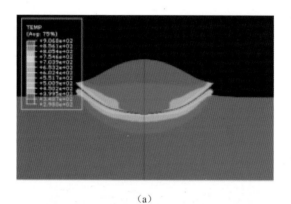

(a)

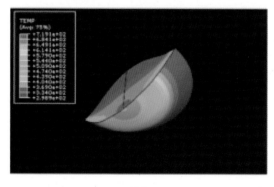

(b)

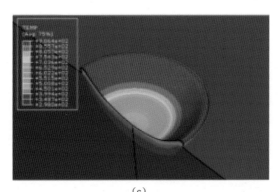
(c)

图 2.15 一个 15μm 的铜粒子以 430m/s 的速度撞击铝 AA7075 的有限元模拟
(a)颗粒和基体的横截面图;(b)没有基体的颗粒底表面的视图;(c)除
去颗粒的基体表面视图。(由韩国汉阳大学的 G. Bae 使用商业有限元
软件包 ABAQUS 6.7-2 进行三维轴对称模拟。King 等(2010a)给出了
建模过程的细节。图(a)、(c)经过 Springer 科学和商业媒体的许可转
载)

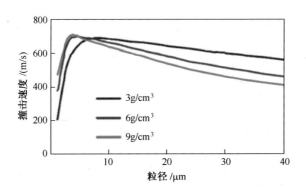

图 3.8 计算三种密度颗粒的粒度对(氮气,压力 2.76MPa 和温度 673K)
(Helfritch 和 Champagne,2006)冲击速度的影响

彩 2

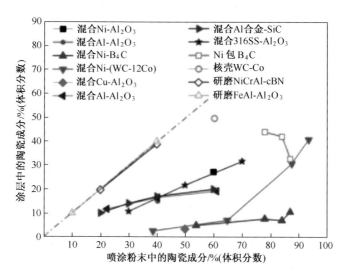

图 3.19　不同方法制备的不同复合粉末中初始粉末与涂层中
的硬质增强物含量之间的关系

图 4.19　多孔冷喷涂铝的三维 CL 图像。红色的是孔隙,米色的是铝,紫色的是重
建/分析平面(尺寸为 175μm×183μm)。(由巴黎高等矿业学院 Damien Gi-
raud 提供,2014)

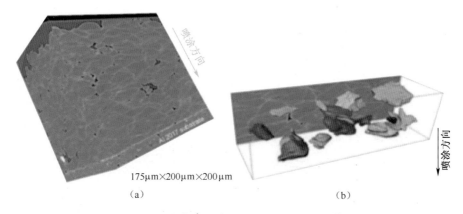

175μm×200μm×200μm

（a）   （b）

图 4.23　冷喷涂铝到 Al 2017 上的 XMT 图像

（a）普通图；（b）数字提取层片。（依 Rolland 等,2008）

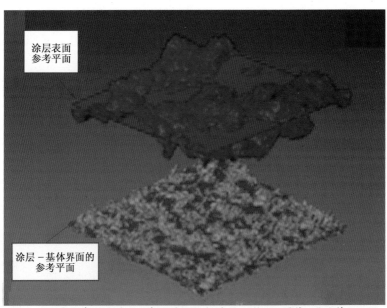

图 4.24　涂层表面和涂层-基体界面粗糙度的三维 CL 图像,用于将 PA 沉
积到 PA66 上(上图蓝色为基准面,下图红色为基准面,尺寸为
175μm×183μm)（由巴黎高等矿业学院 Damien Giraud 提供,
2014）

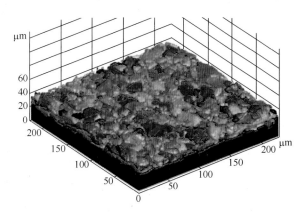

图 4.28 建立模拟三维形态冷喷涂 Ta 涂层的模型(由
巴黎高等矿业学院 Laure-Line 提供,2013)

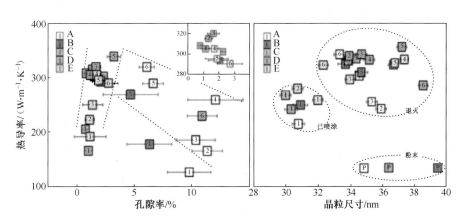

图 4.29 冷喷涂纯铜涂层的热导率作为涂层孔隙率和晶粒尺寸的函数。通过使用电解
(A)、水雾化(B)和气体雾化(C、D、E)产生的原料粉末来获得涂层。在室温和
0.62MPa(d)、3MPa(e)下,以 400℃和 0.6MPa 的空气作为载气(A、B、C)或氮气
喷涂涂层。样品分别在高真空至 600℃(200℃、300℃、400℃、500℃和 600℃)下
等温处理 1h,分别为标记 1、2、3、4、5 和 6(Seo 等,2012b)

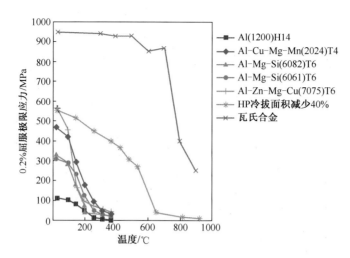

图 4.55　屈服强度与几种铝合金、镍和镍基高温合金的温度函数关系
（数据来自国家统计局杂志；Jenkins）

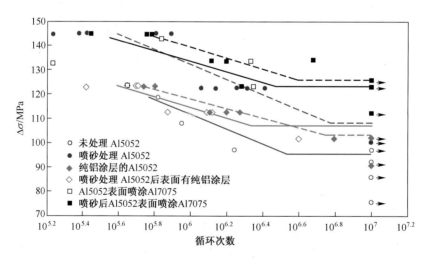

图 4.63　低压冷喷涂在未处理和喷砂处理后的 A5052 基体上制备
CP-Al 和 A7075 涂层的 S-N 曲线（Ghelichi 等,2012）

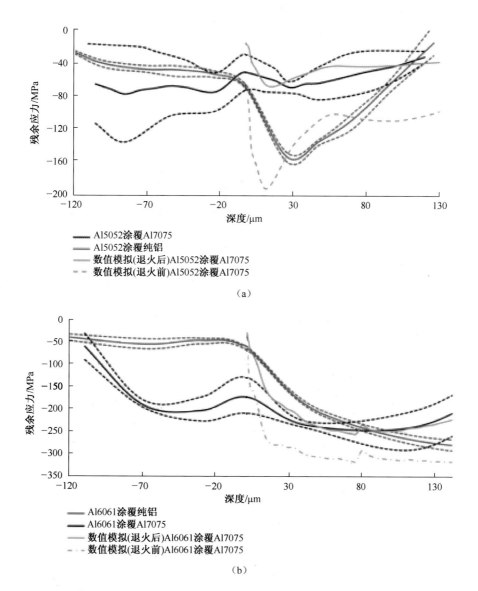

图 5.9 Al7075 和纯铝的涂覆样品的残余应力测量与数值模拟结果的对比(Ghelichi 等,2014b)
(a) Al5052;(b) Al6061。

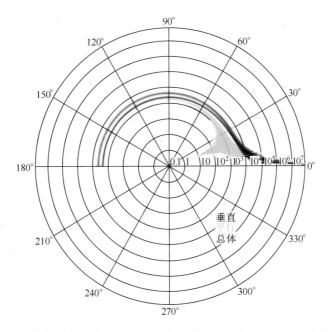

图 8.2　米散射极坐标图(30μm Ni 颗粒)(由 TECNAR Automation 公司提供)

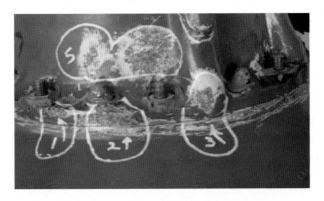

图 10.3　H-53 尾部齿轮箱外壳上的腐蚀部位(Leyman 等,2008)